国家"十二五"规划重点图书

中国地质调查局
青藏高原1:25万区域地质调查成果系列

中华人民共和国
区域地质调查报告

比例尺　1:250 000

日喀则市幅

（H45C003004）

项目名称：1:25万日喀则市幅区域地质调查
项目编号：200113000065
项目负责：胡敬仁
图幅负责：胡敬仁
报告编写：胡敬仁　范跃春　尼玛次仁　陈国结
　　　　　　张相国　微普琼　孙中良　刘瑞国
编写单位：西藏自治区地质调查院
单位负责：刘鸿飞（院长）
　　　　　　李志（总工程师）

内 容 提 要

本书属青藏高原1:25万区域地质调查优秀成果。测区位于藏中南谷地"一江两河"中部流域综合开发工程重点区域内，地处冈底斯火山-岩浆弧的中段，也是冈底斯贵金属、多金属成矿带的一个重要地段。作者以现代地质学新理论、新方法、新技术为指导，对测区不同构造单元、不同类型岩石地层单元，采用不同的工作方法和技术要求进行了调查研究，在地层古生物、岩相古地理、岩浆岩、蛇绿岩、变质岩及构造变形和经济地质等诸多方面均有不同程度的新发现、新认识、新进展，因而取得了丰硕的地质调查成果。

本书可供从事青藏高原地层古生物、构造、矿产研究的生产和科研人员及高等院校相关专业师生参考使用。

图书在版编目(CIP)数据

中华人民共和国区域地质调查报告·日喀则市幅（H45C003004）：比例尺1:250 000/胡敬仁等著. —武汉：中国地质大学出版社，2014.8
ISBN 978-7-5625-3448-8

Ⅰ. ①中…
Ⅱ. ①胡…
Ⅲ. ①区域地质调查-调查报告-中国 ②区域地质调查-调查报告-日喀则市
Ⅳ. ①P562

中国版本图书馆CIP数据核字(2014)第120218号

中华人民共和国区域地质调查报告	胡敬仁　范跃春　尼玛次仁　等著
日喀则市幅（H45C003004）　比例尺1:250 000	

责任编辑：王荣　陈琪　刘桂涛			责任校对：周旭
出版发行：中国地质大学出版社（武汉市洪山区鲁磨路388号）			邮政编码：430074
电　话：(027)67883511	传　真：67883580	E-mail:cbb@cug.edu.cn	
经　销：全国新华书店		http://www.cugp.cug.edu.cn	
开本：880毫米×1 230毫米 1/16	字数：523千字	印张：16　图版：8　附图：1	
版次：2014年8月第1版		印次：2014年8月第1次印刷	
印刷：武汉市籍缘印刷厂		印数：1—1 500册	
ISBN 978-7-5625-3448-8			定价：460.00元

如有印装质量问题请与印刷厂联系调换

前 言

青藏高原包括西藏自治区、青海省及新疆维吾尔自治区南部、甘肃省南部、四川省西部和云南省西北部，面积达 260 万 km^2，是我国藏民族聚居地区，平均海拔 4500m 以上，被誉为"地球第三极"。青藏高原是全球最年轻、最高的高原，记录着地球演化最新历史，是研究岩石圈形成演化过程和动力学的理想区域，是"打开地球动力学大门的金钥匙"。

青藏高原蕴藏着丰富的矿产资源，是我国重要的战略资源后备基地。青藏高原是地球表面的一道天然屏障，影响着中国乃至全球的气候变化。青藏高原也是我国主要大江大河和一些重要国际河流的发源地，孕育着中华民族的繁衍和发展。开展青藏高原地质调查与研究，对于推动地球科学研究、保障我国资源战略储备、促进边疆经济发展、维护民族团结、巩固国防建设具有非常重要的现实意义和深远的历史意义。

1999 年国家启动了"新一轮国土资源大调查"专项，按照温家宝总理"新一轮国土资源大调查要围绕填补和更新一批基础地质图件"的指示精神。中国地质调查局组织开展了青藏高原空白区 1∶25 万区域地质调查攻坚战，历时 6 年多，投入 3 亿多，调集 25 个来自全国省（自治区）地质调查院、研究所、大专院校等单位组成的精干区域地质调查队伍，每年近千名地质工作者，奋战在世界屋脊，徒步遍及雪域高原，实测完成了全部空白区 158 万 km^2 共 112 个图幅的区域地质调查工作，实现了我国陆域中比例尺区域地质调查的全面覆盖，在中国地质工作历史上树立了新的丰碑。

西藏 1∶25 万 H45C003004（日喀则市幅）区域地质调查项目，由西藏自治区地质调查院承担，位于西藏自治区中南部，雅鲁藏布江中游，地理坐标：东经 88°30′—90°00′，北纬 29°00′—30°00′。行政区划上隶属西藏自治区谢通门县、南木林县、尼木县、仁布县、江孜县、白朗县、日喀则市及萨迦县管辖，北跨班戈县。最高海拔为 6373m，最低海拔为 3680m。

H45C003004（日喀则市幅）地质调查工作时间为 2001 年 1 月至 2003 年 12 月，累计完成地质填图面积为：修测区 10 564km^2，实测区 5400km^2。修测区实测剖面 244.16km，实测区实测剖面 278.02km。地质路线修测区 1854km，实测区 1208.9km。采集种类样品 1480 件，全面完成了设计工作量。主要成果有：①对图幅南缘出露的原称"修康群"的地层单位，据其岩性组合、古生物化石等解体为郎杰学岩群宋热岩组和涅如组及日当组、遮拉组、维美组、甲不拉组，此对重新认识喜马拉雅北缘和雅鲁藏布江构造带的演化具有重要意义，并对侏罗纪—白垩纪地层进行了层序划分和研究。②对纳尔乡—塔巴拉一带发现的具重要地质意义的沉积混杂堆积岩进行了岩石学、岩相学和成因研究。基质和岩块中分别采获晚三叠世和二叠纪及晚白垩世的化石，确定了二者的时代。此对进一步认识和研究雅鲁藏布缝合带具有重要意义。③在南部新发现一条由超基性岩、基性熔岩、辉绿岩、异剥钙榴岩、蓝片岩、大理岩、硅质岩、细碎屑岩等岩块构造混杂而成的构造混杂岩带，命名为强堆-察巴构造混杂岩带，它是新特提斯早期洋壳的残迹，对重新认识雅鲁藏布缝合带意义重大。④根据大地构造位置、形成背景、层序组合和完整程度将测区蛇绿岩划分为卡堆裂谷型非层序型蛇绿岩组合、仁布弧前海底扩张非层序型蛇绿岩组合、联乡-白朗洋中脊层序型蛇绿岩组合、白朗-曲美（日喀则）弧前海底扩张层序型蛇绿岩组合，并与世界典型地区蛇绿岩进行对比。⑤在卡孜一带早白垩世比马组中发现中温中（低）压相系的红柱石、蓝晶石和石榴石等特征变质矿物，并具叠加变质作用特征，此对加深研究双变质带具有一定意义。⑥首次在测区卡堆一带晚三叠世片岩中发现蓝闪石、铝钠闪石等典型高压变质矿物，并图解推算了其形成的变质温度、压力条件，进一步确认了雅鲁藏布高压变质带，为深入研究雅鲁藏布缝合带具有重大意义。

2003年4月15日—20日，中国地质调查局组织专家对项目进行最终成果验收，评审认为，成果报告资料齐全，工作量达到设计规定，技术手段、方法、测试样品质量符合有关规范、规定。报告章节齐备，论述有据，符合中国地质调查局有关技术规范要求，一致通过项目的验收，质量评为优秀级。

报告编写人员有：胡敬仁、范跃春、微普琼、刘瑞国、陈国结、孙中良、尼玛次仁、张相国，最后由胡敬仁定稿完善。

先后参加项目野外工作的技术人员有：胡敬仁、王金光、尼玛次仁、陈国结、范跃春、孙中良、刘瑞国、张相国、张小疆、高体钢、微普琼、张兴国、格桑索朗、巴桑次仁。后勤人员有：杨光明、罗建军、尼珠、刘保国、代义、吉米。

项目在实施过程中得到了中国地质调查局、成都地质矿产研究所、中国地质调查局西南项目办、西藏地质调查院及一分院各级领导的高度重视和亲切关注。西藏地质调查院程力军院长、刘鸿飞副院长自始至终极力支持并给予明确指导，且多次莅临实地现场指导。同时也得到一分院夏抱本副队长、次仁书记、万永文总工程师的大力支持和热情帮助。另外得到成都地质矿产研究所丁俊所长、杨家瑞处长、潘桂棠研究员、郑海翔研究员、罗建宁研究员、王立全研究员的关心和帮助。尤其得到质检专家夏代祥教授级高工、周详教授级高工、刘登忠教授、李才教授、王天武教授、夏斌研究员等人的悉心指导，同时更得到肖序常院士的关心、鼓励。谨此，对以上给予本项目各方面关心、支持、帮助、指导的各位领导和各位专家表示由衷的感谢。

为了充分发挥青藏高原1∶25万区域地质调查成果的作用，全面向社会提供使用，中国地质调查局组织开展了青藏高原1∶25万地质图的公开出版工作，由中国地质调查局成都地质调查中心组织承担图幅调查工作的相关单位共同完成。出版编辑工作得到了国家测绘局孔金辉、翟义青及陈克强、王保良等一批专家的指导和帮助，在此表示诚挚的谢意。

鉴于本次区调成果出版工作时间紧、参加单位较多、项目组织协调任务重以及工作经验和水平所限，成果出版中可能存在不足与疏漏之处，敬请读者批评指正。

"青藏高原1∶25万区调成果总结"项目组
2010年9月

目 录

第一章 绪　言 (1)
第一节　目的与任务 (1)
第二节　自然地理及经济地理概况 (2)
第三节　地质研究程度及主要成果 (2)
一、路线考察和重点找矿 (2)
二、区域调研和综合科考 (4)
第四节　完成工作量及报告编写 (5)
一、完成工作量 (5)
二、报告编写 (6)

第二章 地　层 (7)
第一节　概述 (7)
一、构造地层区划分 (7)
二、岩石地层单位划分 (8)
第二节　冈底斯-腾冲地层区 (8)
一、前震旦系 (8)
二、古生界 (10)
三、中生界 (15)
四、中生界—新生界 (22)
五、新生界 (24)
第三节　雅鲁藏布地层区 (35)
一、中生界 (35)
二、新生界 (47)
第四节　喜马拉雅地层区 (48)
一、前震旦系 (48)
二、中生界 (49)
第五节　新生界第四系 (59)

第三章 岩浆岩 (61)
第一节　蛇绿岩 (61)
一、日喀则弧前背景蛇绿岩块体 (61)
二、白朗-联乡洋脊蛇绿岩块体 (67)
三、仁布岛弧蛇绿岩块体(岩片带) (76)
四、卡堆板内蛇绿岩残片 (80)
五、蛇绿岩成因、环境、时代 (83)
第二节　中酸性侵入岩 (86)
一、基本特征 (86)

二、岩体的划分 ………………………………………………………………………………（86）
　　三、各时代侵入岩的基本特征 ………………………………………………………………（89）
　　四、脉岩 ………………………………………………………………………………………（126）
　　五、花岗岩类的演化特征 ……………………………………………………………………（131）
　　六、花岗岩成因类型和构造环境 ……………………………………………………………（134）
　第三节　火山岩 …………………………………………………………………………………（137）
　　一、三叠纪火山岩 ……………………………………………………………………………（139）
　　二、侏罗纪—白垩纪火山岩 …………………………………………………………………（139）
　　三、古近纪火山岩 ……………………………………………………………………………（154）
　　四、新近纪火山岩 ……………………………………………………………………………（161）
　　五、火山机构 …………………………………………………………………………………（164）

第四章　变质岩与变质作用 ……………………………………………………………………（167）
　第一节　概述 ……………………………………………………………………………………（167）
　　一、变质地质单元划分 ………………………………………………………………………（167）
　　二、变质作用类型的划分 ……………………………………………………………………（167）
　　三、变质期的划分 ……………………………………………………………………………（169）
　　四、变质带、变质相、变质相系的划分 ……………………………………………………（169）
　第二节　区域变质作用 …………………………………………………………………………（169）
　　一、冈底斯-念青唐古拉变质地带 …………………………………………………………（169）
　　二、雅鲁藏布江变质地带 ……………………………………………………………………（179）
　　三、喜马拉雅北部变质地带 …………………………………………………………………（184）
　第三节　接触变质岩与接触变质作用 …………………………………………………………（186）
　　一、接触变质作用及其岩石 …………………………………………………………………（186）
　　二、接触交代变质作用及其岩石 ……………………………………………………………（187）
　第四节　动力变质岩与动力变质作用 …………………………………………………………（188）
　　一、浅层次脆性动力变质岩及其变质特征 …………………………………………………（188）
　　二、中深层次韧性动力变质岩及其变质特征 ………………………………………………（188）

第五章　地质构造及演化 ………………………………………………………………………（190）
　第一节　概述 ……………………………………………………………………………………（190）
　　一、测区大地构造位置 ………………………………………………………………………（190）
　　二、测区构造单元划分 ………………………………………………………………………（190）
　第二节　各构造单元的构造建造特征 …………………………………………………………（191）
　　一、冈底斯-念青唐古拉板片 ………………………………………………………………（191）
　　二、雅鲁藏布缝合带 …………………………………………………………………………（194）
　　三、喜马拉雅板片 ……………………………………………………………………………（196）
　第三节　构造单元边界特征 ……………………………………………………………………（197）
　　一、同波-唐巴-热木杠-冬古拉逆冲断层（F_{15}） ………………………………………（197）
　　二、塔玛-约得-渡布脆韧性-韧性剪切带（F_{48}） ………………………………………（198）
　　三、恰布林-江当-大竹卡-希马断裂（F_{56}、F_{57}） …………………………………（200）
　　四、别绒-路曲-白朗-斜巴-联乡断裂（F_{73}） ……………………………………………（201）
　　五、强堆-卡堆-德吉林-察巴断裂（F_{77}、F_{78}） ……………………………………（202）
　第四节　构造单元构造变形特征 ………………………………………………………………（202）

一、念青唐古拉弧背断隆构造变形特征 …………………………………………………………（202）
　二、冈底斯陆缘火山-岩浆弧构造变形特征 ……………………………………………………（206）
　三、雅鲁藏布缝合带构造变形特征 ………………………………………………………………（209）
　四、北喜马拉雅沉积带构造变形特征 ……………………………………………………………（213）
第五节　构造变形相和变形序列 …………………………………………………………………（214）
　一、构造变形相 ……………………………………………………………………………………（214）
　二、构造变形序列 …………………………………………………………………………………（218）
第六节　测区大地构造相 …………………………………………………………………………（221）
　一、大地构造相划分 ………………………………………………………………………………（221）
　二、测区大地构造相特征 …………………………………………………………………………（221）
第七节　区域地质发展简史 ………………………………………………………………………（228）
　一、陆壳基底形成阶段（前震旦纪） ……………………………………………………………（232）
　二、古特提斯边缘海发展阶段（石炭纪—早二叠世） …………………………………………（232）
　三、新特提斯洋盆开合发展阶段（晚三叠世—晚白垩世） ……………………………………（232）
　四、碰撞造山阶段（古新世—上新世） …………………………………………………………（235）
　五、陆内造山阶段（第四纪） ……………………………………………………………………（236）

第六章　结束语 ……………………………………………………………………………………（237）
　一、主要成果和重要进展 …………………………………………………………………………（237）
　二、存在的主要问题 ………………………………………………………………………………（240）

主要参考文献 ……………………………………………………………………………………（242）

图版说明及图版 …………………………………………………………………………………（244）

附图　1∶25 万日喀则市幅（H45C003004）地质图及说明书

第一章 绪 言

第一节 目的与任务

中华人民共和国1:25万日喀则市幅(H45C003004)区域地质调查(项目编号:200113000065)是中国地质调查局新一轮国土资源大调查部署在青藏高原的任务之一。中国地质调查局于2001年1月下达该项目地质调查任务(项目任务书编号:60101154007),工作性质为基础地质调查。本项目归属中国地质调查局西南地区项目管理办公室管理,由西藏自治区地质调查院负责,具体由西藏地质调查院一分院组织承担和实施。

该项目工作期限为2001年1月至2003年12月,周期为3年,并要求2001年5月提交项目设计,2003年7月提交项目野外验收成果,2003年12月提交最终成果。本项目严格遵守中国地质调查局各年度的项目任务进行合理部署和精心安排,且同时依照设计评审专家组和西藏地质调查院的建议及其他具体情况进行工作。严格按照中国地质调查局西南项目办认定后的设计书实施,并按照年度要求提前完成整个项目工作任务,该项目总费用为180万元。任务书下达的总体目标任务是:按照《1:25万区域地质调查技术要求(暂行)》及其他相关的规范、要求、指南,参照造山带填图的新方法,应用现代地质学的新理论、新方法,充分应用遥感技术,采用填图(实测区)和编图(修测区)相结合的方法,全面开展区域地质调查工作。填图总面积15 964km^2,其中北部地区面积为10 564km^2,南部地区面积为5400km^2。

具体目标任务分南、北两区。

1. 北部地区(编图区)

在充分收集研究前人资料基础上,按照《1:25万区域地质调查技术要求(暂行)》的规定进行系统整理、分析研究,完成2~3条主干路线复查,需重点解决以下问题:

(1)念青唐古拉岩群岩石组合及变形、变质特征,弧背断隆前缘断裂性质及活动期次。
(2)石炭系、二叠系变形、变质地层的层序。
(3)北部岛弧岩浆岩带深成岩体解体,进一步完善岩浆岩谱系单位划分,并研究是否存在异常花岗岩。
(4)查明几套火山岩的形成环境、相互关系及所代表的大地构造意义。
(5)研究雅鲁藏布江中部流域航磁资料显示的北部异常的成因。

2. 南部地区(实测区)

从板块构造理论出发,在分析、研究前人资料基础上,采用实测的工作方法,需解决以下几个问题。

(1)以构造解析为纲,采用构造-岩性(岩块)法对雅鲁藏布江蛇绿混杂岩进行"四态"调查,划分填图单元,并研究空间展布规律。

(2)正确区分史密斯、有限史密斯、非史密斯地层,以填为主,重点加强对修康群、涅如组、嘎学群的研究和地质填图,并查明相互关系及与蛇绿混杂岩的关系。

(3)以现代地层学和沉积学理论为指导,对日喀则群开展海底扇填图,以查明其物源、古流向、纵横向变化规律和盆地演化,重塑盆山转换过程,进而探讨青藏高原隆升、演化历程及其与古气候、古生态、古地理的关系。

(4)对代表结合带闭合标志的山前磨拉石建造——大竹卡组砾岩进行详细研究,以获得闭合后的隆升、演化等相关信息。

(5)收集与双变质带有关的信息。

第二节　自然地理及经济地理概况

测区位于西藏自治区中南部,雅鲁藏布江中游,地理坐标:东经88°30′—90°00′,北纬29°00′—30°00′。行政区划上隶属西藏自治区谢通门县、南木林县、尼木县、仁布县、江孜县、白朗县、日喀则市及萨迦县管辖,北跨班戈县(图1-1)。交通较为便利。最高海拔为6373m,最低海拔为3680m。河流众多,均属雅鲁藏布江水系。

第三节　地质研究程度及主要成果

中华人民共和国成立以前,仅有少数国外地质工作者对西藏的地质工作作过一些调查和研究,涉足测区,资料零星。

测区基础地质调查研究工作始于1950年。以李璞为首的地质调查组填补了我国学者在西藏地质调查的空白,于此揭开了测区地质矿产工作的新篇章。不同历史时期、不同目的任务、不同程度要求、不同技术措施等,使测区地质矿产调查和科学研究程度参差不齐,百家争鸣,进而也使测区地质工作程度总体较高。现依时序对先后开展过的地质、矿产、物化探及科研成果进行回顾和归纳总结。

一、路线考察和重点找矿

(1)1951—1953年,中国科学院(以下简称"中科院")西藏工作队李璞等,进行了涉及测区的1∶50万路线地质调查,对念青唐古拉变质岩系等地层进行了初步划分。

(2)1957年,西藏地质局811队,在日喀则东大竹卡至哲西仲一带开展超基性岩普查。

(3)1961—1962年,西藏地质局拉萨地质队在拉萨西部地区进行1∶100万路线找煤,仅涉及测区东部地区。

(4)1962年,中科院西藏综合考察队,开展西藏高原中部地质矿产专业普查,涉及测区中南部的日喀则—白朗—仁布一带。

(5)1962年,西藏工业局地质大队藏南队,在西藏泽当—日喀则地区进行区域地质测量,涉及测区东南部。

(6)1963年,西藏工业局地质大队藏南队,在测区大竹卡一带开展超基性岩普查。

(7)1964年,西藏工业地质局地质大队,在日喀则地区彭错林—谭玛进行找煤普查。

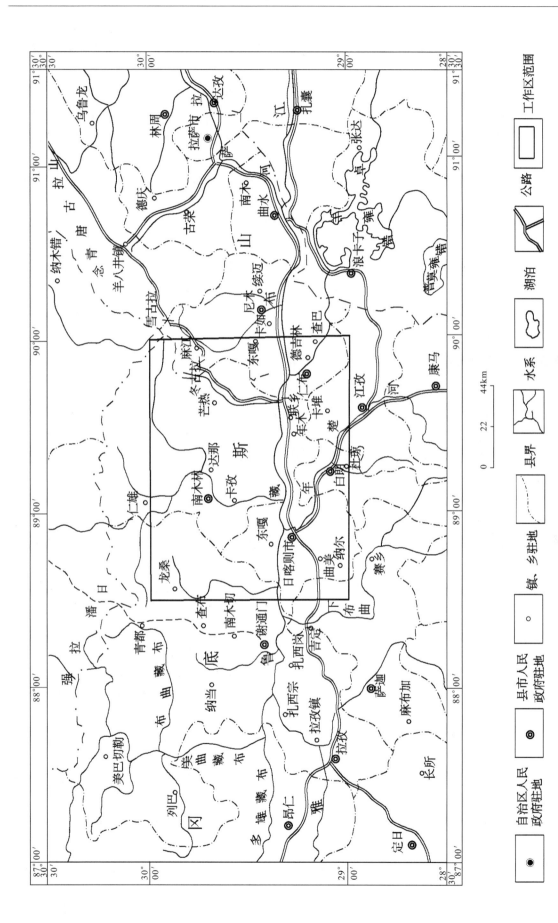

图1-1 测区交通位置图

(8) 1971年,西藏地质局第二地质大队,在测区大竹卡—白朗地段进行超基性岩铬铁矿普查。

(9) 1972年,西藏地质局,在尼木县安岗—央子甲一带开展1∶10万金路线地质调查,仅涉及测区东缘。

(10) 1972年,西藏地质局第三地质大队,在日喀则西开展东嘎煤矿区详查。

(11) 1973—1976年,中科院青藏高原综合考察队,编著并出版有《西藏地质构造》、《西藏岩浆活动和变质作用》、《西藏第四系地质》等系列丛书,涉及测区重点地段和关键部位,对开展本项目工作具有重要的参考价值。

(12) 1974年,中科院珠穆朗玛峰科学考察队,对珠穆朗玛峰北坡地区进行科学考察,涉及测区西南部。

(13) 1975年,中科院青藏高原综合科学考察队,进行青藏高原综合科考,涉及测区日喀则—白朗一带。

(14) 1975年,西藏地质局综合普查大队,在测区东北部邬郁—羊八井一带进行地质调查。

(15) 1976年,西藏地质局综合普查大队,在日喀则南部地区开展找磷路线地质调查。

(16) 1977年,西藏地质局第一地质大队,在藏南定日、岗巴、日喀则地区开展中生界地层调查研究。

二、区域调研和综合科考

(1) 1977—1983年,西藏地质局综合普查大队,开展1∶100万日喀则幅、亚东幅区域地质(矿产)调查,涵盖整个测区,且在区内有五条主干地质调查路线。该项工作合理建立了测区区域地层系统,对侵入岩进行了相带划分,并确定了侵入时代。并同时在雅江南侧首次发现蓝闪石等变质矿物组合。研究了区域地质构造及发展史,并对区域成矿地质条件进行了初步探讨。此项调查成果为本次进行1∶25万日喀则市幅区域地质调查奠定了良好的基础。

(2) 1980年,西藏地质局第二地质大队,在藏南日喀则—昂仁地段踏勘找矿,涉及测区西南部。

(3) 1980—1982年,中国地质科学院、法国国家科学研究中心,开展喜马拉雅山地质构造和地壳上地幔的形成和演化的研究,主要涉及区内雅江以南地区。出版有《中法喜马拉雅考察成果》(1984)、《喜马拉雅地质Ⅱ》(1984)。该成果是本次区调的重要参考文献。

(4) 1980—1987年,成都地质矿产研究所,开展青藏高原形成演化与主要矿产分布规律研究,运用板块构造观点论述了青藏高原的隆升模式,并出版了《青藏高原大地构造与形成演化》(1988)等系列专著。

(5) 1986—1993年,西藏地质矿产局(以下简称"地矿局")区域地质调查大队,编著的《西藏板块构造-建造图及说明书》(1989)、《西藏自治区区域地质志》(1993)相继出版。比较系统地研究和总结了西藏几十年来的地质成果,特别是西藏板块构造理论的建立,全方位地展现了西藏大地构造格局,为研究青藏高原的形成与演化提供了思路。

(6) 1988—1991年,江西地矿局物化探大队,开展1∶50万日喀则幅区域化探扫面工作,涵盖测区。并在区内圈出23处综合异常,提出4个找矿远景区,划分出6个找矿靶区。

(7) 20世纪80年代,余光明、王成善等编著出版《西藏特提斯沉积地质》,该书系统阐述了西藏地区的侏罗系、白垩系及第三系地层、古生物群落及岩相古地理特征。

(8) 1990年,中科院、英国皇家学会,联合进行中、英青藏高原综合地质考察,涉及图区中南部和东北部。

(9) 1991—1992年,西藏地矿局第二地质大队,对尼木县冲江含银斑岩型铜矿进行了检查,认为成矿受控于北东向、北西向构造带,构造蚀变类型复杂,提交了矿点检查报告。

(10) 1992—1994年,西藏地矿局区域地质调查大队,编著出版《西藏自治区岩石地层》(1997

年),建立了西藏全区的岩石地层序列。

(11)1993—1997年,西藏地矿局区域地质调查大队,开展1:20万谢通门幅、南木林幅区域地质(矿产)调查,涉及测区中北部(北纬29°20′—30°00′),涵盖图区总面积的2/3,是本次区调的编图区。该项工作在地层方面运用多重地层划分、对比和造山带地层学(非史密斯地层学)的理论,建立和完善了编图区的岩石地层系统,比较准确、客观地反映了区域地层的时代和演化规律;并在念青唐古拉岩群下岩组二云斜长片麻岩中获得2210±14Ma～2410±47Ma钐钕法模式年龄。运用岩石谱系单位的划分原则和方法,对中酸性侵入岩进行了详细的填绘并进行了单元、超单元划分,且总结了区域岩浆的空间变化规律和定位时代,进行了成因探讨。归纳总结了火山岩的层位、时代、岩性、岩相特征和空间变化规律;对变质地质体进行了详细的填图,并总结了变质作用特点。对区域地质构造特征进行了较为系统的总结,比较合理地解释了各种地质作用与构造运动间的相互关系,收集和发现了一批矿床、矿(化)点、热泉点,总结了区域矿产的形成及分布规律。该项调查为测区开展1:25万区域地质调查奠定了坚实基础,是本次工作的修测图区。

(12)1999年,王成善等编著《西藏日喀则弧前盆地与雅鲁藏布江缝合带》一书,系统分析和总结归纳了测区日喀则弧前盆地的形成与演化特征,初步推测可能存在古老蛇绿岩地质体。该书对本次区调开展海底扇工作和弧前盆地的研究提供了可以借鉴的资料信息。

(13)1998—2000年,中国地质调查局航遥中心,开展青藏高原中西部1:100万航空磁测,并在测区发现两条近平行的正磁异常带,且发现雅江之北的磁异常强度显著高于白朗蛇绿岩带,并推测雅鲁藏布江缝合带可能存在双超基性岩带,且具两次张裂、两次缝合特征。

第四节 完成工作量及报告编写

一、完成工作量

根据批准的设计书和中国地质调查局要求,实物工作量完成情况见表1-1。

表1-1 完成实物工作量表

序号	项目名称	单位	修测区		实测区	
			原完成	现完成	完成量	设计量
1	填图面积	km²	10 564		5400	5400
2	路线长度	km	1804	50	1208.9	1200
3	地质观测点数	个	1203	27	951	
4	实测地层剖面	km	61.51		89.05	49.5
5	实测岩体剖面	km	127.05	10.02	26.21	
6	地质构造剖面	km	55.6		152.76	156
7	陈列样品	件	1520	60	421	
8	岩矿薄片	件	1340	50	681	700
9	光片		135			
10	硅酸盐样	件	107	9	105	30
11	碳酸盐样	件	2			17
12	定量光谱	件	320	9	153	30

续表 1-1

序号	项目名称	单位	修测区		实测区	
			原完成	现完成	完成量	设计量
13	稀土分析	件	73	9	108	10
14	微量分析	件	150		7	7
15	试金分析	件	150		12	12
16	粒度分析	件	16		47	25
17	定向薄片	件	21	7	8	15
18	电子探针	件	11		16	40
19	包体测温	件		10		20
20	热释光样	件			10	
21	ESR 样	件			5	
22	^{14}C 测年样	件			6	10
23	同位素年龄样	件	27	1	6	
24	同位素组成样	件	2	1	4	
25	大化石	件	98		175	40
26	微体化石	件	26		16	10
27	孢粉样	件			18	6
28	对比人工重砂	件	42			
29	找矿人工重砂	件			7	5
30	溪流人工重砂	件	3313			
31	阶地人工重砂	件	72			
32	重砂异常检查	处	39			
33	矿(化)点检查	处	40		3	
34	地质照片	张		80	638	
35	数码照片	张		170	758	
36	录像资料	min		80	370	

二、报告编写

参加项目野外工作的技术人员有：胡敬仁、王金光、尼玛次仁、陈国结、范跃春、孙中良、刘瑞国、张相国、张小疆、高体钢、微普琼、张兴国、格桑索朗、巴桑次仁。后勤人员有：杨光明、罗建军、尼珠、刘保国、代义、吉米。

报告编写人员有：胡敬仁、范跃春、微普琼、刘瑞国、陈国结、孙中良、尼玛次仁，张相国。最后由胡敬仁定稿完善。

第二章 地 层

第一节 概 述

测区处于滇藏地层大区之冈底斯-腾冲地层区南部与喜马拉雅地层区北部,广泛发育中、新生代地层,局部出露前震旦系和古生界地层,出露总面积9770km²,占调查区总面积的61%。

一、构造地层区划分

以联珠-吓巴断裂、强堆-察巴断裂为界,将地层进一步划分为冈底斯-腾冲地层区(包括措勤-申扎地层分区、隆格尔-南木林地层分区),雅鲁藏布地层区(包括蛇绿岩分区、拉孜-萨嘎分区)及喜马拉雅地层区(康马-隆子地层分区)(图2-1)。

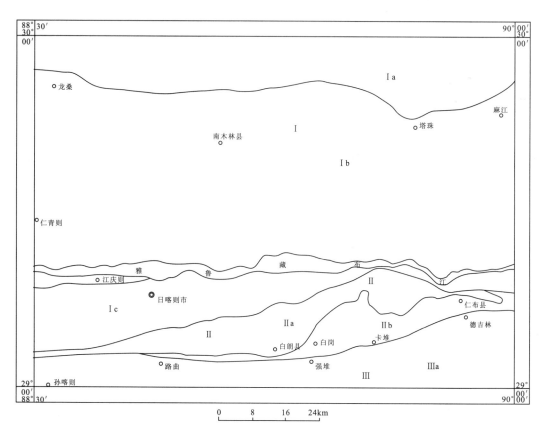

图2-1 地层区划及主要地层剖面位置图

Ⅰ:冈底斯-腾冲地层区(Ⅰ$_a$:措勤-申扎分区;Ⅰ$_b$:隆格尔-南木林分区;Ⅰ$_c$:日喀则分区);
Ⅱ:雅鲁藏布地层区(Ⅱ$_a$:蛇绿岩分区;Ⅱ$_b$:拉孜-萨嘎分区);Ⅲ:喜马拉雅地层区(Ⅲ$_a$:康马-隆子分区)

二、岩石地层单位划分

对不同时代的地层,以《中国地层指南》和《国际地层指南》为依据,以多重地层划分为基础,在原有"群"、"组"、"段"基础上,采用归并、分别套用等不同方式,重新厘定测区岩石地层单位。对前震旦纪中深变质岩系按构造(岩石)地层单位命名(表2-1)。

第二节 冈底斯-腾冲地层区

冈底斯-腾冲地层区地层发育比较完整。中生界、新生界分布较广泛,发育前震旦系念青唐古拉岩群。

一、前震旦系

前震旦系念青唐古拉岩群孤岛状分布于堪珠、雪古拉等地,隶属措勤-申扎分区,呈NE-SW走向,出露面积约60km^2。主要岩性为片麻岩、石英岩、大理岩、长石石英岩等。岩石变质变形强烈,发育韧性剪切及塑性变形,局部混合岩化,具高绿片岩相至角闪岩相变质,南北分别与嘎扎村组和年波组火山岩呈断层接触,被渐新世—中新世花岗岩侵入。其由底到顶可划分为雪古拉岩组(AnZNqx.)、堪珠岩组(AnZNqk.)。念青唐古拉岩群划分沿革见表2-2。

(一)构造岩石地层单位划分及特征

念青唐古拉岩群为一套中深变质杂岩,以片麻岩及大理岩为标志,据剖面岩石组合及变形变质特征,构造接触关系,面理倾向北东的单斜层,顶底不全。可划分为雪古拉岩组、堪珠岩组二个岩组。

1. 雪古拉岩组片麻岩段(AnZNqx.)

该岩段主要为灰、深灰色黑云斜长石英片岩、二云斜长片麻岩、黑云斜长变粒岩夹二云石英片岩及灰白色中厚层石英岩,未见底,叠置厚度大于354m。岩石变形强烈,片麻理已发生褶皱,肠状构造十分发育,原生面理已完全被新生面理置换。与上覆堪珠岩组石英岩段韧性剪切断层接触。

2. 堪珠岩组(AnZNqk.)

(1)石英岩段:主要为灰白色中厚层状二云正长石英岩、块状变粒岩、铁铝榴石黑云斜长变粒岩夹灰白色二云正长石英片岩、黑云斜长浅粒岩,厚度大于625m。岩石致密坚硬,中厚层状,地貌上常形成陡壁,岩石的片理与原始层理(S_0)一致,变形程度弱于片麻岩段。与上覆大理岩段韧性断层接触。

(2)大理岩段:主要为浅灰绿色条带状角闪透辉大理岩、浅灰色条带状透辉大理岩,夹少量灰白色二云石英片岩,厚106m。该岩段岩性稳定,可作为区域对比标志。大理岩具条带状构造,发育一系列宽缓的褶皱,泥质夹层内劈理发育,面理置换明显,局部显示变余层理。与上覆长石石英岩段韧性断层接触。

(3)长石石英岩段:主要为灰、灰白色中厚层状变质长石石英砂岩,灰、灰白色中厚层状石英岩夹少量二云石英片岩,厚度大于470m。该岩段变质程度相对较浅,见有变余层理,以变质长石石英砂岩为特征与上、下岩性段分开。顶部被第三纪(古近纪+新近纪)花岗岩侵入。

表2-1 测区（构造）岩石地层单位划分简表

地层分区 / 地质年代及代号	冈底斯-腾冲地层区 措勤-申扎分区	冈底斯-腾冲地层区 隆格尔-南木林分区	雅鲁藏布地层区 蛇绿岩分区	雅鲁藏布地层区 拉孜-萨嘎分区	喜马拉雅地层区 康马-隆子分区
第四纪 全新世 Qh	Qh^l沼泽堆积	Qh^{eol}风积	Qh^{al}冲积		
第四纪 晚更新世 Qp_3	Qp_3^{pal}洪冲积	Qp_3^{pl}洪积	Qh^{pl}洪积		
第四纪 中更新世 Qp_2	Qp_2^{dl}坡积	Qp_2^{gl+pl}冰川、冰水堆积	Qp_3^l湖积		
第四纪 早更新世 Qp_1	Qp_1^l湖积				
新近纪 上新世 N_2	邬郁群 N_2Wy	宗当村组 N_2z			
新近纪 中新世 N_1		嘎扎村组 N_1m 芒乡组 N_1m 大竹卡组 E_3-N_1d^a 日贡拉组 E_3-N_1d^b 三段 E_3-N_1d^c 二段 E_3-N_1d^d			
古近纪 渐新世 E_3	帕那组 E_3p	秋乌组 E_3q			
古近纪 始新世 E_2	年波组 E_2n	旦师庭组 K_2-E_2d	柳区群 $E_{1-2}Lq$ 二段 $E_{1-2}Lq^2$ 一段 $E_{1-2}Lq^1$		
古近纪 古新世 E_1	典中组 E_1d				
白垩纪 晚白垩世 K_2		设兴组 K_2s^2 二段 K_2s^1 一段 K_2s^1 塔克那组 K_2t 楚木龙组 K_2c 林布宗组 K_1-K_2Sr	昂仁组 K_2a 三段 K_2a^3 二段 K_2a^2 一段 K_2a^1 冲堆组 K_2cd		甲不拉组 K_1j
白垩纪 早白垩世 K_1		比马组 K_1b 麻林下组 J_3m	白朗蛇绿岩群 $J_3K_3B_r$ 桑祖岗灰岩 $J_3K_3B_z$ 三段 $J_3K_3B_r^3$ 二段 $J_3K_3B_r^2$ 一段 $J_3K_3B_r^1$	嘎学群 J_3K_3G 二段 $J_3K_3G^2$ 一段 $J_3K_3G^1$	维美组 J_3w
侏罗纪 晚侏罗世 J_3					遮拉组 $J_{2-3}z$
侏罗纪 中侏罗世 J_2				郎学岩群 T_3L	日当组 $J_{1-2}r$
侏罗纪 早侏罗世 J_1				仁布构造混杂岩 $T_3$$T_1m$·sm 末热岩组 T_3s	田巴群 JT 涅如组 T_3n 三段 T_3n^3 二段 T_3n^2 一段 T_3n^1
三叠纪 晚三叠世 T_3	下拉组 P_1x				路曲砂泥质沉积混杂岩 T_3S^1m·sm
二叠纪 早二叠世 P_1	昂杰组 C_2a				
石炭纪 晚石炭世 C_2	拉嘎组 C_2l				
石炭纪 早石炭世 C_1	永珠组 C_1y				
前震旦纪 新元古代 AnZ	念青唐古拉岩群 堪珠岩组 长石石英岩段 $AnZWd$ 大理岩段 石英岩段 雪古拉岩组 $AnZNpx$				拉轨岗日岩群 $AnZLg$

表 2-2 念青唐古拉岩群划分沿革表

李璞等(1995)	青海石油队(1957)	1:100万拉萨幅(1979)	1:100万日喀则幅(1983)	《西藏自治区区域地质志》(1993)	本书		
拉更拉片岩系（古生界）	前寒武系	片岩系（元古界）	早古生界	前震旦系	念青唐古拉群	前震旦系	念青唐古拉群—特殊岩群（杂岩）	前震旦系	念青唐古拉岩群	堪珠岩组	长石、石英岩段
								大理岩段
								石英岩段
念青唐古拉片麻岩系（前寒武系）		片麻岩系（太古界）					雪古拉岩组	片麻岩段

(二)地质时代

同位素测试样品均采自雪古拉岩组片麻岩及相当层位中(表 2-3)。其同位素年龄可与聂拉木群对比，其时代应为前震旦纪。

表 2-3 念青唐古拉岩群同位素年龄值一览表

取样位置	岩性	年龄值(Ma)	测年方法	资料来源
羊八井西北冷青拉	黑云母片麻岩	1250	U-Pb	许荣华(1985)
	片麻岩	2000	U-Pb	潘杏南(1988)
桑日县沃卡电站		1920	U-Pb	西藏水利勘查设计院(1993)
工布江达县加兴	绿片岩	466	Sm-Nd	青海区综队七分队(1993)
	石英片岩	507.7	Rb-Sr	
	绿片岩	1516	Sm-Nd	
邬郁堪珠	斜长片麻岩	2210~2420±47	Sm-Nd	西藏区调队一分队(1995)
	混合花岗岩	40~10	K-Ar	中国地质科学院地质力学所(?)

二、古生界

测区古生界包括石炭系、二叠系，出露于普当、则布一带，属措勤-申扎地层分区。划分沿革见表 2-4。

表 2-4　永珠组、拉嘎组、昂杰组、下拉组划分沿革表

夏代祥等 (1979—1983)		杨式溥、范影年 (1982)	林宝玉 (1981—1983)	1:100 万日喀则幅 (1983)		《西藏自治区 区域地质志》 (1993)	《西藏自治区 岩石地层》 (1997)	1:20 万南 木林幅及 本书
下拉组 P_1		下拉组 P_1	下拉组 P_1	下拉组 $P_1 x$		下拉组 P_1	下拉组 $P_1 x$	下拉组 $P_1 x$
			日阿组 P_1			日阿组 P_1		
昂杰组 C_3		朗玛日阿组 C—P	昂杰组 C_2	朗玛日群 C_2	昂杰组 $C_2 a$	昂杰组 $C_2 a$	昂杰组 $C_2 a$	昂杰组 $C_2 a$
		昂杰组 C_3						
永珠群 C_{1-2}	上组	斯新组 C_2	拉嘎组 C_2		斯新组 $C_2 s$	斯新组 $C_2 s$	拉嘎组 $C_2 l$	拉嘎组 $C_2 l$
	下组	永珠段 C_1	永珠公社组 C_1	永珠群 C_2	中上段	永珠群 $C_1 yn$	永珠群 $C_1 y$	永珠组 $C_1 y$ 未见底
							查果罗马组 $(D_2—C_1)c$	
查里罗马组 $D_3—C_2$		巴日阿朗寨组	洛工组 C_1		下段			
				查果罗马组($D_3 c$)				

（一）永珠组（$C_1 y$）

永珠组主要分布于南木林县甲嘎村罗扎藏布一带，带状近东西向展布，出露面积约 95km²。

1. 剖面描述

该剖面位于南木林县仁堆区普当乡罗扎藏布曲(图 2-2)。

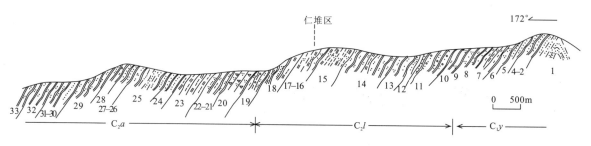

图 2-2　南木林县仁堆区永珠组、拉嘎组、昂杰组实测剖面图

上覆地层：拉嘎组（$C_2 l$）
灰色中厚层状含细砾变质砂岩
——————　整　合　——————

永珠组（$C_1 y$）　　　　　　　　　　　　　　　　　　　　　　　　　　　　　**厚 1757.12m**
　10. 深灰色厚层状变质长石石英砂岩　　　　　　　　　　　　　　　　　　　202.19m
　9. 深灰色中厚层状变质细粒石英砂岩　　　　　　　　　　　　　　　　　　211.42m
　8. 深灰色厚层状变质砂岩　　　　　　　　　　　　　　　　　　　　　　　184.53m
　7. 深灰色中厚层状变质粉砂岩夹深灰色千枚状黑云石英片岩　　　　　　　　216.46m
　6. 浅灰色厚层状变质砂岩夹灰色中层状变质石英砂岩　　　　　　　　　　　275.37m
　5. 灰色厚层状变质砂岩　　　　　　　　　　　　　　　　　　　　　　　　257.67m
　4. 浅灰色中厚层状变质砂岩　　　　　　　　　　　　　　　　　　　　　　 29.04m
　3. 灰色厚层状变质石英砂岩夹浅灰色变质粉砂岩　　　　　　　　　　　　　128.07m

| 2. 灰白色厚层状变砂岩 | 8.67m |
| 1. 浅灰色千枚状变砂岩 | >243.70m |

(背斜核部未见底)

2. 基本层序

永珠组基本层序可分为三种,底部为变中粒砂岩(中粒砂岩)—变细粒砂岩(细粒砂岩)—变粉砂岩(粉砂岩),中部为变粉砂岩(粉砂岩)—千枚状黑云石英片岩(泥岩),上部为变细粒砂岩(细粒砂岩)—变粉砂岩(粉砂岩)。总体上为海退层序。

3. 古生物组合特征及地质时代

永珠组在申扎地区发育最完整,并以含丰富的腕足类和珊瑚化石为特征。林宝玉、杨式溥、范影年、夏代祥等曾作过详细研究。将其时代厘定为早石炭世晚期。

(二) 拉嘎组($C_2 l$)

拉嘎组分布在南木林县仁堆区普当乡罗扎藏布—则学一带,带状展布,出露面积 200km²。主要岩性为灰色中厚层含砾变砂岩、灰白色厚层变石英砂岩、深灰色中—厚层变粉砂岩夹灰色千枚状二云石英片岩、二云片岩。岩石普遍遭受低级区域变质作用,变砂岩中基本保留了原岩的结构、构造,软弱层变形变质较强,原岩为泥岩、粉砂岩。拉嘎组以含砾砂岩、含砾板岩为特征与上下地层区分。普当乡一带,拉嘎组与上覆昂杰组、与下伏永珠组整合接触。

1. 剖面描述(图 2-2)

上覆地层:昂杰组($C_2 a$)　灰色厚层石英碎裂岩

――――――― 整　合 ―――――――

拉嘎组($C_2 l$)　　　　　　　　　　　　　　　　　　　　　　　　　**厚 2102.67m**

19. 浅灰色中厚层状变质粉砂岩夹灰色含砾板岩	83.70m
18. 灰色千枚状二云石英片岩夹灰白色变质石英砂岩	314.56m
17. 褐灰色千枚状绿泥二云石英片岩夹灰白色厚层状变质石英砂岩	169.75m
16. 灰白色碎裂状石英砂岩	11.48m
15. 浅灰色千枚状二云石英片岩	233.49m
14. 深灰色变质粉砂岩夹浅灰色千枚状绿泥二云片岩	342.70m
13. 灰白色厚层状碎裂变质石英砂岩夹深灰色中—薄层变质粉砂岩	343.73m
12. 浅灰色薄层变质砂岩夹浅灰色千枚状含石榴石黑云石英片岩	209.99m
11. 灰色中厚层状含细砾变质砂岩	393.27m

――――――― 整　合 ―――――――

下伏地层:永珠组($C_1 y$)　深灰色厚层状变质长石石英砂岩

2. 基本层序

该组基本层序可划分为四种类型:即底部潮道相含砾变砂岩(含砾砂岩)—变细粒砂岩(细粒砂岩),下部为二云石英片岩(粉砂质泥岩)—变粉砂岩(粉砂岩)—变细粒砂岩(细粒砂岩),顶部为变粉砂岩(粉砂岩)—含砾变砂岩(含砾砂岩)(图 2-3),每个基本层序厚 1.5~2m。总体为向上变浅的层序组,地层结构为进积加积式结构。

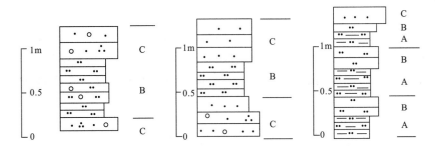

图 2-3 拉嘎组基本层序

3. 古生物组合特征及时代

在测区内生物化石稀少，但在申扎地区较富集，以腕足类为主，并含少量小型单体珊瑚。夏代祥、杨式溥、范影年等研究了该组中生物化石，时代应为晚石炭世。

（三）昂杰组（C_2a）

昂杰组主要分布于测区北部则学一带，腩阿等地零量出露，呈近东西向带状展布，出露面积358km²。主要岩性为下部以灰色中厚层状变粉砂岩、变质砂岩、灰色厚层状变石英粉砂岩、灰白色中厚层状变质石英细砂岩夹深灰色千枚状二云片岩；上部为灰黑色砂质绢云板岩、深灰色含砾砂质绢云板岩与灰黑色中厚层状中粗粒岩屑杂砂岩、灰色薄层状变质不等粒长石石英杂砂岩互层。岩石普遍遭低级区域变质，变砂岩中基本保留有原岩的结构构造。变粉砂岩、片岩类变形较强，原岩为泥质粉砂岩、粉砂质泥岩。与下伏拉嘎组整合接触，与上覆连续沉积的下拉组灰岩区分，且呈整合接触。在谢通门青都乡昂杰组与下拉组接触处之砂岩层内见有灰岩角砾，存在沉积间断。

1. 剖面描述（图 2-2）

昂杰组（C_2a） （第四系冲洪积覆盖，未见顶） 厚 2754m

33. 青灰色中厚层状变质粉砂岩	40.70m
32. 深灰色厚层状变质粉砂岩	278.47m
31. 浅灰色薄—中层状变质粉砂岩	148.90m
30. 深灰色厚层状变质砂岩	79.38m
29. 灰色中厚层状变质粉砂岩	349.32m
28. 灰色厚层状变质石英粉砂岩	202.47m
27. 深灰色薄层变质粉砂岩	57.33m
26. 灰白色厚层状变质砂岩	101.61m
25. 灰色厚层状变质石英粉砂岩夹灰色千枚状粉砂岩	588.11m
24. 灰白色厚层状变质砂岩	82.87m
23. 深灰色千枚状二云片岩	431.24m
22. 灰白色中厚层状变质石英细砂岩夹灰色薄层变质粉砂岩	34.35m
21. 灰色厚层状变质砂岩	148.80m
20. 灰色厚层状石英碎裂岩	210.20m

———— 整 合 ————

下伏地层：拉嘎组（C_2l） 浅灰色厚层状变质粉砂岩夹灰色含砾板岩

2. 基本层序

昂杰组基本层序可划分三种,底部的基本层序为由变细砂岩—变粉砂岩—二云片岩组成,该类型层序发育不全;中部的基本层序由岩屑杂砂岩(长石石英杂砂岩)—绢云板岩组成;上部的基本层序由灰岩—砂岩组成,该层序区内横向上分布不均,仅在测区麦弄一带见有出露(图2-4)。

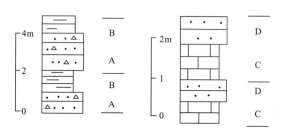

图2-4 昂杰组基本层序

3. 古生物组合特征及时代

古生物化石有珊瑚类 *Sqringopora* sp.,*Lonsdaleia* sp.(朗土德珊瑚),*Dibunophyllum* sp.(棚珊瑚),*Corwenia* sp.,*Clisiophyllum* sp.,*Aulophyllum* sp.;双壳类 *Nucula* sp.,*Paleoneilo* sp.;有孔虫(鎚科)*Sphaeroschwaqerina* sp.,*Sphaeroschwaqerina* cf. *uddeni*(Beede et Skinner),*Criboqenerina paraconica* Song,*Cribuostomum* cf.。

上覆下拉组的底界所示,昂杰组的顶界自西向东层位渐高,有明显穿时性,结合生物特征及同位素年龄值290Ma,其时代应归晚石炭世晚期。

(四)下拉组(P_1x)

该组主要分布于谢通门麦弄,南木林则学一带,带状近东西向展布,出露面积220km²。

该地层单位主要由一套碳酸盐岩组成,其岩性为灰白色中层—中厚层状结晶灰岩、细晶灰岩、浅紫红色厚层状角砾状灰岩、灰白色块层状大理岩、厚层状含蛇纹石大理岩,区域上局部夹粉砂岩。产珊瑚、腹足类、双壳类、腕足类化石。岩石局部遭受低级区域变质作用,变质岩为大理岩、蛇纹石化大理岩,变形较弱。

下拉组以出现大套连续的灰岩、大理岩组合为标志,产丰富的化石(珊瑚)。在谢通门麦弄一带,其与下伏昂杰组(C_2a)整合接触。在麦弄村昂杰组与下拉组接触处砂岩中含灰岩角砾,代表存在沉积间断。

1. 剖面描述

剖面位于谢通门龙桑区麦弄村打张,剖面层序清楚,为一南倾单斜层(图2-5)。

下拉组(P_1x)	(向斜核部,未见顶)	**厚1007.8m**
5. 浅灰—灰色中层状细晶灰岩,产珊瑚、腹足类化石碎片		160m
4. 灰白色块层状大理岩		200m
3. 灰白色厚层状含蛇纹石大理岩		297.6m
2. 浅紫红色角砾状大理岩		178.8m
1. 灰白色中层结晶灰岩		171.4m

──────── 整 合 ────────

下伏地层:昂杰组(C_2a)　深灰色中层状细粒石英砂岩夹深灰色中厚层状结晶灰岩

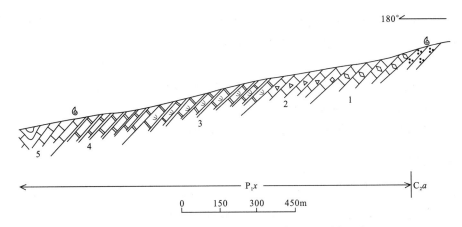

图 2-5　谢通门县龙桑区麦弄村下拉组实测剖面图

2. 基本层序

测区该组基本层序可划分为二类,底部基本层序为结晶灰岩—角砾状灰岩,主要分布于谢通门县龙桑区。中上部基本层序为中厚层蛇纹石化大理岩—块状大理岩,分布较广。

三、中生界

中生界分布于南木林、邬郁、拉嘎、日喀则等地。出露面积为 $1715km^2$。分属隆格尔—南木林分区。

(一) 桑日群(J_3K_1Sr)

该群主要分布于雅鲁藏布江北岸之塔马、土布加、东嘎一带,近东西向展布,零星分布,出露面积约 $180km^2$。由下至上划分为麻木下组(J_3m)、比马组(K_1b),主要为火山-沉积岩建造。

桑日群一名由西藏地质局第二地质大队徐宝文等(1979)命名,其划分沿革见表 2-5。

表 2-5　桑日群划分沿革表

西藏第二地质大队(1979)		王乃文(1983)		1:100万日喀则幅(1983)	1:20万拉萨幅(1991)	1:20万下巴淌(沃卡)、加查幅(1995)		《西藏自治区岩石地层》(1997)		1:20万南木林幅及本书	
桑日群(J_3—K_1)	比马组	桑日群(K_1)	比马组	白垩系(未分)(K)	旦师庭组 K_1d	桑日群(J_3—K_1)	比马组 K_1b	桑日群(J_3—K_1)b	比马组 K_1b	桑日群J_3K_1Sr	比马组 K_1b
	麻木下组		麻木下组		比马组 K_1b						
					麻木下组 J_3m		麻木下组 J_3m		麻木下组 J_3m		麻木下组 J_3m

1. 麻木下组(J_3m)

该组零星出露于南木林县土布加一带,呈北东向狭窄带状展布,出露面积仅 $14km^2$。岩性以灰白色中厚层状大理岩夹少量变砂岩为特征与上覆比马组变质砂岩区分,且呈整合接触,并被花岗闪长岩侵入。

1)基本层序

麻木下组基本层序可划分两种类型:即下部鲕粒滩相结晶灰岩—鲕粒灰岩(团块灰岩),上部浅海陆棚相粉晶灰岩—生物碎屑灰岩。组成退积式地层结构。

2)古生物组合特征及地质时代

该组产丰富的化石,主要有珊瑚、腹足类、双壳类。除少数分子为早白垩世外,其中珊瑚类及腹足类等常为晚侏罗世分子,其余种属时代多为晚侏罗世—早白垩世。双壳类时代为晚侏罗世。麻木下组的时代归于晚侏罗世。获火山岩黑云母 K-Ar 同位素年龄 92~125Ma。

2. 比马组(K_1b)

沿雅鲁藏布江北岸塔马、野马、土布加、宗嘎一线分布,呈近东西向带状断续出露。另在雅鲁藏布江南岸那波一带零星出露,面积约 166 km²。主要为中性火山岩,夹中酸性火山岩及黑灰色板岩和结晶灰岩、泥灰岩、砂岩、粉砂岩。

由于岩体侵吞,在区内呈残留体,出露不全,岩石普遍遭受了区域变质,测区以一套火山岩、碎屑岩、大理岩组合为特征与其他岩石地层区分。在南木林县土布加一带,其与下伏麻木下组整合接触。

1)剖面描述

剖面位于努玛乡扎堆村一带(图 2-6)。

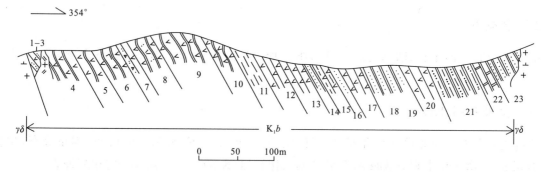

图 2-6 南木林县努玛乡扎堆比马组实测剖面图

比马组(K_1b)	(未见顶)	厚 2952.7m
23. 灰色中厚层状变粉砂岩		166.82.m
22. 灰白色厚层状大理岩		73.15m
21. 灰绿色中层状粉砂质泥岩		109.30m
20. 灰绿色厚层状安山岩		306.44m
19. 灰色中层状变细砂岩		113.56m
18. 紫灰色层状变细砂岩		75.58m
17. 灰白色中层状安山岩		147.02m
16. 灰白色中层状变粉砂岩		135.88m
15. 浅灰色厚层状安山岩		103.20m
14. 灰白色中厚层状变粉砂岩		64.08m
13. 浅灰色块状蚀变英安岩		134.05m
12. 浅灰色块状安山岩		132.20m
11. 灰色板状千枚岩		149.08m
10. 深灰色中厚层状变安山岩		150.85m
9. 灰白色中厚层状变安山岩		308.60m
8. 灰绿色中层状变安山岩夹灰白色条带状变凝灰岩		130.15m

7.灰绿色块层状变安山岩夹浅灰色中层状细粒变岩屑砂岩	84.50m
6.浅灰色中厚层状变安山岩夹灰绿色块层状玄武安山岩	114.50m
5.绿灰色块层状安山岩	159.20m
4.灰色厚层状变安山岩夹灰绿色块层状变安山岩	172.45m
3.灰白色中层状变细砂岩	51.32m
2.深灰色黑云角闪片岩夹灰白色中层状变粉砂岩	47.42m
1.灰白色中层状变质长石石英杂砂岩	22.75 m

(未见底)

2）古生物组合及时代

采获化石有：*Orbitolina*(*Palorbitolina*), *Ienticula*(Blumenbach)(凸镜古圆笠虫), *O.*(*Orbitolina*) sp.(古圆笠虫), *O.*(*Orbitolina*)*banqoinica* Zhang(斑戈圆笠虫), *Mesorbitolia* sp.(间圆笠虫未定种)。地质时代为早白垩世阿尔必期(Alb)—赛诺曼期(Cenoman)。

(二)林布宗组(J_3K_1l)

该组出露于谢通门县拉嘎乡查嘎一带，面积约13.3km^2。主要岩性为灰色砂岩、板岩、炭质板岩。与上覆地层楚木龙组呈整合接触。接触面处见沼泽相的炭质板岩，顶部发育风化壳，接触处存在沉积间断。

1. 剖面描述

剖面位于谢通门县拉嘎乡冲党村(图2-7)。

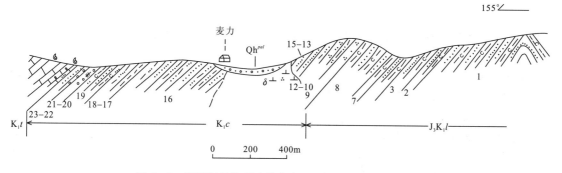

图2-7 谢通门县拉嘎乡林布宗组、楚木龙组实测剖面图

上覆地层：楚木龙组(K_1c)　灰白色中层细粒石英砂岩
———————— 整　合 ————————

林布宗组(J_3K_1l)	**厚 640.83m**
8.灰黑色炭质板岩夹灰色薄层状细粒砂岩	212.00m
7.深灰色炭质板岩与灰色中层细粒砂岩互层	24.00m
6.灰黑色炭质板岩夹灰色中层细粒砂岩	17.60m
5.灰色炭质板岩夹灰色薄层细粒砂岩	11.16m
4.深灰色炭质板岩夹炭质页岩	29.40m
3.灰色炭质板岩夹灰色细粒砂岩	72.20m
2.灰色薄—中层炭质泥岩夹灰色细粒砂岩	19.73m
1.灰色中层细粒砂岩夹深灰色薄层炭质泥岩	254.74m

(未见底)

2. 基本层序

林布宗组基本层序可划分为两种类型,即下部三角洲平原相细粒砂岩—粉砂岩—板岩,每个基本层序厚3～5m,为退积式地层结构;上部沼泽相炭质板岩—细粒砂岩,每个基本层序厚6m,为进积型地层结构(图2-8)。

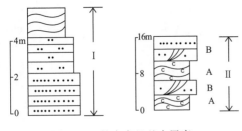

图2-8 林布宗组基本层序
(Ⅰ底部,Ⅱ顶部)

3. 古生物组合及地质时代

所获化石有菊石类:*Vivqatosphinct* sp., *Aspidoceras* sp., *Aulacoaphinctes* sp.;双壳类:*Pseudomonotis inorata*, *Nuculana*;植物:*Ptilaphyllum acutifoium*, *Cycadolepsis* sp., *Desmiophyllum* sp.等。林布宗组的时限为晚侏罗世提塘期—早白垩世凡兰吟期,其沉积具有穿时性。

(三)楚木龙组(K_1c)

楚木龙组分布于谢通门县拉嘎乡,南木林查嘎、邬郁一带,呈东西向零星分布。出露面积约88km²。主要岩性组合为灰—灰白色中厚层细粒石英砂岩、泥质粉砂岩、粉砂质泥岩夹杂色厚层中—细粒复成分砾岩及灰色中层含砾粗砂岩,与下伏、上覆地层均呈整合接触。

1. 剖面描述

剖面包括谢通门县拉嘎乡冲觉村剖面第9—23层(图2-7)。

上覆地层:塔克那组(K_1t)　灰白色中薄层状灰岩夹灰色含生物碎屑灰岩及灰色钙质板岩

—————— 整　合 ——————

楚木龙组(K_1c)　　　　　　　　　　　　　　　　　　　　　　　　　　　　厚1222.22m

23. 灰色薄—中层状细砂岩夹薄层粉砂质泥岩	21.50m
22. 灰色中层状含砾粗砂岩	4.90m
21. 杂色厚层状中—细粒复成分砾岩	31.28m
20. 杂色中层状细粒石英砂岩夹灰色薄层粉砂质泥岩	40.30m
19. 灰色薄层状含炭粉砂质泥岩夹砂岩透镜体	186.00m
18. 黄绿色薄层状含粉砂质泥岩夹灰色薄层细粒砂岩	72.80m
17. 黄绿色薄层泥岩	18.20m
16. 黄绿色粉砂质泥岩夹灰色细粒砂岩	400.64m
15. 灰色中层状细粒砂岩夹灰色泥质粉砂岩	136.87m
14. 灰色中层状泥质粉砂岩夹灰色薄层细粒砂岩	51.00m
13. 灰绿色厚层状细粒砂岩	34.00m
12. 灰色中厚层状细粒砂岩夹泥质粉砂岩	117.50m
11. 灰白色厚层状细粒石英砂岩	42.00m
10. 灰色薄层状粉砂质泥岩夹浅灰色厚层状细粒砂岩	28.00m
9. 灰白色中层状细粒石英砂岩	37.50m

—————— 整　合 ——————

下伏地层:林布宗组(J_3K_1l)　灰黑色炭质板岩夹灰色薄层细粒砂岩

2. 基本层序

基本层序可划分为四种类型：即底部河口沙坝相石英砂岩—粉砂岩，海滩相粉砂岩—细粒砂岩；下部为三角洲相粉砂质泥岩—粉砂岩—细粒砂岩，每个基层序厚1.5~4m，底部与下部组成退积式地层结构；上部为潮坪相泥质粉砂岩—细粒砂岩，每个基本层序厚0.5~1.5m；顶部为河口相砂砾岩—粗砂岩—细粒砂岩，每个基本层序厚10m，上部与顶部组成进积式地层结构（图2-9）。

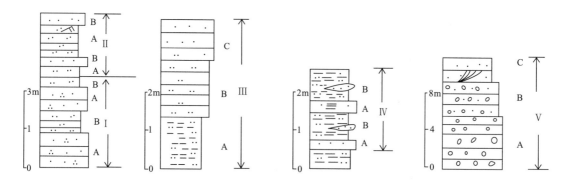

图 2-9 楚木龙组基本层序

（Ⅰ、Ⅱ为底部，Ⅲ为下部，Ⅳ为上部，Ⅴ为顶部）

3. 古生物组合与时代

在澎波农场牛马沟剖面采有植物、腹足类、双壳类等化石。上覆塔克那组下部含晚巴雷姆期（Barremian）的圆笠虫。楚木龙组的时代为欧特里夫期—早巴雷姆期。

（四）塔克那组（K_1t）

塔克那组分布于谢通门县拉嘎、南木林邬郁一带，近东西向展布，零星出露，面积约90km²。主要岩性为灰色中层状结晶灰岩、角砾状灰岩、砂质灰岩、生物碎屑灰岩夹粉砂质泥岩、泥质粉砂岩、灰色钙质板岩等。以连续出现的灰色调碳酸盐岩为特征，与下伏楚木龙组及上覆紫红色调的细碎屑岩设兴组相区分。且与下、上地层均为整合接触。

1. 剖面描述

剖面位于谢通门县拉嘎乡冲觉村（图2-10）。

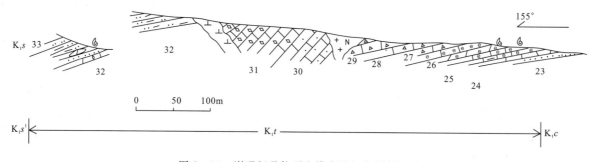

图 2-10 谢通门县拉嘎乡塔克那组实测剖面图

上覆地层：设兴组一段（K_2s^1）　紫红色薄—中层粉砂质泥岩

——————整　合——————

塔克那组（K_1t） 总厚 258.96m

32. 灰绿色泥质粉砂岩夹灰色厚层状泥灰岩，产双壳类化石碎片　　　　　　　　　48.00m
31. 灰色中层状结晶灰岩　　　　　　　　　　　　　　　　　　　　　　　　　　6.65m
30. 灰白色厚层状砂质灰岩　　　　　　　　　　　　　　　　　　　　　　　　　10.04m
29. 灰白色角砾状灰岩　　　　　　　　　　　　　　　　　　　　　　　　　　　90.80m
28. 灰白色厚层状细晶灰岩　　　　　　　　　　　　　　　　　　　　　　　　　34.40m
27. 灰色薄层状生物碎屑灰岩夹灰黄色粉砂质板岩　　　　　　　　　　　　　　　14.83m
　　圆笠虫：*Orbitolina texana*（得克萨斯圆笠虫）
　　　　　O. trochus
26. 灰色中层状含生物碎屑灰岩　　　　　　　　　　　　　　　　　　　　　　　11.97m
　　圆笠虫：*Orbitolina tibetica*（西藏圆笠虫）
25. 灰黑色中厚层状含炭质泥晶灰岩　　　　　　　　　　　　　　　　　　　　　15.75m
24. 灰白色中薄层状灰岩夹灰色含生物碎屑灰岩及灰色钙质板岩　　　　　　　　　26.52m
　　圆笠虫：*Orbitolina tibetica*
　　　　　O. scutum

―――――― 整　合 ――――――

下伏地层：楚木龙组（K_1c）　灰色薄—中层细砂岩夹薄层粉砂质泥岩

2. 基本层序

塔克那组基本层序可划分为两种类型：即下部开阔台地相灰岩—生物碎屑灰岩，每个基本层序厚 5～7m；中部灰岩—角砾状灰岩（砂岩），每个基本层序厚 30m 左右，组成退积式地层结构。

3. 古生物组合及地质时代

塔克那组产丰富的化石，有孔虫类：*Orbitolina tibetica*，*O. scutum*，*Orbitolina* sp.，*O.*（*Columnorbilina*）*microsphaerica*，*O.*（*Columno*）*tibetica*，*O.*（*C.*）*lhcuzh*，*O.*（*C.*）*penqboensis*；腹足类：*Ampullina* sp.，*Heithea parahoplites*，cf. *Acanthchoplites*；双壳类：*Heithea quinpuecostata*，*Asturte* sp.，*Plaqiostoma* sp.；脊椎动物：cf. *Lepidobotus*，cf. *Asteracanthus*；海胆类：*Hemiaster*（*Mecaster*）sp.，*Heteraster* sp. 等。

有孔虫时代为巴雷姆期—阿尔比期，菊石时代为阿普特期—阿尔比期，海胆类、腹足类为白垩纪面貌，最高层位为阿尔比期。塔克那组时代应为早白垩世晚期，相当于巴雷姆期—阿尔比期。

（五）设兴组（K_2s）

设兴组分布于谢通门县拉嘎，南木林县柯浪木、麻江等地，呈近东西向展布，零星出露，面积约 182 km²。主要岩性组合分为两段。

设兴组一段：紫红色泥质粉砂岩、粉砂质泥岩夹灰绿色薄层泥质粉砂岩、薄层泥灰岩，产丰富的圆笠虫化石，与下伏塔克那组呈整合接触。控制厚度 218m。

设兴组二段：灰色中厚层状生物碎屑灰岩、灰绿色薄层粉砂质泥岩、泥质粉砂岩呈互层出露。产丰富的双壳类、圆笠虫化石。控制厚度 374m。该段仅出露于拉嘎乡一带，区域上未见出露。与下伏设兴组一段整合接触，与上覆典中组（E_1d）呈角度不整合接触。该岩段顶部出现一层紫红色薄层状含铁质粉砂质泥岩。

1. 剖面描述

剖面位于谢通门县拉嘎乡冲觉村（图 2-11）。

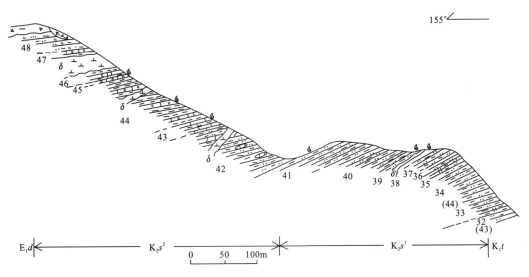

图 2-11 谢通门县拉嘎乡设兴组实测剖面图

上覆地层:典中组(E_1d) 灰绿色厚层状安山玄武岩

～～～～～～ 角度不整合 ～～～～～～

设兴组二段(K_2s^2) 厚 374.32m

48. 紫红色薄层状含铁粉砂质凝灰质泥岩 54.40m
47. 灰绿色粉砂质泥岩夹灰色薄层生物碎屑灰岩 9.35m
46. 灰绿色薄层泥质粉砂岩夹灰绿色砂质泥岩及生物碎屑灰岩透镜体 20.01m
45. 灰色中厚层状生物碎屑灰岩 4.35m
　　双壳类:*Disparilia* cf. *disparilis dorbiqny*(非洲称蛤不等比较种)
　　　　　 Sphaera sp.
44. 灰绿色薄层粉砂质泥岩夹灰色生物碎屑灰岩透镜体 115.89m
　　双壳类:*Porveniella* sp.(原小文蛤未定种)
　　　　　 Disparilia cf. *disparilis dorbiqny*(非洲称蛤不等比较种)
43. 黑灰色中薄层状灰岩与灰绿色含钙泥岩互层 18.80m
　　圆笠虫:*Orbitolina texana*(得克萨斯圆笠虫)
　　　　　 O. trochus
42. 灰绿色薄层粉砂质泥岩夹灰色硅质泥晶灰岩及生物灰岩透镜体 151.52m
　　双壳类:*Disparilia* cf. *disparilis dorbiqny*
　　　　　 Psedocardia sp.(假心蛤未定种)
　　　　　 Thyasira sp.(提氏蛤未定种)
　　　　　 Linearia sp.(线蛤未定种)
　　圆笠虫:*Orbitolina texana*(得克萨斯圆笠虫)
　　　　　 Orbitolina exana
　　　　　 O. minta

设兴组一段(K_2s^1) 厚 218.17m

41. 灰绿色薄—中层状泥质粉砂岩夹紫红色粉砂质泥岩 43.80m
40. 紫红色泥质粉砂岩与紫红色粉砂质泥岩互层 38.20m
39. 灰—绿灰色泥质粉砂岩夹浅灰色薄层泥灰岩 15.81m
　　圆笠虫:*Orbitolina tibetica*(西藏圆笠虫)
　　　　　 O. scutum

38. 灰绿色细砂岩夹泥质粉砂岩	8.67m

　　圆笠虫：*Orbitolina texana*

　　　　　　O. minta

　　　　　　Quinqueloculina sp.（五珙虫）

37. 紫红色薄—中层泥质砂岩夹灰绿色泥质粉砂岩	21.93m
36. 紫红色薄层粉砂质泥岩	8.80m
35. 灰绿色中薄层泥质粉砂岩	1.76m
34. 紫红色薄层粉砂质泥岩	11.70m
33. 紫红色薄—中层状粉砂质泥岩	67.50m

——————— 整　　合 ———————

下伏地层：塔克那组（K_1t）　紫红—灰绿色泥质粉砂岩夹灰色厚层泥灰岩，产双壳类化石碎片

2. 基本层序

设兴组基本层序可划分三种类型（图 2-12）：即一段潮坪相页岩—粉砂岩（粉砂质泥岩），粉砂岩中发育人字型交错层理，楔形交错层理，向上变粗层序，进积式地层结构；二段下部潮间带粉砂质泥岩—微晶灰岩，向上变细层序，退积式地层结构，上部潮上带页岩—生物碎屑灰岩（砂岩），粉砂岩—泥岩，向上变细层序，加积式地层结构。

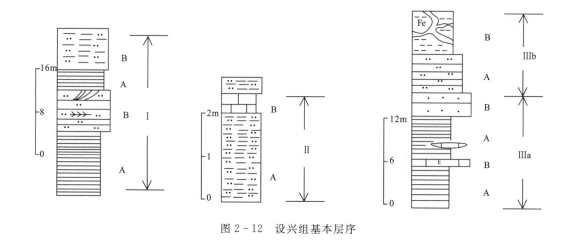

图 2-12　设兴组基本层序

3. 古生物组合及时代

采获了大量的生物化石，在一段中采获：*Orbitolina tibetica*，*O. scutum*，*Quinqueloculina* sp.；在二段中采获有双壳类：*Disparilia* cf. *disparilis dorbiqny*，*Sphaera* sp.，*Porveniella* sp.，*Psedocardia* sp.，*Linearia* sp.，*Thyasira* sp.。

区域上设兴组上覆林子宗群下部含晚白垩世中期秃顶龙类，下伏塔克那组为早白垩世晚期沉积。综上所述设兴组时代应为晚白垩世早中期，相当于赛诺曼期—康尼阿克期。

四、中生界—新生界

地层为旦师庭组（K_2E_1d），零星分布于南木林县孜东乡切奶普曲一带，出露面积约 59.6km²。划分沿革见表 2-6。

表 2-6　旦师庭组划分沿革表

西藏第二地质大队（1979）		王乃文（1983）		1:100万日喀则幅	1:20万拉萨幅（1991）	1:20万下巴淌（沃卡）加查幅（1995）	《西藏自治区岩石地层》（1997）	1:20万南木林幅及本书
桑日群（J_3—K_1）	旦师庭组	桑日群	旦师庭组 K_1	达多群（E_{1-2}）	丁拉组 Ed	旦师庭组 K_2Ed	茶里错群 $E_{1-2}Cl$	旦师庭组（K_2Ed）
					温区组 K_2w		温区组 K_2w	
					门中组 K_2m		门中组 $K_{1-2}m$	

主要岩性为一套中酸性火山熔岩及火山碎屑岩。以灰—灰绿色为基本色调，并以含火山角砾凝灰岩为特征。主要岩石类型有：玄武岩、角闪安山岩、粗安岩、安山质凝灰熔岩、辉石（角闪石）英安岩、安山质凝灰岩、英安质含角砾晶屑玻屑凝灰岩、火山角砾岩等。

1. 剖面描述

剖面位于南木林县孜东乡切奶普曲，周围被花岗岩体侵蚀，顶底不全（图 2-13）。

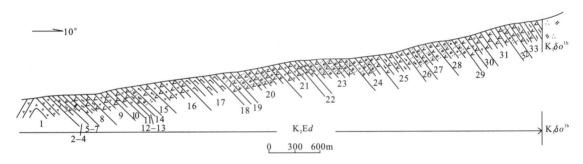

图 2-13　南木林县孜东乡切奶普曲旦师庭组实测剖面图

旦师庭组（K_2Ed）	（未见顶）	厚 4716.74m
33. 灰绿色中层状绿泥石化安山岩		411.38m
32. 紫红色中层状安山质豆状凝灰岩		114.68m
31. 紫灰色厚层状蚀变安山岩		368.50m
30. 灰绿色厚层状安山质火山角砾岩		88.45m
29. 灰绿色厚层状蚀变安山岩		121.90m
28. 绿灰色中层状安山质凝灰熔岩夹灰绿色中层状含火山豆凝灰岩		249.52m
27. 紫灰色厚层状安山质凝灰熔岩		193.36m
26. 灰白色中厚层状英安质凝灰熔岩		93.62m
25. 灰绿色中厚层状角闪安山岩		362.38m
24. 浅紫灰色中层状安山质凝灰熔岩		161.30m
23. 灰色厚层状安山质凝灰熔岩		342.25m
22. 浅紫灰色中层状火山角砾安山质凝灰熔岩		55.15m
21. 灰绿色厚层状安山质火山角砾岩		201.27m
20. 深灰色厚层状安山质凝灰熔岩		415.40m
19. 灰紫色中厚层状安山质凝灰熔岩		61.66m
18. 浅灰色中层状安山质玻屑凝灰岩		86.81m
17. 灰绿色厚层状玄武岩		411.43m
16. 灰绿色厚层状安山质火山角砾岩		18.91m

15. 灰白色中厚层状辉石安山岩	46.86m
14. 灰色厚层状含火山角砾英安质凝灰熔岩	37.13m
13. 灰色厚层状角闪安山岩	19.44m
12. 灰色厚层状安山质凝灰熔岩夹灰色中层含火山豆凝灰岩	14.76m
11. 灰绿色厚层状安山质火山角砾岩	87.50m
10. 灰绿色厚层状青磐岩化安山岩	88.40m
9. 灰色厚层状安山质火山角砾岩	189.42m
8. 灰色中层状绿泥石化安山岩	222.28m
7. 灰白色中层状凝灰熔岩	53.37m
6. 浅灰绿色厚层状绿帘石化粗安岩	6.68m
5. 灰色中厚层状角闪石英安山岩	30.05m
4. 灰色中厚层状含玻屑凝灰岩	14.20m
3. 灰色中厚层状角闪石英安山岩	37.60m
2. 灰色中厚层状玻屑凝灰岩	33.42m
1. 灰色中厚层状火山角砾岩	77.66m

(未见底)

2. 地质年代

旦师庭组迄今未有任何化石依据,邻区在安山岩中获得(Rb-Sr)同位素年龄值为 73.24 ± 18.54 Ma;在洞嘎获得安山岩(K-Ar)同位素年龄值为 52.8 ± 1.4 Ma、65.1 ± 2.6 Ma;沃卡在安山岩(K-Ar)中获得同位素年龄值为 25.46Ma。上述年龄值大致相当于古新世丹尼期—渐新世夏特期。

在区域上角度不整合覆于比马组之上。故将其时代置于晚白垩世—古近纪。

五、新生界

新生界主要分布于北部和中部,呈东西向带状、面状展布,属措勤-申扎地层分区及隆格尔-南木林地层分区。

(一)典中组(E_1d)

典中组由西藏区调队(1990)命名,广泛分布于谢通门县拉嘎、南木林县城及邬郁、麻江一带,呈东西向带状展布,出露面积约 $202km^2$。

岩性以中基性—中性熔岩为主,夹少量火山碎屑岩。宏观上以深灰—灰绿色为基本色调。主要岩性有玄武岩、安山岩、英安岩、含火山角砾熔岩、熔结火山角砾岩等。

在南木林县芒热乡其与上覆年波组呈角度不整合接触,因底部被中—细粒黑云角闪石英二长岩侵入,未见底。在达那乡其与上覆年波组呈角度不整合接触,与下伏设兴组呈角度不整合接触。

1. 剖面描述

剖面位于南木林县芒热乡董不弄附近,层序清楚,接触关系较清楚(图2-14)。

上覆地层:年波组(E_2n)　紫红色含火山角砾凝灰质砾岩

～～～～～～角度不整合～～～～～～

典中组(E_1d)	**厚1301.65m**
29. 灰紫色晶屑岩屑凝灰熔岩	36.25m

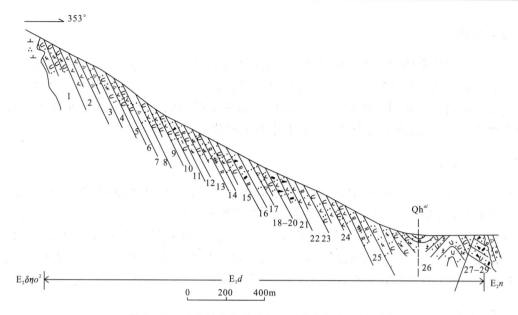

图 2-14　南木林县芒热乡董不弄典中组实测剖面图

28. 灰紫色含砾晶屑岩屑凝灰岩　　　　　　　　　　　　　　　　　　　　　11.09m
27. 灰紫色含火山角砾晶屑岩屑凝灰岩　　　　　　　　　　　　　　　　　　10.23m
26. 灰色英安质凝灰熔岩　　　　　　　　　　　　　　　　　　　　　　　　63.26m
25. 灰—浅灰绿色复屑熔结凝灰岩　　　　　　　　　　　　　　　　　　　　52.96m
24. 浅灰紫色安山质凝灰熔岩　　　　　　　　　　　　　　　　　　　　　　134.57m
23. 浅灰色安山质熔结凝灰岩　　　　　　　　　　　　　　　　　　　　　　10.13m
22. 浅灰绿色厚层状安山岩　　　　　　　　　　　　　　　　　　　　　　　11.89m
21. 浅紫灰色英安质岩屑晶屑凝灰岩　　　　　　　　　　　　　　　　　　　38.14m
20. 浅灰白色安山质凝灰熔岩　　　　　　　　　　　　　　　　　　　　　　3.42m
19. 灰白色安山质凝灰熔岩　　　　　　　　　　　　　　　　　　　　　　　8.10m
18. 浅灰色石英斜长安山岩,底部含火山角砾岩　　　　　　　　　　　　　　7.98m
17. 浅灰绿色厚层状凝灰质粉砂岩　　　　　　　　　　　　　　　　　　　　27.14m
16. 浅灰色安山质含岩屑晶屑熔结凝灰岩　　　　　　　　　　　　　　　　　53.59m
15. 浅灰色英安质凝灰熔岩　　　　　　　　　　　　　　　　　　　　　　　90.15m
14. 紫色厚层状复屑熔结凝灰岩　　　　　　　　　　　　　　　　　　　　　40.38m
13. 浅灰色英安质凝灰熔岩　　　　　　　　　　　　　　　　　　　　　　　63.53m
12. 灰紫色英安质熔结凝灰熔岩　　　　　　　　　　　　　　　　　　　　　28.53m
11. 灰色厚层状含岩屑晶屑凝灰熔岩　　　　　　　　　　　　　　　　　　　62.34m
10. 灰白色厚层状安山质熔结凝灰岩　　　　　　　　　　　　　　　　　　　41.15m
9. 浅紫灰色安山质凝灰熔岩　　　　　　　　　　　　　　　　　　　　　　　106.05m
8. 灰色含角砾熔结凝灰岩　　　　　　　　　　　　　　　　　　　　　　　　10.07m
7. 灰色火山角砾凝灰熔岩　　　　　　　　　　　　　　　　　　　　　　　　12.81m
6. 浅紫灰色安山质凝灰熔岩　　　　　　　　　　　　　　　　　　　　　　　39.84m
5. 灰色中厚层状安山质含角砾凝灰熔岩　　　　　　　　　　　　　　　　　　39.24m
4. 灰—浅紫色英安质凝灰熔岩　　　　　　　　　　　　　　　　　　　　　　43.85m
3. 灰白色英安质含火山角砾凝灰岩　　　　　　　　　　　　　　　　　　　　84.03m
2. 浅褐灰色安山岩　　　　　　　　　　　　　　　　　　　　　　　　　　　65.44m
1. 深灰色块状英安质凝灰熔岩　　　　　　　　　　　　　　　　　　　　　　＞105.45m

（未见底）

2. 地质年代

时代归属主要依据同位素年龄值及其上下地层接触关系而定。原岩同位素年龄值：一组同位素（Rb-Sr）年龄值为 88 ± 2Ma～86 ± 1.6Ma，另一组 K-Ar 法年龄值为 60Ma、51Ma、54Ma 等。前一组代表了晚白垩世晚期土仑期—三冬期，后者属古新世坦尼特期—早始新世伊普里斯期。区域上与设兴组、年波组均为不整合接触。将典中组的时代定为古新世。

（二）年波组（E_2n）

该组由西藏区调队（1990）命名，分布于谢通门县麦弄、南木林县江翁拉、年堆、麻江等地，呈东西向窄带状展布，出露面积 980km²。主要为一套中酸性火山岩。

岩性以紫红色中酸性火山岩为特征，可与下伏灰—深灰色中基性火山岩组合为特征的典中组及上覆灰白色火山熔岩为特征的帕那组区分。与下伏地层典中组呈角度不整合接触，在谢通门向呀浦一带，其与下伏昂杰组呈角度不整合接触；与上覆帕那组整合接触。

1. 剖面描述

剖面位于南木林县甲措乡附近，剖面层序清楚，顶底齐全（图 2-15）。

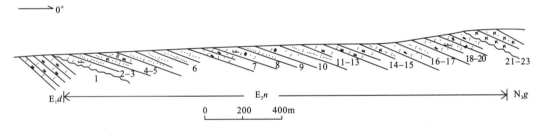

图 2-15 南木林县甲措乡年波组实测剖面图

上覆地层：嘎扎村组（N_2g）　紫红色厚层状砾岩夹砂砾岩
～～～～～～～～角度不整合～～～～～～～～

年波组（E_2n）　　　　　　　　　　　　　　　　　　　　　　　　　厚 329.59m

23. 浅紫红色含角砾凝灰熔岩	12.86m
22. 浅紫红色角砾凝灰熔岩	10.16m
21. 暗紫红色晶屑凝灰岩	4.68m
20. 浅紫红色英安质凝灰熔岩	4.68m
19. 暗紫红色薄层状凝灰质粉砂岩	14.37m
18. 浅紫红色英安质含角砾凝灰熔岩	1.76m
17. 暗紫红色薄层状凝灰质粉砂岩	8.59m
16. 紫红色含角砾凝灰熔岩	8.56m
15. 暗紫红色中薄层状含砾凝灰质粉砂岩	16.09m
14. 浅紫红色中薄层状晶屑凝灰岩	4.30m
13. 暗红色中薄层状晶屑凝灰岩	25.03m
12. 浅紫色中细粒凝灰质砂岩	1.29m
11. 暗红色含砂屑凝灰质粉砂岩	0.65m
10. 紫红色凝灰质熔岩	24.87m
9. 紫红色凝灰质粉砂岩	9.86m
8. 紫灰色英安质凝灰熔岩	8.18m

7. 浅灰色含角砾凝灰熔岩	31.52m
6. 红色中薄层状凝灰质粉砂岩	76.64m
5. 紫灰色熔结凝灰岩	8.60m
4. 紫红色含砾凝灰质细砂岩	20.13m
3. 红色中薄层含砂屑凝灰质粉砂岩	7.50m
2. 浅紫红色凝灰质细砂岩	21.99m
1. 紫红色薄层状英安质凝灰岩	7.28m

～～～～～～～ 角度不整合 ～～～～～～～

下伏地层：典中组（E_1d） 浅紫红色流纹质凝灰熔岩

2. 生物特征及地质年代

在南木林县色磨村年波组粉砂岩夹层中采获双壳类 *Corbicu* sp.，时代为始新世。该组上部采获介形虫，中部产腹足类，而其广泛见于内蒙古等地古近系地层中。该组同位素年龄值有 49.9Ma、50Ma 和 39.5Ma。相当于始新世伊普里斯期—巴尔顿期，故将其时代置于始新世。

（三）帕那组（E_2p）

该组由西藏区调队（1991）命名，主要分布于谢通门县麦弄，南木林县麻江等地，零星出露，面积约 293km²。

该组以灰白色调中酸性火山岩为特征与下伏年波组区分开。二者呈整合接触，在麻江、冬古拉一带，其与上覆地层日贡拉组呈角度不整合接触。

1. 剖面描述

剖面位于尼木县麻江乡冬古拉一带（图 2-16）。

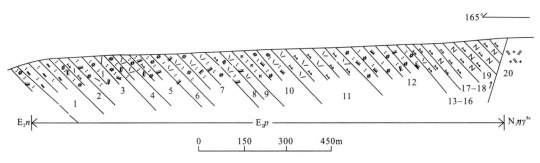

图 2-16　尼木县麻江乡冬古拉帕那组实测剖面图

帕那组（E_2p）　　　　　　　　　（未见顶）　　　　　　　　　**厚 1063.21m**

19. 浅灰色斜长安山岩与中粗粒巨斑黑云二长花岗岩断层接触	167.16m
18. 灰色安山岩	25.59m
17. 浅灰色斜长安山岩	41.90m
16. 灰绿色斜长安山岩	26.37m
15. 浅灰色英安岩	17.31m
14. 灰绿色安山岩	8.37m
13. 浅灰色厚层块状英安岩	5.82m
12. 灰白色英安质含角砾晶屑岩屑凝灰岩	131.30m
11. 灰白色英安岩	115.60m

10. 浅灰色英安质晶屑岩屑凝灰岩,底部含角砾凝灰岩	83.46m
9. 浅紫色流纹质晶屑岩屑凝灰岩	23.39m
8. 浅灰绿色英安质岩屑晶屑凝灰岩	23.13m
7. 浅灰色流纹质岩屑晶屑凝灰岩	103.58m
6. 灰绿色英安质岩屑晶屑凝灰岩	26.74m
5. 灰绿色英安质岩屑晶屑凝灰岩	63.43m
4. 灰色岩屑晶屑凝灰岩夹灰白色流纹岩	19.94m
3. 浅灰色流纹质岩屑晶屑凝灰岩	78.97m
2. 浅灰色英安质岩屑晶屑凝灰岩夹灰色英安岩	30.97m
1. 深灰色角砾凝灰岩	70.18m

———— 整 合 ————

下伏地层:年波组(E_2n) 灰色英安质岩屑晶屑凝灰岩

2. 地质时代

火山岩同位素年龄值(K-Ar法)有44.4±0.8Ma、42Ma、39.5Ma等,相当于始新世晚期巴尔顿期—普利亚本期。考虑到它整合于年波组之上,又不整合伏于渐新世日贡拉组之下,故将其时代置于始新世。

(四)秋乌组(E_2q)

秋乌组出露于日喀则市东嘎村一带,呈东西向展布,出露面积1km²。属隆格尔-南木林分区。主要岩性为灰紫红色厚层状复成分砾岩,灰白色中层中粗粒石英长石砂岩,含砾粗砂岩,夹灰色粉砂岩,砂质页岩及煤层。该组层序较简单,纵向上具有下粗上细的正粒序特点,从砾岩—中粗粒砂岩—细粒砂岩—粉砂岩—页岩及煤层。其底部砾岩砾石成分较复杂,呈棱角状,分选极差。

根据化石组合特征,主要出现了第三纪的化石。而下伏花岗岩的同位素年龄值为64.6Ma,相当于古新世丹尼期,时代于古新世之后。与上覆大竹卡组呈角度不整合接触,故将其时代限于始新世。

(五)大竹卡组(E_3N_1d)

由西藏工业局地质队(1964)创建,西藏区调队(1983)沿用大竹卡组一名并重新厘定其含义。主要分布于日喀则东嘎、江庆则、骡马场、大竹卡、扎西林一带,沿雅鲁藏布江呈东西向窄带状展布,出露面积约89km²。

大竹卡组主要由一套灰色陆相碎屑岩夹火山岩组成,自下而上划分为三个岩性段:

一段($E_3N_1d^1$):杂色复成分砾岩夹灰紫色页岩,局部地段夹紫色角砾状晶屑凝灰岩。

二段($E_3N_1d^2$):灰绿色中厚层岩屑长石砂岩夹灰紫色页岩,显示二元结构。

三段($E_3N_1d^3$):灰紫色粉砂质页岩夹薄层粉砂岩、砾岩透镜体,未见顶。

在日喀则切当其角度不整合于花岗闪长岩之上,在大竹卡其角度不整合于比马组之上,在扎西林其与比马组断层接触。

1. 剖面描述

(1)日喀则市江庆则大竹卡组实测剖面(图2-17)。

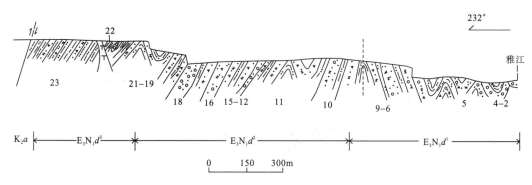

图 2-17 日喀则市江庆则大竹卡组实测剖面图

大竹卡组(E_3N_1d)		总厚>1550m
三段($E_3N_1d^3$)	（未见顶）	厚682m

23. 灰紫色粉砂质页岩、泥岩与薄层细粒砂岩互层 482m
22. 灰紫色粉砂质页岩夹薄层粉砂岩夹中至粗粒砾岩透镜体，见有楔状交错层理、水平层理、爬升层理及斜层理，叠瓦构造 200m

—————— 整 合 ——————

二段($E_3N_1d^2$) 厚688m

21. 灰绿色薄层粗粒岩屑长石砂岩与粉砂质页岩互层，见有楔状交错层理、正粒序层、水平层理及斜层理 21m
20. 浅灰绿色中厚层粗粒岩屑长石砂岩夹中层含砾粗粒岩屑长石砂岩，见有水平层理、正粒序层、斜层理 24m
19. 灰绿色中厚层中粒岩屑长石砂岩与灰紫色、灰黄色粉砂质页岩互层，见有正粒序层、斜层理及楔状交错层理 60m
18. 浅灰绿色厚层砂砾岩夹浅灰绿色薄层细粒砂岩，见有水平层理、斜层理及槽状交错层理 9m
17. 浅灰绿色中层含砾粗粒岩屑长石砂岩夹灰紫色、灰绿色粉砂质页岩，见有水平层理、斜层理及正粒序层理 30m
16. 浅灰绿色中层中粒含砾岩屑长石砂岩与灰紫色粉砂质页岩互层，见有水平层理、斜层理 91m
15. 浅灰绿色厚层粗粒含砾岩屑长石砂岩夹紫红色粉砂质页岩，见有水平层理、正粒序层、斜层理 108m
14. 浅灰绿色中层中粒岩屑长石砂岩与灰紫色粉砂质页岩互层，见有水平层理及斜层理 28m
13. 浅灰绿色中层粗粒岩屑长石砂岩与灰紫色粉砂质页岩互层，见有水平层理及斜层理 25m
12. 灰绿色厚层含砾粗粒岩屑长石砂岩与灰紫色、灰黄色粉砂质页岩互层，见有正粒序层及斜层理 13m
11. 灰紫色粉砂质页岩与灰绿色薄层细粒岩屑长石砂岩互层 67m
10. 灰色中层含砾粗粒岩屑砂岩夹灰紫色粉砂质页岩，见有斜层理及正粒序层理 69m

—————— 整 合 ——————

一段($E_3N_1d^1$) 厚>180m

5. 灰色中厚层含砾岩屑长石石英砂岩与中薄层砂砾岩互层，偶夹有灰紫色粉砂质页岩，见有冲刷槽、正粒序层及斜层理 159m
4. 浅灰色、灰紫色粉砂质页岩夹薄层粉砂岩，见有水平层理及斜层理 21m

（未见底）

(2)日喀则市大竹卡渡口大竹卡组实测剖面(图 2-18)。

大竹卡组一段($E_3N_1d^1$)	（未见顶）	总厚403m

20. 灰色角砾状晶屑凝灰岩 >30m

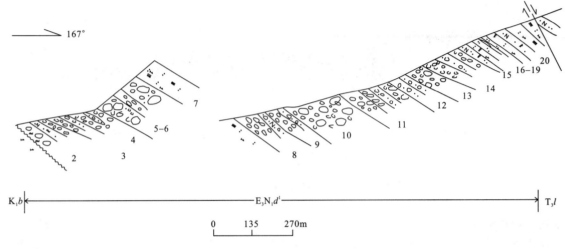

图 2-18 日喀则市大竹卡渡口大竹卡组实测剖面图

19. 灰黄色薄层状细粒岩屑长石砂岩,见有爬升层理及正粒序层理	1m
18. 灰紫色角砾状晶屑凝灰岩	1m
17. 灰黄色薄层粉砂岩夹灰黄色页岩	1m
16. 灰色角砾状晶屑凝灰岩	1m
15. 灰黄色薄层状细粒岩屑长石砂岩	1m
14. 杂色细砾岩与灰黄色砂砾岩互层,见有正粒序层	43m
13. 杂色中粗砾砾岩	31m
12. 灰紫色、灰绿色厚层含中粒砂砾岩,见水平层理	24m
11. 杂色细至中砾岩与灰绿色砾质砂岩互层夹杂色砂砾岩,见有叠瓦构造及水平层理	33m
10. 杂色粗至漂砾砾岩夹灰绿色含砾岩屑长石砂岩	28m
9. 杂色细至中砾岩与灰绿色砂砾岩互层	12m
8. 杂色细至中砾岩夹灰绿色含砾岩屑长石砂岩	16m
7. 灰色角砾状晶屑凝灰岩	45m
6. 杂色含漂砾中粗砾砾岩夹 20cm 厚的细砾岩	27m
5. 杂色细至粗砾砾岩	63m
4. 灰色细砾砾岩偶夹灰绿色砂砾岩	18m
3. 杂色中层细至中砾岩与灰绿色砂砾岩互层夹灰绿色薄层含砾粗砂岩	12m
2. 杂色含漂砾砾岩与灰绿色粗粒岩屑长石砂岩。见有水平层理	17m

～～～～～ 角度不整合 ～～～～～

下伏地层:比马组(K_1b) 灰黑色安山岩

2. 基本层序

基本层序可划分为四种类型:位于底部的一段基本层序为砾岩—岩屑长石砂岩(图2-19Ⅰa),砾岩—砂砾岩—含砾砂岩(图2-19Ⅰb)。偶见火山岩事件层,层间代表低速沉积基本层序页岩—极薄层粉砂岩(图2-19Ⅰc)。见于江庆则二段的基本层序为含砾砂岩—粉砂质页岩(图2-19Ⅱa),砾岩—含砾岩屑长石砂岩—粉砂岩—粉砂质页岩,含砾岩屑长石砂岩—粉砂质页岩(图2-19Ⅱb),岩屑长石砂岩—粉砂质页岩(图2-19Ⅱc);厚度较大,具典型的向上变细的二元结构。见于江庆则、屯穷一带的基本层序粉砂岩—粉砂质页岩(图2-19Ⅲ)。

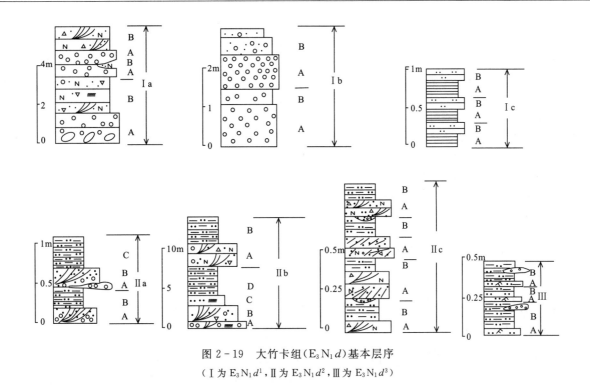

图 2-19 大竹卡组(E_3N_1d)基本层序

(Ⅰ为$E_3N_1d^1$,Ⅱ为$E_3N_1d^2$,Ⅲ为$E_3N_1d^3$)

4. 古生物特征及地质时代

剖面上化石较少,在泽当、加查一带有较丰富的植物、轮藻、双壳类等化石,时代属渐新世—中新世。结合与下伏始新统秋乌组呈角度不整合接触关系,故将大竹卡组时代置于渐新世—中新世。

(六)日贡拉组(E_3r)

西藏第三地质队吴一民等(1973)命名。西藏区调队(1975)亦称之为日贡拉组,《西藏自治区区域地质志》(1993)仍沿用此种划分方案。出露于南木林县芒热乡杜鲁村以东麻那拉及索青乡日贡拉山一带,出露面积为109km²。主要为一套陆相碎屑岩沉积,以紫红色陆源碎屑岩沉积为特征,与下伏帕那组及上覆以灰色色调、含煤碎屑岩夹火山碎屑岩为特征的芒乡组呈整合接触。

1. 剖面描述

剖面位于南木林县东热翁拉山口,系日贡拉组代表性剖面(图2-20)。

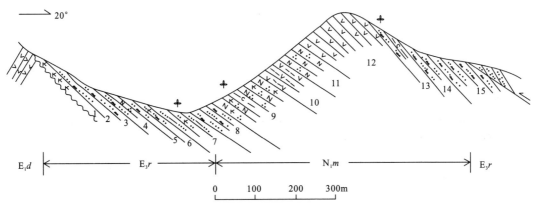

图 2-20 南木林县索青乡热翁拉日贡拉组、芒乡组实测剖面图

上覆地层:芒乡组(N_1m)　灰色中层含砾长石石英砂岩夹灰色炭质页岩

———————————— 整　合 ————————————

日贡拉组(E_3r)　　　　　　　　　　　　　　　　　　　　　　　　　　　　总厚 **249.60m**

　　8. 浅紫红色薄—中层不等粒泥基(火山)岩屑砂岩　　　　　　　　　　　　　　34.46m
　　7. 紫红色薄层状粉砂岩泥质砂岩夹紫红色中层含砾粗砂岩　　　　　　　　　　36.34m
　　6. 浅灰绿色厚层状含砾粗岩屑砂岩　　　　　　　　　　　　　　　　　　　　10.47m
　　5. 浅紫红色中层粗砂质巨粒泥基(火山)岩屑砂岩　　　　　　　　　　　　　　44.61m
　　4. 浅紫红色中层状粗砂质巨粒泥基(火山)岩屑砂岩夹浅紫红色中层状长石石英粗砂岩　44.80m
　　3. 浅紫红色中砂质粗粒泥基(火山)岩屑砂岩　　　　　　　　　　　　　　　　18.22m
　　2. 浅紫红色中厚层巨粒泥基(火山)岩屑砂岩　　　　　　　　　　　　　　　　27.62m
　　1. 浅紫红色厚层状复成分砾岩夹含砾不等粒泥基(火山)岩屑砂岩　　　　　　　33.08m

～～～～～～～～～～ 角度不整合 ～～～～～～～～～～

下伏地层:典中组(E_1d)　浅灰绿色厚层状角闪安山岩

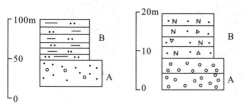

图 2-21　日贡拉组基本层序

2. 基本层序

基本层序可划分为三种:下部洪冲积相砾岩—岩屑长石砂岩,中部河流相含砾砂岩—岩屑砂岩,顶部河流相砂砾岩—泥质粉砂岩,均组成向上粒度变细的基本层序(图 2-21)。

3. 古生物特征及地质时代

孢粉 *Araucariacites*, *Psophosphara*, *Piceaepollenites*, *Pinuspollenites*, *Quercoidites* Minatus, 时代为渐新世。上部采获孢粉有:*Polypodiisporites*, *Polypodiaceaesporites*, *Ostryoipollenites*, *Inaperturopollenites*, *Quercidites minor*, *Momipites corylaides*。日贡拉组以角度不整合覆于始新世帕那组之上,又与中新世芒乡组(N_1m)为整合接触,故将其时代置于渐新世。

(七)芒乡组(N_1m)

该组由西藏第三地质大队(1973)创建。与下伏地层日贡拉组呈整合接触,与上覆地层邬郁群嘎扎村组呈角度不整合接触。主要分布于索青乡日贡拉及姑友甫、直拉赖一带,零星分布,出露面积 11km²。

1. 剖面描述

剖面位于南木林县芒热乡嘎扎村一带(图 2-22)。

上覆地层:嘎扎村组(N_2g)　紫红色块层状安山岩,底部火山角砾岩

～～～～～～～～～～ 角度不整合 ～～～～～～～～～～

芒乡组(N_1m)　　　　　　　　　　　　　　　　　　　　　　　　　　　　　厚 **210.9m**

　　6. 浅灰色薄层—中层状脱玻化流纹质晶屑凝灰岩,中部夹煤线,中上部夹粉砂岩及安山质、凝灰质砾岩　23.00m
　　5. 深灰色粘土岩夹劣质煤层,含被子植物碎片　　　　　　　　　　　　　　　9.80m
　　　孢粉:*Rhododendron*
　　　　　　Campylotropis
　　　　　　polyantha
　　　　　　Ilex sp.

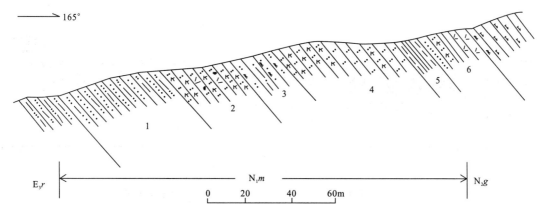

图 2-22 南木林县邬郁芒热乡芒乡组实测剖面图

  Arundo sp.
  Lequmino sites
  Populus
  Rosa sp.
  Carpinnu sp.

4. 上部为黄褐色薄—中厚层状凝灰岩夹凝灰质砾岩,下部为黄灰色薄层状凝灰质砾岩	58.10m
3. 黑灰色薄层细粒岩屑砂岩夹灰色泥质粉砂岩,并含植物化石碎片	19.50m
2. 灰黄色凝灰质砾岩夹灰色流纹质岩屑凝灰岩	33.00m
1. 灰白色粘土质粉砂岩	67.50m

———— 整 合 ————

下伏地层:日贡拉组(E_3r) 紫红色、浅绿色泥质粉砂岩、泥岩夹薄层泥灰岩,底部页岩

2. 古生物特征及地质年代

根据植物、孢粉组合,芒乡组时代为中新世。

(八)嘎扎村组(N_2g)

该组系 1:20 万南木林幅 1995 年命名。主要分布于南木林县索青乡嘎扎村、芒热乡及则学乡、甲措乡、团结乡一带,呈近东西向带状展布,面积 345km²。

1. 剖面描述

剖面位于南木林组索青乡嘎扎村(图 2-23)。

上覆地层:宗当村组(N_2z) 灰色中厚层状凝灰质复成分砾岩

———— 整 合 ————

嘎扎村组(N_2g)	厚 1530.34m
20. 紫灰色厚层状含砾凝灰质长石岩屑杂砂岩	71.73m
19. 灰紫色中厚层状长石杂砂岩	90.81m
18. 灰紫红色中厚层状含火山角砾英安岩	180.14m
17. 紫灰色中厚层状英安岩	108.57m
16. 紫红色中层状含角砾晶屑岩屑凝灰岩	12.14m
15. 灰紫色厚层状英安质凝灰岩	197.15m

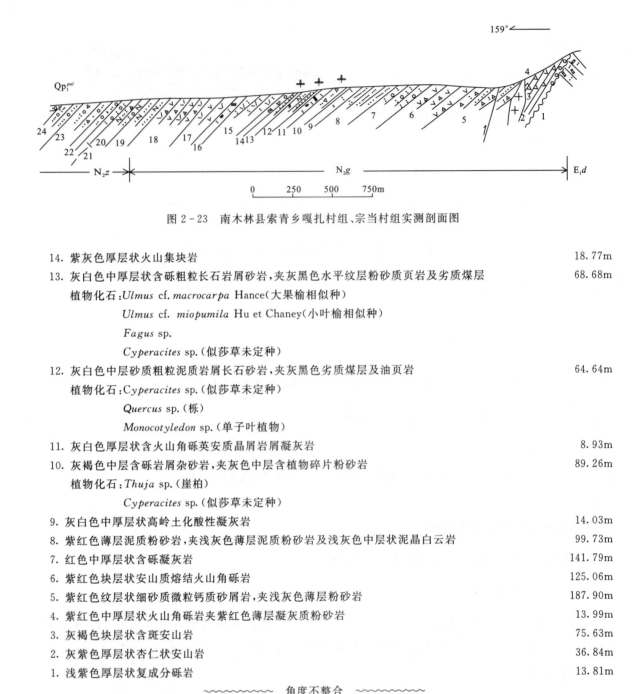

图 2-23 南木林县索青乡嘎扎村组、宗当村组实测剖面图

| 14. 紫灰色厚层状火山集块岩 | 18.77m |
| 13. 灰白色中厚层状含砾粗粒长石岩屑砂岩,夹灰黑色水平纹层粉砂质页岩及劣质煤层 | 68.68m |

　　植物化石:*Ulmus* cf. *macrocarpa* Hance(大果榆相似种)

　　　　　　Ulmus cf. *miopumila* Hu et Chaney(小叶榆相似种)

　　　　　　Fagus sp.

　　　　　　Cyperacites sp.(似莎草未定种)

| 12. 灰白色中层砂质粗粒泥质岩屑长石砂岩,夹灰黑色劣质煤层及油页岩 | 64.64m |

　　植物化石:*Cyperacites* sp.(似莎草未定种)

　　　　　　Quercus sp.(栎)

　　　　　　Monocotyledon sp.(单子叶植物)

| 11. 灰白色厚层状含火山角砾英安质晶屑岩屑凝灰岩 | 8.93m |
| 10. 灰褐色中层含砾岩屑杂砂岩,夹灰色中层含植物碎片粉砂岩 | 89.26m |

　　植物化石:*Thuja* sp.(崖柏)

　　　　　　Cyperacites sp.(似莎草未定种)

9. 灰白色中厚层状高岭土化酸性凝灰岩	14.03m
8. 紫红色薄层泥质粉砂岩,夹浅灰色薄层泥质粉砂岩及浅灰色中层状泥晶白云岩	99.73m
7. 红色中厚层状含砾凝灰岩	141.79m
6. 紫红色块层状安山质熔结火山角砾岩	125.06m
5. 紫红色纹层状细砂质微粒钙质砂屑岩,夹浅灰色薄层粉砂岩	187.90m
4. 紫红色中厚层状火山角砾岩夹紫红色薄层凝灰质粉砂岩	13.99m
3. 灰褐色块层状含斑安山岩	75.63m
2. 灰紫色厚层状杏仁状安山岩	36.84m
1. 浅紫色厚层状复成分砾岩	13.81m

～～～～～～～ 角度不整合 ～～～～～～～

下伏地层:典中组(E_1d) 浅紫色含角砾安山质晶屑玻屑凝灰岩

2. 古生物特征及地质时代

采获较多的植物化石:*Cyperacites* sp.(似莎草),*Thuja* sp.(崖柏),*Quercus* sp.(栎),*Monocotyledon*(单叶植物),*Ulmus* cf. *miopumila* Hu et Chaney(小叶榆相似种)。上述植物多分布在中新世—上新世地层中,另有 Polypodiaceae, Pteris, Pinus, Picea, Cerdus, Tsuga, Castanea, Quercus, D. dtsrha, Rhus, Rhododendron, Polygonaceae, Gramineae, Liliaceae 等化石。其时代应属上新世。

在南木林县甲措乡英安岩中,采得同位素(K-Ar)年龄值为 $18.5±0.7$ Ma,综上所述,将其时代定为上新世。

(九)宗当村组(N_2z)

该组系1:20万南木林幅1995年命名。主要分布于南木林县邬郁地区的嘎扎村、宗当村一带,面积约70.8km²。

宗当村组与下伏嘎扎村组呈整合接触,其上被下更新统湖积物覆盖,地层厚度大于346m。

1. 剖面描述

南木林县索青乡宗当村组剖面(图2-23)。

(未见顶)

24. 灰色中厚层状中粒长石石英砂岩	170.36m
23. 灰色中厚层状含砾凝灰质岩屑砂岩	130.92m
22. 紫红色厚层状凝灰质砂砾岩	12.54m
21. 灰色厚层状凝灰质复成分砾岩	32.35m

——————整　合——————

下伏地层:嘎扎村组(N_2g)　紫灰色厚层状含砾凝灰质长石岩屑杂砂岩

2. 生物地层及地质年代

根据其整合覆于上新世嘎扎村组之上,又不整合伏于早更新世湖积物之下,将其时代定为上新世晚期。

第三节　雅鲁藏布地层区

一、中生界

(一)上三叠统郎杰学岩群($T_3L.$)

该岩群分布于仁布、卡堆一带,呈楔形展布,出露面积668km²,属拉孜-萨嘎分区。主要岩性为板岩、变砂岩夹灰岩透镜体,岩石变形变质较强烈,被多期面理置换,原始层序难以恢复,层间多以断层及糜棱面理接触,属无序地层。

1. 宋热岩组($T_3s.$)

宋热岩组分布于仁布、卡堆一带,呈近东西向面状展布,出露面积600km²。主要岩性为板岩、砂岩夹灰岩透镜体,岩石变形变质强,被多期面理改造,岩层间多为断层接触,为无序地层。与仁布构造混杂岩断层接触,与涅如组断层接触。

1)剖面描述

剖面位于仁布东叫布,露头良好(图2-24)。

宋热岩组($T_3s.$)

16. 灰色中厚层状变砂岩夹灰色绢云板岩

==========断　层==========

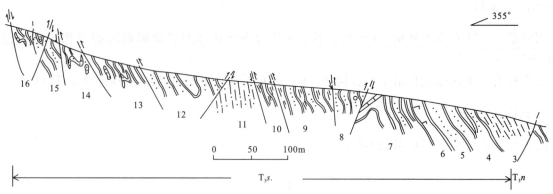

图 2-24 仁布县叫布郎杰学岩群宋热岩组实测剖面图

15. 灰色薄层变砂岩夹砂质板岩,部分薄层砂岩呈透镜体状、钩状分布

========= 断 层 =========

14. 灰黑色绢云板岩夹灰色薄层变砂岩,砂岩呈透镜体,多顺层排列,局部可见砂岩呈褶皱弯曲。灰岩中暗色矿物定向排列,$S_2//S_1$

========= 断 层 =========

13. 灰色砂质板岩,内含变砂岩透镜体、钩状体,$S_2//S_1//S_0$,砂岩钩状体可恢复其褶皱形态为一系列轴面南倾同斜褶皱。面状置换变质带可划分为 I-N 带

12. 灰色薄—厚层状变砂岩,条带状构造,暗色矿物定向排列与定向排列的浅色矿物相间分布,$S_2//S_1//S_0$。经劈理降向判断,该层为同斜向斜构造

========= 断 层 =========

11. 灰黑色糜棱岩,见石香肠状砂岩透镜体

========= 断 层 =========

10. 灰绿色绢云斑点板岩

========= 断 层 =========

9. 黑色绢云板岩夹薄层变砂岩,砂岩多呈透镜状,顺板理排列,$S_1//S_0$

========= 断 层 =========

8. 灰色薄层变砂岩夹薄层含砾变砂岩偶夹灰黑色绢云板岩,面状置换变形带 I-N 型

========= 断 层 =========

7. 灰色薄层变砂岩夹深灰色板岩偶夹灰岩,砂岩中见变余板状交错层理、平行层理
6. 浅灰绿色气孔状变玄武岩
5. 灰色中厚层状变砂岩,条带状构造,定向排列的暗色矿物与定向排列的浅色矿物相间排列,$S_2//S_1//S_0$
4. 灰色中厚层状变砂岩夹灰黑色板岩
3. 灰色糜棱岩

========= 断 层 =========

涅如组(T_3n) 浅灰黑色,灰色泥质粉砂质板岩夹薄—中层细粒砂岩

2)古生物特征及地质时代

在该套地层中邻区采到大量的双壳类化石:*Posidonia* sp.,*Palaeonacula* sp.,*Halobia* sp.,*H*. cf. *pluriradiata* Reed,*H*. cf. *convera* Chen,*Posidonia* cf. *biffenri*(Gemm),*Halobia* sp.,*H*. cf. *ganziensis* Chen,*Schafhaeutlia* sp.,*Halobiaaustriaca* Mojs,*H*. cf. *brachyotis* Kittl,*Palaeocardida* sp.,*Uniontes* sp.,*Entolium* sp.,*Plicatula* sp.,*Monotissalinaria* Bronn;菊石类:*Indojuvavites* sp.,*Mataearnites hendersoni* Diener,*Cyrtopleurites* sp.,*Juvavites* sp.。时代全为卡尼期。由此认为其时代应属晚三叠世。

2. 仁布构造混杂岩($T_3T^rm.sm$)

构造岩块（片）是混杂岩带地层的基本构件，是其基本填图单位，本书采用岩块（片）、微岩块（片）非史密斯地层划分系统，并以构成其主体岩性命名（表2-7）。

表2-7 仁布构造混杂岩构造岩块（片）特征

岩片类型		岩片物质组成	变形变质	混杂类型	混杂特征		混杂方式	时代	环境
蛇绿岩岩片	超镁铁质岩片 Rop、Kop	蛇纹石化辉石橄榄岩、辉长岩、辉绿岩	蛇纹石化	构造混杂	片内无序		俯冲刮削拼贴	J_3K_1	洋脊
	玄武岩微岩片 $R\beta$	变玄武岩	绿帘石化、绿泥石化						
深海硅质岩泥质岩微岩片 Si		灰绿色、紫红色、灰白色薄层硅质岩夹紫红色泥岩	劈理发育、同斜褶皱		片内有序	片间无序		J_3K_1	海沟
								J	浅海
复理石微岩片 ss.sl		灰黄色薄—中层变砂岩夹灰黑色变板岩	轻微变质，同斜紧闭褶皱				推覆	P	浅海
灰岩岩块 ls		生物碎屑灰岩、泥晶灰岩	节理发育				滑混	T	深海
砂岩岩块 ss		砂岩、砾岩、粉砂岩	节理发育	沉积混杂					
浅海相碎屑岩岩片		板岩变砂岩夹辉绿岩、玄武岩	轻微变质、褶皱较强	构造混杂	片内有序	片间无序	俯冲刮削拼贴	$J—K_1$	浅海

1）剖面描述

剖面位于仁布乡卓玛丁，露头良好，接触关系清楚（图2-25）。

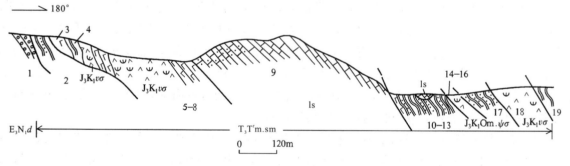

图2-25 仁布卓马丁仁布构造混杂岩段实测剖面图

大竹卡组一段（$E_3N_1d^1$） 杂色砾岩

===================断　　层===================

仁布构造混杂岩（$T_3T^rm.sm$）

2. 灰色板岩夹变砂岩

===================断　　层===================

3. 褐色蚀变玄武岩

===================断　　层===================

4. 灰色板岩

===================断　　层===================

5. 褐绿色蛇纹石化辉石橄榄岩
6. 灰绿色气孔状玄武岩

===================断　　层===================

7. 褐绿色蛇纹石化辉石橄榄岩
8. 灰绿色气孔状玄武岩
========================断　层========================
9. 灰色块状砂屑灰岩、微晶灰岩,可见珊瑚化石碎片
========================断　层========================
10. 灰色气孔状玄武岩
11. 浅灰黑色粉砂质板岩夹薄—中层变砂岩
========================断　层========================
12. 灰色块状微晶灰岩,为一岩块,与围岩断层接触
========================断　层========================
13. 青灰色粉砂质板岩夹薄—中层变砂岩,含砂岩岩块,为滑塌岩块
========================断　层========================
14. 灰绿色、青灰色块状辉长岩
15. 浅灰绿色蚀变辉绿岩
========================断　层========================
16. 浅翠绿色碎裂状蛇纹石化橄榄岩
========================断　层========================
17. 浅褐色中—厚层状变砂岩
========================断　层========================
18. 浅翠绿色蛇纹石化橄榄岩
========================断　层========================
19. 浅灰色粉砂质板岩夹薄—中层变砂岩

2) 构造地层单位特征

仁布构造混杂岩为本次区调在仁布一带命名,指出露在卡堆-察巴断裂以北、大竹卡-希马断裂之南的仁布—卡堆一带的构造混杂岩。该混杂岩带由基质和岩块(岩片)组成,基质主要为强变形变质的板岩、变砂岩组成,岩块主要有强蚀变超基性岩、基性火山熔岩、细晶灰岩、硅质岩、砂岩等。岩带呈近东西向展布,窄带状,集中分布见两个带,北带为希马—大竹卡一带,南带为察巴-卡堆一带。东西长约40km,宽5km不等,向东延伸图幅外。该混杂岩带内部,岩块与岩块间,岩块与基质之间多为断层接触,个别岩片(块)内部保留层序特征。

北界与大竹卡组断层接触,南界与宋热岩组断层接触。德吉林—卡堆一带其南界与涅如组断层接触,北界与宋热岩组断层接触。仁布构造混杂岩变质程度较低,为低绿片岩相,岩石变形较强,可见多期面理叠加。

3) 岩片的物质组成

仁布构造混杂岩岩片类型有蛇绿岩岩片,深海硅质岩、泥质岩微岩片、复理石微岩片、浅海相碎屑岩岩片,灰岩岩块、砂岩岩块(表2-7)。

4) 古生物特征及地质时代

在仁布县北灰岩岩块中采获化石 *Comopsita* sp.(接合贝,未定种),*Uncinunellina timorensis* (Beyrich)(帝纹准小钩形贝),*Comuquia himalayaensis* Jinetsun(喜马拉雅库米克贝),*Martimiopsi* sp.(似马丁贝未定种),*Lamnimargus himatayaensis* Diener(喜马拉雅珍珠贝)和腕足类碎片、海百合茎等,经中国科学院南京地质古生物研究所(以下简称"南古所")孙东立鉴定,认为其时代属于$C-P, P_2$。

德吉林一带灰岩岩块中采获丰富石燕化石: *Spiriferella rajah* (Saller)拉贾小石燕,*Spiriferella tibetana* (Diener)西藏小石燕,*Spiriferella* sp.小石燕(未见种),*Spiriferella sinica* Chang 中国

小石燕,*Spiriferella salteri* Tschernyschew 萨特小石燕;曲囊苔虫 *Streblascopora* sp. indet;圆圆茎 *Crclocyclicus* sp.。学堆一带硅质岩含放射虫 *Archaeospongopronum* sp. 3,*Acaeniotyoe macrospina* (Squinabol) 26,*Aurisaturnalis carinatus*(Foreman)10,*Becus gemmatus* Wu 6,*B. horridus* (Squinabol) 5,*Bernoullius*(?) sp. 29;*Crucella* aff. *espartoensis* Pessagno19,*Cyclastrum* cf. *imfudibuliforme* Rust 32,*Cryptamphorella* aff. *crepida* Luissl 49,*Dactyliodlscus* aff. *cayeuxi* Squinabol 41,*D. lenticalatus*(Jud)16,38,39,*D. silviae* Squinabol 138,144,*Deviatus hipposidericus*(Foreman)9,12,*Dietosaturnalls amissus* (Squinabol) 147,*Dictyodedalus* sp. 31,*Dictyomitra* (Squinabol) 27,182,*Eucyrtis columbaria* Renz 24,30,*Godia* aff. *concave* (Li et Wu)145,*Gidecora* (Li and Wu) 148,*G.* cf. *pelia* Luis 22,*Hulesium bisculum* Jud 2,185,*H. crassum*(Ozvoldova)1, *Hexapyramis* (?)cf. *precedis* Jud 8,*Hoscocapsa* aff. *grutteimd*(Tan)36,*H. verbeeki*(Tan)35,*Holocryptocamium* sp. 15,*Hsuum* cf. *traricostatum* Jud 34,*Paronaella* cf. *grapevininsis*(Pessagno) 23,*Pqrvicungula boesiigr* (Parona) 13,*Patellulacogmata* Luis 183,*Pminuscula* Luis 4,20,180, *Patulibiracchium* cf. *imaequahun* Pessagno37,*Pseudoacamthosphaera galeata* Luis 146,184, *Pseudoeucyrtis apochrypho* Luis 14,67,*Pseudoaulophacus sculptus* (Squinabol)151,*Pseudodictyomitra lilyae* (Tan) 33,*Pyramispomgia costarricemsis* (Schmidt-Effing) 17,*Pomgocapsula* cf. *corata*(Squinabol)150,*Slichomitra* aff. *asymbatos* Foreman 25,*S. tekschaensis* Aliev 28,*Thanarla brouweri*(Tan)40,*Triactoma* cf. *pqromai*(Squinabol)21,*Xitus* sp. Li,*Zhamoidellum testatum* Jud 18,时代为早白垩世巴列姆期到阿普提早期。*Acamthocircus dicramnocamthos*(Squinabol) 66,*A. trizomalis*(Rust) 57,*Angulobracchia*(?) sp. 154,*Archaeotritrabsgracilis* Steiger 58,*Crucella xollim* Jud 67,右,*Cryptamphorella crepida* Luis 69,*Holocryptocapsa himdei* Tan 56,*Mirifusus dianae minor* Baumgartmer 55,*Nivuxutyxs tuberculatus* Wu et Li 64,*Obesacapsula cetia* (Foreman)153,*Pantanellium* aff. *camtuchapai* Pessagno et Leod M C 50,*Parvicingula cosmoconica* (Foreman)60,*Phaseliforma ovum* Jud 65,*Podobursa typica* (Rust)51,*Podobursa* sp. 62,*Ristoia cretacea*(Baumgartner)61,*Ssthocapsa* cf. *zweilii* Jud 54,*Stichomitra* aff. *simplex*(Smirnova et Aliev)186,*Syringocapsa limatum* Foreman 152,*Xitus elegans* (Squinabol)59,*X.* aff. *mcla uphlini* Pessagn 152,*X. transverses* Wu et Li 53,63,68,时代为早白垩世—巴列姆期。其岩石组合特征及生物面貌与嘎学群相似。综上所述,形成仁布构造混杂岩段的洋壳在晚二叠世时已经处于扩张过程中,洋壳消减时代为晚三叠世—早白垩世。

(二)上侏罗统—下白垩统

1. 嘎学群(J_3K_1G)

该群由西藏区调队创名(1993)。据其地貌特征、岩性组合、生物化石及接触关系等特征,将其划分为上、下二个岩性段。嘎学群断续分布于白朗蛇绿岩群南侧,断片内地层有序,片间无序。

一段($J_3K_1G^1$):出露面积约 118 km²。岩性为灰紫色、灰绿色、灰白色薄—厚层硅质岩夹硅质页岩,产放射虫化石,厚度大于692m。白岗一带其与二段整合接触。在夏鲁、路曲一带,其与下伏遮拉组及蛇绿岩均为断层接触。

二段($J_3K_1G^2$):局限分布于白岗一带,出露面积约138km²。岩性为灰紫色硅质板岩、微晶灰岩、硅质岩夹变玄武岩、辉绿岩,厚度大于382m。与下伏郎杰学岩群断层接触。

1)剖面描述

剖面位于白朗县罗江乡棒嘎,露头良好,层序清楚,构造简单,未见底(图 2-26)。

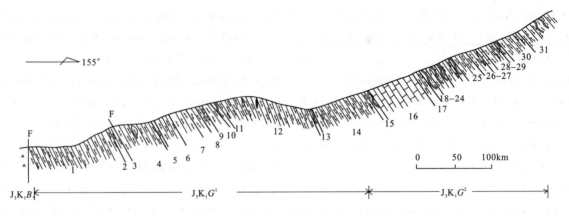

图 2-26 西藏白朗县彭果乡嘎学群实测剖面图

嘎学群（J_3K_1G）   总厚 **1074m**

二段（$J_3K_1G^2$） （未见顶） 厚 **382m**

31. 浅青灰色硅质岩夹浅灰白色及绿色薄层泥质板岩	18m
30. 浅青灰色薄层硅质岩	66m
29. 灰黑色泥质板岩	1m
28. 浅青灰色薄层硅质岩	14m
27. 深灰黑色微晶灰岩	1m
26. 浅黑灰色薄层硅质岩	8m
25. 浅灰白色硅质岩	41m
24. 紫红色泥质板岩	3m
23. 灰白色硅质岩夹青灰色、灰紫色硅质岩	67m
22. 紫红色薄层板岩	3m
21. 浅灰色含粉砂泥质板岩	4m
20. 灰绿色硅质岩	1m
19. 灰紫色含砂泥板岩	4m
18. 浅灰绿色泥板岩	4m
17. 紫红色中至薄层硅质岩	17m
16. 深灰黑色微晶灰岩	125m
15. 灰紫色硅质泥质板岩	5m

———— 整 合 ————

一段（$J_3K_1G^1$） 厚 **692m**

14. 青灰色薄层状硅质岩	2m
13. 紫红色薄层状泥质板岩	2m
12. 灰紫色、灰绿色薄层硅质岩，局部夹有灰紫色硅质透镜体	241m
11. 紫红色泥质板岩，板岩内包裹有灰绿色硅质岩呈条带状	2m
10. 灰紫色薄层硅质岩	10m
9. 灰紫色中至薄层硅质岩	16m
8. 浅灰绿色、灰紫色薄层硅质岩	24m
7. 紫红色中层硅质岩	42m
6. 青灰色中层硅质岩	58m
5. 青灰色薄层硅质岩	3m
4. 浅灰绿色、灰紫色、青灰色、灰绿色薄层硅质岩，局部呈透镜状	83m
3. 浅灰色、灰紫色薄层硅质岩，局部呈透镜状	22m

2. 灰紫色、浅灰绿色硅质泥岩、硅质岩，岩层走向不连续呈透镜状	15m
1. 灰白色、紫红色硅质岩，与蛇绿岩断层接触	>172m

2）古生物特征及地质时代

在彭果一带，采集化石 *Nassellarids* 窠笼虫类，其时代为中生代。有孔虫化石 *Acanthocircus multicostata*，*Eucyrtis micropora*，*Mirifusus guadalupensis*，*M. bailieyi*，*Tripocyclia joneoi*，*Ristola hsui*，*Cecrops septemporata* 等。吴浩若（1988）研究 *Mirifusus guadlupensis*，*M. bailieyi*，*Tripocyclia joneoi*，*Ristola hsui*，为晚侏罗世基末利期—提塘期，*Cecrops septemporata* 为早白垩世凡兰吟期—欧特里夫期。综上所述，其地质时代应属于晚侏罗世—早白垩世。

2. 白朗蛇绿岩群（$J_3K_1B.$）

该岩群分布于路曲、白朗、仁布一带，呈近东西向带状展布，属蛇绿岩分区，延伸长约 43km，最宽处约 15km。包括有辉石辉橄岩（$JKB^{vic}.$）、堆晶岩（$JKB^{cc}.$）、基性岩墙群（$JKB^{de}.$）、基性熔岩（$JKB^{pl}.$）。岩群遭受多期变形变质影响，特别是被不同期次、性质各异、层次有别的断裂切割。在仁布一带其呈规模不同、组合不一、形态多样的构造岩片产出。其划分沿革见表 2-8。

表 2-8 白朗蛇绿岩群划分沿革表

时代	20世纪60年代中科院	常承法（1973）	肖序常（1978）	王希斌等（1981）	钱定宇（1992）	刘世坤等（1994）	本书
晚侏罗世至早白垩世	对雅鲁藏布江超基性岩进行了考察	提出了雅鲁藏布江东蛇绿岩套的存在	专门研究了日喀则蛇绿杂岩	找到包括堆积杂岩在内的完整蛇绿岩剖面	雅鲁藏布江组	昂仁蛇绿岩群 J_3K_1A	白朗蛇绿岩群 $J_3K_1B.$	基性熔岩 $J_3K_1B.^{pl}$
							岩墙群 $J_2K_1B.^{de}$
							堆晶岩 $J_3K_1B.^{cc}$
							超镁铁岩 $J_3K_1B.^{vic}$

1）层序划分

其层序自下而上可归并为变形橄榄岩—层状辉长岩（堆晶岩）—席状岩床、岩墙群—基性火山熔岩。

变形橄榄岩主体为蛇纹石化斜辉橄榄岩，含有二辉橄榄岩及少量纯橄榄岩。具变形变质组构。

堆晶岩主要分布于夏鲁、形下一带。层状辉长岩中的橄榄石、辉石、斜长石含量递变，形成暗色、浅色矿物相间的累积层，具清楚韵律层状堆晶特征。纯橄岩、长橄岩、橄榄辉石岩频繁交替出现，具"似层状"条带状构造。

席状岩床岩墙群分布较广，但面积较小。其走向近东西向，与蛇绿岩延伸方向基本一致，出露宽度一般为几百米。单个岩墙厚度一般 1～2 m，彼此平行，密集分布。

基性火山熔岩，主要分布于白朗、群让、得几、大竹卡等地，岩性为块状玄武岩、角砾状玄武岩、枕状玄武岩、杏仁状玄武岩，其与席状岩墙群之间多为连续过渡关系。

2）时代归属

紫红色硅质岩在大竹卡一带与下伏玄武岩整合接触，前人亦在纳吓一带发现冲堆组与下伏白朗蛇绿岩群整合接触。

吴浩若（1984）在枕状熔岩上部硅质岩中发现放射虫化石 *Patulibracchium graperinensis*，*Halesium* sp.，*Crucella* sp.，*Patellula* sp.，*Archaeospongropunum tehamaense*，*Vitorfos* sp.，

Dicroa sp., *Cassideus* sp., *Petosiforma* sp., *Ulrtanapora* cf. *proeseinifera*, *Holocrgptocapsa* sp., *Thanarla praeveneta*, *Dictyomitra* sp., *Pseudodictyomitra* sp., *Cromymma* cf. *trberoulata*, *Cryptocapsa* sp., *Dicyomitra* sp., *Awphisaera* sp.等,晚侏罗世至白垩纪分子均可出现。*Archaeospongoprunum tehameuse* 是北美西部早赛诺曼期 A. tehamaense 带的化石,*Praespinfera* 的时限为晚阿尔必期至赛诺曼期。

白朗蛇绿岩群同位素年龄值为 81~139Ma。结合玄武岩上覆地层时代可以认为白朗蛇绿岩群形成时代为晚侏罗世—早白垩世。

(三)白垩系

1. 冲堆组(K_1cd)

冲堆组由曹荣龙(1981)创名,分布于日喀则卡堆—朗拉一带,近东西向带状展布,出露面积 18km²,属蛇绿岩地层分区。主要岩性组合为灰、灰绿色页岩夹灰色薄—中层状细粒砂岩,偶夹紫红色硅质岩、灰岩。卡堆一带冲堆组与上覆昂仁组呈整合接触,底部因第三系柳区群覆盖,未见其与下伏蛇绿岩的接触关系。在朗拉一带,冲堆组与辉石橄榄岩呈断层接触。

1)剖面描述

剖面位于日喀则市卡堆村南(图 2-27)。

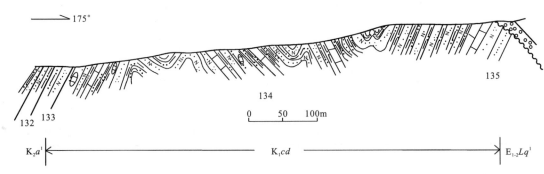

图 2-27 日喀则卡堆村冲堆组实测剖面图

上覆地层:昂仁组一段(K_2a^1) 浅灰黄色粉砂质页岩夹灰绿色薄层细粒长石石英砂岩

——————— 整 合 ———————

冲堆组(K_1cd)	总厚 **284m**
132. 浅灰色粉砂质页岩与灰色薄层细粒长石砂岩互层	6m
133. 灰色、灰绿色厚层、巨厚层状粗粒岩屑长石砂岩与灰黑色粉砂质页岩互层,见有斜层理、平行层理及重荷模	8m
134. 浅灰绿色粉砂质页岩夹薄层中粒长石石英砂岩、页岩中见砂岩结核	246m
135. 灰色中至厚层状粗粒长石石英砂岩夹灰黑色钙质页岩,偶夹青灰色薄层中晶灰岩,见有平行层理	24m

(第三系柳区群砾岩覆盖,未见底)

2)古生物组合特征及地质时代

朗拉及邻区纳吥一带,含有丰富的放射虫化石,其时代定为阿尔必期晚期—赛诺曼期。在纳吥剖面中,其顶部的灰岩中含有大量的浮游有孔虫化石 *Rotahpora* sp.;在卡堆剖面上与昂仁组整合接触。综上可知其时代为阿尔必期晚期—赛诺曼期早期。

2. 日喀则群昂仁组(K_2a)

该群由吴浩若(1997)创名于昂仁县亚觉,划分沿革见表2-9。仅出露昂仁组,主要分布在日喀则、江庆则、江当、大竹卡一带,呈西宽东窄的楔状体面状展布,出露面积775km²。

表 2-9 日喀则群划分沿革表

李璞 (1955)	文世宣 (1974)	吴浩若等 (1971)	西藏自治区区域地质调查大队(1983)		余光明 王成善 (1990)		西藏自治区地质矿产局 (1993)		夏代祥 刘世坤 (1997)		本书		
日喀则系 (E—N)R	日喀则群 K_2R	日喀则群 K_2R	日喀则群 K_2R	昂仁组 K_2a	日喀则群 K_2R	昂仁组 K_2a	日喀则群 KR	曲贝亚组 K_2q	日喀则群 K_2R	曲贝亚组 K_2q	日喀则群 K_2R	曲贝亚组 K_2q	
				桑祖岗组 K_2s		昂仁组 K_2a		帕达那组 K_2p		帕达那组 K_2p		帕那组 K_2p	
				恰布林组 K_2q		桑祖岗组 K_2s		昂仁组 K_2a		昂仁组 K_2a		昂仁组 K_2a	三段 K_2a^3
													二段 K_2a^2
													桑祖岗灰岩 K_2a^s
				秋乌组		恰布林组 K_2q							一段 K_2a^1
								恰布林组 K_1q		冲堆组 K_1cd		冲堆组 K_1cd	冲堆组 K_1cd

自下而上可划分为三个岩性段。

一段(K_2a^1):灰黄色粉砂质页岩与薄层细粒岩屑长石砂岩互层,局部含灰岩透镜体,粒度较细,见有滑塌构造。砂/泥值小(0.5),岩层厚度以微层—薄层为主,占岩层总厚度的87.8%。与二段呈整合接触。

二段(K_2a^2):灰色中厚层状岩屑长石砂岩夹粉砂质页岩、含砾砂岩、砾岩,粒度相对较粗,砂岩层增多、增厚,多形成山脊,砂/泥比1.8,以中—厚层居多,占该段厚度的50%,夹两层单层厚0.4m的沉凝灰岩,与三段呈整合接触。

三段(K_2a^3):灰绿、灰黄色、深灰色粉砂质页岩、薄层细粒岩屑长石砂岩,偶夹薄层泥晶灰岩,未见顶,粒度较细,砂/泥值为0.45,岩层以微层—薄层为主,占岩层总厚度的83%。

该组与下伏冲堆组呈整合接触,在邻区纳吓与冲堆组呈断层接触,与蛇绿岩呈断层接触。区内该组未见顶,在测区西边桑桑见其与上覆地层帕那组整合接触。

1)剖面描述

剖面位于日喀则市江庆则—卡堆,层序清楚,露头良好。未见顶、底(图2-28)。

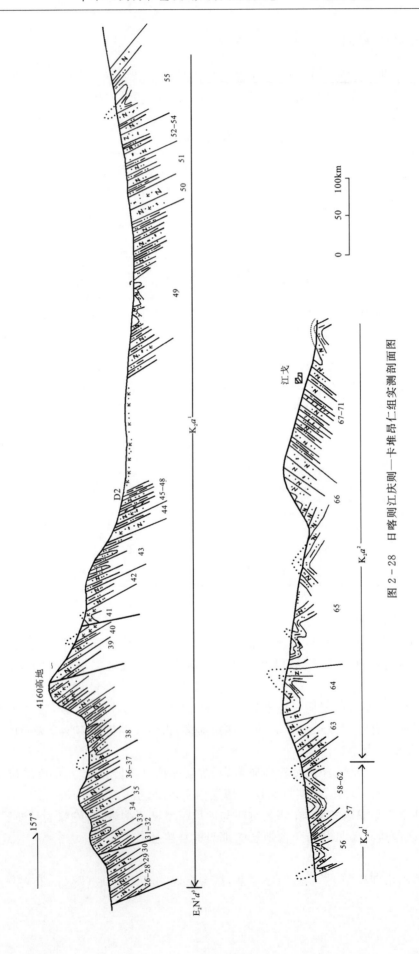

图 2-28 日喀则江庆则—卡堆昂仁组实测剖面图

大竹卡组(E_3N_1d)　灰紫色粉砂质页岩、泥岩与薄层细粒砂岩互层

========== 断　　层 ==========

昂仁组(K_2a)	总厚 4434m
三段(K_2a^3)	厚 517m
82.灰黄色薄至厚层状细—中粒长石砂岩夹粉砂质页岩	98m
81.灰黄色粉砂质页岩夹灰黄色薄层细粒长石砂岩,偶夹巨厚层细粒长石砂岩。见水平层理、砂枕构造	8m
80.浅灰绿色厚—巨厚层状不等粒岩屑长石砂岩夹薄层细粒长石砂岩,偶夹粉砂岩。见有砂枕构造	60m
79.灰黄、灰色粉砂岩夹灰黄色薄层细粒长石砂岩,偶夹中层细粒长石砂岩。见有砂枕构造	70m
78.灰黄色薄层细粒长石砂岩夹中层细粒长石砂岩。见水平层理、砂枕构造	11m
77.灰黄、灰色粉砂岩,偶夹灰黄色薄层细粒长石砂岩,含砂岩及灰岩透镜体	89m
76.灰黄色薄至中层细粒长石砂岩夹灰黄色粉砂岩。见有水平层理、砂枕构造	20m
75.灰色粉砂岩夹灰黄色薄层细粒长石砂岩	15m
74.灰黄色薄层细粒长石砂岩与灰色粉砂岩互层	17m
73.浅灰色、黄色薄层至中层长石粉砂岩夹灰色粉砂岩	113m
72.灰色粉砂质页岩夹灰色薄层细粒长石砂岩	16m
二段(K_2a^2)	厚 1137m
71.浅灰绿色薄至中层至厚层细—中粒长石岩屑砂岩夹灰黄色粉砂质页岩	78m
70.深灰色钙质粉砂岩夹灰黄色、绿色薄层细粒长石砂岩,偶夹青灰色薄层微晶灰岩。见有水平层理及爬升层理	300m
69.深灰色钙质粉砂岩,偶夹黄绿色薄层细粒长石砂岩	138m
68.灰色、灰黄色钙质页岩夹灰黄色薄层细粒长石砂岩,偶夹深灰色薄层岩屑隐晶灰岩	192m
67.浅灰、灰黄色粉砂质页岩夹薄层细粒长石砂岩	88m
66.灰黄色粉砂质页岩与灰黄绿色薄层细粒长石砂岩互层,见宽 2 m 浅灰色角闪正长斑岩侵入	118m
65.灰色薄层细粒长石砂岩	74m
64.深灰色粉砂岩与灰黄色薄层长石砂岩互层,见水平层理及正粒序层理	77m
63.灰黄色巨厚层粗岩屑长石砂岩夹薄层长石粉砂岩。见有正粒序层理、爬升层理及鲍马序列	72m
一段(K_2a^1)	厚 2780m
62.灰黄色薄层粉砂岩与灰黄色薄层长石粉砂岩互层,见 2 层厚 0.4m 灰色沉凝灰岩	50m
61.深灰色薄层钙质粉砂岩与灰黄色薄层长石砂岩互层,见有水平层理及爬升层理	27m
60.灰黄色粉砂质页岩与灰色薄层细粒长石砂岩互层	49m
59.深灰色钙质页岩夹灰黄色薄层细粒长石砂岩。见粒序层理及水平层理	10m
58.深灰色钙质页岩夹灰黄色薄层细粒长石砂岩,有水平层理,砂枕构造及重荷模	104m
57.深灰色页岩夹灰黄色薄层细粒长石砂岩	42m
56.灰黄色薄层粉砂岩夹灰黄色薄层细粒长石砂岩,见有水平层理及对称波痕	6m
55.灰黄色粉砂质页岩与灰绿色薄层细粒长石砂岩互层。见砂枕构造	334m
54.灰黄色中至厚层粗粒岩屑长石砂岩,偶夹粉砂质页岩及细粒长石砂岩。见砂枕构造	50m
53.灰黄色薄层粉砂岩夹灰黄色薄层细粒长石砂岩,见有水平层理、斜层理、爬升层理及鲍马序列	52m
52.浅灰绿色厚层不等粒长石岩屑砂岩。见砂枕构造	20m
51.灰黄色薄层粉砂岩、粉砂质页岩,夹灰黄色、绿色细粒长石砂岩	114m
50.浅灰绿色厚层含砾岩屑长石砂岩夹灰黄色薄层细粒长石砂岩及粉砂质页岩。见有正粒序层理、水平层理及鲍马序列	152m
49.灰黄色粉砂质页岩与灰黄色薄层细粒长石砂岩互层,偶夹浅灰绿色厚层含砾岩屑长石砂岩,见有水平层理、爬升层理及鲍马序列	64m
48.灰黄色粉砂质页岩夹灰黄色中层含砾岩屑长石砂岩	415m
47.灰黄色粉砂质页岩与灰色薄层细粒长石砂岩互层	27m

46. 灰黄色粉砂质页岩夹灰色薄层细粒长石砂岩,偶夹砾岩,见有冲刷槽及砂枕构造	74m
45. 灰黄色粉砂质页岩,含砂岩及灰岩透镜体,偶夹细粒长石砂岩	82m
44. 灰黄色中至厚层含砾岩屑长石砂岩夹薄层细粒长石砂岩及粉砂质页岩	43m
43. 灰黄色粉砂质页岩,含有砂岩及灰岩透镜体	87m
42. 灰黄色粉砂质页岩夹灰绿色薄层细粒长石砂岩,偶夹中层粗岩屑长石砂岩	38m
41. 灰黄色中层细砾岩,砾质岩屑长石砂岩夹粉砂质页岩	40m
40. 灰黄色粉砂质页岩夹薄层细粒长石砂岩。见有砂枕构造	148m
39. 灰色粉砂质页岩与浅灰绿色薄层细粒长石砂岩互层,偶夹岩屑长石砂岩,见有水平层理及砂枕构造	28m
38. 灰色薄层—中层等粒岩屑长石砂岩与深灰色、灰黄色粉砂岩互层	19m
37. 灰绿色薄层粉砂质页岩夹细粒石英砂岩,偶夹岩屑长石砂岩。见水平层理	116m
36. 灰色薄层极细粒岩屑长石砂岩与灰黄色薄层粉砂质页岩互层	104m
35. 灰色中层粗粒浊积岩。见有鲍马序列、水平层理及斜层理	2m
34. 灰色薄层细粒石英砂岩与灰黄色砂岩互层,见有砂岩透镜体,见水平层理及斜层理	210m
33. 灰黄色中厚层粗粒岩屑长石砂岩与薄层细粒砂岩互层。见砂枕构造、水平层理	31m
32. 灰黄色薄层细粒岩屑长石砂岩与灰黄色粉砂质页岩互层。见水平层理	27m
31. 灰黄色粉砂质页岩、含有砂岩岩块,偶见有细粒长石砂岩。见包卷层理	83m
30. 灰色中厚层中细粒岩屑长石砂岩与灰黄绿色粉砂质页岩互层。见砂枕构造	18m
29. 灰黄绿色粉砂质页岩偶夹灰黄色薄层细粒砂岩	27m
28. 灰黄色厚层中粒岩屑长石砂岩与灰绿色粉砂质页岩互层。见有砂枕构造	21m
27. 灰绿色中层含砾不等粒长石岩屑砂岩与粉砂质页岩互层,偶夹砂砾岩。见有水平层理及斜层理	14m
26. 灰绿色薄层细粒长石砂岩与灰绿色粉砂质页岩互层,见有水平层理及砂枕构造	52m

(未见底)

2)基本层序

基本层序从底到顶可划分为三种类型(图2-29):一段斜坡相粉砂质页岩—细粒长石砂岩,粉砂岩—长石砂岩,组成向上粒度变细的基本层序,每个基本层序厚约10cm;二段水道相砾岩—粉砂质页岩,砾岩—岩屑长石砂岩,砾岩—含砾长石砂岩—粉砂质页岩,组成向上粒度变细的层序,每个基本层序厚10cm～8m不等;三段深海平原相钙质页岩—灰岩(长石砂岩)向上变细层序,每个基本层序厚度仅5cm～10m,可见粉砂岩与细粒长石砂岩组成韵律层,每个层序厚3cm左右。昂仁组是在弧前盆地中快速堆积形成的一套浊流沉积,是一套厚度巨大、成分成熟度或结构成熟度较低的浊积岩,具明显的鲍马层序,大致可划分为三种类型(图2-30)浊积岩。

3)古生物特征及地质时代

根据前人化石资料和本次区调在江庆则—卡堆的粉砂岩中发现有孔虫化石。昂仁组由老到新划分为5个生物地层序列,分别描述如下:

(1) 阿尔必期晚期 *N. brottianum - Orbitolina* 组合。产化石: *N. brottianum*, *Orbitolina* sp., *Textularia* sp., *Momtlivltia* sp., *Epstreptophyllum* sp. 等。

(2)赛诺曼中—晚期 *N. brottianum - Orbitolina* 组合,分布于二段。

(3)土仑期中期 *M. pilediformis - W. archaeocretaeea* 组合,分布于三段下部。

(4)土仑期晚期 *M. sinuosa - M. sigali* 组合,分布于三段中部。

(5)康尼亚克期 *D. primitiva - D. camcavata* 组合,分布于三段顶部。综合地层接触关系和古生物特征,昂仁组地质时代应为晚白垩世。

4)非正式地层单位—桑祖岗灰岩(K_2a^s)

由桑祖岗组演变而来,属非正式地层单位。该组由吴浩若等(1977)建立,在测区呈透镜状断续

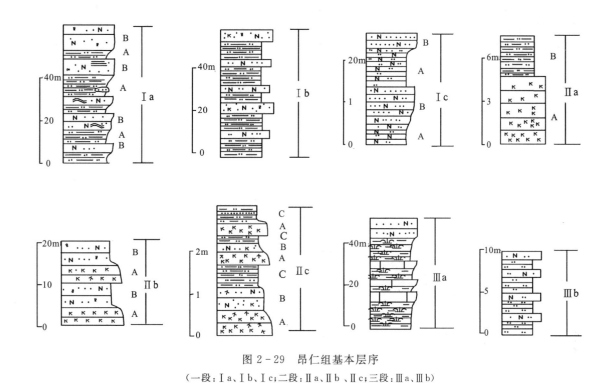

图 2-29 昂仁组基本层序

(一段：Ⅰa、Ⅰb、Ⅰc；二段：Ⅱa、Ⅱb、Ⅱc；三段：Ⅲa、Ⅲb)

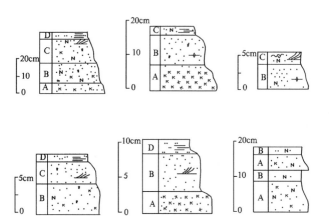

图 2-30 昂仁组浊积岩鲍马序列类型

分布，延伸不稳定，本书将其作为非正式地层单位，其划分沿革见表 2-9。其分布于区内热嘎、骡马场等地，出露规模较小，面积约 4 km²。呈透镜状断续产出，上、下均以断层与相邻地层接触，呈断片分布于昂仁组下部。岩性由青灰色、中厚层、厚层生物碎屑灰岩、微晶灰岩组成，含珊瑚、有孔虫、菊石等。

二、新生界

新生界出露古近系柳区群（$E_{1-2}Lq$），由西藏区调队（1983）创名，分布于卡堆、曲美、白朗一带，呈窄带状东西向展布，分布于蛇绿岩南侧，出露面积约 30km²。主要岩性为杂色砾岩、灰紫色砂砾岩、砂岩夹粉砂质页岩。根据地层层序、岩石组合特征、古生物组合，结合区域对比，将柳区群划分为两个岩性段。

一段($E_{1-2}Lq^1$):分布于卡堆、曲美、白朗等地,面积约25km²。主要岩性为杂色复成分砾岩,含砾砂岩,灰紫色粉砂质页岩,厚度大于204m。在卡堆一带,其与下伏白朗蛇绿岩群及冲堆组角度不整合接触;在卡堆西南侧,其与白朗蛇绿岩群呈断层接触,与遮拉组呈断层接触;在夏鲁一带,其与嘎学群一段、白朗蛇绿岩群及遮拉组均为断层接触。一段与二段呈整合接触。

二段($E_{1-2}Lq^2$):零星分布在卡堆一带。主要岩性为紫红色粉砂质页岩,薄—中层含砾粗粒长石砂岩偶夹砾岩,厚度大于69m,向斜核部。

1. 剖面描述

剖面位于日喀则卡堆,露头良好,层序清楚(图2-31)。

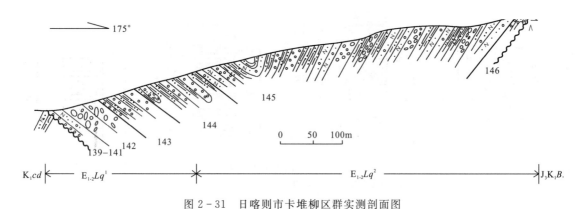

图2-31 日喀则市卡堆柳区群实测剖面图

柳区群($E_{1-2}Lq$)		总厚>273m
柳区群二段($E_{1-2}Lq^2$)	(向斜核部,未见顶)	厚>69m
145.紫红色页岩夹灰黄色薄—中层含砾粗粒长石砂岩		

———————— 整　合 ————————

柳区群一段($E_{1-2}Lq^1$)		厚>204m
144.紫红色砾岩与杂色砾岩互层		81m
143.紫红色砾岩与页岩互层		53m
142.灰绿色巨厚层中至粗砾砾岩		44m
141.灰绿色、紫红色页岩与杂色中砾砾岩互层		15m
140.杂色中粗砾砾岩		2m
139.杂色砾岩与紫红色页岩互层,夹灰绿色砂砾岩		>9m

～～～～～～ 角度不整合 ～～～～～～

下伏地层:冲堆组(K_1cd)　灰黄色粉砂质页岩夹细粒薄层砂岩

2. 古生物特征及地质时代

在卡堆一带采集化石 *Miscellanea* sp.(奇壳虫未定种),其时代为古新世。前人也采集有丰富的化石,据古植物化石及区域对比,时代为古新世—始新世。

第四节　喜马拉雅地层区

一、前震旦系

前震旦系拉轨岗日岩群(AnZLg.)分布于仁布折修一带,弧岛状分布,向东延伸幅外,面积

6.2km²。主要岩性为石榴二长石英片岩、含十字石石榴二云石英片岩等。岩石变形变质强烈,发育韧性剪切变形,具高绿片岩相至低角闪岩相变质,与三叠系涅如组呈断层接触。

拉轨岗日岩群最早由《西藏自治区岩石地层》(1993)使用,根据该套地层的岩石组合、变形变质特征、接触关系及区域对比,采用拉轨岗日岩群。作为构造地层单位。其岩石组合特征大体相似,以混合岩、片麻岩、二云斜长片麻岩、透辉石变粒岩、黑云斜长变粒岩及各种片岩(二云石英片岩、角闪片岩、石榴子石片岩、蓝晶石片岩、二云母片岩、十字石二云片岩等)夹大理岩为特征。但在区域上仍存在一定的差异。在定日一带岩石为条痕状混合岩、眼球状混合岩、石榴石黑云片岩、黑云母片岩、方解二云片岩、二云石英大理岩及蓝晶石十字片岩等。在康马一带,其岩石主要为二云片麻岩、混合岩、蓝晶石二云片岩、石榴子石十字石二云片岩、角闪石二云片岩、石榴石二云片岩、二云石英片岩等。在曲松县邛多江亚堆扎拉一带,岩性主要为二云斜长片麻岩、黑云斜长变粒岩、二云母片麻岩夹大理岩、二云石英片岩、石榴云母石英片岩、十字石二云石英片岩、长英质变粒岩等。

二、中生界

(一)上三叠统涅如组(T_3n)

该组分布于勇达、何卡、恰嘎、路曲一带,呈近东西向面状展布,岩性组合以变砂岩、板岩夹灰岩为特征,出露面积约725 km²。其沿革见表2-10。

表2-10 涅如组划分沿革表

西藏综合队 (1:100万拉萨幅)(1979)	西藏综合队 (1:100万日喀则幅、亚东幅)(1983)	《西藏自治区区域地质志》(1993)	陕西区调队 (1:20万浪卡子、泽当幅)(1994)	《西藏自治区岩石地层》(1997)	陕西区调队(1:5万然巴等四幅)(1998)	本书	
嘎波组 T_3	涅如群 T_3	涅如群 T_3	宋中组 T_3-J_1	涅如组 T_3n	涅如组 T_3n	三段 T_3n^3	三段 T_3n^3	路曲砂泥质沉积混杂岩 $T_3S^lm.sm$
						二段 T_3n^2	二段 T_3n^2	
			陆哥拉组 T_3			一段 T_3n^1	一段 T_3n^1	

该地层位于康马-隆子地层分区北侧,构造变形强烈,地层褶皱发育,呈现倒转特征。其沉积构造、基本层序保存较好,尚能恢复层序。根据岩石组合特征及区域资料对比研究,划分为三段及路曲砂泥质沉积混杂岩($T_3S^lm.sm$)。一、二、三段之间为整合接触。路曲砂泥质沉积混杂岩为新建非正式地层单位,属构造地层单位。

一段(T_3n^1):分布于勇达、恩马。岩性为灰黑色、灰绿色板岩,夹薄层变砂岩,两者组成韵律性地层结构,变砂岩单层厚4~10cm,砂泥比约1:2,厚度大于288m。

该组因断层影响未见底,向斜南翼底部与维美组、甲不拉组断层接触,向斜北翼底部与晚三叠世仁布构造混杂岩断层接触。

二段 T_3n^2:分布于霞脚、麦迁一带,岩性以灰色厚层块状、中厚层状变中细粒长石石英砂岩为主,夹薄层状粉砂岩,深灰色板岩。砂岩单层一般0.50~1.5m,最厚达2m,砂泥比约为2:1,厚1292 m。以见有大套厚层状、块状砂岩为特征,陡峭地貌与三段相区别。该段中见有大量的铁质、钙质结核,局部见有泥砾,发育有灰岩透镜体,见底模构造,鲍马序列。

三段(T_3n^3):分布于麦迁一带,组成向斜的核部。主要为浅灰—灰色中薄层—中厚层状变中细粒砂岩与灰黑色板岩组合,板岩中见有灰岩透镜体及夹层,含铁质结核体,砂泥比1∶3,厚度大于1032m。发育槽模、重荷模、包卷层理构造及鲍马序列C、D段。该段以细粒沉积物发育为特征,易风化,地貌上常呈凹地形与涅如组二段相区别,未见顶。

1. 剖面描述

剖面位于仁布县城南勇桥,露头良好,层序清楚,关系明显,化石较丰富(图2-32)。

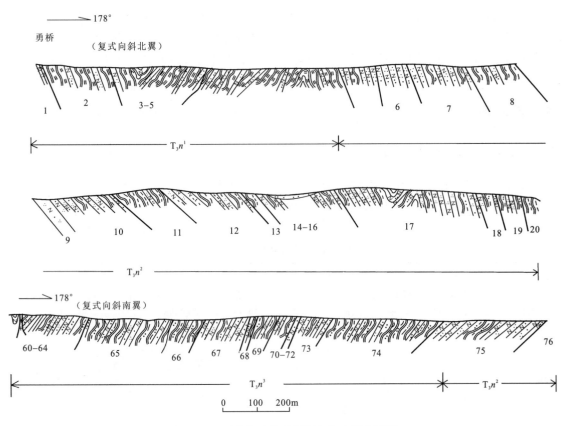

图2-32 西藏仁布县勇桥涅如组实测剖面图

涅如组三段(T_3n^3)	(向斜核部未见顶)	总厚＞1032m
60.浅灰黑色薄层状细粒长石砂岩夹粉砂质泥质板岩,砂板比为1∶1		＞20m
61.浅灰褐黄色细晶岩脉,脉宽5m,延伸15m,脉状侵入围岩		3m
62.浅灰黑色、浅褐红色薄层状细粒长石石英砂岩夹粉砂质泥质板岩,砂板比为4∶1		10m
63.灰黑色薄层状粉砂质泥质板岩夹薄层状细粒长石石英砂岩		20m
64.浅灰黑色、浅褐黄色薄层状细粒长石石英砂岩夹粉砂质泥质板岩,砂板比为1∶1		113m
65.粉砂质泥质板岩夹浅灰黑色薄层状细粒长石石英砂岩,砂板比为1∶2,见宽3.5m、延伸15m的细晶岩脉		202m
66.灰黑色厚层状粉砂质泥质板岩夹薄层状细粒长石石英砂岩,砂板比为1∶4		46m
67.浅灰黑色薄层状细粒长石石英砂岩夹粉砂质泥质板岩		137m
68.浅灰黑色中薄层状细粒长石石英砂岩与粉砂质泥质板岩互层,砂板比为1.5∶1		14m
69.灰黑色薄层状粉砂质泥质板岩夹薄层状细粒长石石英砂岩,砂板比为1∶3～1∶4		35m
70.灰黑色薄至中层状粉砂质泥质板岩与薄层状细粒长石石英砂岩互层,砂板比为1∶1		25m
71.浅褐红色薄层状细粒长石石英砂岩夹粉砂质泥质板岩,砂板比为2∶1～1∶1		39m
72.浅褐红色薄层状细粒长石石英砂岩与粉砂质泥质板岩互层,砂板比为1∶1		14m

73. 浅褐红色薄层状细粒长石石英砂岩夹粉砂质泥质板岩　　　　　　　　　　　　　　　　86m
74. 灰黑色、灰色中厚层状粉灰质泥质板岩夹薄层状细粒长石石英砂岩,砂板比为1∶5　　　271m
———————————— 整　合 ————————————

涅如组二段（T_3n^2）　　　　　　　　　　　　　　　　　　　　　　　　　　　　　　**总厚1292m**

20. 灰黑色、浅灰黑色粉砂质泥质板岩夹薄层状细粒长石石英砂岩　　　　　　　　　　　17m
19. 浅灰黑色、浅灰褐色薄层状细粒长石石英砂岩夹粉砂质泥质板岩　　　　　　　　　　45m
18. 浅灰黑色中薄层状细粒长石石英砂岩夹粉砂质泥质板岩　　　　　　　　　　　　　　52m
17. 浅灰黑色薄层状细粒长石石英砂岩夹粉砂质泥质板岩,砂板比为3∶1　　　　　　　　150m
16. 浅灰黑色薄层状细粒长石石英砂岩偶夹粉砂质泥质板岩,砂板比为5∶1　　　　　　　33m
15. 第四系冲洪积物　　　　　　　　　　　　　　　　　　　　　　　　　　　　　　　90m
14. 灰黑色薄层状细粒长石石英砂岩夹粉砂质泥质板岩　　　　　　　　　　　　　　　　21m
13. 浅灰黑色薄层状粉砂质泥质板岩夹薄层状细粒长石石英砂岩　　　　　　　　　　　　31m
12. 灰黑色薄层状细粒长石石英砂岩夹粉砂质泥质板岩,砂板比5∶1　　　　　　　　　　175m
11. 浅黑灰色、灰黑色薄层状粉砂质泥质板岩夹薄层状细粒长石石英砂岩　　　　　　　　94m
10. 灰黑色薄层状细粒长石石英砂岩夹泥质板岩,砂板比2∶1　　　　　　　　　　　　　139m
9. 浅灰黑色、浅灰褐色巨厚层状细粒长石石英砂岩,砂板比20∶1　　　　　　　　　　　32m
8. 灰黑色薄层状泥质板岩夹中薄层状细粒长石石英砂岩,砂板比为1∶2　　　　　　　　149m
7. 浅褐红色中层状中细粒长石石英砂岩夹薄层状泥质板岩,砂板比为4∶1～10∶1　　　166m
6. 浅灰色中厚层状中细粒长石石英砂岩　　　　　　　　　　　　　　　　　　　　　　98m
———————————— 整　合 ————————————

涅如组一段（T_3n^1）　　　　　　　　　　　　　　　　　　　　　　　　　　　　　　**总厚＞452m**

5. 浅灰黑色绢云泥质板岩夹薄层状中细粒长石石英砂岩　　　　　　　　　　　　　　　39m
4. 灰色巨厚层状中细粒长石石英砂岩,发育沟模构造　　　　　　　　　　　　　　　　　2m
3. 绢云泥质板岩夹灰黑色中薄层状中细粒长石石英砂岩、砂板比为1∶3　　　　　　　　202m
2. 灰黑色中薄层状中细粒长石石英砂岩与绢云泥质板岩互层,砂板比1∶1　　　　　　　202m
1. 灰黑色中至薄层状中细粒长石石英砂岩,与仁布构造混杂岩断层接触　　　　　　　　＞7m

（未见底）

2. 古生物特征及地质时代

古生物化石丰富,双壳类：*Halobia* cf. *nedongensis* Chen, *Halobia* sp., *Posidonia* sp.；菊石类：*Parajuvanites* sp., Haloritidae 海罗菊石科。其时代为中三叠世—晚三叠世。依据化石组合,并结合区域特征对比其时代归为晚三叠世。

（二）上三叠统路曲砂泥质沉积混杂岩（T_3S^l m.sm）

该岩块分布于蛇绿岩南侧白林—库巨—塔巴拉一带,呈东西向面状展布,出露面积 250km²,与周围地层体均为断层接触。其由基质与岩块组成,前者主要由粉砂质页岩、钙质页岩、砂岩、含砾砂岩夹灰岩、硅质岩组成。岩块成分主要有砂岩、灰岩、硅质岩、玄武岩等,呈次棱角状、次圆状,大小从数十厘米至上百米不等。岩块按来源大致可划分为为原地岩块和外来岩块；按成因分可划分为滑塌岩块（slu）、滑动岩块（sli）、岩崩碎石流（rf）、块体流层（mf）（表2-11）。岩块周围可见包卷构造,保留有原始成层特征。岩块常沿一定层位分布,与基质多为沉积接触,长轴面基本上与基质产状一致,走向约120°。

1. 岩块特征

灰岩岩块（ls）：在混杂岩中部分布较多,主要岩性为灰白色、青灰色微晶含白云质灰岩、细晶含砂质灰岩、粉晶灰岩。岩块多由薄—中厚层状灰岩，含燧石结核、条带灰岩、硅质岩、灰黄色泥岩组成。岩块呈棱角状、不规则状，内部产状与基质岩层产状基本一致，顺层分布，其镶嵌于基质中，形成突起地貌，岩块内部见有层间小型破碎带，并可见褶皱构造。与围岩接触处，围岩中岩层绕其分布，为沉积接触，多为滑动岩块，局部地段形成块体流层。

砂岩岩块(ss)：分布较广，主要岩性为岩屑长石砂岩。该岩块多为原地岩块，规模较小，岩块呈长透镜状，可见原始砂岩层经褶皱拉断成透镜状块体。来源于原地的岩块在重力作用下沿破裂面移动，靠近岩块边部岩层变形，形成圈状构造，内部亦揉皱变形，形成滑塌岩块。其他岩块特征见表2-11。

表2-11 路曲砂泥质沉积混杂岩岩块划分表

位置	类型及代号	岩性	规模（m×m）	与基质接触关系	成因	特征	时代
日喀则卡切	砂岩滑动岩块 sliss	灰白色细粒石英砂岩，中层状，与基质接触边部见砂岩角砾，为重力作用下滑时形成。地貌上为陡地形，形成山顶，长轴顺层	100×300	沉积接触	沉积成因	岩块内有序、无序	T_3
日喀则路曲	砂岩滑塌岩块 sluss	灰色薄层细粒长石石英砂岩，偶夹厚层细粒长石石英砂岩，边部具圈层构造，基质围绕岩块分布，长轴顺层	50×100				T_3
	灰岩滑动岩块 slils	灰红色厚层含燧石结核条带微晶灰岩，青灰色厚层含角砾微晶灰岩，灰黄绿色泥岩，夹灰色中层硅质岩，长轴顺层	30×100				P
	灰岩滑动岩块 slils	灰白色薄层微晶灰岩偶夹灰黑色薄层硅质岩，岩块内见断裂破碎带，为成岩后生断裂，岩层褶皱，轴劈理发育，长轴顺层排列	100×300				P
	砂岩岩崩碎块 rfss	细粒粗粒岩屑长石石英砂岩，岩块呈棱角状，大小不均，与基质染杂一起，碎块状地貌	50×100				T
	滑动岩块 sli	灰黄色钙质页岩夹灰黄绿色薄—中层微晶灰岩偶夹灰黑色薄层硅质岩，顺序分布	200×400	断层接触	沉积成因	岩块内有序	T
	硅质岩滑动岩块 slisi	灰紫色硅质砾岩，薄层硅质岩长轴顺序分布	10×30	沉积接触	沉积成因		T
	玄武岩滑动岩块 sliβ	灰绿色蚀变玄武岩，长轴顺层排列	10×25				
毕沙	灰岩岩块(ls)	灰紫色中厚层微晶灰岩、砂屑灰岩、凸出地表，长透镜状，长轴平行层理排列	200×400	断层接触	构造成因	岩块内有序	J—K

2. 古生物特征及地质时代

在混杂体基质中采得化石 Halobia cf. nedongesis Chen, Parajuvanites sp. ，其时代为晚三叠世。路曲沉积混杂岩基质时代应为晚三叠世，归属涅如组。

在岩块中采得化石 Lophohyllidum cf., Xiukangensis cf.，鉴定时代为二叠纪。在毕沙一带，见有许多块度较大的灰紫色灰岩岩块，其中取得箭石 Belemnopsis sp., Hibolithes sp., Bemnopsis cf. elengata Yin, Belemnosis? cf. exenuatus Yang et Wu, Belemnopsis? cf. gerardi (Oppel)，其时代为 J_3^3 或 J_3^3—K_1^1。并在其中采做微体化石取得浮游有孔虫 Heterohelix sp., Globotruncana lineiana *tricainata*(Quereau), *Globotruncana lineiana*(d'Orbigny), *Globotruncana bulloides* Vogler, *Rosita fornicata* Plummer 等,其组合面貌应属晚白垩世坎潘期—早马斯特里赫特期。

(三) 中下侏罗统日当组($J_{1-2}r$)

日当组分布于帕中、日喀则一带,呈窄带状展布,最宽处约 1km,出露面积约 29 km²。岩性为灰黑色钙质页岩与青灰色薄层泥灰岩、薄—中层微晶灰岩互层,夹灰色薄层细粒石英砂岩。在甲堆一带,日当组与下伏地层涅如组断层接触;吓在拉一带其与蛇绿岩断层接触。该组由王义刚等(1976)创名。

1. 剖面描述

剖面位于日喀则市卡堆南吓在拉,露头良好,层序清楚,接触关系清楚(图 2 – 33)。

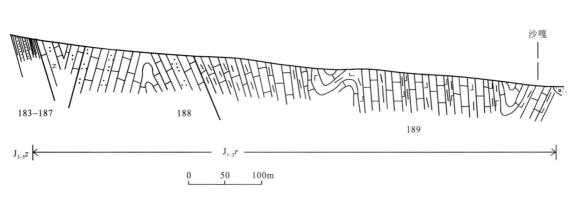

图 2 – 33 西藏日喀则市沙嘎日当组实测剖面图

上覆地层:遮拉组($J_{2-3}z$)　　灰色钙质页岩夹薄层细粒长石砂岩
——————————— 整　合 ———————————
日当组($J_{1-2}r$)　　　　　　　　　　　　　　　　　　　　　　　　　　　　厚＞290mm
　188. 青灰色页片状泥灰岩、薄层微晶灰岩夹灰白色薄层细粒石英砂岩　　　　　　45m
　189. 青灰色钙质页岩与中层微晶灰岩互层。见水平层理及纹层层理　　　　　＞245mm
　　　　　　　　　　　　　　　　（未见底）

2. 地质特征及区域变化

横向上该组岩性变化不大(图 2 – 34),甲堆一带以灰岩为主,青灰色中厚层微晶灰岩夹灰黄色中薄层泥灰岩,灰岩表面发育刀砍纹,见泥裂构造,厚度大于 25m,与上覆遮拉组整合接触,与下伏涅如组断层接触;吓在拉一带日当组岩性组合为钙质页岩,页片状泥灰岩,薄—中层微晶灰岩夹薄层石英砂岩,与上覆遮拉组整合接触,厚度大于290m。

3. 古生物特征及地质时代

在该地层中采获大量化石。菊石:*Psiloceras psilmotum*, *P. provincialis*, *Wachneroceraslatum*, *Longziceras longxiensis*, Arietitiae, *Primartetes*, *Asrerocas*, *Juraphyuites*, *Kavsensis*, *Arniocerasaronuldi*, *Euagasceras*;双壳类:*Mootissaoinaria* Broun(沙林鬓蛤), *Halobia* sp.(海燕蛤未定种)。反映为赫塘期—普林斯巴期的生物组合面貌。

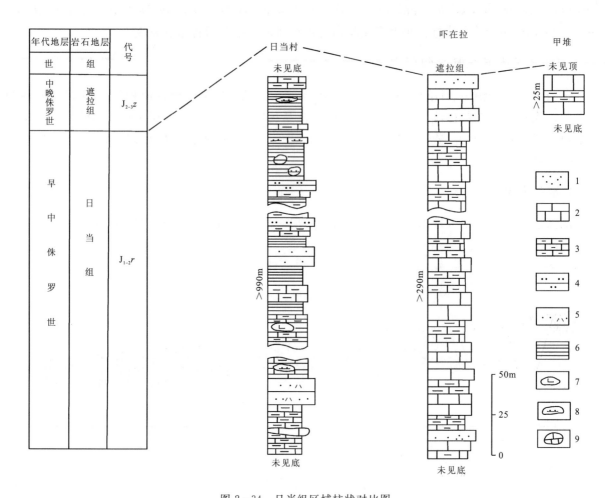

图 2-34 日当组区域柱状对比图

1.砂岩;2.灰岩;3.泥灰岩;4.粉砂岩;5.凝灰砂岩;6.页岩;7.钙质结核;8.硅质结构;9.灰岩团块

（四）中上侏罗统遮拉组（$J_{2-3}z$）

遮拉组分布于日喀则、帕中、甲堆、它巴一带，呈东西向窄带状展布，出露面积约 242km²。岩性组合为灰黑色、深灰色页岩、薄层—厚层状长石石英砂岩夹灰色、灰绿色薄层硅质岩、灰岩。在帕中一带与下伏日当组、上覆维美组呈整合接触。

1. 剖面描述

剖面位于日喀则市路曲（图 2-35）。

上覆地层：维美组（J_3w）　灰色浅灰绿色薄层至巨厚层细粒长石石英砂岩夹页岩

——————— 整　合 ———————

遮拉组（$J_{2-3}z$）　　　　　　　　　　　　　　　　　　　　　　　　　　总厚 1665m

19. 浅灰色钙质页岩夹粉砂岩　　　　　　　　　　　　　　　　　　　　　　　297m
18. 灰绿色辉绿岩　　　　　　　　　　　　　　　　　　　　　　　　　　　　64m
17. 灰白色厚层细粒长石石英砂岩与灰绿色厚层粉砂岩互层　　　　　　　　　　15m
16. 灰色钙质页岩夹薄层细粒长石砂岩，偶夹灰黑色薄层硅质岩　　　　　　　　233m
15. 灰绿色辉绿岩　　　　　　　　　　　　　　　　　　　　　　　　　　　　25m

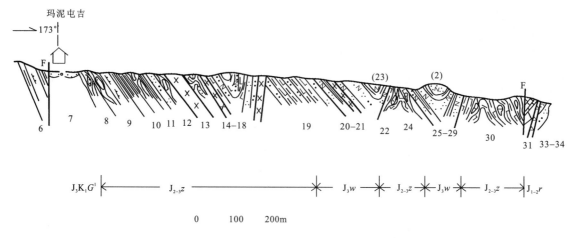

图 2-35 西藏日喀则市甲错雄乡路曲遮拉组实测剖面图

14. 浅灰绿色钙质页岩夹浅灰白色薄层细粒长石砂岩   89m
13. 灰绿色辉绿岩   73m
12. 浅灰绿色页岩夹灰色薄至中层状细粒石英砂岩,偶含灰岩结核   208m
11. 浅灰至灰黑色、浅灰绿色页岩,含有灰岩结核   55m
10. 土灰黄色、浅灰绿岩页岩   41m
9. 土灰黄色、浅灰绿岩页岩,偶见极薄层浅灰白色硅质岩   46m
8. 土灰黄色、浅灰绿岩页岩,偶见钙质细砂岩结核,露头不好   >519m

======================== 断　　层 ========================

下伏地层:日当组($J_{1-2}r$)   灰黄色钙质页岩夹灰白色薄层灰岩

2. 地质特征及区域变化

测区内遮拉组岩性主要为灰色、灰黄色页岩、灰色薄—中层长石砂岩,夹灰岩、硅质岩。发育辉绿岩脉。在路曲一带,辉绿岩脉发育,硅质岩夹层较少且层薄,与下伏日当组断层接触;在帕中一带,辉绿岩脉不太发育,硅质岩夹层较多(图 2-36)。

3. 基本层序

基本层序类型可划分以下三种:浅灰绿色页岩,3~7cm 厚的灰白色薄层硅质岩;浅灰色薄—中层细粒长石石英砂岩—灰绿色、灰色页岩组成向上变细的退积型地层结构;页岩—薄—巨厚层细粒长石石英砂岩,基本层序厚约 2m,分布于遮拉组上部,组成向上变粗的进积型地层结构(图 2-37)。

4. 古生物特征及地质时代

本次工作取得 *Hibolitses* sp.(希波箭石),因破碎而未定种,经南古所鉴定认为其时代为 J—K。结合区域对比,其地质时代应为中晚侏罗世巴柔期—牛津期。

(五)上侏罗统维美组(J_3w)

维美组分布于恰假拉、白林、甲堆、当雄一带,近东西向带状展布,出露面积约 155km²。岩性为灰白色巨厚层状—块状石英砂岩、中层状长石石英砂岩、岩屑长石砂岩夹页岩。

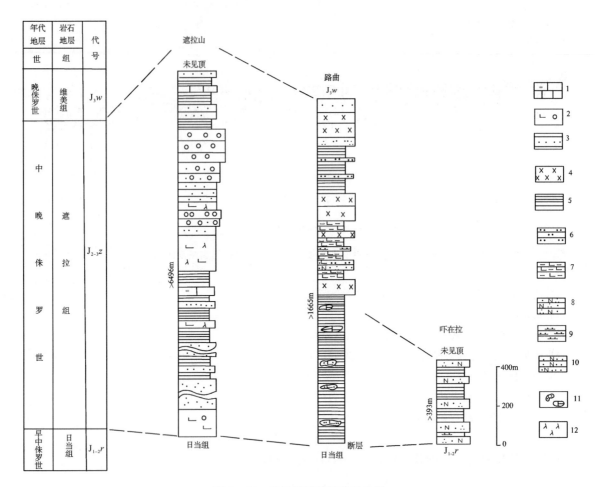

图2-36 遮拉组区域柱状对比图

1.海绿石灰岩;2.杏仁状玄武岩;3.巨厚层状砂岩;4.辉绿岩;5.页岩;6.粉砂岩;7.钙质页岩;
8.长石石英砂岩;9.硅质岩;10.长石砂岩;11.钙质细砂岩及灰岩结核;12.闪长玢岩

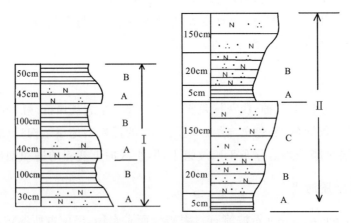

图2-37 遮拉组基本层序

Ⅰ:向上变细退积型层序;Ⅱ:向上变粗进积型层序

1. 剖面描述

剖面位于日喀则曲美乡(图2-38)。

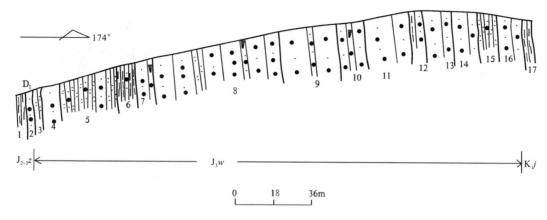

图 2-38 日喀则市曲美乡维美组实测剖面图

上覆地层:甲不拉组(K_1j) 灰黑色钙质页岩

———— 整 合 ————

维美组(J_3w)　　　　　　　　　　　　　　　　　　　　　　　　　　　　　　**总厚 334m**

16. 灰白色中层细粒石英砂岩　　　　　　　　　　　　　　　　　　　　　　　28m
15. 灰黑色粉砂质页岩夹灰白色薄层细粒长石砂岩,含砂岩透镜体,长轴顺层　　19m
14. 灰白色中层细粒石英砂岩与中层细粒长石砂岩互层。见重荷模　　　　　　21m
13. 灰白色巨厚层中粒石英砂岩夹灰白色中层细粒石英砂岩　　　　　　　　　19m
12. 灰黑色钙质页岩与灰色极薄层细粒长石砂岩互层。见水平层理,发育钙质结核　5m
11. 灰白色巨厚层中粒石英砂岩夹灰白色中层细粒石英砂岩　　　　　　　　　31m
10. 灰白色薄层细粒石英砂岩偶夹极薄层中粒岩屑长石砂岩　　　　　　　　　19m
9. 灰白色巨厚层粗粒石英砂岩夹薄层细粒石英砂岩。见水平层理　　　　　　30m
8. 灰白色中层中粒石英砂岩夹灰色中层细粒石英砂岩,见砂枕构造　　　　　82m
7. 灰白色巨厚层中粒石英砂岩夹薄层细粒岩屑长石砂岩　　　　　　　　　　9m
6. 灰黑色钙质页岩与灰色极薄层细粒长石砂岩互层,页岩中含砂岩结核,见圈层构造　10m
5. 灰黄色粉砂质页岩夹灰色极薄层细粒长石砂岩,见有水平层理及斜层理,见钙质结核　40m
4. 灰白色巨厚层细粒石英砂岩　　　　　　　　　　　　　　　　　　　　　　12m
3. 灰黄色粉砂质页岩　　　　　　　　　　　　　　　　　　　　　　　　　　5m
2. 灰白色巨厚层细粒石英砂岩　　　　　　　　　　　　　　　　　　　　　　4m

———— 整 合 ————

下伏地层:遮拉组($J_{2-3}z$)　灰色钙质页岩夹极薄层细粒长石砂岩

2. 古生物特征及地质时代

东邻江孜幅曾采菊石:*Himalayites*, *H*. aff. *breceli*, *Phyiloceras* sp., *Spiticeras* sp., *Haplophylloceras berriasella*, *Neocomites*;箭石:*Belemnopsis uhligy*, *Hibolithes verbeeki*。其时代应属晚侏罗世。

(六)下白垩统甲不拉组(K_1j)

剖面分布于俄沙、恩马、杜穷一带,呈东西向带状展布,出露面积约 $169km^2$。岩性为灰黑色页岩、板岩、薄层长石砂岩夹硅质岩、灰岩组合。

1. 剖面描述（图 2-39）

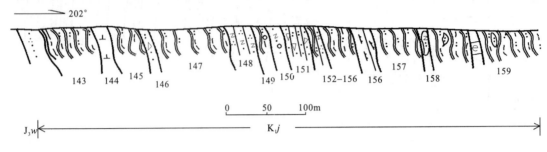

图 2-39　西藏仁布县恩玛甲不拉组实测剖面图

甲不拉组（K_1j） 总厚＞1108m

159. 灰黑色薄层粉砂质泥质板岩夹生物碎屑灰岩偶夹砂岩透镜体，向斜核部未见顶	＞317m
158. 灰黑色薄层状泥质板岩夹透镜状细粒长石石英砂岩	12m
157. 灰黑色薄层状粉砂质泥质板岩	85m
156. 青灰色、深灰色薄层状含钙泥质硅质岩，为一岩块，与基质整合接触	26m
155. 灰黑色薄层状粉砂质泥质板岩	44m
154. 青灰色、深灰色薄层状细粒长石石英砂岩	9m
153. 灰黑色薄层状粉砂质泥质板岩夹少量砂岩透镜体	24m
152. 灰黑色薄层状粉砂质泥质板岩	9m
151. 灰黑色薄层状细粒岩屑砂岩，为一岩块，与基质整合接触	25m
150. 灰黑色厚层状含砾长石石英砂岩	47m
149. 灰黑色中厚层状含砾粉砂质泥质板岩	31m
148. 灰黑色中厚层状细粒长石石英砂岩，为砂岩岩块，与基质整合接触	32m
147. 灰黑色中厚层状粉砂质泥质板岩	282m
146. 灰黑色中厚层状中细粒岩屑砂岩	7m
145. 灰黑色厚层状粉砂质泥质板岩	52m
144. 褐红色细粒闪长玢岩	10m
143. 灰黑色粉砂质泥质板岩	96.5m

———— 整　合 ————

下伏地层：维美组（J_3w）　灰白色厚层石英砂岩

2. 地质特征及区域变化

测区内甲不拉组岩性变化较大，日喀则俄沙一带，其岩性组合为灰黑色页岩、薄层细粒长石砂岩夹灰岩、硅质岩，厚度较小；仁布恩马一带，岩性组合为板岩、薄—中厚层长石石英砂岩，夹生物碎屑灰岩，厚度大于1108m。区域上该组变化较大（图 2-40）。

3. 生物组合及地质时代

本次工作采得化石 *Hibolithes* sp.，*Hibolithes*? *jiabrlensis* Yin，*H.* cf. *sinensis* Chen。南古所邓占球鉴定时代为晚侏罗世。

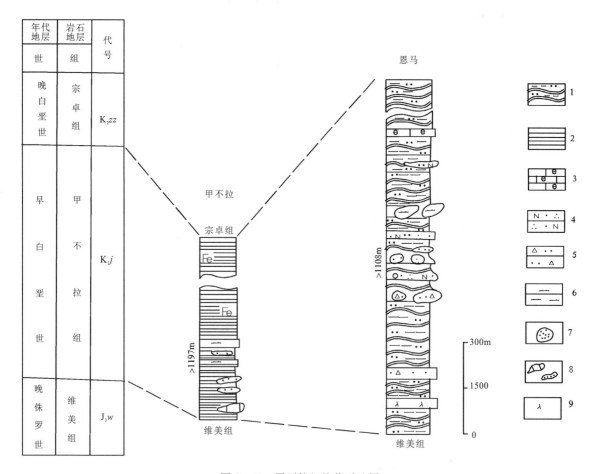

图 2-40 甲不拉组柱状对比图

1.粉砂质泥质板岩;2.页岩;3.生物碎屑灰岩;4.长石石英砂岩;5.岩屑砂岩;
6.硅质岩;7.砂岩岩块;8.灰岩、砂岩透镜体;9.闪长玢岩

第五节 新生界第四系

第四系主要分布于雅江流域及其干流河谷一带,约占图幅总面积的10%。成因类型复杂:冲积、冲洪积、风积、湖积、沼泽堆积、坡积、现代冰川堆积、冰水—冰川堆积等。

第四系从下更新统—全新统均有分布,成因类型复杂多样,由下至上划分为下更新统、中更新统、上更新统、全新统(表2-12)。

表 2-12 第四系综合地层表

时代	成因	厚度(m)	分布位置	地貌	孢粉组合特征	古气候及冰期	同位素年龄(a)
全新统	Qh^{pal} 洪冲积	>6.7	分布于山前沟口处	洪积扇洪积阶地	草本花粉88%~92.5%,乔木含量1.9%~13.4%,蕨类含量1.4%~5.6%	气候最宜期温和稍湿润转暖期	*500±40(^{14}C) *4800±120(^{14}C) 3260±58(^{14}C) 4357±45(^{14}C) 5763±77(^{14}C)
	Qh^{pl} 洪积		分布于山前沟口处	洪积扇			
	Qh^{del} 坡积		分布于山麓地带	坡积裙			
	Qh^{eol} 风积		仁布大桥、江当、东嘎、联乡等地	风成沙丘			
	Qh^{f} 沼泽堆积	>2	南木林日勒、谢通门土布拉				
	Qh^{al} 冲积	>4	雅江年楚河等两侧	阶地、心滩、漫滩			
上更新统	Qp_3^{l} 湖积	65.5	日喀则、甲龙、卡贵、德热旦、江当、仁布、苦龙、仁布大桥等地	湖积阶地	草本植物占绝大多数,禾本科大量出现,蒿属也有一定数量	绒布寺冰期干冷温和稍干旱末次间冰期	14 274±167(^{14}C) 14 618±155(^{14}C) 12 333±86(^{14}C) 14 500±0.11(TL) 18 100±0.13(TL) 12 400±0.09(TL) *18 770±144(^{14}C)
	Qp_3^{al} 冲积	22	大竹卡等河谷区	阶地			
	Qp_3^{pl} 洪积	9	大竹卡、七林、切娃等	洪积扇泥石流			
中更新统	Qp_{2-3}^{gl+gfl} 冰川、冰水堆积	53	南木林、邬郁、饿布扎、仁布、德吉林	冰川、冰水	木本植物花粉(Picea)、草本植物花粉(Abies)为主	基龙寺冰期冷湿	
	Qp_2^{del} 坡积	4.9	日喀则、桑夏、仁布、大竹卡	坡积物	草本植物花粉83%~95%,乔木花粉4%~16%	大间冰期温和干旱	
下更新统	Qp_1^{l} 湖积	43	南木林、邬郁	阶地	木本植物花粉93%,草本植物花粉3.8%	第一间冰期阴冷潮湿	

注:*资料来自《西藏自治区日喀则地区环境地质综合调查》。

第三章 岩浆岩

第一节 蛇绿岩

测区内蛇绿岩位于著名的雅鲁藏布蛇绿岩带中段,呈近东西向展布,长约133km。

雅鲁藏布蛇绿岩带是冈瓦纳特提斯海最终闭合的一次重大板块俯冲碰撞事件的产物,测区内具有比较完整而典型的地缝合线结构,自北而南有:①冈底斯火山岩浆弧;②陆缘山前磨拉石带;③日喀则弧前盆地;④雅鲁藏布蛇绿岩带;⑤中生代混杂带。

张旗、周国庆(2001)所著的《中国蛇绿岩》将蛇绿岩定义为"产于扩张脊的洋壳+地幔序列的岩石组合"。典型的蛇绿岩岩石组合分4个单元:变质橄榄岩单元、深成杂岩单元、席状岩墙群单元和喷出岩单元。不包括上覆的硅质岩及其他深海沉积物及火山岩,把该部分称为"蛇绿岩上覆岩系",本书沿用其划分方案,把蛇绿岩岩石组合分为地幔橄榄岩、堆晶杂岩、席状岩床(墙)群、火山岩四个单元。

对蛇绿岩的地质特征、岩石学、矿物学、地球化学特征、成因等分析研究结果表明,雅鲁藏布蛇绿岩带中段是由不同构造环境的蛇绿岩块体拼贴而成的:日喀则弧前背景蛇绿岩块体(有特征的玻安岩,IAT)、白朗-联乡洋脊背景蛇绿岩块体(有B型堆晶岩层序,MORB)、仁布岛弧背景蛇绿岩块体(岩片)(有A型堆晶岩层序,IAT)以及卡堆板内背景蛇绿岩残片(图3-1)。

一、日喀则弧前背景蛇绿岩块体

该块体西起朗拉,东至纳钟,全长约79km,最宽14km,最窄处约1km,分布面积约416km²,整体呈近东西向狭长带状展布。从南至北、由下至上出露有地幔橄榄岩、席状岩床(墙)群、基性熔岩单元,堆晶杂岩单元不发育,仅在得几剖面出露约120m的浅色岩:石英闪长岩、均质辉长岩、异剥橄榄岩。其中大部分基性熔岩及上部辉绿岩墙(床)群的岩石化学特征显示具有高硅、高镁、低钛的玻安岩特征,玄武岩具有IAT特征,因而为日喀则蛇绿岩具有弧前背景提供了直接证据。

(一)蛇绿岩剖面

得几乡蛇绿岩剖面各岩石单元保存完好,总体呈向南倾斜的倒转层序,发育有地幔橄榄岩、异剥橄榄岩、块状辉长岩、闪长岩、席状岩墙群和枕状玄武岩(玻安岩)(图3-2)。

(二)岩石地球化学特征

1. 地幔橄榄岩

1)化学成分特征

橄榄石成分:根据表3-1所示,路曲地幔橄榄岩中橄榄石$Fo\ 91\sim92$,属镁橄榄石。纯橄岩中

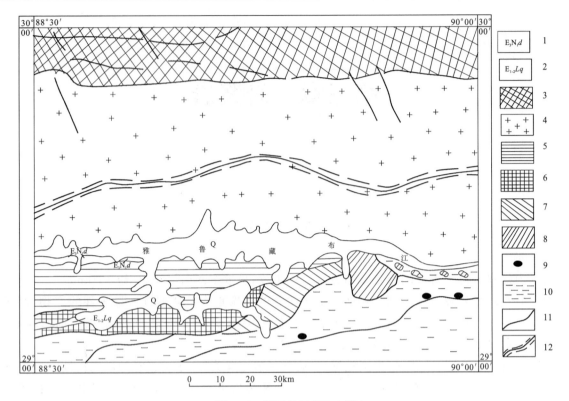

图 3-1 测区蛇绿岩分布图

1.大竹卡细砾岩；2.柳区群砾岩；3.念青唐古拉弧背断隆；4.冈底斯陆缘火山-岩浆弧；5.日喀则弧前盆地；
6.日喀则弧前背景蛇绿岩块体；7.白朗-联乡洋脊背景蛇绿岩块体；8.仁布岛弧蛇绿岩片带；
9.卡堆蛇绿岩残片；10.中生代混杂带；11.断层；12.韧性剪切带

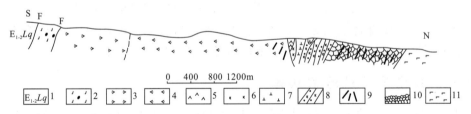

图 3-2 日喀则得几乡蛇绿岩剖面

1.柳区砾岩；2.蛇绿混杂岩；3.二辉橄榄岩；4.斜辉橄榄岩；5.异剥橄榄岩；6.辉长岩；7.闪长岩；
8.席状岩墙群；9.辉绿岩岩墙；10.枕状玄武岩；11.块状玄武岩

橄榄石的 FeO 稍低（7.98%），MgO 略高（51.25%），斜辉橄榄岩和二辉橄榄岩 FeO 含量为 8.34%～8.89%、MgO 为 50.06%～50.63%。橄榄石成分稳定，变化微弱，表明地幔橄榄岩不可能来自岩浆的堆晶作用，而应是难熔的地幔残余（Coleman，1977）。

表 3-1 地幔橄榄岩中橄榄石（Ol）的化学成分（$\times 10^{-2}$）

岩石类型	产地	样号	SiO_2	MgO	FeO	MnO	TiO_2	Al_2O_3	CaO	Na_2O	K_2O	Cr_2O_3	合计	Fo
ϕ_1	路曲	82-L-31	41.11	51.25	7.98	0.02	0.00	0.01	0.13	0.04	0.00	0.00	100.53	92
	大竹卡区	Xo-L-49	40.40	52.23	6.06	0.08	0.00	0.00	0.07	0.10	0.00	0.05	100	94
$\phi_2+\phi$	路曲	82-L-55	40.92	50.06	8.89	0.06	0.02	0.00	0.11	0.01	0.00	0.00	100.08	91
	路曲	82-L-24	40.39	50.63	8.34	0.16	0.00	0.01	0.12	0.02	0.00	0.03	99.82	92

斜方辉石成分：根据表 3-2 所示，路曲 En 91~92，属顽火辉石，Al_2O_3 含量高（2.15%~4.8%），Cr_2O_3 含量高（0.61%~0.78%）；温度 1055.86~1181.44℃，压力 24.76~31.05kb。

表 3-2 地幔橄榄岩中斜方辉石的化学成分（$\times 10^{-2}$）

样号	产地	SiO_2	MgO	FeO	MnO	TiO_2	Al_2O_3	CaO	Na_2O	K_2O	Cr_2O_3	合计	En	$T(℃)$	$P(kb)$
Xo-C-38	大竹卡区	53.92	35.25	6.13	0.12	0.03	3.01	0.61	0.02	0.00	0.46	99.58	91	1007.43	24.21
82-L-55	路曲	59.95	33.41	5.64	0.13	0.00	2.90	0.99	0.01	0.00	0.49	98.52	91	1099.95	29.49
82-L-55	路曲	55.98	34.52	25.59	0.11	0.00	2.15	0.98	0.04	0.00	0.67	100.05	92	1093.51	31.05
82-L-24	路曲	54.83	34.76	5.56	0.13	0.03	2.64	0.86	0.05	0.00	0.78	99.63	92	1055.86	24.76
82-L-10	路曲	53.29	32.40	6.08	0.19	0.06	4.80	1.43	0.03	0.00	0.61	98.88	91	1181.44	26.67

单斜辉石成分：根据表 3-3 显示，路曲 Wo 43~48，En 47~50，Fs 5~7，属透辉石，同时具有高铝（Al_2O_3 3.53%~5.53%）、高铬（Cr_2O_3 0.95%~1.70%）的特征。

表 3-3 地幔橄榄岩中单斜辉石（Cpx）的化学成分（$\times 10^{-2}$）

产地	SiO_2	MgO	FeO	MnO	TiO_2	Al_2O_3	CaO	Na_2O	KO_2	Cr_2O_3	合计	Wo	En	Fs
大竹卡区	52.74	16.74	2.17	0.07	0.07	3.05	23.12	0.17	0.00	0.91	99.03	48	48	4
大竹卡区	51.95	17.86	1.99	0.13	0.08	3.02	23.53	0.05	0.00	1.17	99.77	47	50	3
路曲	50.23	18.10	3.68	1.18	0.00	3.53	21.51	0.06	0.01	1.70	100	43	50	7
路曲	51.62	17.20	2.52	0.02	0.23	5.53	21.38	0.00	0.00	0.95	100	45	50	5
路曲	51.82	16.00	2.72	0.05	0.26	5.17	22.72	0.00	0.00	1.00	100	48	47	5

2）稀土元素

根据表 3-4 和图 3-3 所示，路曲—大竹卡区—仁布一带地幔橄榄岩具有下列特点。

表 3-4 地幔橄榄岩的稀土元素丰度（$\times 10^{-6}$）

元素	路曲 ϕ 1	大竹卡区 ϕ 1	仁布 ϕ 1	卡堆 ϕ 1	ϕ 2	球粒陨石
La	0.34	0.43	0.19	0.19	0.029	0.313
Ce	0.745		0.81		0.027	0.813
Pr					0.009	0.11
Nd		1.70	0.72	0.449	0.063	0.597
Sm	0.114	0.42			0.027	0.192
Eu	0.04	0.12	0.07	0.045	0.012	0.072
Gd		0.70	0.17	0.115	0.069	0.259
Tb		0.07			0.019	0.051
Dy		0.44		0.155		0.325
Ho				0.035	0.045	0.074
Er		0.28		0.09	0.153	0.213
Tm					0.02	0.033
Yb	0.076	0.26	0.04	0.045	0.151	0.208
Lu	0.015				0.024	0.032

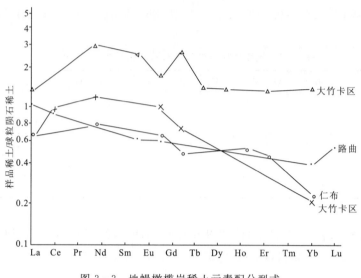

图 3-3 地幔橄榄岩稀土元素配分型式

(1)地幔橄榄岩的稀土配分曲线近于平坦型。

(2)地幔橄榄岩中二辉橄榄岩(大竹卡区)的稀土丰度高于其他亚类岩石的相应丰度,为球粒陨石的1~3倍,说明其稀土亏损程度相对较低。其他亚类岩石的稀土丰度比二辉橄榄岩大约低1个数量级,并显示轻稀土的相对富集和重稀土的亏损。

(3)地幔橄榄岩的稀土丰度显示:二辉橄榄岩的亏损程度最低,它接近于地幔岩的稀土丰度及配分型式,故代表了较低度的熔融残余,而纯橄岩和斜辉橄榄岩则代表了相对较高度的部分熔融残余。

3)锶同位素

路曲地幔橄榄岩的 $^{87}Sr/^{86}Sr$ 比值为 0.71457 ± 0.00018(表3-5),与大竹卡区相似(0.71093 ± 0.0043),同时与世界大多数蛇绿岩地幔橄榄岩具有相似的比值范围。地幔橄榄岩的 $^{87}Sr/^{86}Sr$ 远高于其上覆的其他单元,说明蛇绿岩以莫霍面为界,至少具有两种截然不同的成因。

表 3-5 地幔橄榄岩的初始 $^{87}Sr/^{86}Sr$ 比值

产地	样品数	岩性	$^{87}Sr/^{86}Sr$
大竹卡区	5	$\phi_1+\phi_2+\phi_3$	0.71093 ± 0.0043
路曲	1	ϕ_3	0.71457 ± 0.00018

2. 石英闪长岩、辉长岩

1)化学成分

由表 3-6 可以看出:$MgO/(MgO+TFeO)$ 比值变化范围较宽($0.24\sim0.57$);TiO_2 含量较高($0.73\%\sim1.89\%$)。

2)稀土元素

根据得几乡剖面的石英闪长岩和均质辉长岩中的三个样品的稀土元素特点显示(表3-7,图3-4),丰度均高,为球粒陨石丰度的1~2个数量级,其中两个样品显示负 Eu 异常,一个无 Eu 异常。

表 3-6 石英闪长岩、辉长岩的化学成分（×10⁻²）

岩石	样号	SO₂	Al₂O₃	Fe₂O₃	FeO	MgO	CaO	MnO	Na₂O	K₂O	TiO₂	P₂O₅	总量	TFeO	K₂O+Na₂O	$\frac{MgO \times 100}{MgO+TFeO}$	$\frac{TFeO}{MgO}$
1	Xo-C-207	69.22	14.79	3.85	6.12	3.21	3.57	0.16	7.11	0.08	1.75	0.13	100	9.59	7.19	25	3.0
2	Xo-C-205	52.22	12.46	3.29	7.30	13.61	3.51	0.18	2.38	0.41	0.74	0.06	99.99	10.28	2.79	57	0.76
	Xo-C-208	53.38	15.05	6.03	7.28	5.07	5.30	0.14	5.40	0.33	1.89	0.13	100	12.71	5.73	29	2.51

1.石英闪长岩；2.均质辉长岩

表 3-7 石英闪长岩、辉长岩的稀土元素丰度（×10⁻⁶）

分析项目	La	Ce	Nd	Sm	Eu	Gd	Td	Dy	Ho	Er	Tm	Yb	Lu
石英闪长岩	2.80	8.10	6.90	2.60	0.69	3.00	0.54	3.50	0.87	2.30	0.41	2.20	
辉长岩	2.90	9.80	10.0		1.30	4.80		5.60	1.30	3.50	0.60	3.30	
辉长岩	2.80	11.0	14.0	6.40	1.50	6.80	1.20	7.70	1.90	4.60	0.80	4.90	0.88

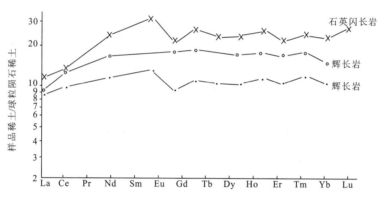

图 3-4 石英闪长岩、辉长岩的稀土元素配分型式

3. 玻安岩

1）化学成分

得几乡蛇绿岩的玄武岩和辉绿岩化学成分表明（表 3-8），SiO_2 含量为 50.6%～57.3%、TiO_2 含量很低（<0.5%），具有高硅、高镁、低钛的特征，$Mg^\#$ 值除 DJ-52 为 0.46，其他为 0.55～0.70，镁指数较高，具有典型玻安岩特征。玄武岩的 SiO_2 平均含量明显低于辉绿岩，而其 $Mg^\#$ 也较低，说明玄武岩是母岩浆且发生过明显分异作用后形成的，这与玄武岩和辉绿岩形成的地质事实是一致的。

表 3-8 得几乡蛇绿岩中玻安岩的化学成分（×10⁻²）

分析项目	DJ-12	DJ-14	DJ-15	DJ-23	DJ-30	DJ-40	DJ-35	DJ-41	DJ-51	DJ-52
	岩墙群					熔岩				
SiO_2	53.9	54.0	53.9	53.7	50.6	54.8	57.3	52.2	50.6	52.2
TiO_2	0.35	0.46	0.46	0.05	0.42	0.40	0.10	0.21	0.41	0.41
Al_2O_3	15.1	16.5	16.8	16.1	17.5	13.9	15.9	18.9	19.4	18.0
Fe_2O_3	1.02	2.94	3.53	2.26	3050	2.80	2.34	2.42	4.76	4.10
FeO	6.43	4.16	3.77	4.64	3.90	5.20	3.96	5.38	2.74	3.08

续表 3-8

分析项目	DJ-12	DJ-14	DJ-15	DJ-23	DJ-30	DJ-40	DJ-35	DJ-41	DJ-51	DJ-52
	岩墙群					熔岩				
MnO	0.14	0.14	0.15	0.313	0.14	0.16	0.12	0.13	0.1	0.12
MgO	9.50	5.50	5.80	5.70	7.70	5.60	5.70	5.00	4.90	3.17
CaO	6.60	6.20	5.90	6.80	6.20	9.00	4.70	6.00	8.20	9.20
Na_2O	2.95	5.26	5.19	4.90	4.03	4.40	5.80	4.80	3.78	4.46
K_2O	0.30	0.07	0.08	0.05	0.31	0.06	0.03	0.07	0.48	0.23
H_2O^+	3.20	2.40	2.09	3.43	3.50	3.20	2.60	3.40	2.40	2.80
H_2O^-	0.12	0.16	0.10	0.15	0.20	0.15	0.10	0.17	0.17	0.20
P_2O_5	0.06	0.13	0.04	0.35	0.03	0.3	0.00	0.00	0.00	0.30
CO_2		1.25	1.30	1.00	1.40		0.60	0.95	1.80	0.90
TotA	99.78	99.17	99.09	99.32	99.43	99.77	99.27	99.12	99.73	99.53
Mg$^\#$	70	60	61	61	67	57	63	55	56	46

2)微量元素

得几乡蛇绿岩中玻安岩微量元素特征表明(表3-9),Zr、Nb 和 Y 的含量低,分别为球粒陨石的2.6~8倍、4~10倍和3~10倍,而 MORB 的 Zr 和 Y 含量分别为球粒陨石的15倍和14倍。LILE(大离子亲石元素)相对富集,特别是 K、Rb;HFSE(高场强元素)亏损,如 Nb、Ta、Ti。

表 3-9　蛇绿岩中玻安岩的微量元素特征($\times 10^{-6}$)

分析项目	DJ-12	DJ-14	DJ-15	DJ-23	DJ-30	DJ-40	DJ-53	DJ-41	DJ-51	DJ-52
	岩墙群					熔岩				
V	225	237	235	210	219	235	166	260	206	216
Cr	524	47.1	44.2	77.0	160	148	184	74.5	60.6	44.8
Co	41.5	28.6	30.3	31.2	31.5	31.1	24.9	32.2	30.6	32.1
Ni	192	47.6	46.5	54.1	85.2	56.6	61.0	37.9	52.4	35.6
Cu	19.3	80.7	39.1	7.0	69.6	57.1	23.8	30.9	17.9	11.9
Zn	61.2	61.7	61.1	55.7	59.3	57.9	45.6	55.7	49.7	49.4
Rb	2.71	0.29	0.27	0.23	1.85	0.36	0.15	0.46	9.31	5.69
Sr	145	88.0	96.4	74.7	133	24.7	86.9	43.2	65.0	91.9
Y	8.20	9.23	9.54	14.4	12.3	10.8	15.0	20.8	9.3	11.6
Zr	17.8	14.7	14.7	300.3	27.9	20.6	44.6	46.3	20.6	25.0
Nb	0.17	0.17	0.19	0.27	0.26	0.19	0.68	0.35	0.25	0.35
Ba	8.67	7.51	7.42	5.13	19.3	3.46	5.63	3.85	11.9	13.4
Hf	0.63	0.66	0.62	0.89	1.27	0.68	1.22	1.28	0.87	0.75
Ta	0.17	0.02	0.02	0.03	0.04	0.22	0.05	0.04	0.03	0.07
Th	0.06	0.10	0.08	0.05	0.06	0.05	0.23	0.07	0.07	0.10
U	0.04	0.04	0.04	0.03	0.07	0.04	0.18	0.03	0.12	0.13

根据得几乡玻安岩的Ti-V图(图3-5)、Th-Hf-Ta图(图3-6)、Zr/Y-Zr图(图3-7),样品均落在岛弧玄武岩区,进一步说明了日喀则蛇绿岩形成于岛弧环境。

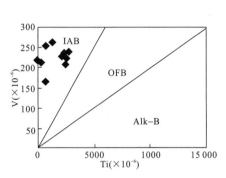

图3-5 得几乡玻安岩的Ti-V图
IAB:岛弧玄武岩;OFB:洋中脊玄武岩;
Alk-B:碱性玄武岩

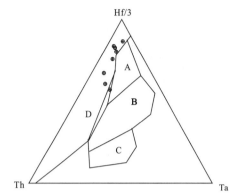

图3-6 得几乡玻安岩的Th-Hf-Ta图
A:N型洋中脊玄武岩;B:E型洋中脊和板内拉斑玄武岩;
C:板内碱性玄武岩;D:岛弧玄武岩

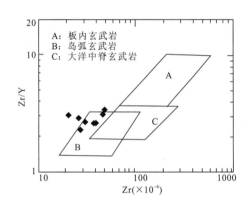

图3-7 得几乡玻安岩的Zr/Y-Zr图

二、白朗-联乡洋脊蛇绿岩块体

白朗-联乡洋脊蛇绿岩块体西起白朗县城,经白岗乡至联乡,全长约43km,最宽处约13km,最窄处约3.8km,面积约310km²,呈北东东-南西西向展布,并与日喀则弧前蛇绿岩块体叠置拼贴。整体从南至北、由下至上出露有地幔橄榄岩单元、堆晶杂岩单元、席状岩墙(床)群单元、基性熔岩单元,蛇绿岩组合齐全,堆晶岩特征具有B型堆晶岩层序,化学类型具有MORB特征。

(一)蛇绿岩剖面

1. 白岗乡蛇绿岩剖面

20世纪80年代郑海翔等对此剖面进行了测制和研究,项目组进行了重测,剖面由南往北、从下向上由四个单元组成,图3-8为堆晶杂岩及其下伏的地幔橄榄岩和部分辉绿岩。

1)地幔橄榄岩

地幔橄榄岩呈北东东-南西西向展布,出露宽2~3km。其南侧(底部)与嘎学群断层接触;其北侧(上部)被堆晶杂岩所覆盖。根据岩石组合和变形、变质程度,将其分为上、下两个亚带。下亚带:蛇绿混杂岩+石榴子石角闪岩(或片岩);上亚带:斜辉橄榄岩+二辉橄榄岩。

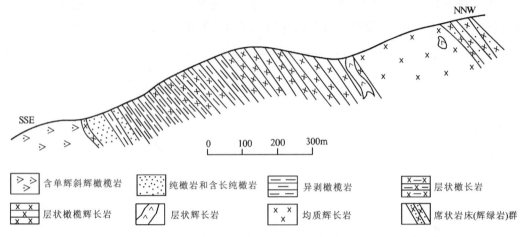

图 3-8 白朗县白岗蛇绿岩剖面

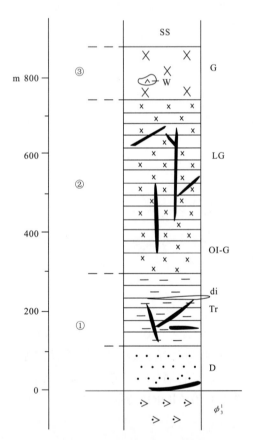

图 3-9 白岗堆晶杂岩层序柱状剖面
D:含长纯橄岩;Tr:橄榄岩-含长异剥橄岩杂岩;
di:辉绿岩岩墙;LG:层状辉长岩;G:辉长岩;
ϕ_3^1:斜辉橄榄岩

2) 堆晶杂岩

堆晶杂岩出露于地幔橄榄岩和席状岩床(墙)群之间,呈北东-南西向分布,倾向北西。堆晶杂岩从下而上可分出三个层序单元(图3-9):即底部临界带、层状堆晶杂岩及上部的均质辉长岩。

3) 辉绿岩岩床(墙)群

岩床(墙)群的主要组成为辉绿岩,单个岩墙厚 2～5m,基本上彼此平行排列、展布,向北北东倾斜,倾角 50°～75°不等。岩石具典型的辉绿结构(中央相)及斑状结构(边缘相),中央相内单斜辉石几乎全部蚀变成绿色角闪石,但边缘相中单斜辉石几乎很少蚀变,而斜长石为钠-奥长石,多蚀变为绿泥石,与下伏辉长岩相比不透明矿物含量显著增多,特征表明辉绿岩与辉长岩之间在变质程度和成分上显示一定的差异。

4) 基性熔岩

基性熔岩常见有枕状玄武岩、角砾状玄武岩、块状玄武岩。前者分布在最北端,往南依次出露角砾状玄武岩、块状玄武岩。剖面主要为块状玄武岩,其上整合沉积为蛇绿岩上覆沉积岩系冲堆组含放射虫紫红色硅质岩,最北端与昂仁组断层接触。

2. 大竹卡区蛇绿岩剖面

20 世纪 80 年代,中法科考队对该剖面进行了测制和研究,本项目对其进行了研究和重测。该剖面岩石组合出露齐全,序列连续(图3-10),由南而北,从下而上的层序是:地幔橄榄岩;镁铁超镁铁质堆晶杂岩;席状岩床(墙)群;枕状熔岩、块状熔岩系。

1) 地幔橄榄岩

该岩出露宽达 1.6km,根据岩石组合和变形变质程度将其由南往北分为:蛇绿混杂岩带、二辉橄榄岩带、斜辉橄榄岩带。

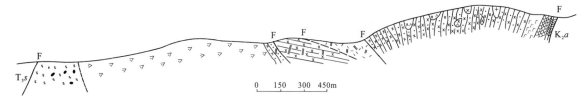

图 3-10 大竹卡区蛇绿岩剖面图

1.宋热岩组；2.昂仁组；3.斜辉橄榄岩(含CPX)十二辉橄榄岩；4.堆晶纯橄榄岩；5.层状辉长岩；6.橄长岩；
7.异剥橄榄岩＋均质辉长岩；8.钠长花岗岩；9.席状岩床(墙)群；10.辉绿岩岩墙；11.枕状玄武岩；
12.块状玄武岩；13.放射虫硅质岩；14.断层

2)镁铁超镁铁质堆晶杂岩

由分离结晶作用形成的镁铁和超镁铁质层状杂岩直接覆于地幔橄榄岩之上，总的层序特征显示一种垂直分异趋势。从下至上大致可分三个层序单元：①临界带；②层状杂岩；③非层状杂岩(图 3-11)。

据上所述，大竹卡区蛇绿岩剖面中整个层序由下而上其成分显示由基性到酸性的渐进垂直分异演化趋势，表现出岩浆分离结晶作用的一切特点。堆晶杂岩底部临界带的超镁铁岩以含有斜长石或单斜辉石而区别于下伏的具地幔残余成因的另一套超镁铁岩，在堆晶层序的所有岩石单元中都缺失斜方辉石的晶出。堆晶杂岩与其下伏地幔橄榄岩相比，以其变形程度轻为特点，而与其上覆单元相比以其变质程度高为特点。从堆晶杂岩中各单元的变形变质程度不尽相同以及它们中某些"成员"之间的穿插关系表明，堆晶杂岩是多期成因的。

3)席状岩床(墙)群

岩床群出露于堆晶杂岩北侧，宽约 1km，但向西出露宽度明显增大，呈北东东-南西西展布，它与上覆熔岩之间不存在截然分界。向上随着熔岩的增加，岩床数量逐渐减少，直到过渡为熔岩；向下进入堆晶杂岩中，其数量大减。与其上下岩石单元之间均无截然分界。

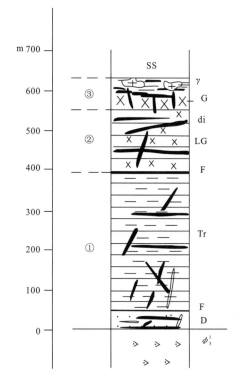

图 3-11 大竹卡区堆晶杂岩层序柱状剖面

D:含长纯橄榄岩；Tr:橄长岩-含长异剥橄榄岩杂岩；
LG:层状辉长岩；G:辉长岩；γ:钠长花岗岩；
di:辉绿岩岩墙；ϕ_3^1:斜辉橄榄岩；F:断层

4)基性熔岩(枕状熔岩、块状熔岩系)

该套熔岩出露于席状岩床(墙)群的北侧，宽 150～200m，呈北东东-南西西向，与辉绿岩展布方向一致，均向北倒转，熔岩之上为上覆沉积岩系硅质岩，两者为整合接触，与昂仁组为断层接触。熔岩主要由枕状玄武岩、块状玄武岩组成。

(二)岩石地球化学特征

1.地幔橄榄岩

1)化学成分特征

橄榄石成分(表 3-1)：大竹卡区地幔橄榄岩中橄榄石 Fo 90.4～94，属镁橄榄石。纯橄榄岩

Fo 94,高于斜辉橄榄岩和二辉橄榄岩(Fo 90.5),但差异不大。纯橄岩 FeO 稍低(6.06%),含 MgO 略高(52.23%),斜辉橄榄岩和二辉橄榄岩 FeO 9.40%,MgO 50.49%,总之,橄榄石成分稳定,变化微弱,表明地幔橄榄岩不可能来自岩浆的堆晶作用,而应是难熔的地幔残余。

斜方辉石成分(表3-2):大竹卡区 En 91,属顽火辉石,Al_2O_3 高(3.01%),Cr_2O_3(0.46%)低于路曲(0.61%~0.78%),温度1007.43℃,压力24.21kb。

单斜辉石成分(表3-3):大竹卡区 Wo 47~48,En 48~50,Fs 3~4,属透辉石,具高铝(Al_2O_3 3.02%~3.05%)、高铬(0.91%~1.17%)特性。

2)稀土元素

根据表3-4、图3-3所示,地幔橄榄岩稀土配分曲线近于平坦型,大竹卡区的二辉橄榄岩的稀土丰度较高,为球粒陨石的1~3倍,说明其稀土亏损程度相对较低;其他亚类岩石的稀土丰度比二辉橄榄岩大约低1个数量级,并显示轻稀土的相对富集和重稀土的亏损。

2. 堆晶杂岩

1)化学成分

从大竹卡区和白岗乡堆晶杂岩的化学成分表(表3-10)中,MgO/(MgO+TFeO)比值变化范围宽0.23~0.84,其中底部超镁铁质堆晶岩0.73~0.84,中、上部的超镁铁质堆晶杂岩0.23~0.80。TiO_2 含量低(0.06%~0.24%),不同于得几乡剖面中的石英闪长岩和均质辉长岩中含有较高的钛(0.73%~1.89%)。化学成分上显示底部富 Mg,上部富 Si、Al,未显示随岩浆分异而明显富铁的趋势。

表3-10 堆晶杂岩的化学成分($\times 10^{-2}$)

产地	岩石	样号	SiO_2	Al_2O_3	Fe_2O_3	FeO	MgO	CaO	MnO	Na_2O	K_2O	TiO_2	P_2O_5	Cr_2O_3	NiO	总和	(FeO)	K_2O+Na_2O	$\frac{MgO\times 100}{MgO+TFeO}$	$\frac{TFeO}{MgO}$
大竹卡区堆晶杂岩	钠长花岗岩	81-D-21	75.34	12.78	1.66	0.57	0.62	3.81	0.04	4.91	0.00	0.20	0.03	0.02	0.01	99.99	2.06	4.91	23	3.32
	层状辉长岩	Xo-C-51	46.65	19.88	0.90	2.05	10.85	17.93	0.06	1.36	0.04	0.13	0.00	0.15	0.00	100.00	2.86	1.40	79	0.27
	层状辉长岩	Xo-C-59	47.43	18.77	1.24	2.64	11.89	16.59	0.07	1.17	0.08	0.12	0.00	0.00	0.00	100.00	3.76	1.25	76	0.32
	橄榄辉长岩	Xo-C-75	45.23	23.89	0.85	1.71	7.62	18.10	0.04	2.14	0.26	0.11	0.05			100.00	2.48	2.40	75	0.33
	层状异剥橄长岩	Xo-C-18	44.54	15.14	2.18	5.30	20.96	10.59	0.13	0.82	0.04	0.08	0.00	0.22	0.00	100.00	7.26	0.86	74	0.35
	层状异剥橄长岩	Xo-C-19	43.90	18.47	1.97	3.40	20.90	10.35	0.09	0.82	0.04	0.06	0.00	0.00	0.00	100.00	5.17	0.86	80	0.25
	含长纯橄岩	Xo-C-26	45.23	0.55	10.35	1.80	41.66	0.03	0.13	0.01	0.03	0.08	0.12			100.00	11.12	0.04	78	0.28
	含长纯橄岩	Xo-C-57	43.98	2.58	8.03	2.32	41.87	0.00	0.09	0.11	0.00	0.06	0.00	0.72	0.24	100.00	9.55	0.11	81	0.23
白岗堆晶岩	层状辉长岩	81-B-14	46.94	19.23	0.98	2.75	13.12	14.84	0.05	1.64	0.08	0.11	0.03	0.15	0.04	100.00	3.63	1.72	78	0.28
	层状异剥橄榄岩	81-B-17	47.61	1.54	5.41	2.99	35.62	5.71	0.11	0.17	0.00	0.22	0.03	0.41	0.18	100.00	7.86	0.17	82	0.22
	层状长岩	81-B-11	40.88	2.67	6.49	4.06	44.18	0.36	0.15	0.06	0.00	0.12	0.04	0.61	0.27	99.99	9.90	0.06	82	0.22
	含长纯橄岩	81-B-9	40.09	0.66	5.94	4.06	47.92	0.00	0.13	0.08	0.00	0.24	0.00	0.77	0.05	100.00	9.41	0.08	84	0.20

2)稀土元素

根据表3-11和图3-12所示,大竹卡区堆晶杂岩的稀土丰度有如下特点。

堆晶纯橄岩的稀土丰度最低,低于球颗陨石相应元素丰度的2~5倍。其配分型式近于平坦型,说明稀土元素未发生强烈的分离。小的正 Eu 异常出现,提示了在分离结晶作用早期即开始有富钙斜长石的堆晶,因为在斜长石中 Eu 很容易置换 Ca,也表明结晶作用是在低氧逸度的条件下发生的。

表 3-11 堆晶杂岩的稀土元素丰度（×10⁻⁶）

分析项目	大竹卡堆晶岩				白岗堆晶岩			
	含长纯橄岩	橄榄辉长岩	层状辉长岩	钠长花岗岩	含长纯橄岩	层状橄长岩	层状辉长岩	层状异剥橄榄岩
La	0.14	0.20	0.19	5.67	0.19	0.16	0.19	0.26
Ce	0.63		1.10	23.18	0.80	1.00	0.72	1.20
Pr				3.02				
Nd	0.25	0.79	0.88	18.30	0.65	0.77	0.72	0.90
Sm			0.43	5.41				
Eu	0.05	0.12	0.25	1.37			0.12	0.08
Gd	0.10	0.22	0.39	7.58			0.36	
Tb					0.03	0.03		
Dy	0.12	0.24	0.47	9.13			0.40	0.37
Ho		0.05		2.64				
Er		0.16			0.07	0.11	0.19	0.16
Tm				1.08	0.01	0.01		
Yb	0.12	0.15	0.26	6.13	0.05	0.05	0.18	0.18
Lu				1.15			0.03	0.03

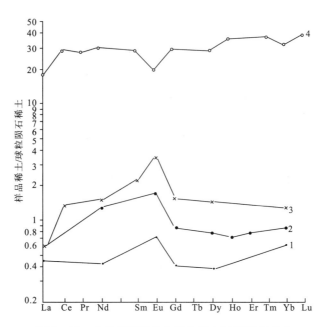

图 3-12 大竹卡区堆晶杂岩的稀土元素配分型式
1.堆晶纯橄岩；2.层状浅色橄榄辉长岩；3.层状辉长岩；4.钠长花岗岩

层状辉长岩的稀土丰度高于堆晶纯橄岩，也高于或接近于球粒陨石的丰度。主稀土显示为一平坦型，但都出现明显的正 Eu 异常。

钠长花岗岩以高度富集所有稀土元素为特征，几乎高出堆晶纯橄榄岩和层状辉长岩相应丰度的 2～3 个数量级，而且出现一个明显的负 Eu 异常。后者表明在岩浆分离结晶作用的早、中期阶段，由于 Eu 大量进入斜长石中而损失耗尽，致使在最终阶段，即钠长花岗岩形成时出现 Eu 的严重亏损产生负 Eu 异常。这说明钠长花岗岩为分离结晶过程最终分异的产物。

3)锶同位素

堆晶岩中的初始 $^{87}Sr/^{86}Sr$ 比值(0.703 07～0.705 22)(表3-12)明显低于其下伏的地幔橄榄岩,而与其上覆席状岩床(墙)群的比值相近。进一步证明了蛇绿岩至少存在以莫霍面为界具有两种截然不同的成因。

表3-12 大竹区堆晶杂岩的初始 $^{87}Sr/^{86}Sr$ 比值

岩 石	样号	初始 $^{87}Sr/^{86}Sr$ 比值
钠长花岗岩	81-D-21	0.703 79±0.000 05
层状辉长岩	Xo-C-51	0.703 07±0.000 25
橄长岩	Xo-C-18	0.705 22±0.000 39
堆晶纯橄岩	Xo-1-23	0.7043±0.0001

3. 席状岩床(墙)群

席状岩床(墙)群包括上部岩床(墙)群和下部岩墙群。前者系指产于均质辉长岩顶部和基性熔岩下部的岩床(墙)杂岩,后者系指穿入堆晶杂岩和地幔橄榄岩中的岩墙杂岩。

1)化学成分

白岗乡-大竹卡区席状岩床(墙)群化学成分显示具有如下几个特点。①具有明显的低 K_2O (0.06%～0.08%)特征,显示了深海拉斑玄武岩的特点(Kay et al,1973;Miyashiro,1975)。②TiO_2含量 0.77%～1.12%,近似于深海拉斑玄武岩(1%～2.5%)(Miyashiro,1975)。③以富含 Na_2O 为特征,含量 3.19%～5.69%,明显高于深海拉斑玄武岩中 Na_2O 含量(2.75%),造成该结果与其岩石普遍受细碧岩化作用有关。④SiO_2 含量 50.46%～52.23%,显示轻度过饱和特点。根据上述几点显示的白岗乡-大竹卡区席岩墙(床)群的岩浆为低钾、SiO_2 轻度过饱和的深海拉斑玄武岩质岩浆,岩石以受细碧岩化为特征。⑤在 $Na_2O+K_2O-SiO_2$ 图解上(图3-13),岩床(墙)群的岩石成分大多落入拉斑玄武岩一侧,与大西洋中脊玄武岩(MAR)的平均成分相比,其 Na_2O 含量普遍偏高,少数落入碱性玄武岩一侧,为岩石受细碧岩化所致。⑥AFM 三角图中(图3-14),上、下部岩墙群的成分接近于 MAR。⑦岩床(墙)显示出 $Fe'(TFeO/MgO)$ 增高,其 TiO_2 含量也增加的拉斑玄武岩质岩浆的分异演化趋势。

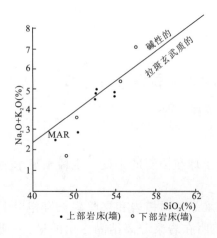

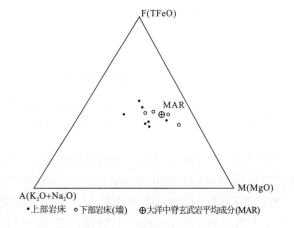

图3-13 岩床(墙)群的 $Na_2O+K_2O-SiO_2$ 图解　　　　图3-14 岩床(墙)群的 AFM 图

2）微量元素

白岗乡-大竹卡区席状岩床（墙）微量元素丰度（表3-13）显示：上部岩床（墙）群的辉绿岩K、Sr、Zr、Y、Ti、P的丰度均明显高于粒玄岩（1~2倍），提示粒玄岩稍早于辉绿岩而结晶；下部岩墙的微量元素明显低于上部岩床（墙），从下至上微量元素的规律变化反映了岩浆分异演化特征。

表3-13 白岗乡-大竹卡区席状岩床（墙）群微量元素丰度（×10^{-6}）

岩石类型		样号	微量元素丰度											
			K	Sr	Ba	Nb	U	Th	Zr	Y	Ti	P	Ni	Cr
上部	粒玄岩	5	1411	109	37	<10	<11	14	58	19	6540	352		
	辉绿岩	2	2739	122	23	<0	<10	14	78	26	8460	616		
下部	辉绿岩	3	581	113	6	<10	<10	12	36	18	6000	308	113	109
	辉绿岩	1	830	274	61	<10	13	19	57	18	6480	308	86	130

3）稀土元素

从白岗乡-大竹卡区蛇绿岩中岩床（墙）群的稀土元素丰度（表3-14）和配分型式图（图3-15）中可以看出如下特征。

表3-14 白岗乡-大竹卡区岩床（墙）群的稀土元素丰度（×10^{-6}）

岩石类型		样品数	稀土元素丰度												
			La	Ce	Nd	Sm	Eu	Gd	Dy	Ho	Er	Tm	Yb	Lu	ΣREE
上部	辉绿岩（粒玄岩）	7	1.7	7.7	6.6	2.0	0.8	3.0	3.2		1.95		1.9		28.85
下部	辉绿岩	3	1.0	3.3	3.0	1.4	0.35	2.0		0.49	1.3	0.24	1.6	0.27	15.25
	辉绿岩	1	0.85		4.8	0.45	0.45	1.20	1.60		0.87		0.86		10.58

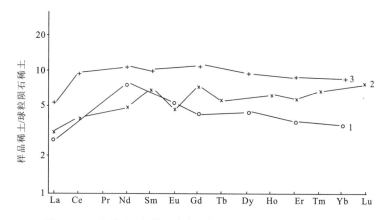

图3-15 白岗乡-大竹区岩床（墙）群的稀土元素配分型式图
1.下部岩墙群（穿入地幔）；2.下岩床（墙）群（穿入堆晶岩）；3.上部岩床（墙）群

（1）上部岩床（墙）群ΣREE为28.85×10^{-6}，下部岩墙群ΣREE为15.25×10^{-6}（穿入堆晶岩）、10.58×10^{-6}（穿入地幔），由下至上ΣREE由低至高，表明岩床（墙）群下部形成早于上部，因为ΣREE丰度的高低反映了岩浆分离结晶作用的程度，经较充分分离结晶作用的岩浆的TFeO/MgO比值也偏高。稀土元素的不相容性导致它们富集于较晚结晶的熔体中，据此可知，辉绿岩岩床（墙）群形成的多期性。

（2）岩床（墙）群的上部、下部稀土配分型式雷同，具典型MORB的配分型式（LREE亏损）。

4)锶同位素

大竹卡区席状岩床(墙)群的初始$^{87}Sr/^{86}Sr$比值为0.702 56~0.705 77(表3-15)。与上覆枕状熔岩和下伏堆晶岩接近,表明堆晶岩、席岩体(墙)群、枕状熔岩均来自同一源区。

表3-15 席状岩床(墙)群的初始$^{87}Sr/^{86}Sr$比值

采样位置	采样地点	样品号	初始$^{87}Sr/^{86}Sr$
上部岩床(墙)群	大竹卡区	81-D-12	0.704 85±0.000 08
		Xo-C-43	0.705 77±0.000 05
下部岩床(墙)群	大竹卡区	Xo-C-77	0.703 51±0.000 77
		82-D-11	0.702 56±0.000 28

4. 基性熔岩

1)化学成分

白岗乡-大竹卡区蛇绿岩中基性熔岩的化学成分,与东太平洋隆起和大西洋中脊橄榄石-斜长石玄武岩相比,其MgO明显偏低,而K_2O+Na_2O和SiO_2明显偏高(表3-16)。如白岗乡-大竹卡区基性熔岩的MgO为4.36%~6.82%,低于东太平洋隆起玄武岩(7.9%)和大西洋中脊玄武岩(9.04%)。MgO偏低致使玄武岩斑晶中无橄榄石出现。SiO_2为53.14%~54.70%,高于东太平洋玄武岩(48.66%)和大西洋中脊玄武岩(50.17%),致使玄武岩的斑晶和基质中出现少量石英。因此,在AFM图(图3-16)上,基性熔岩的成分点均未落入高镁低钛玄武岩区,而且具有高钛低镁特征。

表3-16 白岗乡-大竹卡区基性熔岩和某些地区玄武岩的化学成分(×10^{-2})

产地	岩石	SiO_2	Al_2O_3	Fe_2O_3	FeO	MgO	CaO	Na_2O	K_2O	MnO	TiO_2	P_2O_5	$\frac{TFeO}{MgO}$
白岗	枕状熔岩	53.15	15.64	4.55	3.60	6.82	11.65	3.29	0.11	0.15	0.92	0.11	1.19
大竹卡区	块状熔岩	54.70	16.56	6.83	3.91	4.36	5.22	6.25	0.60	0.14	1.30	0.14	2.31
东太平洋隆起	橄榄石-斜长石玄武岩	48.66	15.18	11.58		9.04	11.08	2.46	0.09	0.20	1.68	0.15	1.15
大西洋中脊	橄榄石-斜长石玄武岩	50.17	14.68	11.29		7.90	12.00	2.20	0.17	0.18	0.94	0.08	1.29

2)微量元素

基性熔岩以贫化微量元素为特征(表3-17),显示了洋脊玄武岩的属性。除K、Ti、P以外,表中其余各元素的丰度均小于200×10^{-6}。若与典型大洋中脊玄武岩(MORB)的微量元素丰度相比,本区基性熔岩中K、Ba、U、Th的丰度明显偏高,而Sr、Zr、Ti、Y、Cr则明显偏低。前者高丰度与玄武岩中碱的富集有关(Ringwood,1975),这与本区基性熔岩中Na_2O普遍偏高相符合。

表3-17 白岗乡-大竹卡区蛇绿岩中基性熔岩微量元素丰度(×10^{-6})

岩石类型	K	Sr	Ba	Nb	U	Th	Zr	Y	Ti	P	Ni	Cr
枕状熔岩	913	75	13	<10	<11	15	55	17	4800	480	157	287
块状熔岩	4980	117	90	<10	<11	<12	78	24	7800	616	78	71
典型大洋中脊玄武岩	1200	120	20	4	0.10	0.20	90	30	9000	530		250

3)稀土元素

基性熔岩稀土配分型式与大西洋中脊(MAR)的相同,仅标准化数值偏低(表3-18、图3-17),

均以贫化 LREE 为特征。La/Sm＝0.52,故属于典型 MORB 型。块状玄武岩的 REE 丰度为球粒陨石的 8～17 倍,属大洋拉斑玄武岩的范围,大多数大洋拉斑玄武岩的 REE 丰度为球粒陨石的 10～20 倍。枕状熔岩的 ∑REE 丰度值低于块状熔岩,且微量元素的丰度也偏低。如前所述,似应说明枕状熔岩为较早期喷发的产物。基性熔岩的 ∑REE 分配型式与岩床(墙)杂岩相同。充分说明了它们的同岩浆成因(Suen C J, Frey F A et al,1979)。

表 3－18　白朗-联乡蛇绿岩中基性熔岩稀土元素丰度($\times 10^{-6}$)

岩石类型	稀土元素丰度									
	La	Ce	Nd	Sm	Eu	Gd	Dy	Er	Yb	Lu
枕状熔岩	1.47	4.07	4.73	1.67	0.65	2.20	2.60	1.57	1.70	0.26
球粒陨石	4.59	4.33	7.88	8.35	8.90	7.10	8.39	7.48	8.95	8.39
块状熔岩	2.43	7.57	7.57	3.17	0.92	3.53	4.37	2.43	2.80	0.54
球粒陨石	7.59	8.05	12.65	15.85	12.60	11.39	14.10	11.57	14.74	17.42

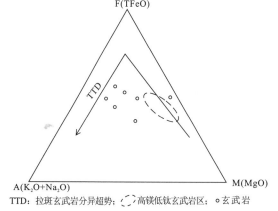

图 3－16　白岗-大竹卡区蛇绿岩中基性熔岩 AFM 图

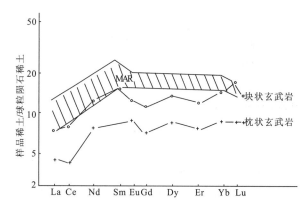

图 3－17　白朗-联乡基性熔岩与大洋中脊玄武岩 REE 配分型式对比图

在 TiO_2－P_2O_5 相关图(图 3－18)上,基性熔岩的成分点均落入洋脊玄武岩区。在 TiO_2－Zr 相关图(图 3－19)上,除一个样品外,均落在大洋中脊玄武岩区。上述稀土元素丰度具有 MORB 型特征。因此白朗-联乡蛇绿岩中基性熔岩为洋脊拉斑玄武岩成因类型。

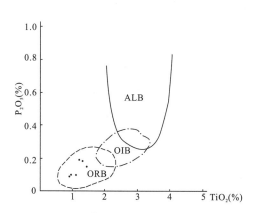

图 3－18　白朗-联乡基性熔岩 TiO_2－P_2O_5 相关图
ORB:洋脊玄武岩区;OIB:洋岛玄武岩区;ALB:碱性玄武岩区

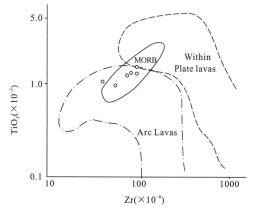

图 3－19　白朗-联乡基性熔岩 TiO_2－Zr 图
MORB:洋脊玄武岩;Arc Lavas:岛弧熔岩;
Within Plate Lavas:板内玄武岩

三、仁布岛弧蛇绿岩块体（岩片带）

仁布岛弧蛇绿岩块体（岩片带）西起大竹卡，东经姆乡、形下至东图边，东西长约42km，为由大小不等、形态各异的近30个蛇绿岩构造侵位推覆残体组成。其与周边地质体均以断层为界。

（一）蛇绿岩组合及剖面

1. 姆乡蛇绿岩剖面

剖面由北往南、自下而上由三个单元组成：地幔橄榄岩，辉绿岩墙（群），基性熔岩（图3-20）。

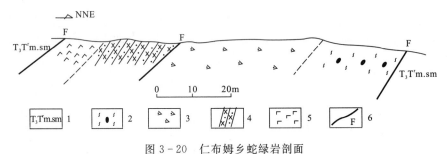

图3-20　仁布姆乡蛇绿岩剖面
1.仁布沙泥质构造混杂岩；2.蛇绿混杂岩；3.地幔橄榄岩；4.辉绿岩墙；5.基性熔墙；6.断层

1）地幔橄榄岩

剖面中出露宽约60m，由斜辉橄榄岩和斜辉辉橄岩组成。

2）辉绿岩岩墙（群）

辉绿岩岩墙（群）出露于地幔橄榄岩南侧，宽21m，其与下伏地幔橄榄岩之间为断层接触。向上随着熔岩的增加、岩墙的数量减少直至过渡为熔岩。岩墙（群）走向与其上部基性熔岩单元一致，不过倾角陡于熔岩（倾角30°～40°），单个岩墙出露宽0.3～2.2m不等。

辉绿岩是构成岩墙（群）的主要岩石类型。粒玄岩构成岩墙的边缘相，中央为辉绿岩。

3）基性熔岩

基性熔岩出露于岩墙（群）的南侧，宽约16m，其走向与辉绿岩岩墙一致，呈近东西向，倾向向南或南南西，倾角30°～40°。熔岩之南为郎杰学岩群断层接触，断面南倾，倾角40°，断层性质为逆冲断层。主要由球颗玄武岩（块状、角砾状）组成，其顶部有薄层状凝灰岩出露。

2. 形下堆晶岩剖面

剖面位于仁布县仁布乡形下村大扎和那热两沟交汇处76°方向500m处。此处堆晶岩为一透镜状残留体，长55m，最宽处19m。其底部为蛇纹石化、片理化强烈的地幔橄榄岩。剖面长26m，堆积岩出露宽17m。从北至南，由下至上（层序倒转）岩性为地幔橄榄岩和堆晶杂岩（图3-21）。

（二）岩石地球化学特征

1. 地幔橄榄岩

对在仁布所采集的11个样品之分析结果做了合并，Mg$^{\#}$[MgO/(MgO+TFeO)]比值为0.86，TFeO含量为7.27%；Cr_2O_3的平均含量为0.73%，高于其他地区。如此高的Cr_2O_3含量，为形成铬铁矿床提供了物质来源。稀土元素丰度如表3-4和图3-3显示，稀土元素配分曲线近于平坦

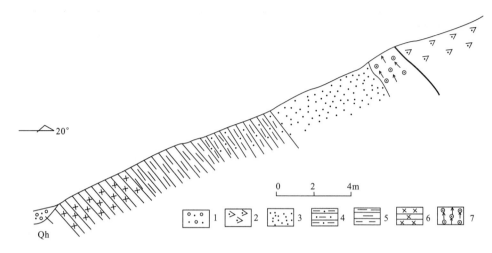

图 3-21 仁布形下堆晶岩剖面图

1.第四系坡积物;2.地幔橄榄岩;3.堆晶纯橄岩;4.堆晶橄榄岩;5.异剥橄榄岩;6.层状辉长岩;7.异剥钙榴岩

型。REE 高度贫化,它比球粒陨石贫化了 1~2 个数量级。

2. 堆晶杂岩

从仁布形下堆晶杂岩的化学成分中(表 3-19)可以看出,堆晶杂岩的化学成分有一个相当广泛的变化范围。其 MgO/(MgO+TFeO)比值变化范围宽 0.34~0.89,其中底部堆晶纯橄岩最高为 0.89,顶部英云闪长岩最低为 0.34。TiO_2 的含量低(0.06%~0.49%)。

表 3-19 仁布形下堆晶杂岩的化学成分($\times 10^{-2}$)

岩石	SiO_2	TiO_2	Al_2O_3	Fe_2O_3	FeO	MnO	MgO	CaO	Na_2O	K_2O	烧失量	P_2O_5	总计	TFeO	$\dfrac{MgO\times 100}{MgO+TFeO}$	$\dfrac{TFeO}{MgO}$
1	60.38	0.49	16.24	0.74	2.46	0.06	1.61	3.21	5.6	1.50	6.85	0.42	99.56	3.13	34	1.94
2	35.80	0.06	0.07	5.57	0.95	0.12	37.78	0.06	0.30	0.10	18.49	0.03	99.33	5.96	86	0.16
3	40.06	0.15	0.23	4.31	0.84	0.08	36.47	0.25	0.30	0.10	16.68	0.11	99.58	4.72	89	0.13

1.英云闪长岩;2.堆晶橄榄岩;3.堆晶纯橄岩

堆晶杂岩的稀土元素丰度仅有英云闪长岩和堆晶辉橄岩分析结果(表 3-20),英云闪长岩以高度富集所有稀土元素为特征(图 3-22)。特别是轻稀土元素为球粒陨石的 16~90 倍之多,重稀土也有 1~10 个数量级。堆晶辉橄岩的稀土丰度是球粒陨石的 8~40 倍。严重亏损稀土元素,其配分型式近于平坦型。

表 3-20 仁布形下英云闪长岩、堆晶辉橄岩、辉绿岩稀土元素丰度($\times 10^{-6}$)

元素	英云闪长岩(PB-2)		堆晶辉橄岩(RB-28)		辉绿岩(RB-43)	
La	28.458	90.9	0.04	0.13	36.117	115
Ce	63.044	77.5	0.075	0.09	76.148	93
Pr	7.588	68.4	0.003	0.03	9.619	87
Nd	29.336	49.14			40.267	67
Sm	5.17	26.93	0.006	0.03	8.96	47

续表 3-20

元素	英云闪长岩(PB-2)	堆晶辉橄岩(RB-28)		辉绿岩(RB-43)	
Eu	1.141	15.85	0	2.946	41
Gd	2.845	11	0.005	0.02	7.894	30
Tb	0.369	7		0	1.315	26
Dy	1.46	4.5	0.013	0.04	6.401	20
Ho	0.219	3	0.001	0.01	1.223	17
Er	0.531	2.5	0.001	0	3.269	15

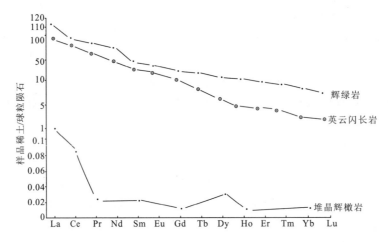

图 3-22 形下辉绿岩、英云闪长岩、堆晶辉橄岩的稀土元素配分型式图

3. 辉绿岩墙(群)

仁布辉绿岩墙(群)的化学成分特征表明(表3-21),其 TiO_2 含量(0.74%~1.25%)高于堆晶杂岩,近似于岛弧拉斑玄武岩(0.4%~1.5%)。辉绿岩以高度富集所有稀土元素为特征(表3-20),其含量高于英云闪长岩。其配分型式近于平坦型(图3-22),丰度由高到低,反映岩浆演化的特点。

表 3-21 仁布辉绿岩墙(群)的化学成分($\times 10^{-2}$)

岩石	样号	SiO_2	TiO_2	Al_2O_3	Fe_2O_3	FeO	MnO	MgO	CaO	Na_2O	K_2O	烧失量	P_2O_5	总计	TFeO	TFeO/MgO
辉绿岩	RB-43	49.07	1.25	16.48	1.67	5.92	0.25	4.98	5.89	3.80	0.50	6.02	0.54	99.37	7.42	1.49
辉绿岩	RB-44	48.97	0.74	15.74	5.31	4.60	0.21	4.64	5.80	3.60	1.20	7.95	0.63	99.39	9.38	2.02
辉绿岩	RB-45	51.98	1.05	15.85	6.42	3.97	0.18	4.63	4.43	4.70	0.10	5.46	0.60	99.37	9.75	2.11

4. 基性熔岩

从仁布基性熔岩的化学成分特征(表3-22),MgO 含量为 3.20%~7.10%,平均 6.05%,低于东太平洋隆起玄武岩(7.90%)和大西洋中脊玄武岩(9.04%)。MgO 偏低致使玄武岩斑晶中无橄榄石出现。SiO_2 含量为 48.35%~52.05%,平均 50.22%,与大西洋中脊玄武岩(50.17%)相近。TiO_2 含量为 0.72%~0.99%,近似于岛弧拉斑玄武岩(0.4%~1.5%)。微量元素特征(表3-23)显示大离子亲石元素 K 含量低,而 Rb、Th 富集,说明发生了不同程度的分异,而区别于 MORB(洋脊玄武岩)。

表 3-22 仁布基性熔岩的化学成分（×10⁻²）

项目	样 号					
	RB-1	RB-2	RB-3	RB-4	RB-5	RB-6
SiO_2	49.96	51.70	48.35	52.05	49.91	49.32
TiO_2	0.97	0.94	0.87	0.99	0.72	0.82
Al_2O_3	17.47	17.61	17.95	17.71	17.71	18.65
Fe_2O_3	2.65	3.32	1.83	2.03	1.64	3.91
FeO	5.85	5.08	6.17	6.27	5.56	4.49
MnO	0.17	0.17	0.12	0.15	0.15	0.16
MgO	6.80	6.60	3.20	5.70	6.92	7.10
CaO	7.70	7.20	16.00	6.00	9.80	7.80
Na_2O	4.87	5.10	0.73	5.50	4.17	4.75
K_2O	0.05	0.04	0.02	0.05	0.14	0.04
P_2O_5	0.27	0.09	0.26	0.18	0.07	0.12
H_2O^+	1.31	0.90	1.50	2.00	1.65	1.10
H_2O^-	0.10	0.06	0.10	0.11	0.07	0.07
CO_2	0.95	0.30	2.31	0.81	0.57	1.20
总量	99.12	99.11	99.41	99.55	99.08	99.53

表 3-23 仁布基性熔岩的微量元素丰度（×10⁻⁶）

项目	样 号					
	RB-1	RB-2	RB-3	RB-4	RB-5	RB-6
Sr	116.65	95.15	56.78	126.51	136.12	61.42
Rb	2.48	2.25	2.38	3.52	2.50	2.12
Ba	8.91	9.87	11.76	13.64	11.75	7.81
Th	0.25	0.26	0.32	0.46	0.23	0.25
Ta	0.09	0.09	0.06	0.14	0.05	0.09
Nb	1.08	1.12	0.91	1.23	0.73	0.97
Zr	61.30	63.27	52.64	70.78	45.91	56.75
Hf	2.32	2.35	2.15	2.44	1.68	2.03
Y	23.10	24.34	22.43	25.37	19.88	21.83
Sc	38.62	36.56	31.61	33.79	35.92	36.35
Cr	116.20	90.56	68.46	54.76	316.41	98.11
Ni	55.82	48.92	31.77	36.(x)	84.89	44.72
V	257.0	252.6	255.6	249.3	224.6	234.5
Co	38.25	37.98	31.66	35.91	40.53	38.25
Cu	58.31	52.82	11.83	25.31	68.45	46.54
Zn	90.69	86.01	52.41	67.89	84.58	83.14
Th/Ta	2.8	2.9	5.3	3.3	4.6	2.8
La/Ta	22.2	23.9	34.4	19.8	27.7	20.1
Zr/Nb	56.8	56.5	57.8	57.5	62.9	58.5
Ti/V	23	22	20	24	19	21

四、卡堆板内蛇绿岩残片

卡堆蛇绿岩残片沿卡堆-察巴断裂带断续分布,位于中生代构造混杂岩带内。蛇绿岩以构造混杂的块体形式产出,未发现层序蛇绿岩。根据蛇绿岩中基性熔岩的同位素年龄179±111Ma,时代为晚三叠世—早侏罗世。基性熔岩具有板内玄武岩特性,因此卡堆蛇绿岩残片反映了晚三叠世—早侏罗世的早期裂谷阶段属性。卡堆蛇绿岩残片岩石类型见有:地幔橄榄岩、均质辉长岩、辉绿岩、基性熔岩。

(一)剖面特征

剖面位于江孜县卡堆乡 SE 方向约 2500m 小山脊处。岩石组合单一,主要由地幔橄榄岩单元组成(图 3-23),而辉长岩主要出露于卡麦一带,基性熔岩主要出露于仁布德吉林一带。

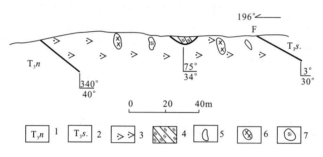

图 3-23 卡堆蛇绿岩剖面图
1.涅如组;2.宋热岩组;3.地幔橄榄岩;4.蓝闪石片岩;
5.异剥钙榴岩;6.辉绿石;7.放射虫硅质岩

地幔橄榄岩出露宽127m,为蛇绿混杂岩,基质为蛇纹岩、蛇纹石化橄榄岩,岩块由辉绿岩、异剥钙榴岩和蓝闪石片岩组成。岩石变质、变形特征明显,具鳞片变晶结构。岩石中片理作用强烈。岩块的定向旋转作用使基质片理出现褶曲揉皱和塑性流动构造。

(二)岩石地球化学特征

1. 地幔橄榄岩

TFeO 含量 7.80%;MgO/(MgO + TFeO) 比值为 0.835[低于日喀则(0.84)、白朗-联乡(0.83~0.89)、仁布(0.86)],Cr_2O_3 的平均含量为 0.28%(低于其他地区)。稀土元素均显亏损(表3-4),特别是轻稀土严重亏损,低于球粒陨石的 6~30 个数量级,重稀土低于球粒陨石的 1~4 个数量级。REE 配分型式平坦上升型(图 3-24)。因而卡堆地幔橄榄岩的稀土元素丰度特征明显不同于研究区其他地段。

2. 基性熔岩

基性熔岩在德吉林一带出露面积约 0.006km²,直接覆于蛇纹岩、蛇纹石化橄榄岩之上,两者之间为构造接触。基性熔岩由枕状玄武岩、杏仁状玄武岩、块状玄武岩组成。基性熔岩的化学成分表明(表3-24),MgO 含量为 2.37%~3.95%,平均 3.33%,低于东太平洋隆起玄武岩(7.90%)和大西洋中脊玄武岩(9.04%),也低于研究区仁布(6.05%)、日喀则(4.65%)、白朗-联乡(5.59%)。SiO_2 含量为 43.56%~48.90%,平均 47.11%,也低于研究区其他地区,如仁布(50.22%)、日喀则(53.08%)、白朗-联乡(53.93%)。TiO_2 含量为 0.52%~0.85%,近似于岛弧拉斑玄武岩(0.4%~1.5%)。

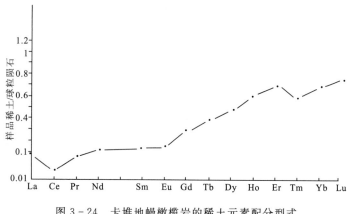

图 3-24　卡堆地幔橄榄岩的稀土元素配分型式

表 3-24　卡堆蛇绿岩片德吉林基性熔岩化学成分表（$\times 10^{-2}$）

样品项目	样　号		
	DJ-1	DJ-2	DJ-3
SiO_2	48.90	43.56	48.86
TiO_2	0.85	0.52	0.67
Al_2O_3	15.94	7.38	17.96
Fe_2O_3	4.50	2.27	4.93
FeO	6.95	3.15	6.80
MnO	0.21	0.19	0.31
MgO	3.95	2.37	3.66
CaO	4.35	18.67	3.79
Na_2O	4.40	2.70	4.00
K_2O	0.60	0.20	0.80
烧失量	7.62	3.90	6.53
P_2O_5	1.20	0.53	1.06
CO_2		14.10	
总量	99.47	99.54	99.37

卡堆蛇绿岩片基性熔岩微量元素特征（表 3-25）显示,除 Cr、Ni、Th 低于 MORB 外,其余均高于 MORB,特别是 Rb、Zr、Nb、Ba、Hf、Ta 等分别高于 MORB 平均值的 4.8、2.5、13.4、11、2.6、16 倍,表现出 Rb、Zr、Nb、Ba、Hf、Ta 的高丰度特征。Zr/Y-Zr 图解结果显示（图 3-25）,样品均落在板内玄武岩区。

卡堆蛇绿岩片基性熔岩中稀土元素总量高（表 3-26）,$\Sigma REE 117.19 \times 10^{-6} \sim 273.92 \times 10^{-6}$。轻稀土元素丰度为球粒陨石的 53～124 倍,与碱性玄武岩相当（为球粒陨石的 60～130 倍）,重稀土元素丰度除 Tb、Dy 较高外（分别为球粒陨石的 60、67 倍）,其余相对较低（为球粒陨石的 11～36 倍）。配分型式为富集型（图 3-26）。

表 3-25 卡堆蛇绿岩片基性熔岩微量元素丰度(×10⁻⁶)

分析项目	DJ-1	DJ-2	DJ-3	MORB
V	181.463	176.437	131.799	
Cr	6.812	1.506	183.134	250
Co	36.314	33.581	17.588	
Ni	29.398	25.657	62.68	120
Cu	31.655	31.135	43.176	
Zn	153.53	146.327	62.996	
Rb	11.459	14.038	3.198	2
Sr	274.206	257.484	275.747	120
Y	38.223	37.539	24.252	30
Zr	287.662	289.455	107.265	90
Nb	61.897	62.626	16.453	3.5
Ba	308.06	313.477	47.607	20
Hf	7.782	7.758	3.437	2.4
Ta	3.758	3.774	1.097	0.18
Th	0.015	0.022	0.011	0.2
Zr/Y	7.5	7.7	4.4	3

表 3-26 卡堆蛇绿岩基性熔岩稀土元素含量(×10⁻⁶)

样号	La	Ce	Pr	Nd	Sm	Eu	Gd	Tb	Dy	Ho	Er	Tm	Yb	Lu	ΣREE
DJ-1	48.584	103.661	13.444	57.014	13.026	4.809	10.887	1.677	8.53	1.539	3.902	0.476	2.98	0.401	273.92
DJ-2	47.422	101.968	13.157	56.237	12.566	4.539	10.759	1.538	8.216	1.54	3.895	0.493	2.9868	0.406	265.60
DJ-3	20.829	38.906	5.53	25.191	6.528	2.023	6.302	0.967	5.085	0.958	2.363	0.293	1.822	0.281	117.19
平均值	38.945	81.512	10.710	46.147	10.707	3.790	9.316	3.064	21.831	1.346	3.387	0.421	2.557	0.363	
岩石/球粒陨石	124.0	100	96	77	56	53	36	60	67	18	16	13	12	11	

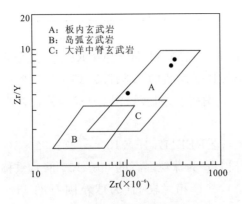

图 3-25 卡堆蛇绿岩片基性熔岩 Zr/Y-Zr 图

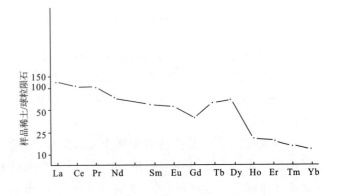

图 3-26 卡堆蛇绿岩片基性熔岩稀土元素配分型式

五、蛇绿岩成因、环境、时代

如前所述,测区蛇绿岩位于雅鲁藏布蛇绿岩带中段。蛇绿岩组合由下至上由地幔橄榄岩、堆晶杂岩、岩床(墙)杂岩和基性熔岩组成,多具层序蛇绿岩特征。各组合的岩石学、地球化学和锶同位素特征等能为揭示它们之间的成因联系提供重要的信息。

(一)蛇绿岩的成因

1. 岩石学证据

蛇绿岩是多成因的,而其组合中首要的成因差别是洋壳和地幔。洋壳系由玄武质岩浆结晶分异作用形成,而地幔是部分熔融而残留下来的耐火残余。其主要依据有以下几点。

(1)地幔橄榄岩岩石类型及其矿物组合和成分在相当大的范围内有着广泛的均一性,甚至是全球性。岩石类型单调,一般为一套纯橄岩-斜辉橄榄岩和二辉橄榄岩组合。其中缺乏低压矿物斜长石。

(2)在任何一个具体的地幔橄榄岩剖面中都没有岩浆结晶作用所具备的分异演化特点,这与其上覆堆晶杂岩具有清楚的垂直分异层序形成鲜明的对照。

(3)地幔橄榄岩都具有固相线下的变形组构,如叶理、斑状变晶和粒状镶嵌结构,橄榄石和辉石的扭折带构造。

(4)具有高压条件下形成的金刚石、碳硅石、含铬透辉石和富铝铬尖晶石。

(5)据计算斜方辉石的平衡温度和压力分别为 $994.79 \sim 1181.44 ℃$ 和 $17 \times 10^8 \sim 33.5 \times 10^8 Pa$。这样的高温高压条件不可能发生在地壳内,只能在上地幔形成。

堆晶杂岩从下往上由超镁铁质堆晶岩→层状辉长岩→均质辉长岩→石英闪长岩→钠长花岗岩构成垂直分异系列,清楚地表明了一个玄武质岩浆的分离结晶作用过程,形成一套成分递变的层状杂岩。可以形成 Ol-Cpx-Pl 堆积组合,或者 Ol-Pl-Cpx 组合,并伴随填间矿物堆晶。这套岩浆堆晶相矿物组合完全不同于其下伏地幔橄榄岩。此外,岩石结构也反映了壳、幔的不同成因:堆晶岩中发育的堆晶结构说明它们是由岩浆结晶作用形成的有力依据。例如,早期堆晶的自形—半自形矿物被晶间溶液充填形成不同的堆晶结构(嵌晶结构、反应边结构等),这些典型的岩浆结构在地幔橄榄岩中是不出现的。

构成岩床(墙)群的辉绿岩、粒玄岩等基性浅成岩石具有两种不同的产状特征和产出部位。一种是构成一个独立的单元,当有堆晶岩发育时,产于堆晶岩顶部,且平行于堆晶岩顶界面产出,界线清楚。另一种产出特征是不构成独立单元,在有岩浆房发育时,它位于岩浆房的中下部;若缺失岩浆房,则位于地幔橄榄岩的顶部接触带以下的一定深度,一般达 $600 \sim 700 m$,构成独特的壳幔混生带。时代上存在有白垩纪和晚侏罗世—早白垩世两套岩石。

2. 地球化学证据

地幔橄榄岩的地幔残余成因和其上覆其他蛇绿岩组合的岩浆成因不仅清楚地表现在上述岩石学方面,而且也表现在一系列地球化学方面。

地幔橄榄岩与上覆的蛇绿岩组合相比时,地幔橄榄岩的主要化学成分有一个很有限的范围,表现在它的 $MgO/(MgO+TFeO)$ 比值范围很窄(0.83~0.89)。在 AFM 图(图 3-27)上其成分投影点集中于 F—M 一边的最下端,表明具亏损了其他元素而只富镁的地幔残余成因的特点。与此不同,其上覆堆晶岩化学成分都有一个相当广泛的变化区间,堆晶层序从底部超基性经过基性到上部的较酸性的分异系列,其 $MgO/(MgO+TFeO)$ 比值变化为 0.88~0.23。其成分投影点在 AFM 图(图 3-27)上沿 F—M 一边分散分布,成分趋势线显然与地幔橄榄岩的有限成分区明显不同,表明一种岩浆分异的特点。枕状熔岩和席状岩床杂岩的主要化学成分极其相似,在 AFM 图上两者几乎完全重叠。

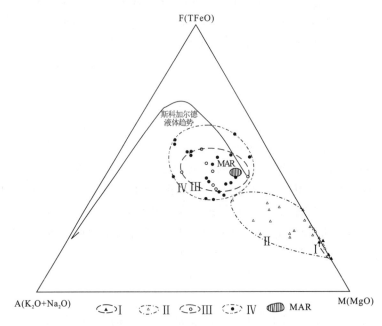

图 3-27 蛇绿岩各组合的 AFM 图
Ⅰ:地幔橄榄岩成分区;Ⅱ:堆晶岩成分区;Ⅲ:席状岩床(墙)成分区;
Ⅳ:枕状熔岩成分区;MAR:大西洋中脊玄武岩平均成分

上地幔橄榄岩亏损了大部分的不相容元素,其中 K、Rb、Sr、Zr 和 Ti 的丰度比上覆岩石单元低几个数量级。枕状熔岩和岩床杂岩的微量元素平均丰度极其相近,说明两者之间的同源性。而与堆晶岩之间存在一定的差异,可能暗示分别由不同分异程度的母岩浆形成。

稀土元素丰度上,地幔橄榄岩与地幔岩的稀土元素相比,二辉橄榄岩的稀土丰度与之接近,二辉橄榄岩较纯橄岩显著亏损,其中纯橄岩亏损程度最大,其稀土配分型式与上覆玄武质岩石的配分型式呈大致互补关系。堆晶岩从下至上大离子亲石元素和稀土元素的丰度向上增高。超基性堆晶岩→层状辉长岩的稀土元素配分型式大多显示正铕异常,指示斜长石的堆晶导致铕的富集。而堆晶岩顶部的均质辉长岩大多显示负铕异常,显示两者的互补关系。不同的堆晶岩剖面,其平均稀土丰度不同,可能反映来自不同分异程度的母岩浆。

3. 锶同位素证据

前面已分述了蛇绿岩各组合的 $^{87}Sr/^{86}Sr$ 初始比值及变化,按其变化区间可明显地分出两组比值范围:构成洋壳的玄武岩、橄榄岩和堆晶岩的 $^{87}Sr/^{86}Sr$ 初始比值为一组,变化于 0.7037~0.705 77(个别较低和较高例外),而其下伏的地幔橄榄岩为另一组,变化于 0.708 02~0.718 62。显而易见,地幔橄榄岩普遍具有较高的 $^{87}Sr/^{86}Sr$ 比值。

(二)蛇绿岩形成的原始构造环境

如前所述,测区蛇绿岩是由不同的块体拼贴组成。日喀则蛇绿岩地体存在玻安岩、IAT,具有高硅、高镁、低钛的特征,岩石中 Zr、Yb 和 Y 的含量也较低,具有典型的玻安岩特征。前人研究表明,几乎所有的玻安岩均产于弧前环境。如西太平洋的第三纪玻安岩(伊豆-小笠原、马里亚那、巴布亚新几内亚、新喀里多尼亚等)均位于弧前区(Meijer,1980;Natland,1981;Hicker et al,1982)。

因此，日喀则蛇绿岩应产于弧前环境。另外日喀则玻安岩（辉绿岩和玄武岩）的 Ti-V 图、Th-Hf-Ta 图、Zr/Y-Zr 图显示，样品均落在岛弧玄武岩区。日喀则蛇绿岩与上覆日喀则弧前盆地昂仁组之间，无显著沉积间断，该区蛇绿岩所代表的洋壳与上部昂仁组有固定的空间关系，期间无混杂带和断层（指原始接触关系）出现，而与俯冲带伴生的混杂带和高压相蓝片岩带均出现在蛇绿岩中地幔橄榄岩之南侧。因此，一定意义上，日喀则蛇绿岩为原地型蛇绿岩，同时也证明日喀则蛇绿岩产于弧前环境。

白朗-联乡（大竹卡区）蛇绿岩块体与日喀则蛇绿岩地体两者之间为构造接触（断层），并以蛇绿混杂岩为界，相互拼贴。蛇绿岩整体从南而北、由下至上出露有地幔橄榄岩单元、堆晶杂岩单元、席状岩墙（床）群单元、基性熔岩单元，蛇绿岩组合齐全。其中堆晶岩组合为：[Ol(+Sp)-Pl-Cpx]，即 B 型。组成的岩石类型及其层序是：底部临界带主要由含长超镁铁质堆晶岩组成。其中包括含长纯橄岩、橄长岩、含长异剥橄榄岩等，向上过渡到层状杂岩。其主要标志是自始至终都有斜长石晶出。席状岩墙（床）群的常量元素特征显示其岩浆为低钾和 SiO_2 轻度过饱和的深海拉斑玄武质岩浆。基性熔岩以贫化微量元素为特征，显示洋脊玄武岩的属性。稀土元素配分型式与大西洋中脊（MAR）相同，仅标准数值偏低，均以贫化 LREE 为特征，La/Sm=0.52，故属于典型 MORB 型（Jocobsen et al，1979）(La/Sm=0.3~0.7)。在 $TiO_2-P_2O_5$ 相关图（图 3-18）上，基性熔岩的成分点均落入洋脊玄武岩区；在 TiO_2-Zr 相关图（图 3-19）上，除一个样品外，均落在大洋中脊玄武岩区。综上所述，白朗-联乡（大竹卡区）蛇绿岩地体具有洋脊背景。

仁布蛇绿岩块体（岩片带）：蛇绿岩中堆晶岩具有 A 型[Ol(+Sp)-Cpx-Pl]堆晶组合特征，底部为不含长石的超镁铁质堆晶岩，其中主要包括纯橄榄岩、堆晶辉橄岩、异剥橄榄岩，向上过渡为层状蚀变辉长岩、均质辉长岩、英云闪长岩。与罗区堆晶岩具有相似性。基性熔岩的化学成分、微量元素丰度、稀土元素丰度具有岛弧玄武岩特征，如 Zr/Y-Zr 图解（图略）投影点均落入岛弧玄武岩区域内。综上所述，仁布蛇绿岩块体（岩片带）具有岛弧背景。

卡堆蛇绿岩残片：地幔橄榄岩亏损所有的稀土元素，特别是轻稀土严重亏损（低于球粒陨石的 6~30 个数量级），REE 配分型式平坦上升型，不同于上述各块体。基性熔岩的化学成分显示 MgO 平均含量为 3.33%，SiO_2 平均含量为 47.11%，均低于其他地区，TiO_2 含量为 0.52%~0.85%，近似于岛弧拉斑玄武岩（0.4%~1.5%）。而微量元素丰度和稀土元素丰度均表现为富集型。Zr/Y-Zr 图解（图 3-25）均落在板内玄武岩区。综上所述，初步推断该蛇绿岩残片反映了早期裂谷阶段属性。

（三）蛇绿岩的时代

日喀则蛇绿岩地体蛇绿岩洋壳形成的时代，根据蛇绿岩之上覆沉积岩系硅质岩的放射虫化石鉴定，时代属于早白垩世晚期。因此，日喀则蛇绿岩形成的洋壳时代上限为早白垩世晚期（K_1^2）。

而采自蛇绿岩块体南侧的紫红色硅质岩中的放射虫，时代为晚侏罗世启莫里期至早白垩世凡兰吟期（Wu，1993）。

白朗-联乡（大竹卡区）蛇绿岩的形成时代：采自大竹卡区蛇绿岩剖面钠长花岗岩中的锆石 U-Pb 法年龄为 139Ma（王希斌等，1987）。因此本区蛇绿岩形成时代上限为早白垩世。

仁布蛇绿岩年龄样品采自仁布形下均质辉长岩中，铷-锶等时线法年龄为 103±36.5 Ma。

卡堆蛇绿岩残片年龄样品采自仁布德吉林基性熔岩中，铷-锶同位素年龄为 179±111Ma。

蛇绿岩的侵位时间：根据大竹卡区蛇绿岩剖面底部变质橄榄岩与围岩接触处的热变质晕圈中石榴石角闪岩中角闪石的 K-Ar 年龄为 81Ma（王希斌等，1987），可以代表蛇绿岩侵位最早时间。在夏鲁、柳区等地见到含超基性岩砾石的第三纪柳区群砾岩不整合在蛇绿岩之上。因此它们侵位的时代应为晚白垩世到古近纪之间。

第二节　中酸性侵入岩

一、基本特征

中酸性侵入岩遍布测区雅鲁藏布江以北,出露面积 5039.6km²,占图区面积 31.2%(图 3-28),区域上属于冈底斯陆缘火山-岩浆弧的中段。

花岗岩类的分布及岩浆侵入活动与板块的俯冲、碰撞、超碰撞密切相关。同位素年龄 119～10Ma 之间,时代为早白垩世—中新世,侵入岩的形成经历了一个长期的演化过程。侵入体总体呈东西向展布,与主构造线方向一致,平面形态多呈椭圆或近圆形。

成因类型以 I 型为主,其次为 S 型和 IS 型。不同成因类型的花岗岩以复式岩体出现。这种"群居体"的边部一般为基—中性,中心为酸性;时间上,早期为基—中性,晚期为酸性;总体上 I 型和 IS 型花岗岩类从早到晚成分演化明显,而 S 型花岗岩类结构演化明显。

岩浆侵入与火山活动关系密切,表现出明显的对应关系。在空间上,侵入岩与火山岩共生;在时间上,除白垩纪侵入岩外,均稍晚于火山岩。一般见侵入岩与火山岩呈侵入接触关系,二者岩石成分特征十分相似,构成区内同源异相组合。

一连串的复式深成岩体和部分小的侵入体组成一个巨大的东西向复式岩基,且被白垩纪和第三纪沉积-火山岩建造分隔,由南向北依次划分为两个岩带。

仁钦则-努玛岩带　该岩带是冈底斯中—新生代陆缘火山-岩浆弧的主要组成部分,沿雅鲁藏布江以北(图幅东谊弄-希马岩体分布于雅江以南)呈东西向展布,横贯全区。南北最宽 38.6km,最窄 25km,由一系列近东西向展布的不规则状、椭圆形或近圆形复式岩体及岩瘤、岩滴组成。岩石类型复杂,主要有辉长(闪长)岩、角闪闪长岩、石英(二长)闪长岩、花岗闪长岩、二长花岗岩、钾长花岗岩、碱长花岗岩和石英正长岩。形成时代为白垩纪—古近纪。

松多-堪珠岩带　位于测区北部,近东西向展布,东宽西窄,最宽 26km,向西连续性差,断续分布于垄公—捕勤一带。主要岩石类型有二长闪长岩、二长花岗岩。侵入时代为中新世。

与区域构造有关的脉岩发育,成分与深成岩不相对应,多偏碱性、偏酸性,如闪长玢岩、辉绿玢岩、云煌岩类。而与侵入岩相关的专属性岩脉较少,如花岗细晶岩、花岗斑岩等。脉岩走向近东西向或北西、北东向,规模不等。

不同侵入岩具有不同的成矿系列,侵入岩为矿产的形成提供了物质来源和含矿热液的热驱动力,与 I 型、IS 型花岗岩有关的热液矿床有铜、铁、铅、锌、金、银及花岗岩本身的耐酸石材;与 S 型花岗岩有关的矿产有钼、金、铜、铅、钨及花岗石材等。

二、岩体的划分

图幅雅江以北地区为修测区,1∶20 万谢通门幅、南木林幅区域地质调查运用岩石谱系单位(单元、超单元)进行填图。据此采用时代加岩性的表示方法,仍然沿用该报告的岩体名称。具体遵循以下原则:以野外观察为基础,以侵入体的宏观变化特征为依据,注重侵入体之间的接触关系,结合岩石薄片、岩石化学、地球化学和同位素年龄等测试资料;加强侵入体及其围岩的构造研究,分析区内侵入岩的构造环境和构造演绎与不同类型花岗岩的衍生关系,从同源岩浆演化的时空关系找出不同侵入体之间的异同性;岩石分类方案采用国际地质科学联合会(IUGS)火成岩分类学分委(1989)所推荐的深成岩类实际矿物定量分类为岩石基本名称,加上结构构造和主要暗色矿物作为

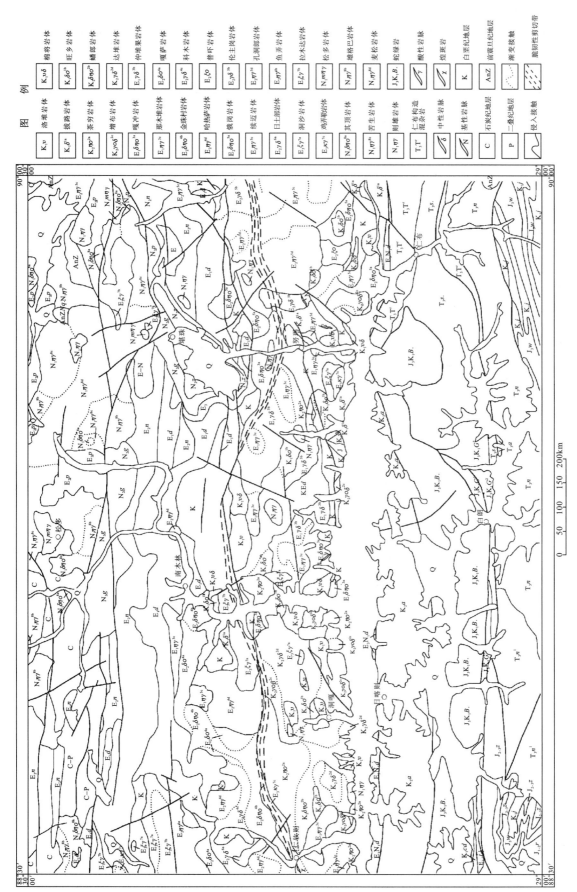

图 3-28 测区侵入岩分布图

前缀,其中粒径以长石的平均大小为标准。

区内共填绘出侵入体154个,划分出31个岩体(表3-27),侵入体时代为早白垩世—中新世。

表3-27 中酸性侵入岩划分表

时代		相对时期	岩体名称	岩体代号	岩石类型	同位素年龄值 K-Ar(Ma)
纪	世					
新近纪	中新世	晚期	则雄岩体	$N_1\eta\gamma$	微细粒黑云二长花岗岩	
		中期	麦松岩体	$N_1\eta\gamma^{8d}$	中粒斑状黑云二长花岗岩	10.3 ± 0.6
			苦生岩体	$N_1\eta\gamma^{8c}$	中粗粒巨斑状黑云二长花岗岩	13.9 ± 1.0
			雄格巴岩体	$N_1\eta\gamma^{8b}$	中粒黑云二长花岗岩	
			其顶岩体	$N_1\delta\eta^{8a}$	中细粒角闪石英二长闪长岩	15.9 ± 0.2
		早期	松多岩体	$N_1m\eta\gamma$	中细粒二云二长花岗岩	20.4③
古近纪	渐新世		鸡弄勒岩体	$E_3\kappa\gamma^{7c}$	不等粒黑云碱长花岗岩	26.3 ± 2.7
			拉木达岩体	$E_3\xi\gamma^{7b}$	中粒斑状黑云钾长花岗岩	
			洞沙岩体	$E_3\xi\gamma^{7a}$	中粗粒黑云钾长花岗岩	33.6 ± 1.2
	始新世	晚期	鱼弄岩体	$E_2\eta\gamma^{6b}$	中粒角闪黑云二长花岗岩	41.0 ± 1.5
			日土部岩体	$E_2\gamma\delta^{6a}$	中细粒黑云角闪花岗闪长岩	44.5 ± 0.6
		中期	孔洞郎岩体	$E_2\eta\gamma^{5d}$	中粗粒斑状黑云二长花岗岩	
			续迈岩体	$E_2\eta\gamma^{5c}$	中粒斑状黑云二长花岗岩	49.5②
			伦主岗岩体	$E_2\gamma\delta^{5b}$	中粒含斑角闪黑云花岗闪长岩	
			俄岗岩体	$E_2\delta\eta^{5a}$	中—细粒黑云角闪石英二长闪长岩	
			普吓岩体	$E_2\xi o$	中粒黑云角闪石英正长岩	44.4 ± 1.2
		早期	哈热萨岩体	$E_2\eta\gamma^{4d}$	中粒斑状黑云二长花岗岩	52.6①
			科木岩体	$E_2\gamma\delta^{4c}$	细中粒含斑黑云角闪花岗闪长岩	54.3 ± 2
			金珠村岩体	$E_2\delta\eta^{4b}$	中细粒黑云角闪石英二长闪长岩	53.6 ± 1.2
			嘎萨岩体	$E_2\delta o^{4a}$	细粒黑云角闪石英闪长岩	54.6 ± 7.2
	古新世		那木堆岩体	$E_1\eta\gamma^{3c}$	中细粒斑状黑云二长花岗岩	63.3 ± 2.5
			仲堆果岩体	$E_1\gamma\delta^{3b}$	中细粒角闪黑云花岗闪长岩	61.9 ± 1.2
			嘎冲岩体	$E_1\delta\eta^{3a}$	细粒黑云角闪石英二长闪长岩	
白垩纪	晚白垩世		达堆岩体	$K_2\gamma\delta^{2d}$	中粒黑云花岗闪长岩	69.1 ± 2.8
			增布岩体	$K_2\gamma o\delta^{2c}$	细中粒角闪黑云英云闪长岩	73.2 ± 1.2
			蟠郎岩体	$K_2\delta\eta^{2b}$	中粒角闪黑云石英二长闪长岩	
			茶穷岩体	$K_2\eta^{2a}$	中粗粒斑状黑云角闪石英二长岩	95.0 ± 2.5
	早白垩世	晚期	旺乡岩体	$K_1\delta o^{1b}$	中—细粒黑云角闪石英闪长岩	
			拔路岩体	$K_1\delta^{1a}$	细—中粒角闪闪长岩	108.3 ± 6.5
		早期	棉将岩体	$K_1\upsilon\delta$	细中粒角闪辉长闪长岩	111.①、119
			洛堆岩体	$K_1\upsilon$	中细粒辉长岩(辉长辉绿岩)中细粒辉长岩	

注:①据1:100万日喀则幅报告;②据1:20万曲水幅报告;③据李璞等,1965。

三、各时代侵入岩的基本特征

(一)白垩纪侵入岩

1. 早白垩世侵入岩

早白垩世侵入岩主要分布于仁钦则-努玛岩带中,由洛堆岩体、棉将岩体及拔路岩体组成(表3-28)。各岩体特征分述如下。

表3-28 早白垩世岩体岩石学特征

岩体	岩石类型	样品数	色率	结构	构造	矿物含量($\times 10^{-2}$)					
						斜长石	辉石	普通角闪石	黑云母	石英	钾长石
旺乡	细—中粒黑云角闪石英闪长岩	8	15	中—细粒半自形柱粒结构(1~1.5mm、2~4mm)	中等强度叶理	55~60	0~3	10~15	5~10	10~15	(>5)~10
拔路	细—中粒角闪闪长岩	9	30	细—中粒半自形柱粒结构(0.5~1mm、2~3mm)	弱叶理	55~60	0~3	30~35	(>3)~5	3~(<5)	
棉将	细中粒角闪辉长闪长岩	7	20	细中粒半自形柱粒结构(1~1.5mm、2~3mm)	弱叶理	50~55	(>10)~15	15~20	>5~10	0~(<5)	0~(<5)
洛堆	中细粒辉长岩(辉长辉绿岩)	10	30	中细粒辉长结构(0.5~1mm、2~4mm)	块状	50~55	25~30	10~15	3~5	0~5	

岩体	矿物特征					
	斜长石	辉石	普通角闪石	黑云母	石英	钾长石
旺乡	自形—半自形柱状,钠长石律发育,少数具卡钠复合律,个别具环带状构造,3~5环,An=34~36	少数岩石中含半自形状透辉石,近无色,C∧Ng=38°~40°	半自形—自形柱状,Ng绿色,Np浅绿黄色 C∧Ng=18°~20°	半自形片状,Ng棕色,Np浅黄棕色	填隙状	他形板状,少数具有格子双晶
拔路	自形—半自形柱状,钠长石律和卡钠复合律发育,部分具环带状构造,5~6环,An=35~38	个别岩石中含半自形粒状透辉石,淡绿色,C∧Ng=38°~40°	半自形柱粒状,Ng深绿色,Np浅绿黄色,C∧Ng=22°~24°	半自形片状,Ng棕色,Np浅黄棕色	填隙状	
棉将	自形—半自形柱状,钠长石律发育,其次具卡钠复合律,个别具环带状构造,An=34~36	自形—半自形短柱状,无色,具角闪石反应边,为透辉石,个别含浅红色紫苏辉石,C∥Ng,部分变纤闪石	半自形柱状,Ng棕褐色,Np浅褐色,C∧Ng=20°~22°	半自形片状,Ng棕色,Np淡黄棕色,常包裹锆石	他形填隙状	个别岩石中含他形粒状,显示条纹
洛堆	半自形近等轴状,双晶发育,为钠长石律和卡钠复合律,少数具环带状构造,An=55~58	自形短柱状,多数无色,为透辉石,少数为粉红色紫苏辉石,C∥Ng,部分纤闪石化	半自形柱状,少部分棕色,普遍为辉石反应边 C∧Ng=18°±	半自形片状,Ng棕色,Np浅黄棕色	他形填隙状	

1)洛堆岩体($K_1\upsilon$)

(1)地质特征。该岩体在复式深成岩体内欠发育,沿雅江北岸零星出露,在洞嘎一带较为集中。受后期岩体破坏,多数侵入体保存不完整,个别呈残留体。明显侵入于麻木下组(J_3m)地层中。据该岩体侵入的地层及与晚期侵入体的侵入接触关系,其侵入时代相当于早白垩世,为测区最早的侵入岩。

(2)岩石学特征。该岩体岩石结构、矿物组成及色率、斜长石牌号均明显不同于晚期侵入体(表3-28)。斜长石牌号及色率高,石英、钾长石含量低,甚至无,当部分斜长石自形程度变高时,暗色矿物自形程度则差,并充填于长石空隙之间,形成过渡型的辉长辉绿结构,即辉长辉绿岩。个别侵入体中出现少量紫苏辉石,普遍具纤闪石化。

(3)副矿物特征。副矿物组合为锆石—磷灰石—磁铁矿—楣石,磁铁矿、钛铁矿含量较高,其中土布加以西的侵入体中含自然金颗粒。

锆石以圆柱状为主,少数呈浑圆状,柱面 m、a 和锥面 x、p 组成聚形(表3-29),双晶连生体发育。

表3-29 早白垩世侵入体锆石特征

岩体 特征	洛堆	棉将	拔路	旺乡
颜色	淡粉色—无色	淡粉色,个别茶色	淡粉色,个别玫瑰色	无色
光泽	强玻璃光泽	金刚光泽	强玻璃光泽	强玻璃光泽
透明度	透明	透明	透明	透明
粒径 (mm)	长:0.15~0.24 宽:0.05~0.08	长:0.12~0.25 宽:0.05~0.06	长:0.24~0.40 宽:0.04~0.08	长:0.05~0.15 宽:0.015~0.03
长宽比	2:1~3:1	2:1~4:1	3:1~4:1	4:1~5:1
包体	个别含金属矿物包体	部分含绿泥石、黑云母包体	少数含金属矿物包体	个别含角闪石和气态包体
发光性	亮黄色光	紫外线下亮黄色光	亮黄色光	发亮黄色光
晶体形态	多呈圆柱状集合体,双晶连生体发育,表面光滑,由柱面 m、a 和锥面 x、p 组成,次为柱面 m、a 和锥面 p 组成聚形,个别浑圆状	普遍呈柱状碎块,个别柱状和裂纹发育,一般晶棱和晶面清晰,由柱面 m、a 和锥面 x、p 组成,次为柱面 m、a 和锥面 p 组成聚形,自生连晶体发育,个别浑圆状	多呈柱状碎块晶体完整,柱状者晶棱晶面清晰,但表面粗糙有蚀圆现象,由柱面 m、a 和锥面 x、p 组成,次为柱面 m、a 和锥面 p 组成聚形,个别次浑圆状	以柱状碎块为主,表面光滑有蚀痕,一般锥面发育,柱面稍差,由柱面 m、a 和锥面 p 组成,次为柱面 m、a 和锥面 x、p 组成,多为自生连晶,常见平行连晶
晶形图				

(4)岩石化学特征。岩石化学成分、标准矿物及特征参数见表3-30。SiO_2 平均含量48.78%,属基性岩;$(Na_2O+K_2O+CaO) > Al_2O_3 > (Na_2O+K_2O)$,属次铝的岩石化学类型;在Wright的 $SiO_2 - A \cdot R$ 图解分类中投影于钙碱性区(图3-29),结果一致;标准矿物个别出现刚玉、石英及透辉石、紫苏辉石,表明 SiO_2、Al_2O_3 为饱和状态;固结指数20.39~47.20,长英指数平均40.14,分异指数平均32.66,氧化系数(W)0.29~0.41。说明幔源分异程度差特点;A/CNK值小于1.1(0.93),显示 I 型花岗岩类特征。

第三章 岩浆岩

表 3-30 早白垩世各岩体岩石化学成分、标准矿物含量及特征参数表

化学成分 ($\times 10^{-2}$)

岩体	代号	样号	SiO_2	TiO_2	Al_2O_3	Fe_2O_3	FeO	MnO	MgO	CaO	Na_2O	K_2O	P_2O_5	LOI	H_2O^+	F	总和
旺乡	$K_1\delta o^{1b}$	1053	63.40	0.98	16.14	2.16	3.32	0.11	2.57	5.44	2.96	2.70	0.33	0.36	0.30		100.38
		1057	65.62	1.45	14.62	2.59	2.51	0.02	2.25	3.68	2.93	3.98	0.26	0.37	0.31	0.005	100.28
		1059-1☆	57.78	1.01	15.71	2.60	5.17	0.14	3.25	6.14	3.52	3.04	0.27	1.13	0.84	0.005	99.77
		0110-1	58.50	0.73	16.73	3.92	3.56	0.16	3.12	5.76	3.60	2.51	0.24	1.12	0.82	0.005	99.96
		平均	61.33	1.02	15.80	2.82	3.64	0.12	2.82	5.26	3.25	3.06	0.27	0.75	0.57	0.038	100.15
拔路	$K_1\delta^{1a}$	0101-1	57.26	0.87	17.06	3.57	3.42	0.13	2.72	5.98	4.20	3.39	0.39	0.91	0.63	0.037	99.94
		5145-1	53.06	0.73	16.99	4.26	5.68	0.22	4.30	7.86	3.23	0.67	0.28	2.12	1.75		99.44
		1024-3	56.53	1.34	13.61	4.39	7.47	0.18	4.65	7.65	1.34	0.52	0.47	1.59	0.86		99.74
		平均	55.62	0.98	15.98	4.07	5.52	0.18	3.89	7.16	2.92	1.53	0.38	1.54	1.08	0.037	99.74
棉将	$K_1\nu\delta$	1152-1	54.40	0.97	16.93	2.85	4.99	0.14	3.62	7.50	4.04	2.54	0.41	1.10	0.73	0.059	99.55
洛堆	$K_1\nu$	4025-1	40.40	0.48	16.62	5.53	7.88	0.16	12.83	10.15	0.77	0.17	0.05	4.45	3.45	0.002	99.52
		0015	57.17	0.68	17.25	2.14	4.94	0.098	3.85	3.09	4.17	3.78	0.34	1.95	1.11	0.048	99.51
		平均	48.78	0.58	16.93	3.84	6.41	0.13	8.34	6.62	2.47	1.97	0.20	3.20	2.23	0.037	99.51
中国石英闪长岩平均化学成分(据黎彤、饶纪龙,1962)			60.51	0.73	16.70	2.84	3.49	0.14	2.54	4.68	3.68	2.65	0.46					
中国闪长岩平均化学成分(据黎彤、饶纪龙,1962)			57.39	0.89	16.42	3.10	4.15	0.18	3.77	5.58	4.26	2.57	0.37					

CIPW 标准矿物含量 ($\times 10^{-2}$) 特征参数

岩体	代号	样号	Or	Ab	An	Q	Di	Hy	C	σ	A·R	A/CNK	FL	SI	W	DI	AN	$(K_2O+Na_2O)/Al_2O_3$	R_1	R_2
旺乡	$K_1\delta o^{1b}$	1053	16.14	25.17	22.53	20.10	2.26	8.36		1.57	1.71	0.91	50.99	18.75	0.39	61.64	0.63			
		1057	23.37	24.64	15.02	23.28	1.30	5.15		2.11	1.94	0.92	65.25	15.78	0.51	71.29	0.54			
		1059-1☆	17.81	29.88	18.08	8.04	8.67	9.81		2.91	1.86	0.78	51.65	18.49	0.33	55.73	0.53			
		0110-1	15.03	30.41	21.97	11.64	4.00	8.07		2.41	1.75	0.87	51.47	18.67	0.47	57.08	0.58			
		平均	17.81	27.26	19.75	15.96	3.80	8.09		2.17	1.82	0.87	54.54	18.09	0.44	61.03	0.57	0.54	2032	1014
拔路	$K_1\delta^{1a}$	0101-1	20.03	35.65	17.52	5.04	7.79	5.23		4.04	1.98	0.79	55.93	15.72	0.51	60.72	0.48			
		5145-1	3.90	27.26	30.04	8.04	5.89	13.94		1.51	1.37	0.84	33.16	23.70	0.43	39.20	0.68			
		1024-3	3.34	11.53	29.48	21.48	4.80	18.02		0.26	1.19	0.82	19.56	24.95	0.37	36.35	0.83			
		平均	8.90	24.64	25.87	11.82	5.89	12.45		1.57	1.48	0.82	38.33	21.70	0.42	45.36	0.67	0.40	2034	1272
棉将	$K_1\nu\delta$	1152-1	15.03	34.08	20.58	1.44	5.89	8.82		3.20	1.74	0.73	46.73	20.07	0.36	50.55	0.53	0.55	2362	1316
洛堆	$K_1\nu$	4025-1	1.11	6.29	41.44		11.54	10.27		0.33	1.07	0.84	8.48	47.20	0.41	7.40	0.92			
		0015	22.26	35.13	13.64	4.14		15.87	1.33	4.46	2.28	1.04	72.01	20.39	0.29	61.53	0.42			
		平均	11.69	20.97	29.20		2.22	18.83		2.70	1.46	0.93	40.14	36.21	0.37	32.66	0.72	0.37	2014	1054

注:☆表示样品采于图幅西1:20万谢通门县幅、侧布乡幅。

(5) 微量元素特征。微量元素含量见表 3-30,贫化亲石元素 B、Be、Li、Nb、Cs、Ta、W、Th、U、Hf 和亲铁元素 Mo,亲铜元素 Sb、Bi、Sn、Hg 等,明显富集 V、Cr、Ni、Co、Ba、Pb、Se、Au、Mn、P、Zn、Cu 等元素,Au 为 5.93×10^{-9},Cu 为 101×10^{-6}。

(6) 稀土元素特征。ΣREE 平均值为 130.87×10^{-6},$\Sigma Ce/\Sigma Y$ 比值远大于 1(表 3-30),表明该岩体属轻稀土富集型。δEu 小于 1,属铀亏损;在配分型式图上,Eu 略呈弱的负异常(图 3-30),岩浆未曾发生明显的分异及岩石成因与板块俯冲作用有关的特点。δCe 略大于 1,具铈略富集型,反映岩石形成于较弱的氧化环境。$(Ce/Yb)_N$ 和 $(La/Sm)_N$ 值稍大于 1,曲线右斜,明显富集轻稀土。以上特征显示该岩体为岩浆演化初始阶段产物。

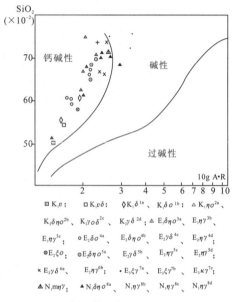
图 3-29 侵入体 $SiO_2-A\cdot R$(对数)变异图

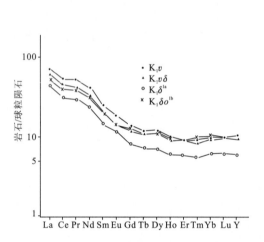
图 3-30 稀土元素球粒陨石标准化配分型式

2) 棉将岩体($K_1\upsilon\delta$)

(1) 地质特征。沿雅江北侧零星出露,由 9 个侵入体组成。岩性为辉长闪长岩,呈岩瘤状产出,多以残留体形式存在于晚期岩体中。侵入体总体呈东西向分布,明显受控于东西向构造机制。在粗贡一带侵入于早白垩世比马组地层中。同位素年龄为 119~111Ma,侵入时代为早白垩世晚期。

(2) 岩石学特征。如表 3-28 所示,侵入体的暗色矿物含量、结构构造及色率、斜长石牌号等均不同于早期洛堆岩体:辉石显著减少,而普通角闪石、黑云母、钾长石含量稍高,斜长石牌号降为 35~48。显示出岩浆由基性向中性演化的趋势。

(3) 副矿物特征。副矿物组合为锆石-磷灰石-磁铁矿-榍石,磁铁矿、钛铁矿、榍石、锆石等含量较高,并含自然金颗粒。锆石柱状碎块,少数呈浑圆状,裂纹发育,柱面 m、a 和锥面 x、p 组成聚形(表 3-29),自生连晶发育。

(4) 岩石化学特征。岩石化学成分、标准矿物及特征参数见表 3-30。SiO_2 平均含量 54.40%,属中性岩;$(Na_2O+K_2O+CaO)>(Na_2O+K_2O)$,$(Na_2O+K_2O)/Al_2O_3$(分子比)为 0.55,属次铝的岩石化学类型;里特曼指数为 3.20,属钙碱性岩,在 Wright 的 $SiO_2-A\cdot R$ 图解分类中投影于钙碱性区,结果一致。标准矿物出现石英、透辉石、紫苏辉石,表明 SiO_2、Al_2O_3 为饱和状态。固结指数 20.07,分异指数 50.55,都说明分异程度较差;氧化系数 0.36,具深源特征。A/CNK 值 0.73,为 I 型花岗岩类。

(5) 微量元素特征。微量元素平均含量见表 3-31,与世界花岗岩类对比,贫化亲石元素 B、Rb、Ba、Zr、Mn 和亲铁元素 Ni,而 V、Sc、Li、Cr、Co、Cu、Au、Zn、Bi 等高度富集,Cu 为 47.5×10^{-6},

Au 为 5.86×10^{-9}。K/Rb 比值为 230,K/Cs 比值为 8140 和 $Li\times10^3/Mg$ 比值为 5.6,表明岩浆具深源特征。

(6)稀土元素特征。ΣREE 平均值为 155.44×10^{-6},$\Sigma Ce/\Sigma Y$ 比值为 3.243,远大于 1(表 3-32),表明该岩体属轻稀土富集型。δEu 值 0.882,小于 1,属铕亏损;在配分型式图上,略呈弱 Eu 负异常(图 3-30),表明岩浆未曾发生明显的分异。δCe 平均值 0.97,略大于 1,具铈弱负异常,反映岩石形成于较弱的氧化环境。$(Ce/Yb)_N$ 和 $(La/Sm)_N$ 值均远大于 1,曲线明显右斜,同样明显富集轻稀土。以上特征显示该岩体属岩浆演化初始阶段产物。

3)早白垩世晚期侵入岩

早白垩世晚期侵入岩分布于泽南、努玛乡、土布加、阿塞孜等地,共 19 个侵入体,归并为拔路岩体($K_1\delta^{1a}$)、旺乡岩体($K_1\delta o^{1b}$),二者构成成分演化特征。

(1)地质特征。岩石受控于东西向构造,总体呈东西向带状展布,仅在努玛一带呈近南北向分布,断续分布于仁钦则-努玛岩带中。一般边部为细—中粒角闪闪长岩($K_1\delta^{1a}$),中部为中—细粒黑云角闪石英闪长岩($K_1\delta o^{1b}$)。局部地段含较多的变质岩残留体和暗色包体。据 K-Ar 稀释法测定,黑云母同位素年龄值 $108.3\pm6.5Ma$,故将其时代定为早白垩世。

(2)岩石学特征。如表 3-28 所示,岩体的结构构造、矿物光学特征相同,反映拔路和旺乡岩体具同源岩浆特点。从早期的拔路岩体到晚期的旺乡岩体,色率降低,叶理构造从弱到中等强度,普通角闪石含量递减,而微斜长石、黑云母、石英等含量增多,指示岩浆由中性向中酸性演化。

(3)副矿物特征。副矿物组合为锆石—磷灰石—磁铁矿—榍石—钛铁矿,磁铁矿、磷灰石、榍石等含量较高及含自然金颗粒,显示具 I 型花岗岩特征。锆石均呈柱状碎块,个别呈浑圆状,柱面由 m、a 和锥面 x、p 组成(表 3-29),以旺乡岩体中无色锆石为特点。

(4)岩石化学特征。岩石化学成分、标准矿物及特征参数见表 3-30。由早到晚,SiO_2 平均含量依次是 55.62%~61.33%,均属中性岩范畴;$(Na_2O+K_2O+CaO)>Al_2O_3>(Na_2O+K_2O)$,属次铝的岩石化学类型;里特曼指数 1.55~2.17,$(Na_2O+K_2O)/Al_2O_3$(分子比)0.4~0.54,同属钙碱性岩,在 SiO_2-A·R 变异图解上均投影于钙碱性区(图 3-29)。A/CNK 值 0.82~0.87,$Na_2O>K_2O$;标准矿物均出现透辉石,而未出现刚玉;氧化系数为 0.37 和 0.44,均较低。以上特征反映 I 型花岗岩特点及该时代岩体以深源物质为主的同源岩浆分异演化产物。

从早到晚期岩体的岩石化学演化规律:SiO_2、K_2O 递增,FeO、MgO、CaO 等含量递减;K_2O/Na_2O 平均比值为 0.53~0.94,碱度率(A·R)1.48~1.82,均逐渐增高,长英指数平均值 38.33~54.54,分异指数 45.35~61.03,均明显递增,而固结指数平均值 21.70~18.09,则降低;标准矿物钾长石、石英等含量递增,而透辉石减少。上述变化显示同源岩浆向酸性和富碱性方向演化。

(5)微量元素特征。微量元素平均含量见表 3-31,与世界花岗岩类平均值对比,总体以贫化 Rb、Sr、Nb、P、Ni、Zr、Mn,而富集 B、Sc、V、Cr、Co、Th、Zn、Bi、Hf、As 等为特征。

从早到晚期的演化特征是:亲石元素 B、Sc、Be、Li、Cs、Zr、Nb、Hf、Mn 及亲铁元素 Co 等含量递增,而成矿元素 Cu、Zn、Pb、Ag、Au、As、Bi 和相容元素 Cr、Ni、Rb 等含量均递减;K/Rb(229~141)、Rb/Cs(34~12.4)、Rb/Li(13~4)等比值皆递减,而 Rb/Sr(0.21~1.4)、$Li\times10^3/Mg$(1.5~12)等比值递增。以上变化反映出同源岩浆分异演化规律。

(6)稀土元素特征。稀土元素丰度值及参数见表 3-32。ΣREE 平均值(89.14×10^{-6}~123.96×10^{-6})低,$\Sigma Ce/\Sigma Y$ 平均比值为 2.99~2.52,$(Ce/Yb)_N$ 平均值为 5.05~5.84,均较大,配分曲线明显向右倾斜,为轻稀土富集型(图 3-30);δEu 平均值小于 1,显示铕亏损,负异常。反映该时代各岩体形成于弱氧化环境。

从早到晚,稀土元素演化特点是:稀土总量递增,而 $\Sigma Ce/\Sigma Y$、$(Ce/Yb)_N$ 和 $(La/Sm)_N$ 等平均值递减,δEu 平均值降低,而 δCe 平均值稍有增高,与同源岩浆的分异演化是一致的。

表 3-31 测区各岩体岩石微量元素含量

岩体	代号	样品数	B	Sc	V	Be	Li	Cs	Cr	Rb	Sr	Ba	Zr	Nb	Ta	W	Th	Hf
则雄	$N_1\eta\gamma$	2	12.71	3.8	34.4	1.74	17.9	3.8	127	101	448	451	118	5.9	1.5	1.12	12.7	3.9
麦松	$N_1\eta\gamma^{8d}$	1	6.94	2.1	20.9	4.49	29.3	9.0	217	223	309	578	163	18.2	2.24	0.77	45.1	4.0
苦生	$N_1\eta\gamma^{8c}$	3	5.83	3.07	19.97	6.53	32.9	1.4	131	2.96	285	408	136	15.8	1.4	5.23	33.2	4.73
雄格巴	$N_1\eta\gamma^{8b}$	2	7.09	8.2	35.8	5.25	18.0	0.75	239	206	125	258.4	218	16.4	0.75	1.7	27.8	6.15
其顶	$N_1\delta\rho^{8a}$	2	4.81	25.0	69.3	4.77	43.2	16.0	37.4	215	459	588	186	13.2	0.57	1.51	18.9	6.10
松多	$N_1m\gamma$	1	11.0	15.0	5.0	3.86	33.4	9.0	439	474	30	72.8	41.9	14.0	0.54	2.9	15.4	2.0
鸡茅勒	$E_3\kappa\gamma^{7c}$	2	7.14		38.4	1.58	11.9		104.8	96.4	427	626	130	9.35		0.85	7.75	
拉木达	$E_3\xi\gamma^{7b}$	2	14.2	2.1	51.7	2.41	35.4	5.0	335	119.2	719	725	130	11.1	0.39	1.18	12.5	5.1
洞沙	$E_3\xi\gamma^{7a}$	2	15.0	1.6	11.7	2.37	18.9	3.0	276	171	198	533	67.3	10.4	1.68	1.28	17.9	2.8
鱼弄	$E_2\eta\gamma^{6b}$	2	13.6	1.7	47.6	3.49	23.6	8.0	176	255	175	299	127	29.8	1.68	2.3	23.0	3.0
日土部	$E_2\gamma^{6a}$	1	5.77	6.3	40.3	2.63	23.8	7.0	311	194	316	699	189	14.6	1.32	9.0	14.0	5.1
孔洞郎	$E_2\eta\gamma^{5d}$	1	0.027	4.8	73.2	3.0	22.4	5.0	23.3	149	494	699	151	12.2	0.74	3.23	27.4	5.3
绦迈	$E_2\eta\gamma^{5c}$	1	2.5	3.0	49.3	2.2	12.0	2.0	16.4	128	480	757	101	5.8	0.62	2.02	9.0	3.8
伦主岗	$E_2\xi\gamma^{5b}$	1	5.45	3.9	53.3	2.6	27.3	3.0	11.3	151	472	830	127	9.1	0.76	0.67	15.9	4.2
俄岗	$E_2\delta\rho^{5a}$	1	8.54	10.1	106.0	1.5	19.0	4.0	29.9	79	343	585	153	9.0	0.23	0.94	10.3	4.5
普吓	$E_2\xi o$	1	6.94	1.4	5.0	1.6	35.7	3.0	189	148	129	486	64.3	7.8	1.51	0.33	15.5	2.5

岩体	代号	样品数	U	Mn	Mo	P	Co	Ni	Cu	Zn	Pb	Ag	Au	Sn	Hg	As	Sb	Bi
则雄	$N_1\eta\gamma$	2	2.85	379	0.75	442.5	4.21	6.07	16.4	42.7	91.53	0.91	8.13	1.89	0.08	8.91	0.73	0.38
麦松	$N_1\eta\gamma^{8d}$	1	4.15	311	0.67	377	1.24	4.37	18.2	73.3	74.3	0.13	6.8	2.21	0.013	1.00	0.45	0.12
苦生	$N_1\eta\gamma^{8c}$	3	4.53	393	0.99	505	2.03	6.13	6.12	44.6	24.67	0.12	3.32	2.13	0.01	1.44	0.27	0.23
雄格巴	$N_1\eta\gamma^{8b}$	2	5.18	589	0.92	653	6.3	9.55	23.89	205	64.3	0.49	5.27	2.57	0.011	6.14	0.55	0.20
其顶	$N_1\delta\rho^{8a}$	2	3.49	340	0.15	1270	9.83	108.4	15.8	96	32.7	0.07	1.44	3.64	0.04	0.61	0.95	0.26
松多	$N_1m\gamma$	1	0.8	142	1.1	795	1.0	5.64	912	38.7	79.3	0.14	1.81	8.83	0.017	1.73	0.35	1.52
鸡茅勒	$E_3\kappa\gamma^{7c}$	2	1.9	539		1109	6.34	3.81	27.2	76.6	21.7	0.142	1.25	2.50	0.007	0.82	0.13	0.81
拉木达	$E_3\xi\gamma^{7b}$	2	2.73	460	1.6	770	7.32	27.9	12.9	48.1	18.6	0.12	5.06	2.44	0.007	4.48	0.59	0.52
洞沙	$E_3\xi\gamma^{7a}$	2	4.4	12	0.84	128	1.29	4.31	17.2	42.8	14.2	0.14	6.12	2.05	0.007	1.83	0.34	0.33
鱼弄	$E_2\eta\gamma^{6b}$	2	4.82	76.8	0.96	393	5.95	6.5	20.6	48.6	19.4	0.14	1.42	2.33	0.008	2.52	0.43	0.49
日土部	$E_2\gamma^{6a}$	1	2.65	475	1.1	692	4.4	5.22	19.5	28.8	12.1	0.13	7.75	2.08	0.008	1.65	0.36	0.05
孔洞郎	$E_2\eta\gamma^{5d}$	1	4.78		1.02	1022	10.4	12.8	5.4	88.4	44.7	0.027	2.1	2.17	0.000	1.03	0.48	0.20
绦迈	$E_2\eta\gamma^{5c}$	1	4.08	566	0.63	703	7.8	9.3	26.8	34.3	23.5	0.064	1.9	1.01	0.010	1.23	0.26	1.17
伦主岗	$E_2\xi\gamma^{5b}$	1	4.08		0.47	863	9.2	10.8	8.5	38.1	40.0	0.061	0.7	1.14	0.012	1.43	0.33	0.39
俄岗	$E_2\delta\rho^{5a}$	1	1.35		0.30		25.1	14.1	14.7	73.3	17.2	0.029	0.8	1.06	0.015	1.63	0.30	0.13
普吓	$E_2\xi o$	1	2.05	214	0.56	115	1.0	3.5	6.29	10.0	16.4	0.13	3.06	2.04	0.005	1.75	0.34	0.05

元素含量值 (×10⁻⁶)

元素含量值 (×10⁻⁶)(Au×10⁻⁹)

续表 3-31

岩体	代号	样品数	B	Sc	V	Be	Li	Cs	Cr	Rb	Sr	Ba	Zr	Nb	Ta	W	Th	Hf
哈热萨	$E_2\eta\gamma^{4d}$	2	25.7	7.0	25.1	1.14	20.6	8.0	559	92	155	361	127.8	8.35	0.87	1.5	11.1	5.9
科木	$E_2\gamma\delta^{4c}$	2	17.8	5.3	70.6	2.03	21.4	2.4	175	75	470	663	172	18.3	0.34	0.88	7.0	3.6
金珠村	$E_2\delta\gamma\rho^{4b}$	2	31.5		45.8	2.28	27.2		133	124	244	594	194	12.2		1.25	12.5	
嘎萨	$E_2\delta o^{4a}$	2	15.2	12.3	137	2.31	44.6	6.0	128.7	114.9	358	391	168	12.4	0.21	0.71	10.4	6.3
那木堆	$E_1\eta\gamma^{3c}$	3	14.24	4.1	33	2.11	25.6	5.4	185.2	193	280	521	139.7	13.3	0.82	0.72	20.77	4.35
仲堆果	$E_1\gamma\delta^{3b}$	2	9.21	5.6	133.9	1.51	8.15	1.0	124.8	543	342	456	90.7	11.7	0.06	0.97	6.5	3.2
嘎冲	$E_1\delta\gamma\rho^{3a}$	2	44.3	10.7	114	1.83	21.1	9.5	278	118.5	506	535	194	11.7	0.48	1.4	12.3	6.6
达堆	$K_2\gamma\delta^{2d}$	1	6.85	2.7	9.03	0.98	10.4	1.4	282	60.5	357	634	88.7	4.1	0.26	0.61	4.0	3.2
增布	$K_2\gamma o^{2c}$	2	15.71	7.4	39.6	1.26	15.1	5.5	238	39.8	491	639	63.7	4.9	0.05	0.70	3.4	3.9
蟠郎	$K_2\delta\gamma\rho^{2b}$	2	27.1	12.8	103.8	2.01	22.6	4.0	103.6	107	462	583	124	13.0	0.28	1.12	12.4	4.4
茶芬	$K_2\gamma\rho^{2a}$	4	14.7	8.8	65.6	3.08	21.1	4.87	328	118	268	395	154	11.3	0.5	1.49	14.6	4.5
旺乡	$K_1\delta o^{1b}$	3	22.8	15.2	142	1.68	19.8	6.2	145	77.1	570	548	164	12.1	0.41	0.88	8.67	7.4
拔路	$K_1\delta^{1a}$	4	17.3	9.73	105.4	1.35	12.9	2.63	228	89.6	440	603	137	9.2	0.67	1.05	7.35	2.87
棉将	$K_1\upsilon\delta$	2	8.76	15.4	164	1.81	45	3.4	140.1	58.1	769	461	128	12.6	0.45	0.66	8.1	4.4
洛堆	$K_1\upsilon$	2	8.25	15.5	194	1.84	16.9	2.55	70.8	42.6	292	411	78.7	8.3	0.48	0.72	4.75	2.35
世界闪长岩类岩类平均值（维氏,1962)			15.0	15.0	100.0	1.8	2.0		50	100	800	650	260	20	0.7	1.0	7.0	1
世界花岗岩岩类平均值（维氏,1962)			15.0	3.0	40.0	5.5	40.0		25	200	300	830	200	20	3.5	1.5	18.0	1

岩体	代号	样品数	U	Mn	Mo	P	Co	Ni	Cu	Zr	Pb	Ag	Au	Sn	Hg	As	Sb	Bi
哈热萨	$E_2\eta\gamma^{4d}$	2	2.23	338	1.3	399	4.72	8.58	20.3	38.6	18.4	0.09	2.45	2.05	0.007	6.22	0.41	0.55
科木	$E_2\gamma\delta^{4c}$	2	2.48	1180	1.3	910	7.87	6.55	53.3	58.5	11.5	0.13	3.05	2.06	0.008	2.33	0.28	0.54
金珠村	$E_2\delta\gamma\rho^{4b}$	2	3.0	791	0.75	586	5.75	5.13	19.5	92.9	12.9	1.108	1.9	2.46	0.007	3.87	0.28	2.31
嘎萨	$E_2\delta o^{4a}$	2	3.05	877	0.97	1060	18.6	17.6	28.9	97.9	18.7	0.087	3.03	2.61	0.011	2.95	0.41	0.12
那木堆	$E_1\eta\gamma^{3c}$	3	4.58	487	0.58	320	3.28	18.42	11.63	88.5	15.27	0.114	3.44	2.13	0.010	7.29	0.55	0.38
仲堆果	$E_1\gamma\delta^{3b}$	2	1.38	521	1.6	744	11.26	5.13	43.7	142	12.98	0.164	4.38	2.08	0.011	0.96	0.35	0.14
嘎冲	$E_1\delta\gamma\rho^{3a}$	2	3.8	695	1.0	821	15.3	11.5	47	78.6	16.8	0.12	3.09	2.23	0.010	5.31	0.42	0.67
达堆	$K_2\gamma\delta^{2d}$	1	1.35	503	1.0	255	1	4.31	16.5	47.5	25.6	0.15	6.4	2.01	0.007	2.88	0.45	0.07
增布	$K_2\gamma o^{2c}$	2	1.35	823	1.0	321	5.68	5.36	40	73.5	12.51	0.142	6.12	2.01	0.010	8.48	0.33	0.91
蟠郎	$K_2\delta\gamma\rho^{2b}$	2	3.58	625	0.32	862	14.8	11.4	18.8	72.7	14.1	0.055	0.76	1.54	0.010	2.65	12.4	0.34
茶芬	$K_2\gamma\rho^{2a}$	4	4.99	871	1.15	495	9.19	6.05	23.7	59.7	16.8	0.114	1.77	2.27	0.008	3.00	0.33	0.51
旺乡	$K_1\delta o^{1b}$	3	2.08	946	0.87	1048	18.6	13.46	38.4	85	16	0.095	2.19	2.21	0.012	2.8	0.28	0.15
拔路	$K_1\delta^{1a}$	4	2.29	693	0.86	806	15.3	16.4	60.5	111	83	0.68	9.07	2.19	0.012	9.34	0.33	0.97
棉将	$K_1\upsilon\delta$	2	1.9	964	1.4	1815	21.4	16.9	47.5	78.8	10.5	0.167	5.86	1.97	0.009	1.67	0.35	0.50
洛堆	$K_1\upsilon$	2	0.95	1045	0.38	838	46.8	71	101	436	23.3	0.12	5.93	2.49	0.015	3.94	0.42	0.05
世界闪长岩类岩类平均值（维氏,1962)			1.8	1200	0.9	1900	7	55	35	72	15	0.07	0.45	3		2.4	0.20	0.01
世界花岗岩岩类平均值（维氏,1962)			3.5	600	1.0	700	5	8	20	60	20	0.05		3	0.08	1.5	0.26	0.01

表 3-32　早白垩世各岩体稀土元素含量及特征参数

岩体	代号	样号	元素含量值（×10⁻⁶）												
			La	Ce	Pr	Nd	Sm	Eu	Gd	Tb	Dy	Ho	Er
旺乡	$K_1\delta o^{1b}$	2142-2	16.91	39.91	4.91	20.62	4.27	0.15	4.01	0.58	3.69	0.70	1.96
		1163-1☆	16.84	38.64	5.07	20.70	4.38	1.11	4.22	0.64	4.16	0.79	2.18
		0110-1	19.69	41.21	5.10	20.66	4.14	0.97	3.87	0.57	3.86	0.74	2.11
		平均	17.81	39.92	5.03	20.66	4.26	1.07	4.03	0.59	3.90	0.74	2.08
拔路	$K_1\delta^{1a}$	1169-1	18.13	35.69	4.23	16.70	2.97	0.87	2.37	0.33	1.73	0.31	0.78
		3083-1☆	17.12	30.14	3.88	14.47	2.88	0.83	2.51	0.36	2.33	0.46	1.36
		5145-1	9.49	23.50	3.03	12.46	2.96	1.06	3.06	0.49	3.29	0.64	1.94
		平均	14.91	29.78	3.71	14.54	2.94	0.92	2.65	0.39	2.45	0.47	1.36
棉将	$K_1 v\delta$	0101-1	22.88	55.10	6.87	28.12	5.45	1.82	5.06	0.69	4.40	0.84	2.21
		1152-1☆	27.48	56.79	6.95	27.29	5.07	1.37	4.39	0.58	3.55	0.66	1.61
		1059-1☆	24.67	49.24	6.86	24.66	5.05	1.15	4.63	0.65	4.35	0.85	2.14
		平均	25.01	53.71	6.89	26.69	5.19	1.45	4.69	0.64	4.10	0.78	1.99
洛堆	$K_1 v$	0015-1	20.45	44.71	5.26	21.16	4.27	1.13	3.94	0.57	3.72	0.72	2.06
花岗岩花岗闪长岩平均含量（维氏，1962）			60	100	12	46	9	15	9	25	6.7	2	1

岩体	代号	样号	元素含量值（×10⁻⁶）				特征参数					
			Tm	Yb	Lu	Y	ΣREE	ΣCe/ΣY	δEu	δCe	$(Ce/Yb)_N$	$(La/Sm)_N$	$(Gd/Yb)_N$
旺乡	$K_1\delta o^{1b}$	2142-2	0.31	1.91	0.31	19.64	120.89	2.650	0.837	1.042	5.404	2.491	1.694
		1163-1☆	0.34	2.17	0.35	22.89	124.45	2.298	0.779	0.997	4.605	2.418	1.569
		0110-1	0.33	2.05	0.33	20.92	126.54	2.638	0.729	0.968	5.199	2.991	1.523
		平均	0.33	2.04	0.33	21.15	123.96	2.522	0.778	1.001	5.061	2.629	1.594
拔路	$K_1\delta^{1a}$	1169-1	0.11	0.67	0.11	8.22	93.22	5.371	0.970	0.948	13.778	3.839	2.854
		3083-1☆	0.21	1.40	0.23	13.34	91.49	3.112	0.923	0.857	5.568	3.739	1.446
		5145-1	0.29	1.90	0.32	18.29	82.71	1.737	1.068	1.049	3	2.016	1.299
		平均	0.20	1.32	0.22	13.28	89.14	2.990	0.989	0.938	5.835	3.190	1.620
棉将	$K_1 v\delta$	0101-1	0.36	2.30	0.37	23.60	159.57	3.018	1.042	1.048	6.196	2.640	1.775
		1152-1☆	0.24	1.51	0.24	17.91	155.64	4.071	0.867	0.965	9.728	3.409	2.346
		1059-1☆	0.35	2.25	0.35	23.92	151.12	2.826	0.714	0.897	5.660	3.072	1.660
		平均	0.32	2.02	0.32	21.81	155.44	3.243	0.882	0.969	6.877	3.031	1.873
洛堆	$K_1 v$	0015-1	0.30	1.94	0.32	20.33	130.87	2.860	0.828	1.014	5.961	3.012	1.638
花岗岩花岗闪长岩平均含量（维氏，1962）			0.3	4	1	34	292	3.60	0.56				

注：☆表示样品采于图幅西 1:20 万谢通门县幅,侧布乡幅。

2. 晚白垩世侵入岩

晚白垩世侵入岩分布于仁钦则-努玛岩带中，出露于扎西定、日喀则达隆及仁布县措雄等地，共21个侵入体，从早到晚划分出茶穷岩体（$K_2\eta o^{2a}$）、蟠郎岩体（$K_2\delta\eta o^{2b}$）、增布岩体（$K_2\gamma o\delta^{2c}$）和达堆岩体（$K_2\gamma\delta^{2d}$）等4个岩体，具成分、结构双重演化特征。

1）地质特征

各深成岩体均呈近东西向展布，受控于东西向构造机制，总体上，各岩体具环状套叠式分布，由于受到后期侵入体的吞噬及脆、韧性构造的破坏，使环状分布格局不完整。

据K-Ar稀释法测定，黑云母同位素年龄值分别为 95.0 ± 2.5 Ma、73.2 ± 1.2 Ma 和 69.1 ± 2.8 Ma，故将其定为晚白垩世。

2）岩石学特征

如表3-33所示，岩石的矿物组合、结构构造及光学特征从早到晚的变化规律是：矿物粒度由粗变细，叶理构造由强减弱，暗色矿物含量减少，钾长石含量递减，石英、斜长石递增，而斜长石牌号则逐渐降低。反映岩浆向酸性方向演化。

表3-33 晚白垩世岩体岩石学特征

岩体	岩石类型	样品数	色率	结构	构造	矿物含量（$\times 10^{-2}$） 斑晶 斜长石	基质 斜长石	基质 钾长石	基质 石英	基质 普通角闪石	基质 黑云母
达堆	中粒黑云花岗闪长岩	5	10	中粒半自形粒状（>2~5mm）	块状		45~50	15~20	>20~25	3~(<5)	>5~10
增布	细中粒角闪黑云英云闪长岩	11	15	细中粒半自形柱状（0.8~1.5mm 及2~4mm）	片麻状		45~50	>5~5	25~30	5~10	10~15
蟠郎	中粒角闪黑云石英二长闪长岩	6	15	中粒半自形粒状（>2~5mm）	中等叶理		>50~50	15~20	15~10	>5~10	10~15
茶穷	中粗粒斑状黑云角闪石英二长岩	7	15	似斑状结构（8~20mm），基质中粗粒半自形柱状（>2~3mm及5~6mm）	强叶理	>10~15	20~30	30~35	10~15	>10~10	>5~10

岩体	矿物特征 斜长石	钾长石	石英	普通角闪石	黑云母
达堆	他形—半自形粒状、板状，具钠长石律、卡钠复合律，及肖钠+钠长石律，少数具正环带构造，An=22~24	半自形—他形板状，洁净，具叶脉状和补片状交代纹，格子双晶清楚，为微斜条纹长石	他形填隙状	半自形短柱状，Ng绿色，Np浅绿黄色 C∧Ng=20°~22°	叶片状，多数蚀变为绿泥石
增布	半自形柱状，普遍浑浊，钠长石律及卡钠复合律清晰，部分环带明显，An=25~28	他形板状，洁净，格子双晶发育，并见条纹结构，为微斜条纹长石	填隙状	半自形柱状，Ng浅绿色 C∧Ng=16°~18°	半自形片状，Ng褐红色，Np浅黄褐色，偶见包裹锆石
蟠郎	半自形柱状，部分具钠长石律聚晶，普遍具环带状构造，2~3环，An=34~36	他形板状、粒状，混浊，有的微斜长石具格子双晶，少数为正条纹长石和卡斯巴双晶的正长石	他形填隙状	半自形柱状，Ng绿色，Np浅绿 C∧Ng=20°~22°	自形片状，Ng褐色，Np黄褐色
茶穷	半自形板柱状，钠长石律发育，个别卡钠复合律，具环带状构造，4~5环，An=45~48	他形—半自形板状，具正条纹结构，部分具格子双晶，系微斜长石和卡斯巴双晶的正长石	填隙状	半自形短柱状，Ng绿色，Np浅绿黄色 C∧Ng=18°~20°	半自形片状，Ng褐红色，Np褐黄色，个别绿泥石化

3)副矿物特征

副矿物组合为锆石—磁铁矿—榍石,在蟠郎岩体中含自然金颗粒,增布岩体中含独居石、电气石、石榴石等。早期的茶穷和蟠郎岩体中锆石均呈柱状,晚期的增布和达堆岩体中均呈柱状集合体,皆由柱面 m、a 和锥面 x、p 组成(表 3-34)。从早到晚期,副矿物显示以下演化规律:矿物组合由复杂到简单;锆石、钛铁矿、磁铁矿、榍石等含量递减;磷灰石含量递增;锆石晶形由简单到较复杂趋势,且由无色为主到淡粉色为主。

表 3-34 晚白垩世岩体锆石特征

岩体 特征	茶穷	蟠郎	增布	达堆
颜色	无色,个别粉色	无色,个别淡粉色	淡粉色	淡粉色
光泽	强玻璃光泽	金刚光泽	强玻璃光泽	强玻璃光泽
透明度	透明	透明	透明	透明
粒径 (mm)	长:0.1~0.3 宽:0.05~0.08	长:0.05~0.3 宽:0.02~0.1	长:0.15~0.4 宽:0.04~0.1	长:0.05~0.15 宽:0.03~0.06
长宽比	2:1~3:1	2:1~3:1,少数 4:1	3:1~4:1,个别 5:1	2:1~3:1
包体	普遍含金属矿物和磷灰石包体	个别含黑云母、绿泥石包体	个别含云母包体	少数含磁铁矿包体
发光性	黄色光	发亮黄色光	紫外线下发亮黄色光	普遍发亮黄色光
晶体形态	多为柱状连生晶,晶棱和晶面清晰,由柱面 m、a 和锥面 x、p 组成,次为柱面 m、a 和锥面 p 组成聚形,连生体不规则	以柱状为主,少数柱状碎块,由柱面 m、a 和锥面 x、p 组成,次为柱面 m、a 和锥面 p 组成聚形,少数具不规则自生连晶	多呈柱状碎块,少数柱状,表面多粗糙,由柱面 a 和锥面 p 组成为主,次为柱面 m 和锥面 x 组成,自生连晶体发育,个别浑圆状	多呈柱状集合体,晶棱和晶面清晰,主要由柱面 m、a 和锥面 x、p 组成,普遍呈双晶嵌生在一起,柱面 a 较 m 发育
晶体图				

4)岩石化学特征

岩石化学成分、标准矿物及特征参数见表 3-35。晚白垩世岩体由早到晚,SiO_2 平均含量依次是 63.91%、67.66%、75.58% 和 71.26%,均属中性岩到酸性岩范畴;$(Na_2O+K_2O+CaO)>Al_2O_3>[(Na_2O+K_2O)-Al_2O_3]>(Na_2O+K_2O)$,属次铝到过铝的岩石化学类型;里特曼指数平均为 2.08~1.69,均属钙碱性岩,在 SiO_2-A·R 值变异图解上均投影于钙碱性区(图 3-29);各岩体平均 $Na_2O>K_2O$,氧化系数为 0.44~0.63。从早到晚期,岩石化学演化规律是:①Na_2O、K_2O 平均含量递增,FeO、MgO、CaO 平均含量递减;②标准矿物钾长石(Or)、石英(Q)等含量递减,晚期出现刚玉;③K_2O/Na_2O 平均比值为 0.70~1.21 及 $(Na_2O+K_2O)/Al_2O_3$(分子比)平均值为 0.60~0.67,碱度率(A·R)1.98~2.53,均逐渐增高;④A/CNK 值 0.89~1.11,长英指数平均值 59.89~79.51,分异指数 67.71~82.85,平均值均明显递增,而固结指数平均值 13.64~6.93,则降低。以上特征反映岩浆向酸性富碱质方向演化和向 IS 型花岗岩过渡趋势。

表 3-35 晚白垩世各岩体岩石化学成分、标准矿物含量及特征参数表

岩体	代号	样号	化学成分 ($\times 10^{-2}$)															
			SiO_2	TiO_2	Al_2O_3	Fe_2O_3	FeO	MnO	MgO	CaO	Na_2O	K_2O	P_2O_5	LOI	H_2O^+	F	总和
达堆	$K_2\gamma\delta^{2d}$	1150-1☆	72.60	0.16	14.61	0.58	1.34	0.077	0.47	2.58	4.13	2.12	0.04	0.74	0.50	0.00	99.63
		4029-3	69.91	0.39	13.74	3.08	0.80	0.048	0.98	0.98	3.06	4.34	0.12	2.14	1.83	0.043	101.46
		平均	71.26	0.27	14.18	1.82	1.07	0.063	0.73	1.78	3.68	3.23	0.08	1.44	1.17	0.022	100.55
增布	$K_2\gamma o\delta^{2c}$	1061-1	75.58	0.20	12.91	0.97	0.96	0.060	0.90	1.93	3.03	2.43	0.04	0.49	0.39		99.48
嚣郎	$K_2\delta\gamma o^{2b}$	1068-1	67.66	0.61	14.49	1.49	2.66	0.060	1.55	3.68	3.00	3.63	0.20	0.34	0.28		99.37
		1069-1	66.38	0.56	15.06	1.84	2.38	0.088	1.18	2.88	4.21	4.18	0.15	0.74	0.56	0.056	99.70
荼芬	$K_2\gamma\rho^{2a}$	1192-1	64.02	0.55	15.74	2.34	2.77	0.096	2.21	4.83	3.53	2.18	0.14	1.65	1.14	0.034	100.00
		4025-1	61.34	0.63	16.01	2.82	2.58	0.140	2.21	5.54	3.90	1.79	0.17	1.82	1/14	0.03	99.98
		平均	63.91	0.58	15.60	2.33	2.91	0.108	1.87	4.42	3.88	2.72	0.15	1.40	0.95	0.04	99.92
中国石英闪长岩平均化学成分（据黎彤、饶纪龙,1962）			60.51	0.73	16.70	2.84	3.49	0.14	2.54	4.68	3.68	2.65	0.46				
中国闪长岩平均化学成分（据黎彤、饶纪龙,1962）			57.39	0.89	16.42	3.10	4.15	0.18	3.77	5.58	4.26	2.57	0.37				

岩体	代号	样号	CIPW 标准矿物含量 ($\times 10^{-2}$)							特征参数									
			Or	Ab	An	Q	Di	Hy	C	σ	$A \cdot R$	A/CNK	FL	SI	W	DI	AN	$(K_2O+Na_2O)/Al_2O_3$	R_1	R_2
达堆	$K_2\gamma\delta^{2d}$	1150-1☆	12.80	36.70	12.79	31.98		3.05	0.41	1.40	2.20	1.03	71.37	5.33	0.30	81.48	0.40			
		4029-3	25.60	25.69	3.89	32.52		2.41	2.65	2.03	3.02	1.01	88.31	7.99	0.79	83.31	0.22	0.67	2616	509
达堆		平均	18.92	30.93	8.07	33.00		2.07	1.73	1.69	2.53	1.01	79.51	6.93	0.63	82.85	0.33			
	$K_2\gamma o\delta^{2c}$	1061-1	14.47	25.69	9.46	42.78		2.87	1.83	0.91	2.16	1.07	73.85	10.87	0.50	82.94	0.41	0.59	2324	502
嚣郎	$K_2\delta\gamma o^{2b}$	1068-1	21.70	25.17	15.03	25.68	1.83	5.68		1.78	1.98	0.93	64.31	12.57	0.36	72.55	0.54	0.61	2466	756
		1069-1	24.49	35.65	10.01	18.30	2.72	3.56		3.01	2.76	0.91	74.45	8.56	0.44	78.44	0.35			
荼芬	$K_2\gamma\rho^{2a}$	1192-1	12.80	29.88	20.58	21.36	2.01	6.93		1.55	1.77	0.93	54.17	16.96	0.46	64.04	0.57			
		4025-1	10.57	33.03	20.68	16.62	4.77	6.63		1.77	1.72	0.87	50.67	15.45	0.44	60.22	0.54			
		平均	16.44	33.03	16.97	18.54	3.40	5.56		2.08	1.98	0.89	59.89	13.64	0.44	67.71	0.49	0.6	2074	872

注：☆表示样品采于图幅西1：20万谢通门县幅、则布乡幅。

5) 微量元素特征

微量元素平均含量见表3-31。与世界花岗岩类平均值（维氏,1962）对比,各岩体贫化与富集元素基本相似,多数亲石元素Be、Li、Ba、Zr、Nb、Th等贫化,亲铁元素Co、Ni,亲铜元素Cu、Ag、As、Bi和亲石元素Sc、V、Cr、Sr、Hf、Mn等均趋于富集等为特征。K/Rb比值（200～281）,Rb/Li比值（5～10）,Rb/Sr比值（0.44～0.25）,Li×10^3/Mg比值（2.5～4.5）等均显示Ⅰ型花岗岩和岩浆以幔源物质为主的特点。

从早到晚期的演化特征是:元素Sr、Ba、Mo、Cu、Zn、Pb、Ag、Au、As、Bi等含量递增,而元素B、Sc、V、Be、Li、Cs、Rb、Zr、Nb、W、Th、Hf、U、P等含量递减;K/Rb、Rb/Li和Li×10^3/Mg等平均比值逐渐递增,而Rb/Sr平均比值递减。以上特征反映晚白垩世各岩体为同源岩浆演化产物。

6) 稀土元素特征

稀土元素丰度值及参数见表3-36。ΣREE平均值低（118.82×10^{-6}～90.38×10^{-6}）,ΣCe/ΣY平均比值为3.1～2.16,（Ce/Yb）$_N$平均值6.01～3.34均稍高;配分曲线均向右倾斜（图3-31）,为轻稀土富集型;δEu平均值0.73～1.28,仅达堆岩体达到铕正异常,其他为铕亏损,负异常。稀土元素从早到晚期演化特点是:轻重稀土比值和δCe平均比值均表现递减;δEu平均值则递增。反映为同源岩浆的连续分异演化过程。

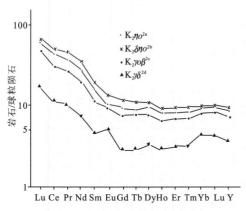

图3-31 晚白垩世各岩体稀土元素球粒陨石标准化配分型式

（二）古近纪侵入岩

1. 古新世侵入岩

古新世侵入岩分布于仁钦则-努玛岩带中段的恰莎—普洛岗、南木林县以西的白定、吉如等地,共17个侵入体,归并为嘎冲岩体（$E_1\delta\eta o^{3a}$）、仲堆果岩体（$E_1\gamma\delta^{3b}$）和那木堆岩体（$E_1\eta\gamma^{3c}$）3个岩体,具成分和结构双重演化特征。

1) 地质特征

侵入体多呈不规则岩株状,少数为岩滴状,东西向展布,与区域构造线方向一致。各岩体呈近似环状套叠式空间分布格局,少数零星分布。

嘎冲、仲堆果岩体中含围岩捕虏体和暗色深源细粒包体。捕虏体为角岩、变安山岩和熔结集块岩、变集块熔岩等,大小不等,形状各异,多分布于侵入体边部;包体多呈压扁拉长形态和豆荚状。据K-Ar稀释法测定,黑云母年龄分别为61.9±1.2Ma、63.3±2.5Ma,U-Pb法测得锆石年龄值56±7Ma,结合侵入体与围岩之间的接触关系,其侵入定位时代为古新世。

2) 岩石学特征

如表3-37所示,不同岩体的岩石结构构造、矿物组合及特征有明显区别,从早到晚,结构由细粒→中细粒→中细粒斑状,构造由叶理到块状;矿物成分主要表现在微斜条纹长石含量由无到多,石英含量递增,An降低,普通角闪石含量递减,色率降低等,反映岩浆向酸性方向演化特点。

3) 副矿物特征

副矿物组合为锆石—磷灰石—磁铁矿—榍石—独居石,以出现自然金颗粒为特征。锆石均以柱状为主,晶面清晰,由柱面 m、a 和锥面 x、p 组成（表3-38）,自早到晚期,锆石晶形由简单到复杂,连生体发育。

表 3-36 晚白垩世各岩体稀土元素含量及特征参数

岩体	代号	样号	元素含量值 ($\times 10^{-6}$)											
			La	Ce	Pr	Nd	Sm	Eu	Gd	Tb	Dy	Ho	Er
达堆	$K_2\gamma o^{2d}$	1150-1☆	5.81	10.97	1.30	4.78	0.93	0.39	0.90	0.15	1.07	0.22	0.69
增布	$K_2\gamma o\delta^{2c}$	4025-1	13.21	26.48	3.27	12.61	2.64	0.82	2.72	0.44	2.88	0.58	1.75
		4041-1	18.60	35.21	3.70	12.72	2.38	0.66	2.13	0.37	2.15	0.43	1.32
		平均	15.91	30.85	3.48	12.65	2.51	0.74	2.43	0.41	2.52	0.50	1.54
蟠郎	$K_2\delta\eta\rho^{2b}$	1155-1☆	21.98	49.34	5.68	22.35	4.34	0.01	3.75	0.52	3.46	0.66	1.89
		6009-1	21.90	47.42	5.81	21.94	4.30	1.11	3.77	0.61	3.78	0.72	2.12
		平均	21.94	48.38	5.75	22.15	4.32	1.06	3.76	0.57	3.62	0.69	2.01
紫芬	$K_2\eta\rho^{2a}$	1069-1	30.61	62.77	6.85	24.88	4.73	0.83	3.95	0.57	3.73	0.75	2.12
		1192-1	10.34	22.30	2.48	10.40	2.24	0.77	2.23	0.34	2.40	0.47	1.49
		平均	20.48	42.54	4.67	17.64	3.49	0.80	3.09	0.46	3.07	0.61	1.81
花岗岩花岗闪长岩平均含量(维氏,1962)			60	100	12	46	9	15	9	25	6.7	2	1

岩体	代号	样号	元素含量值 ($\times 10^{-6}$)			特征参数						
			Tm	Yb	Lu	Y	ΣREE	$\Sigma Ce/\Sigma Y$	δEu	δCe	$(Ce/Yb)_N$	$(La/Sm)_N$	$(Gd/Yb)_N$
达堆	$K_2\gamma o^{2d}$	1150-1☆	0.11	0.85	0.14	7.35	35.66	2.106	1.287	0.923	3.338	3.929	0.854
增布	$K_2\gamma o\delta^{2c}$	4025-1	0.27	1.75	0.29	16.61	86.30	2.163	0.928	0.994	3.913	3.147	1.254
		4041-1	0.21	1.42	0.24	12.91	94.45	3.459	0.879	0.964	6.413	4.915	1.210
		平均	0.24	1.59	0.27	14.76	90.38	2.726	0.904	0.956	5.018	3.987	1.233
蟠郎	$K_2\delta\eta\rho^{2b}$	1155-1☆	0.28	1.80	0.29	18.49	135.38	3.362	0.748	1.039	7.090	3.185	1.684
		6009-1	0.35	2.16	0.34	21.16	137.49	2.972	0.825	0.992	5.678	3.203	1.408
		平均	0.32	1.98	0.32	19.83	136.70	3.129	0.786	1.015	6.320	3.194	1.523
紫芬	$K_2\eta\rho^{2a}$	1069-1	0.34	2.18	0.35	21.55	166.21	3.676	0.571	1.003	7.447	4.070	1.462
		1192-1	0.22	1.48	0.26	14.00	71.42	2.120	1.042	1.028	3.897	2.903	1.215
		平均	0.28	1.83	0.31	17.78	118.82	3.064	0.729	1.009	6.012	3.691	1.362
花岗岩花岗闪长岩平均含量(维氏,1962)			0.3	4	1	34	292	3.60	0.56				

注:☆表示样品采于图幅西1:20万谢通门县幅,则布乡幅。

表 3-37 古新世岩体岩石学特征

岩体	岩石类型	样品数	色率	结构	构造	矿物含量（×10⁻²）						
						斑晶		基 质				
						钾长石	斜长石	钾长石	斜长石	石英	普通角闪石	黑云母
那木堆	中细粒斑状黑云二长花岗岩	11	10	似斑状结构（5～8mm），基质中细粒花岗结构 2～3mm、0.5～1.6mm	块状	10～15	5～10	20～（>20）	(<20)～25	>20～25	2～3	5～10
仲堆果	细粒角闪黑云花岗闪长岩	5	5	中细粒花岗结构（1～2mm、2～4mm）	强叶理			(>10)～15	45～50	25～30	(>3)～5	5～(>5)
嘎冲	细粒黑云角闪石英二长花岗岩	4	15	半自形粒状结构（1～1.5mm）	叶理			20～25	40～45	10～15	10～15	(>5)～10

岩体	矿 物 特 征				
	斜长石	钾长石	石英	普通角闪石	黑云母
那木堆	半自形柱状，洁净，双晶类型复杂，具钠长石律、卡钠复合律，及肖钠+钠长石律，部分具环带结构，2～3环，An=22～24	他形—半自形板状，具格子双晶和分解条纹，为微斜条纹长石，个别为卡斯巴双晶，系正条纹长石	填隙状	半自形短柱状，Ng 棕色，Np 黄棕色，C∧Ng=20°～22°	自形片状，Ng 褐色，Np 浅褐黄，显示弯曲
仲堆果	半自形柱状，中心混浊，显示钠化净边，具环带状构造和钠长石律双晶，An=20～24（中心），An=8～10（边部）	他形粒状，洁净，格子双晶发育，微斜长石	他形填隙状	半自形短柱状，Ng 绿色，Np 黄绿色，C∧Ng=20°～22°	自形片状，Ng 褐色，Np 褐黄
嘎冲	半自形粒状、柱状，洁净，具钠长石律、卡钠复合律发育，个别肖钠+钠长石律，少见环带，An=32～34	他形板状，较洁净，具格子双晶和钠长石条纹，为微斜长石，个别为正长石，具卡斯巴双晶	半自形柱状，填隙状	半自形柱状，Ng 绿色，Np 黄绿，C∧Ng=18°～20°	自形片状，Ng 褐色，Np 褐黄

表 3-38 古新世岩体锆石特征

岩体特征	嘎冲	仲堆果	那木堆
颜色	淡粉色	淡粉色—无色	淡粉色
光泽	强玻璃光泽	强玻璃光泽	强玻璃光泽
透明度	透明	透明	透明
粒径（mm）	长：0.05～0.3 宽：0.03～0.1	长：0.05～0.3 宽：0.03～0.1	长：0.08～0.3 宽：0.04～0.065
长宽比	2:1～3:1	2:1～3:1，个别 1.5:1	2:1～3:1，个别 5:1
包体	普遍含绿泥石和金属矿物包体	少数含金属矿物及磷灰石、绿泥石包体	主要含气态、磷灰石、锆石包体
发光性	发黄光	紫外线下发亮黄光	发亮黄光
晶体形态	晶体简单，由柱面 m、a 和锥面 p 组成，个别由柱面 a 和锥面 p 组成，晶面均匀光滑	以柱状连生晶为主，次为柱状，晶棱、晶面清晰，由柱面 m、a 和锥面 x、p 组成，个别由柱面 a 和锥面 p 组成，连生体普遍，个别浑圆状	主要呈柱状，晶棱、晶面清晰，由柱面 m、a 和锥面 x、p 组成，次为柱面 m 和锥面 x、p 组成，自生连生体发育
晶形图			

4) 岩石化学特征

岩石化学成分、标准矿物及特征参数见表 3-39。古新世各岩体由早到晚演化规律是：①$(Na_2O+K_2O+CaO)>Al_2O_3>(Na_2O+K_2O)$，属次铝的岩石化学类型；$(Na_2O+K_2O)/Al_2O_3$（分子比）平均值皆小于 0.9，里特曼指数平均为 3.19~1.85，属钙碱性岩，在 $SiO_2-A·R$ 变异图解上均投影于钙碱性区（图 3-29）；②SiO_2 平均含量依次是 62.58%、68.35% 和 70.77%，含量递增，均属中性岩到酸性岩范畴，Fe_2O_3、FeO、MgO 平均含量递减，K_2O/Na_2O 平均比值（1.0~1.2）、A/CNK 值（0.84→0.91→0.92）均递增，长英指数、分异指数平均值均递增，而固结指数平均值则递减；④标准矿物钾长石（Or）、钠长石（Ab）、石英（Q）等平均含量递增，钙长石（An）、透辉石等平均含量及斜长石牌号递减。上述反映了同源岩浆演化特点和 I 型花岗岩特征。

5) 微量元素特征

微量元素丰度值见表 3-31。与世界花岗岩类平均值（维氏，1962）对比，总体贫化 Be、Li、Ba、Zr、Nb、Ta、Pb、P，而富集 Cu、Ni、Zn、Ag、Au、Sb、Bi、As、Bi、Sc、V、Cr、Sr、Mn 等元素为特征，其中 Au 为 $3.09×10^{-9}$~$4.38×10^{-9}$，Ag 为 $0.114×10^{-6}$~$0.164×10^{-6}$。从早到晚期的演化特征是：亲石元素 B、Sc、Cr、Ba、Zr、Hf、W、Mn 及亲铁元素 Mo、Ti、Co，亲铜元素 Cu、Pb、Bi 平均含量递减，而 V、Be、Li、Rb、Nb、Ta、Th、U、Ni、Zn、Ag、Au、As、Sb 等平均含量递增；在 Rb-Sr-Ba 三角图解中向富 Rb 贫 Sr 方向演化（图 3-32）；Rb/Cs 比值（13→35→36）、Rb/Li 比值（6→7.2→9）及 Li×10^3/Mg 比值（1.5→1.8→3.7）、Rb/Sr 比值（0.25→0.36→0.69）等均表现递增特点，仅 K/Rb 比值（250→178）递减。上述特征与岩浆演化一致。

6) 稀土元素特征

稀土元素丰度值及参数见表 3-40。各岩体共同特点是：稀土总量与世界花岗岩类平均值（维氏，1962）比较，平均值低（$159.99×10^{-6}$→$64.75×10^{-6}$→$139.20×10^{-6}$），而 $\sum Ce/\sum Y$ 平均比值（3.45→3.23→4.87）及 $(Ce/Yb)_N$ 平均值（7.3→5.83→9.79）均较高；配分曲线均向右倾斜（图 3-33），为轻稀土富集型；δEu 平均值小于 1，δCe 平均值 1.02，为铕亏损，铈稍富集。上述反映了古新世侵入岩形成于较弱的氧化环境。

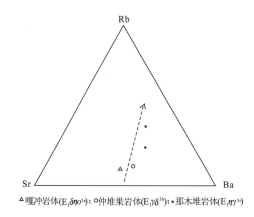

△嘎冲岩体($E_1\delta no^{3a}$)；○仲堆果岩体($E_1\gamma\delta^{3b}$)；•那木堆岩体($E_1\eta\gamma^{3c}$)

图 3-32 古新世各岩体 Rb-Sr-Ba 图解

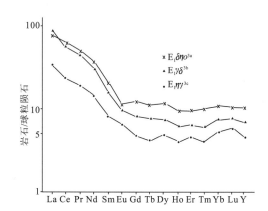

图 3-33 古新世稀土元素球粒陨石标准化配分型式

稀土元素从早到晚期演化特点是：稀土总量递减，而 $\sum Ce/\sum Y$、$(Ce/Yb)_N$ 平均比值和 δEu 值有递增趋势，δCe 平均比值表现递减。这些变化均反映岩石的均匀化程度不高。

表 3-39 古近纪古新世各岩体岩石化学成分、标准矿物含量及特征参数表

岩体	代号	样号	化学成分含量（$\times 10^{-2}$）														
			SiO_2	TiO_2	Al_2O_3	Fe_2O_3	FeO	MnO	MgO	CaO	Na_2O	K_2O	P_2O_5	LOI	H_2O^+	F	总和
那木堆	$E_1\eta^{3c}$	1065-1☆	70.76	0.56	13.91	1.24	2.01	0.05	1.34	3.29	2.99	3.05	0.32	0.34	0.32		99.86
		0109	70.50	0.28	13.84	1.62	0.96	0.058	1.10	2.14	3.81	5.29	0.081	0.42	0.40	0.089	100.19
		9045-1☆	71.04	0.50	15.54	1.47	2.3	0.101	0.85	2.19	4.08	3.59	0.071	0.17	0.19	0.054	99.93
		2002-1	74.82	0.45	11.67	0.72	1.94	0.02	1.32	2.06	3.01	3.88	0.22	0.92	0.17	0.06	100.38
		4135-1	66.72	0.52	14.59	1.56	2.38	0.058	1.30	3.18	3.40	5.01	0.15	0.46	0.62	0.068	99.85
		平均	70.77	0.46	13.51	1.32	1.92	0.057	1.18	2.57	3.46	4.16	0.17	1.21	0.34	0.013	100.10
仲堆果	$E_1\gamma\delta^{3b}$	5144-2	68.35	0.33	14.66	1.72	1.92	0.059	1.03	3.33	4.32	2.52	0.14	0.23	0.94		99.60
		1058	63.02	0.70	15.57	2.56	3.22	0.13	2.55	5.11	3.13	2.99	0.29	1.00	0.20	0.028	99.68
嘎冲	$E_1\delta\rho^{3a}$	0113-1	62.15	0.70	14.98	2.06	3.62	0.097	2.05	4.67	3.65	4.17	0.20	0.62	0.57	0.028	99.28
		平均	62.58	0.70	15.37	2.31	3.42	0.14	2.30	4.89	3.39	3.58	0.25		0.38		99.55
中国花岗岩类平均化学成分（据黎彤，饶纪龙，1962）			71.27	0.25	14.25	1.24	1.62	0.08	0.80	1.62	3.79	4.03	0.16				

岩体	代号	样号	CIPW 标准矿物含量（$\times 10^{-2}$）							特征参数									
			Or	Ab	An	Q	Di	Hy	C	σ	A·R	A/CNK	FL	SI	W	DI	AN	$(K_2O+Na_2O)/Al_2O_3$	R_1	R_2
那木堆	$E_1\eta^{3c}$	1065-1☆	17.81	25.17	15.58	32.52	-0.68	5.52		1.31	2.08	0.98	64.74	12.61	0.38	75.50	0.54			
		0109-1	31.16	31.98	5.28	23.46	3.47	1.10		3.01	2.82	0.88	80.96	8.61	0.63	86.60	0.24			
		9045-1☆	21.15	34.60	8.07	27.12	2.32	3.32		2.10	2.90	0.93	77.79	6.92	0.39	82.87	0.31			
		2002-1	22.82	25.69	6.68	36.12	1.57	4.66		1.49	2.56	0.90	76.98	12.14	0.27	84.64	0.40			
		4135-1	29.49	28.84	9.73	19.50	4.33	3.33		2.98	2.23	0.87	72.56	9.52	0.39	77.83	0.37			
		平均	24.49	29.36	9.18	27.54	2.26	3.66		2.02	2.51	0.91	74.78	9.80	0.41	81.34	0.37	0.75	2412	600
仲堆果	$E_1\gamma\delta^{3b}$	5144-2	15.03	36.70	13.07	24.84	2.05	3.33		1.85	2.23	0.92	67.26	8.95	0.47	76.57	0.40			
		1058	17.81	26.21	20.30	18.84	2.69	7.93		1.87	1.83	0.90	54.50	17.65	0.44	62.86	0.59	0.67	2310	694
嘎冲	$E_1\delta\rho^{3a}$	0113-1	24.49	30.93	12.24	12.78	8.20	4.92		3.19	2.18	0.79	62.61	13.18	0.36	68.20	0.43			
		平均	21.15	28.84	16.13	15.66	5.20	6.76		2.48	2.05	0.84	58.77	15.33	0.40	65.65	0.51	0.62	1948	938

注：☆表示样品采于图幅西 1∶20 万谢通门县幅、侧布乡幅。

表 3-40 古近纪、新近纪各岩体岩石稀土元素含量及特征参数

岩体	代号	样号	元素含量值（×10⁻⁶）								
			La	Ce	Pr	Nd	Sm	Eu	Gd	Tb	
普吓	$E_2\xi o$	0112-1	18.80	32.20	3.27	9.77	1.44	0.26	1.07	0.17	
		1098-1☆	65.55	151.72	12.39	52.76	6.33	1.36	3.47	0.62	
		平均	42.18	91.96	7.83	31.27	3.89	0.81	2.27	0.40	
哈热萨	$E_2\eta\gamma^{4d}$	5070-1	33.97	70.53	7.84	27.49	5.50	0.93	4.63	0.72	
科木	$E_2\gamma\delta^{4c}$	0112-3	17.36	30.69	3.72	14.48	2.78	0.84	2.65	0.36	
		1070-1	24.93	52.70	5.93	23.27	4.39	0.97	3.86	0.56	
金珠村	$E_2\delta\gamma\rho^{4b}$	1094-1☆	27.52	64.98	5.48	24.12	4.72	1.00	3.41	0.63	
		1095-1☆	28.85	69.00	5.84	25.79	3.81	0.89	3.56	0.63	
		平均	27.10	62.23	5.75	24.39	4.31	0.95	3.61	0.61	
嘎萨	$E_2\delta o^{4a}$	4084-1	25.17	52.52	6.53	25.14	4.88	1.09	4.47	0.64	
		2008	34.40	71.26	7.37	42.51	8.07	1.31	7.80	1.33	
		平均	29.79	61.89	6.95	33.83	6.48	1.20	6.14	0.98	
那木堆	$E_1\eta\gamma^{3c}$	1065-1	25.29	46.91	4.64	15.16	2.45	0.72	1.80	0.27	
		4135-1	23.34	55.72	6.78	24.96	4.93	0.88	3.83	0.56	
		0109-1	39.01	67.67	5.71	18.58	3.05	0.59	2.37	0.38	
		平均	29.21	56.80	5.71	19.57	3.48	0.73	2.67	0.40	
仲堆果	$E_1\gamma\delta^{3b}$	5144-2	11.64	23.88	2.49	9.12	1.79	0.52	1.56	0.22	
嘎冲	$E_1\delta\gamma\rho^{3a}$	0113-1	27.05	61.15	6.44	24.09	4.51	0.86	3.98	0.58	

岩体	代号	样号	元素含量值（×10⁻⁶）					特征参数			
			Tm	Yb	Lu	Y	ΣREE	ΣCe/ΣY	δEu	δCe	(Ce/Sm)ₙ	(La/Sm)ₙ	(Gd/Yb)ₙ

岩体	代号	样号	Tm	Yb	Lu	Y	ΣREE	ΣCe/ΣY	δEu	δCe	(Ce/Yb)ₙ	(La/Sm)ₙ	(Gd/Yb)ₙ
普吓	$E_2\xi o$	0112-1	0.09	0.75	0.13	6.21	75.92	6.457	0.614	0.911	11.105	8.212	1.515
		1098-1☆	0.42	2.66	0.29		305.47	18.887	0.767	1.199	14.753	6.513	1.052
		平均	0.26	1.71	0.21	6.21	193.84	11.191	0.549	1.136	13.910	6.820	1.071
哈热萨	$E_2\eta\gamma^{4d}$	5070-1	0.38	2.49	0.39	24.51	187.09	3.583	0.549	1.004	7.326	3.885	1.500
科木	$E_2\gamma\delta^{4c}$	0112-3	0.20	1.39	0.23	13.74	92.64	3.069	0.933	0.878	5.711	3.928	1.538
		1070-1	0.31	1.97	0.33	20.35	146.01	3.316	0.705	1.011	6.919	3.572	1.581
金珠村	$E_2\delta\gamma\rho^{4b}$	1094-1☆	0.48	3.17	0.46		144.49	7.667	0.728	1.203	5.302	3.667	0.868
		1095-1☆	0.41	2.58	0.38		149.65	8.673	0.727	1.211	6.917	4.763	1.113
		平均	0.40	2.57	0.39	20.35	160.28	3.508	0.717	1.144	6.263	3.955	1.123
嘎萨	$E_2\delta o^{4a}$	4084-1	0.36	2.37	0.39	24.33	155.72	2.853	0.701	0.964	5.732	3.244	1.521
		2008	0.65	4.33	0.53		193.77	3.101	0.498	1.029	4.256	2.681	1.453
		平均	0.51	3.35	0.46	24.33	174.75	2.993	0.573	1.000	4.778	2.891	1.479
那木堆	$E_1\eta\gamma^{3c}$	1065-1	0.13	0.93	0.16	8.83	109.97	6.430	1.003	0.970	13.047	6.493	1.561
		4135-1	0.30	2.04	0.34	20.83	150.84	3.405	0.597	1.053	7.065	2.978	1.515
		0109-1	0.21	1.54	0.26	13.41	156.78	4.560	0.467	0.971	11.381	8.045	1.241
		平均	0.21	1.50	0.25	14.36	139.20	4.871	0.705	0.996	9.794	5.279	1.436
仲堆果	$E_1\gamma\delta^{3b}$	5144-2	0.14	1.60	0.19	9.28	64.76	3.227	0.930	1.019	5.827	4.090	1.187
嘎冲	$E_1\delta\gamma\rho^{3a}$	0113-1	0.35	2.18	0.34	21.77	159.99	3.458	0.607	1.080	7.255	3.772	1.473

注：☆表示样品采于图幅西1:20万谢通门县幅、则布乡幅。

（续表）

岩体	代号	样号	Dy	Ho	Er
普吓	$E_2\xi o$	0112-1	0.99	0.20	0.57
		1098-1☆	4.24	0.94	2.72
		平均	2.62	0.57	1.65
哈热萨	$E_2\eta\gamma^{4d}$	5070-1	4.33	0.85	2.52
科木	$E_2\gamma\delta^{4c}$	0112-3	2.43	0.47	1.29
		1070-1	3.65	0.72	2.08
金珠村	$E_2\delta\gamma\rho^{4b}$	1094-1☆	4.45	1.02	3.05
		1095-1☆	4.27	0.94	2.70
		平均	4.14	0.89	2.61
嘎萨	$E_2\delta o^{4a}$	4084-1	4.37	0.87	2.61
		2008	8.08	1.66	4.47
		平均	6.23	1.27	3.54
那木堆	$E_1\eta\gamma^{3c}$	1065-1	1.49	0.30	0.89
		4135-1	3.55	0.70	2.09
		0109-1	2.21	0.44	1.28
		平均	2.42	0.18	1.42
仲堆果	$E_1\gamma\delta^{3b}$	5144-2	1.56	0.31	1.00
嘎冲	$E_1\delta\gamma\rho^{3a}$	0113-1	3.83	0.74	2.11

2. 始新世侵入岩

1) 始新世早期侵入岩

始新世早期侵入岩分布于仁钦则—努玛岩带西段的南木加岗—普洛岗一带，共12个岩体。从早到晚划分为嘎萨岩体（$E_2\delta o^{4a}$）、金珠村岩体（$E_2\delta\eta o^{4b}$）、科木岩体（$E_2\gamma\delta^{4c}$）及哈热萨岩体（$E_2\eta\gamma^{4d}$）四个岩体，具成分、结构演化特征。

(1) 地质特征。呈东西向带状分布，向西延出图幅，呈岩株状，受后期岩体吞噬和构造破坏，保留不完整。K-Ar稀释法测得黑云母年龄值分别为54.6 ± 7.2Ma、53.6 ± 1.2Ma、54.3 ± 2.0Ma、52.6Ma（《1：100万日喀则幅区域地质调查报告》）。根据各岩体之间侵入的早晚关系和侵入的地层，判定各岩体侵入时代相当于始新世。

(2) 岩石学特征。从表3-41中看出，不同岩体之间除矿物特征基本相似外，矿物含量、结构构造等有明显区别。

表3-41 始新世早期各岩体岩石学特征

岩体	岩石类型	样品数	色率	结构	构造	矿物含量(%)						
						斑晶		基质				
						钾长石	斜长石	钾长石	斜长石	石英	普通角闪石	黑云母
哈热萨	中粒斑状黑云二长花岗岩	7	10	似斑状结构（8～2～25mm），基质中粒花岗结构（2～4mm）	弱叶理	10～15	5～10	15～20	15～20	25～30	3～2	10～15
科木	细中粒含斑黑云角闪花岗闪长岩	5	10	似斑状结构（5～8mm），基质半自形粒状结构（0.8～1mm、2～3mm）	弱叶理	5～10		15～10	35～40	20～25	5～10	5～10
金珠村	中细粒黑云角闪石英二长闪长岩	8	15	中细粒半自形柱状结构（1～2mm、2～4mm）	中等叶理			15～20	50～55	10～15	10～15	5～(<5)
嘎萨	细粒黑云角闪石英闪长岩	4	15	细粒半自形柱结构（0.5～1～2mm）	中等叶理			5～10	55～60	10～15	10～15	5～10

岩体	矿 物 特 征				
	斜长石	钾长石	石英	普通角闪石	黑云母
哈热萨	半自形柱状，洁净，以钠长石律双晶为主，仅个别具卡钠复合律，环带少，An=25～28	半自形—他形板柱状，格子双晶发育，少数具条纹和卡斯巴双晶，属正条纹长石和微斜长石，有序度0.8	他形粒状，洁净，填隙状	半自形柱状，Ng绿色，Np淡绿色 C∧Ng=20°～22°	自形片状，Ng褐红色Np褐色，Nm褐红色
科木	半自形柱状，洁净，双晶发育，以钠长石律为主，次为卡钠复合律、肖钠+钠长石律，环带明显，2～3环，个别显示净边钠化，An=25～28	他形板状，干净，格子双晶发育，个别见析离条纹，属微斜长石，有序度0.6	他形，洁净，有质点尘埃包体	半自形短柱状，Ng深绿色，Np浅黄绿色 C∧Ng=18°～20°	自形片状，Ng褐色，Np棕色，个别蚀变为绿泥石
金珠村	半自形柱状，洁净，具钠长石律和部分卡钠复合律，个别肖钠+钠长石律，偶见环带，An=34～36	半自形—他形板状、粒状，格子双晶和交代成因的羽毛状条纹发育，为微斜条纹长石，有序度0.5	他形填隙状	自形柱状，Ng绿色，Np浅黄绿色 C∧Ng=20°～22°	他形片状，Ng褐色，Np浅褐色，部分蚀变为绿泥石
嘎萨	半自形柱状，洁净，钠长石律双晶发育，次为卡钠复合律，部具有环带，An=34～36	半自形板状，格子双晶及条纹明显，钠长石条纹呈嵌晶状，析离成因，为微斜条纹长石	填隙状	半自形柱状，Ng绿色，Np浅黄绿色，多数蚀变为绿泥石和方解石	他形片状，Ng棕色，Np淡黄棕色，部分蚀变为绿泥石

自早到晚期岩体的演化特征是：结构由细粒→中细粒→细中粒含斑→中粒斑状，斜长石和暗色矿物含量递减，石英和钾长石含量递增，钾长石有序度递增，斜长石牌号降低；岩石类型由中性→中酸性→酸性演化。

（3）副矿物特征。副矿物组合为锆石—磷灰石—磁铁矿—榍石—独居石，以磷灰石、磁铁矿含量较高为特征。锆石均呈柱状，晶面清晰，由柱面 m、a 和锥面 x、p 组成（表3-42）。自早到晚期，锆石晶体的长宽比略有增大，晶形也由简单到复杂。

表3-42 始新世早期锆石特征

岩体 特征	嘎萨	金珠村	科木	哈热萨
颜色	淡粉色	淡粉色	淡粉色	无色—淡粉色
光泽	金刚光泽	金刚光泽	金刚光泽	金刚光泽
透明度	半透明	透明—半透明	透明	透明
粒径 （mm）	长：0.15～0.2 宽：0.05～0.1	长：0.1～0.28 宽：0.05～0.3	长：0.05～0.4 宽：0.02～0.1	长：0.05～0.3 宽：0.032～0.1
长宽比	2∶1～3∶1，个别5∶1	2∶1～3∶1	2∶1～3∶1，个别4∶1	2∶1～3∶1，个别4∶1
包体	少数含金属矿物、气态等包体	普遍含无色包体	少数含气态和固态包体	少数含金属矿物和磷灰石包体
发光性	发黄色光		发土黄色光	发亮黄色光
晶体形态	绝大部分呈柱状碎块，完整者少，晶面光滑，晶棱、晶面清晰，晶形单一，由柱面 m、a 和锥面 x、p 组成，个别具连生体	以长柱状为主，晶棱、晶面清晰，个别粗糙、模糊和出现嵌晶，由柱面 m、a 和锥面 p 组成，个别由柱面 a 和锥面 p 组成，晶形简单，连生、再生晶体偶见	多为柱状，个别长柱状，次为浑圆状，表面较光滑，以柱面 m、a 和锥面 x、p 组成聚形为主，部分具不规则状连生晶体	呈柱状，表面光滑，晶棱、晶面清晰，由柱面 m、a 和锥面 x、p 组成，个别具不规则状连生体及 m 和 p 组成单一的晶体
晶体图	（图）	（图）	（图）	（图）

（4）岩石化学特征。岩石化学成分、标准矿物及特征参数见表3-43。由早到晚表现以下演化特点：$(Na_2O+K_2O)/Al_2O_3$ 平均比值（分子比）均小于0.9，均属钙碱性岩类，里特曼指数平均值均小于3.3，属钙碱性岩，在 $SiO_2-A\cdot R$ 值变异图解上，均投影于钙碱性区（图3-29）；$(Na_2O+K_2O+CaO)>Al_2O_3>(Na_2O+K_2O)$，均属次铝的岩石化学类型；$SiO_2$ 平均含量依次是59.04%、60.05%、65.01%和66.59%，含量递增，属中性岩→酸性岩范畴；Fe_2O_3、FeO、MgO 等平均含量递减，K_2O/Na_2O 平均比值（0.81→1.76→2.18）稍有增加；A/CNK 值均小于1.1，为I型花岗岩特征，碱度率（$A\cdot R$）平均值（1.75→1.76→2.18）逐渐增高，长英指数和分异指数平均值均递增，而固结指数和氧化系数（W）平均值皆显示降低趋势；标准矿物钾长石（Or）、石英（Q）等平均含量递增，而钠长石（Ab）、钙长石（An）、透辉石等平均含量递减。以上显示同源岩浆向酸性和碱质方向演化。

（5）微量元素特征。微量元素丰度值见表3-31。与世界花岗岩类平均值（维氏，1962）对比，各岩体富集和贫化元素基本相同，均富集亲石元素 B、Sc、Cr、V、Hf 和亲铜、亲铁元素 P、Co、Cu、Ni、Zn、Ag、Au、Sb、Bi、As，而贫化大部分亲石元素 Be、Li、Ba、Zr、Nb、Ta、Rb、Sr、Mn、U、Cs、Th 等，表明岩浆以幔源物质为主。K/Rb 比值（178→169→326→396）递增，K/Cs 比值（8747）较稳定，Rb/Li 比值（2.6→3.6→4.6），Rb/Cs 比值（0.32→0.5→0.6）均表现递增，$Li×10^3/Mg$ 比值（2.35→1.95→2.40→1.80）表现不稳定变化。上述不稳定变化反映岩浆在上升和定位过程中，由于物理化学条件的变化，是元素扩散的差异造成的。

表 3-43 古近纪始新世早期各岩体岩石化学成分、标准矿物含量及特征参数表

岩体	代号	样号	化 学 成 分 （$\times 10^{-2}$）														
			SiO_2	TiO_2	Al_2O_3	Fe_2O_3	FeO	MnO	MgO	CaO	Na_2O	K_2O	P_2O_5	LOI	H_2O^+	F	总和
哈	$E_2\eta\gamma^{4d}$	1045-1	66.18	0.84	13.83	0.81	4.13	0.06	1.76	2.46	2.61	4.27	0.24	2.75	1.05		99.94
热		2025-1	68.70	0.46	13.98	0.90	2.59	0.06	2.60	3.12	3.19	4.01	0.10	0.40	0.33		100.10
萨		5070-1	64.90	0.64	14.41	2.28	2.66	0.093	1.34	3.05	3.65	4.94	0.21	1.64	1.27	0.056	99.50
		平均	66.59	0.65	14.07	1.33	3.13	0.07	1.90	2.88	3.15	4.40	0.18	1.60	0.89		100.81
科	$E_2\gamma\delta^{4c}$	2015-1	67.02	0.95	14.68	1.94	2.51	0.12	1.36	3.12	4.52	2.96	0.22	0.79	0.73		100.19
木		0112-3	63.00	0.47	16.00	2.60	2.43	0.16	1.58	5.44	4.13	2.94	0.19	1.02	0.57	0.019	99.98
		平均	65.01	0.71	15.34	2.27	2.47	0.14	1.47	4.28	4.33	2.95	0.20	0.91	0.65	0.019	100.10
金	$E_2\delta\gamma\rho^{4b}$	6024-2☆	52.64	1.03	16.98	2.13	5.96	0.15	3.60	8.10	3.59	1.30	0.194	3.90	1.84		101.4
珠		1070	63.86	0.78	16.21	1.61	3.59	0.08	2.21	5.19	2.86	2.33	0.18	0.41	0.35		99.81
村		1079-1	63.94	0.65	14.67	1.56	2.60	0.152	1.25	4.92	3.91	3.96	0.117	2.36	1.42		100.09
		平均	60.15	0.82	15.95	1.77	4.05	0.128	2.35	6.07	3.45	2.53	0.16	2.22	1.20		100.60
嘎	$E_2\delta\rho^{4a}$	2008	57.60	2.01	14.92	2.21	5.78	0.13	3.93	7.03	2.71	1.91	0.75	0.65	0.58		99.62
萨		4084-1	60.47	0.81	15.57	3.01	4.21	0.12	2.33	4.00	3.69	2.98	0.23	2.71	1.96	0.039	100.13
		平均	59.04	1.41	15.24	2.61	4.99	0.125	3.13	5.51	3.20	2.45	0.49	1.68	1.27	0.039	99.91
中国花岗岩类平均化学成分 (据黎彤、饶纪龙, 1962)			71.27	0.25	14.25	1.24	1.62	0.08	0.80	1.62	3.79	4.03	0.16				

岩体	代号	样号	CIPW 标准矿物含量（$\times 10^{-2}$）							特 征 参 数										
			Or	Ab	An	Q	Di	Hy	C	σ	A·R	A/CNK	FL	SI	W	DI	AN	$(K_2O+Na_2O)/Al_2O_3$	R_1	R_2
哈	$E_2\eta\gamma^{4d}$	1045-1	25.04	22.02	10.57	25.08		9.96		2.04	1.94	1.04	73.66	12.96	0.16	72.14	0.48			
热		2025-1	23.93	26.74	11.96	23.70	2.26	8.62		2.02	2.19	0.91	69.77	19.56	0.26	74.37	0.46			
萨		5070-1	28.94	30.93	8.34	17.10	4.77	3.10		3.37	2.43	0.85	73.80	9.01	0.46	76.97	0.34			
		平均	26.16	26.74	11.13	21.42	1.83	7.65		3.42	2.18	0.93	72.39	13.66	0.30	74.32	0.44	0.17	2142	676
科	$E_2\gamma\delta^{4c}$	2015-1	17.25	38.27	11.13	21.30	2.26	4.03		2.33	2.45	0.90	70.57	10.23	0.44	76.82	0.35			
木		0112-3	17.25	35.13	16.41	15.30	7.86	1.96		2.50	1.98	0.81	56.51	11.55	0.52	67.68	0.47			
		平均	17.25	36.70	13.63	18.30	5.39	2.73		2.41	2.18	0.85	62.98	10.90	0.48	72.25	0.41	0.67	1960	828
金	$E_2\delta\gamma\rho^{4b}$	6024-2☆	7.79	30.41	26.42	3.60	10.52	11.53		2.48	1.48	0.77	37.64	21.71	0.26	41.80	0.62			
珠		1070	13.91	24.12	24.48	22.38	0.46	9.38		1.29	1.64	0.97	50.00	17.54	0.31	60.41	0.66			
村		1079-1	23.37	33.03	10.85	15.60	10.52	0.56		2.96	2.34	0.75	61.53	9.41	0.38	72.00	0.38			
		平均	15.03	29.36	20.30	13.80	7.31	7.11		2.09	1.75	0.82	49.63	16.61	0.30	58.19	0.57	0.53	2298	576
嘎	$E_2\delta\rho^{4a}$	2008	11.13	23.07	22.81	14.58	6.35	12.31		1.46	1.53	0.77	39.66	23.76	0.28	48.71	0.63			
萨		4084-1	17.81	31.46	16.97	14.34	0.89	9.61		2.55	2.03	0.94	62.51	14.36	0.42	63.61	0.51			
		平均	14.47	27.26	19.75	14.40	4.08	10.72		1.99	1.75	0.85	50.63	19.11	0.34	56.13	0.57	0.52	2074	642

注：☆表示样品采于图幅西1:20万谢通门县幅、侧布乡幅。

(6)稀土元素特征。稀土元素丰度值及参数见表3-40。从早到晚期各岩体总体变化特点是:稀土总量与世界花岗岩类平均值比较,平均值低($174.78 \times 10^{-6} \to 160.28 \times 10^{-6} \to 187.09 \times 10^{-6}$);$\sum Ce/\sum Y$ 平均比值($2.99 \to 3.51 \to 3.58$)及$(Ce/Yb)_N$平均值($4.78 \to 6.26 \to 7.33$)均表现递增;配分曲线均向右倾斜(图3-34),为轻稀土富集型;δEu平均值为($0.57 \to 0.72 \to 0.93$)表现递增,且小于1,为铕亏损,负异常,而δCe平均值为($1.00 \to 1.14 \to 1.00$),为铈稍富集,显示正异常。反映早期岩浆分异程度较好的特点。

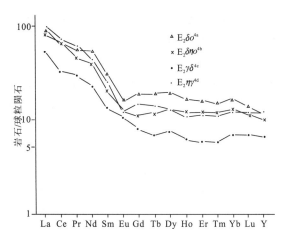

图3-34 始新世早期各岩体稀土元素球粒陨石标准化配分型式

2)始新世中期普吓岩体

(1)地质特征。分布于仁布县则拉,出露面积 24 km²,呈岩滴状孤立产出,平面形状不规则,呈近似椭圆形。侵入于比马组($K_1 b$)地层。岩体内部组构不发育,仅在边部偶见早期岩体捕虏体和浅色花岗质包体。包体呈近椭圆形,大小5~10cm,分布杂乱。岩体边部具弱叶理构造。据K-Ar法测定,黑云母同位素年龄值44.4±1.2Ma,其侵位时代相当于始新世。

(2)岩石学特征。岩性为中粒黑云母角闪石英正长岩,浅灰色,具中粒花岗结构,块状构造,局部弱叶理构造。主要矿物由微斜条纹长石(50%~60%)、斜长石[15%~(<20%)]、石英(10%~15%)、角闪石(5%~8%)、黑云母(>3%~5%)组成。长石轻微绢云母化。

(3)副矿物特征。副矿物组合为锆石—磷灰石—磁铁矿—榍石—独居石等,以出现自然金颗粒和磁铁矿含量较高为特征,锆石为无色—浅黄色,呈柱状碎块,晶面清晰,由柱面m、a和锥面x、p组成聚形(表3-44),少数具自生连生体。

表3-44 测区部分岩体锆石特征

岩体 特征	普吓	松多
颜色	无色—淡黄色	浅玫瑰色—淡粉色、烟灰色
光泽	金刚光泽	金刚光泽
透明度	半透明	透明
粒径(mm)	长:0.1~0.4 宽:0.05~0.15	长:0.15~0.25 宽:0.04~0.12
长宽比	2:1~3:1,个别1.5:1	1.5:1~3:1,个别4:1~5:1
包体	个别含锆石和不透明矿物包体	个别含锆石和金属矿物包体
发光性	普遍发黄色光	发淡粉色、黄色光
晶体形态	多为柱状碎块,晶棱、晶面清晰,种类繁多,表面光滑,主要由柱面m、a和锥面x、p组成,及a和p组成,次由m和x、p组成聚形,个别具自生连生体	以柱状为主,晶体较复杂,表面光滑,偶见蚀坑,晶棱、晶面清晰,主要由柱面m、a和锥面x、p组成,次由m和x、p组成聚形,个别呈自生连晶
晶体图		

(4)岩石化学特征。岩石化学成分、标准矿物及参数(表3-45)。SiO_2含量59.36%,属中性岩范畴,$(Na_2O+K_2O+CaO)>Al_2O_3>(K_2O+Na_2O)$,属次铝的岩石化学类型;$(K_2O+Na_2O)/Al_2O_3$的比值0.58,属钙碱性岩,里特曼指数2.61,属钙碱性岩,碱度指数值1.85,在$SiO_2-A·R$分异图解上,投影于钙碱岩区(图3-29);A/CNK值0.82,指示Ⅰ型花岗岩特征;分异指数59.48,固结指数18.76,氧化系数(W)0.41;标准矿物中未出现刚玉分子,而透辉石含量达$6.28×10^{-2}$,显示物质来源具壳幔混合特点。

(5)微量元素特征。微量元素丰度值见表3-31。与世界闪长岩类平均值(维氏,1962)比较,高度贫化亲石元素B、Sc、V、Sr、Ba、Ar、Nb、Mn和亲铁、亲铜元素Mo、P、Co、Ni、Cu、Zn、As等,而富集亲铜元素Pb、Ag、Au、Sb、Bi及少数亲石元素Li、Cr、Rb、Ta、Th、Hf、U等,Au为$3.06×10^{-9}$,Ag为$0.13×10^{-6}$。Rb/Sr比值2.25,$Li×10^3/Mg$比值5.95、K/Rb比值184,显示具Ⅰ型花岗岩特征。

(6)稀土元素特征。稀土元素丰度值及参数见表3-40。稀土总量$193.84×10^{-6}$,较贫化,$\Sigma Ce/\Sigma Y$比值11.20和$(Ce/Yb)_N$比值13.91,$(La/Sm)_N$比值6.82,均较高,配分曲线明显的右陡倾斜(图3-35),表明轻稀土高度富集;δEu值0.77,为铕亏损,负异常,δCe值1.14,为铈富集型,正异常。以上显示具Ⅰ型花岗岩类特征。

3)始新世中期侵入岩

始新世中期侵入岩分布于仁钦则-努玛岩带的东段的恶则一带,局部分布在该岩带西段娘打,共17个侵入体,划分出俄岗岩体($E_2\delta\eta^{5a}$)、伦主岗岩体($E_2\gamma\delta^{5b}$)、续迈岩体($E_2\gamma^{5c}$)及孔洞郎岩体($E_2\eta\gamma^{5d}$)等四个岩体,构成一个同时期从早到晚的成分、结构序列演化特征。

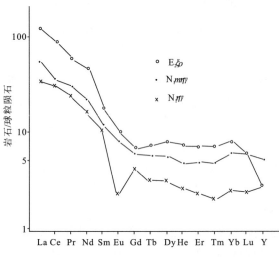

图3-35 古近纪、新近纪部分岩体稀土元素球粒陨石标准化配分型式

(1)地质特征。该时期深成岩体呈岩株状,平面形态呈套叠式椭圆形空间格局。它们分别侵入于比马组和典中组沉火山岩系中,接触界面清楚,外带形成接触变质角岩、青磐岩化安山岩。早期俄岗岩体各侵入体中常含围岩捕虏体和暗色深源微细粒石英闪长质包体。据K-Ar法测定,黑云母同位素年龄值为49.5Ma,结合侵入体与围岩的侵入关系,侵入定位时代相当于始新世。

(2)岩石学特征。从表3-46总结得出如下变化规律:矿物的光学特征基本相似,从早到晚岩体结构由中粒→细粒→中粒含斑→中粒斑状→中粗粒斑状,构造由弱叶理→局部叶理、局部块状→块状。钾长石、石英含量依次递增,而斜长石和暗色矿物含量递减。斜长石牌号由大变小(An=49→30→26),钾长石为微斜条纹长石及微斜长石。岩石类型由中性→中酸性→酸性演化。

(3)副矿物特征。副矿物组合皆为锆石-磷灰石-磁铁矿-榍石-钛铁矿-褐帘石,以普遍出现锆石、方铅矿和磁铁矿含量高为特征。锆石特征见表3-47,以白色为主,部分浅玫瑰色,多呈复方柱状,由柱面$m、a$和锥面$x、p$组成,从早至晚期的岩体,晶形由简单到复杂。

(4)岩石化学特征。岩石化学成分、标准矿物含量及有关参数见表3-45。从早到晚期岩体表现如下演化规律:SiO_2含量依次为61.33%、68.12%、69.75%,属中性—酸性岩范围,俄岗、孔洞郎岩体$(Na_2O+K_2O+CaO)>Al_2O_3>(K_2O+Na_2O)$,为次铝的岩石化学类型,而伦主岗、续迈岩体$Al_2O_3>(Na_2O+K_2O+CaO)$,属于过铝的岩石化学类型;$Fe_2O_3$、FeO、MgO平均含量递减,$K_2O/Na_2O$平均比值明显递增(0.81→0.98→1.12);$(K_2O+Na_2O)/Al_2O_3$平均比值有递增趋势(0.50→0.66→0.68),并小于1,属钙碱性岩,碱度指数(A·R)平均值明显增高(1.75→2.36→2.44),在$SiO_2-A·R$图解上,皆投影于钙碱性岩区(图3-29);A/CNK平均比值(0.94→1.01→1.07)及分异指数平均值

第三章 岩浆岩

表 3-45 古近纪始新世中晚期各岩体岩石化学成分、标准矿物含量及特征参数表

岩体	代号	样号	化学成分（×10⁻²）														
			SiO_2	TiO_2	Al_2O_3	Fe_2O_3	FeO	MnO	MgO	CaO	Na_2O	K_2O	P_2O_5	LOI	H_2O^+	F	总和
鱼耒	$E_2\eta^{6b}$	9047☆	75.28	0.34	12.23	0.64	1.40	0.061	0.73	1.35	3.40	3.83	0.028		0.27	0.017	99.58
		9030☆	74.90	0.25	11.58	1.12	1.60	0.118	0.81	1.78	3.62	3.37	0.004		0.15	0.017	99.32
		4083-1	75.96	0.24	12.44	1.02	0.28	0.020	0.04	0.44	4.00	4.82	0.020	0.37	0.05	0.020	99.67
		平均	75.38	0.28	12.08	0.93	1.09	0.066	0.53	1.19	3.67	4.01	0.011	0.37	0.16	0.018	99.58
日土部	$E_2\gamma\delta^{6a}$	1105-1	68.30	0.50	14.50	1.46	2.39	0.078	0.99	2.47	4.30	4.21	0.120	0.75	0.48	0.032	100.58
		1094-1☆	63.90	0.89	14.90	2.59	2.98	0.146	2.00	3.90	4.10	3.79	0.359		0.11	0.121	99.79
		平均	66.10	0.70	14.70	2.03	2.68	0.110	1.49	3.19	4.20	4.00	0.240	0.75	0.35	0.076	100.36
孔洞郎	$E_2\eta^{5d}$	6128-2	62.94	0.72	15.97	2.25	2.65	0.080	2.42	4.05	3.68	3.65	0.350	0.65	1.00	0.067	99.48
		4165-1	68.39	0.45	15.18	1.49	1.68	0.060	1.27	2.70	3.77	3.79	0.210	0.41	0.77	0.068	99.47
		平均	65.67	0.59	15.58	1.87	2.17	0.070	1.85	3.38	3.37	3.72	0.280	0.53	0.89	0.068	99.51
绩迈	$E_2\eta^{5c}$	1223-1	69.47	0.41	15.21	1.99	1.24	0.030	0.89	2.45	3.87	3.46	0.130	0.48	0.65	0.070	99.70
		1229-1	70.03	0.31	15.69	1.11	0.85	0.040	0.87	2.19	4.03	3.64	0.130	0.59	0.89	0.056	99.54
		平均	69.75	0.36	15.45	1.50	1.05	0.030	0.88	2.32	3.95	3.50	0.130	0.54	0.77	0.063	99.52
伦主岗	$E_2\gamma\delta^{5b}$	3181-1	69.12	0.41	15.45	1.46	1.12	0.050	1.15	2.67	3.82	3.78	0.170	0.36	0.56	0.063	99.62
		2175-1	67.36	0.50	15.45	1.83	1.48	0.040	1.57	3.07	3.72	3.57	0.210	0.63	0.91	0.063	99.58
		平均	68.12	0.64	15.50	1.65	1.30	0.050	1.36	2.87	3.77	3.68	0.190	0.50	0.74	0.063	99.51
俄岗	$E_2\delta\rho^{5a}$	1249-1	59.09	0.73	15.58	3.26	3.31	0.140	2.36	5.77	3.48	2.43	0.300	0.97	1.37	0.041	99.46
		6125-1	63.56	0.68	15.59	2.33	3.07	0.100	2.48	4.67	3.10	2.85	0.190	0.83	1.19	0.050	99.50
		平均	61.33	0.71	16.59	2.80	3.19	0.120	2.42	5.22	3.29	2.64	0.250	0.90	1.28	0.045	99.50
普吓	$E_2\varsigma\omicron$	0112-1	59.36	0.85	16.18	2.65	3.81	0.082	3.00	5.76	4.13	2.40	0.280	1.30	0.90	0.007	99.76

岩体	代号	样号	CIPW 标准矿物含量							特 征 参 数										
			Or	Ab	An	Q	Di	Hy	C	σ	$A \cdot R$	A/CNK	FL	SI	W	DI	AN	$(K_2O+Na_2O)/Al_2O_3$	R_1	R_2
鱼耒	$E_2\eta^{6b}$	9047☆	22.82	28.84	6.68	35.94	2.75	3.39		1.62	3.00	1.00	84.27	7.30	0.31	87.60	0.31			
		9030☆	20.03	30.41	5.56	35.82		2.49	2.36	1.53	3.19	0.90	79.70	7.70	0.41	86.26	0.26			
		4083-1	28.38	34.08	1.67	33.24	0.33			4.27	0.98	95.25	0.39	0.78	95.70	0.08				
		平均	23.93	30.93	1.73	35.16	0.89	1.66		1.82	3.48	0.97	86.58	5.18	0.46	90.02	0.21	0.86	2712	490
日土部	$E_2\gamma\delta^{6a}$	1105-1	25.04	36.18	7.79	20.40	3.00	3.52		2.86	3.01	0.98	77.50	7.42	0.40	81.62	0.29			
		1094-1☆	22.26	34.60	11.13	15.66	4.71	4.86		2.98	2.45	0.93	66.92	12.94	0.46	72.52	0.39			
		平均	23.27	35.65	9.46	18.12	3.83	4.09		2.91	2.69	0.96	71.99	10.35	0.43	77.14	0.33	0.76	2636	504
孔洞郎	$E_2\eta^{5d}$	6128-2	21.70	30.93	16.41	15.60	1.54	7.27		2.69	2.16	0.92	64.41	16.58	0.46	68.25	0.50			
		4165-1	22.26	31.98	13.35	24.00	−0.68	4.66	0.92	2.25	2.47	1.00	73.68	10.58	0.47	78.24	0.44			
		平均	21.70	31.46	15.02	19.98		6.20		2.45	2.29	0.96	68.79	13.87	0.46	73.14	0.47	0.65	2370	658
绩迈	$E_2\eta^{5c}$	1223-1	20.59	32.51	11.40	27.54		2.21	1.43	2.03	2.42	1.04	74.95	7.77	0.62	80.64	0.40			
		122941	21.70	34.08	10.01	26.76		2.47	1.33	2.18	2.50	1.07	77.79	8.29	0.57	82.54	0.36			
		平均	20.59	33.55	10.57	27.36		2.34		2.07	2.44	1.07	76.25	8.09	0.59	81.50	0.37	0.66	2349	594
伦主岗	$E_2\gamma\delta^{5b}$	3181-1	22.26	32.51	12.52	25.02		3.31	0.51	2.21	2.44	1.01	74.00	10.15	0.57	79.79	0.42			
		2175-1	21.15	31.46	15.02	23.04	−0.43	4.81		2.18	2.29	0.99	70.37	12.90	0.55	75.65	0.47			
		平均	21.70	31.98	13.35	24.06		3.81	0.41	2.17	2.36	1.01	72.19	11.56	0.56	77.74	0.44	0.66	2246	678
俄岗	$E_2\delta\rho^{5a}$	1249-1	14.47	29.36	25.03	13.62	1.57	7.66		1.72	1.68	0.93	50.60	15.90	0.47	57.45	0.62			
		6125-1	16.70	26.21	20.30	20.58	1.57	8.09		1.92	1.83	0.94	56.03	17.93	0.43	63.49	0.59			
		平均	15.58	27.79	22.81	17.22	1.11	7.99		1.85	1.75	0.94	53.18	16.88	0.46	60.59	0.61	0.50	2220	604
普吓	$E_2\varsigma\omicron$	0112-1	13.91	35.13	18.64	10.44	6.28	7.83		2.61	1.85	0.82	53.52	18.76	0.41	59.48	0.50	0.58	1730	1072

注：☆表示样品采于图幅西 1:20 万谢通门县幅、侧布乡幅。

(60.59→77.74→81.50)、氧化系数平均值(0.46→0.56→0.59)皆表现递增趋势,而固结指数平均值(16.88→11.56→8.09)递减;标准矿物钾长石(Or)平均含量(15.58%→21.70%)和钠长石平均含量(27.79%→31.98%→33.55%),石英平均含量(17.22%→24.06%→27.36%)皆递增,而钙长石(An)平均含量(22.81%→13.35%→10.57%)及斜长石牌号表现递减。上述变化反映岩石具I型和S型花岗岩双重特征和过渡性。

表3-46 始新世中期岩体岩石学特征

岩体	岩石类型	样品数	色率	结构	构造	矿物含量(%)						
						斑晶	基质					
						钾长石	斜长石	斜长石	钾长石	石英	普通角闪石	黑云母
孔洞郎	中粗粒粗斑黑云二长花岗岩	5	10	似斑状结构(20~30 mm),基质中粗粒花岗结构(3~5mm、>5~7mm)	块状构造	>10~15	>5~10	25~30	15~20	>20~25	5~(<5)	>5~10
续迈	中粒斑状黑云二长花岗岩	8	10	似斑状结构(10~20mm),基质中粒花岗结构(2~3~4mm)	块状构造	10~15	5~(<5)	25~30	20~25	25~30	3~(>3)	5~(<10)
伦主岗	中粒少斑角闪黑云花岗闪长岩	6	10	似斑状结构(8~10mm),基质中粒花岗结构(2~4mm)	块状构造,局部弱叶理构造	>5~10	5~(>5)	35~40	15~(>15)	>20~25	5~(>5)	5~10
俄岗	中—细粒黑云角石英二长闪长岩	5	15	中—细粒花岗结构(0.5~1.5mm及2~4mm)	强叶理构造			50~55	12~20	10~15	10~(>10)	

岩体	矿物特征				
	斜长石	钾长石	石英	普通角闪石	黑云母
孔洞郎	半自形柱状,洁净、钠长律双晶发育,次有卡钠复合律。An=24~26	半自形板状,干净,析离条纹发育,格子双晶明显,属微斜条纹长石,偶见边缘被钠长石交代,形成蠕虫结构	他形粒状,常包裹尘状杂质	他形—半自形柱状,Ng深绿色,Np浅绿黄色,Nm绿色,C∧Ng=18°~20°	半自形片状,Ng棕色,Np淡褐色
续迈	他形—半自形柱、粒状,双晶为钠长律,少数具卡钠复合律和钠长+肖钠律,普遍具带,5~6环,An=28~30	半自形板状,格子双晶和钠长石条纹发育,为微斜条纹长石	他形粒状,干净,显示波状消光	半自形柱状,Ng绿色,Np黄绿色,C∧Ng=20°~21°	自形片状,Ng棕色,Np棕黄色,Nm褐红色
伦主岗	半自形—自形柱、粒状,洁净,双晶发育,主要钠长律,次为卡钠复合律,常见环带,一般5~7环,An=28~30	半自形板状,干净,格子双晶发育,部分析离成因的条纹明显,属微斜条纹长石	他形粒状,常呈聚晶体,包尘状杂质	半自形柱状,Ng绿色,Np淡绿色,C∧Ng=20°~22°	半自形片状,多色性,Ng棕红色,Np浅褐色
俄岗	半自形柱状,钠长律双晶为主,个别卡钠复合律,环带偶见,An=44~46	他形粒状,干净,格子双晶清楚,常见钠长石细柱晶条纹,属微斜条纹长石	填隙状	半自形柱状,Ng绿色,Np浅绿色,C∧Ng=16°~18°	半自形片状,Ng褐红色,Np淡褐色,常包裹锆石

表 3-47 始新世中期岩体锆石特征

岩体 特征	伦主岗	续迈	孔洞郎
颜色	白色—部分浅玫瑰色	白色—部分浅玫瑰色	无色,个别淡粉色
光泽	玻璃光泽	强玻璃光泽	强玻璃光泽
透明度	透明	透明	透明—半透明
粒径 (mm)	长:0.03~0.5 宽:0.02~0.2	长:0.15~0.5 宽:0.02~0.08	长:0.1~0.15 宽:0.03~0.06
长宽比	1.5:1~2:1	1.2:1~2.5:1	1.5:1~2:1,个别3:1
包体	个别含金属矿物和磷灰石包体	少数含磁铁矿、磷灰石及气态包体	少数含质点磁铁矿、磷灰石及气态包体
发光性	普遍发黄色光	发黄色光	发亮黄色光
晶体形态	晶形复杂,以复方柱状为主,由柱面 m、a 和锥面 x、p 组成,及 a 和 p 组成	晶形稍复杂,以复方柱状为主,由柱面 m、a 和锥面 x、p 组成,及 a 和 p 组成	为柱状碎块,少数柱状,表面光滑,晶棱、晶面清晰,由柱面 m、a 和锥面 x、p 组成,个别具不规则连生体
晶体图			

(5) 微量元素特征。微量元素丰度值见表 3-31。各岩体微量元素含量皆有差异,与世界花岗岩类平均值(维氏,1962)比较,总体以贫化亲石元素 B、Be、Li、Rb、Zr、Nb、Ta、W、Th、Mn 和亲铁、亲铜元素 Sc、V、Cs、Cr、Sr、Hf、U 等为特征。K/Rb(275~227)、K/Cs(5475~7302)、Rb/Cs(50~29.9)、Rb/Li(11~6.8)、Rb/Sr(0.32~0.30)、$Li \times 10^3$/Mg(3.31~2.30)等比值变化不稳定。上述地化特征显示岩石具从 I 型向 S 型花岗岩过渡性质。

(6) 稀土元素特征。稀土元素丰度值及特征参数见表 3-48。由表中看出,岩体从早到晚期具如下演化特征:与世界花岗岩、花岗闪长岩类平均值相比,稀土总量偏低;$\Sigma Ce/\Sigma Y$ 平均值(4.0→8.51→9.61→13.08)和 $(Ce/Yb)_N$ 平均值(8.17→21.64→24.21→37.61)均明显递增,模式曲线均向右倾斜(图 3-36),属轻稀土高度富集型;δEu 依次递减(0.84→0.78→0.69),属铕亏损,δCe 值逐渐增高(0.93→1.00→1.01),铈稍显富集。

4) 始新世晚期侵入岩

始新世晚期侵入岩分布于仁钦则—努玛岩带西端,仁钦则以北别咱、查嘎等地。空间上紧密共生,呈岩株状,测区内平面形态呈椭圆形套叠式格局,出露日土部岩体($E_2\gamma\delta^{6a}$)、鱼弄岩体($E_2\eta\gamma^{6b}$),具成分、结构双重演化特征。

(1) 地质特征。岩体呈不规则椭圆形。鱼弄岩体侵入于林布宗组和楚木龙组地层中,日土部岩体侵入于孔洞郎岩体,界面弯曲,呈港湾状,内带一侧具冷凝边,黑云母沿界面平行排列形成线理。侵入体内含变砂岩捕房体和暗色微粒闪长质深源包体。据 K-Ar 法测定,黑云母同位素年龄值为 44.5±0.6Ma、41.0±1.5Ma,结合其与早期岩体之间的侵入接触关系,定位时代相当于始新世。

表 3-48 古近纪、新近纪各岩体岩石稀土元素含量及特征参数

岩体	代号	样号	元素含量值（×10⁻⁶）									
			La	Ce	Pr	Nd	Sm	Eu	Gd	Tb	Dy	Ho	Er
松多	$N_1m\eta\gamma$	6065-1	11.55	31.84	3.21	10.89	2.35	0.17	1.46	0.17	1.08	0.20	0.54
鸡弄勤	$E_3\kappa\gamma^{7c}$	0103-1	17.70	26.92	2.39	7.78	1.11	0.23	0.73	0.10	0.47	0.10	0.27
拉木达	$E_3\xi\gamma^{7b}$	4082-1	43.30	77.10	9.10	30.35	5.40	0.76	4.31	0.69	4.35	0.86	0.57
		9032	37.16	89.68	7.75	35.02	3.40	0.67	2.89	0.47	2.92	0.59	1.55
		平均	40.23	83.39	8.43	32.69	4.40	0.72	3.60	0.58	3.64	0.73	2.06
洞沙	$E_3\xi\gamma^{7a}$	2113-3	20.01	32.01	3.38	10.11	1.56	0.25	1.03	0.17	0.88	0.19	0.56
		9045	24.84	68.27	6.13	28.73	3.384	0.41	4.41	0.83	5.98	1.39	4.27
		平均	22.43	50.14	4.76	19.42	2.70	0.33	2.72	0.50	3.43	0.79	2.42
鱼弄	$E_2\eta^{6b}$	4083-1	12.64	32.44	3.66	12.14	3.36	0.07	3.73	0.70	5.42	1.10	2.35
日土部	$E_2\gamma\delta^{6a}$	3084-1☆	48.14	87.63	9.77	31.55	5.19	0.89	4.08	0.63	3.68	0.76	2.25
孔洞郎	$E_2\eta\gamma^{5d}$	4165-1	46.78	95.98	10.40	33.43	4.95	0.92	2.84	0.33	1.64	0.32	0.72
绫绥	$E_2\eta^{5c}$	1229-1	21.54	44.93	4.93	17.23	2.85	0.61	1.66	0.20	1.04	0.21	0.49
伦主岗	$E_2\gamma\delta^{5b}$	3181-1	25.67	56.89	7.02	26.11	4.22	0.88	2.49	0.30	1.60	0.29	0.73
俄岗	$E_2\delta\eta\rho^{5a}$	6125-1	27.84	52.45	6.02	21.11	3.76	0.97	3.16	0.51	3.06	0.59	1.65

岩体	代号	样号	元素含量值（×10⁻⁶）				特征参数					
			Tm	Yb	Lu	Y	ΣREE	ΣCe/ΣY	δEu	δCe	(Ce/Yb)$_N$	(La/Sm)$_N$	(Gd/Yb)$_N$
松多	$N_1m\eta\gamma$	6065-1	0.07	0.52	0.08	6.11	70.24	5.866	0.216	1.239	15.838	3.091	2.265
鸡弄勤	$E_3\kappa\gamma^{7c}$	0103-1	0.05	0.37	0.07	2.57	60.86	11.866	0.735	0.868	18.819	10.030	1.592
拉木达	$E_3\xi\gamma^{7b}$	4082-1	0.34	2.27	0.33	25.11	206.84	4.065	0.466	0.890	8.785	5.043	1.532
		9032	0.22	1.25	0.16		183.75	4.939	0.637	1.210	18.552	6.874	1.865
		平均	0.28	1.76	0.25	25.11	145.12	6.352	0.537	1.037	12.255	5.751	1.650
洞沙	$E_3\xi\gamma^{7a}$	2113-3	0.08	0.66	0.12	5.14	76.42	7.397	0.567	0.858	12.545	8.068	1.259
		9045	0.69	4.63	0.66		155.08	5.763	0.303	1.296	25.592	4.069	5.157
		平均	0.39	2.65	0.39	5.14	118.48	5.335	0.368	1.114	4.894	5.225	0.828
鱼弄	$E_2\eta^{6b}$	4083-1	0.44	2.84	0.41	27.44	109.74	1.415	0.060	1.134	2.954	2.336	1.059
日土部	$E_2\gamma\delta^{6a}$	3084-1☆	0.33	2.37	0.41	22.46	220.11	4.957	0.571	0.921	9.563	5.834	1.389
孔洞郎	$E_2\eta\gamma^{5d}$	4165-1	0.12	0.66	0.10	7.98	207.17	13.083	0.688	1.006	37.615	5.944	3.472
绫绥	$E_2\eta^{5c}$	1229-1	0.08	0.48	0.07	5.35	101.68	9.612	0.789	1.012	24.211	4.754	2.790
伦主岗	$E_2\gamma\delta^{5b}$	3181-1	0.12	0.68	0.11	7.87	134.98	8.512	0.766	1.003	21.640	3.826	2.954
俄岗	$E_2\delta\eta\rho^{5a}$	6125-1	0.26	1.66	0.26	16.89	140.18	3.999	0.838	0.932	8.172	4.657	1.536

注：☆表示样品采于图幅西 1:20 万谢通门县幅、则布乡幅。

(2)岩石学特征。岩石学特征见表3-49。岩石的光学特征基本相同,从早到晚期岩体的变化规律是:色率降低,结构由中细粒→中粒,构造由叶理→块状;斜长石、角闪石含量递减,而微斜条纹长石、石英含量递增;岩石类型由中性向酸性演化。

(3)副矿物特征。主要副矿物组合为锆石—磷灰石—磁铁矿—钛铁矿—榍石等,以早期岩体中出现自然金颗粒和普遍出现锆石、方铅矿为特征。锆石(表3-50)均呈柱状,由柱面 a、m 和锥面 x、p 组成,普遍具连生体。

(4)岩石化学特征。岩石化学成分、标准矿物及特征参见表3-45。自早到晚期岩体有如下演化特征:SiO_2 平均含量递增(66.10%→75.38%),属酸性岩范围,

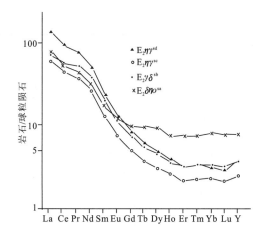

图 3-36 始新世晚期各岩体 Rb-Sr-Ba 图解

Fe_2O_3、FeO、MgO 平均含量递减,$(Na_2O+K_2O+CaO)>Al_2O_3>(Na_2O+K_2O)$,均为次铝的岩石化学类型;$(Na_2O+K_2O)/Al_2O_3$ 平均值递减(2.91→1.82),在 $SiO_2-A\cdot R$ 变异图解上,均投影于钙碱性岩区(图3-29),A/CNK 平均值为 0.95~0.97,小于1,显示 I 型花岗岩特征;长英指数平均值(71.99→86.58)及分异指数平均值(77.14→90.2)皆递增,而固结指数平均值(10.35→5.18)及氧化系数平均值(0.43→0.36),表现递减;标准矿物钾长石平均含量(23.37%→23.93%)和石英平均含量(18.12%→35.16%)皆递增,而钠长石平均含量(35.65%→30.93%),透辉石平均含量(3.83%→0.89%),均显示递减趋势。以上演化特点与岩石类型演化一致。

表 3-49 始新世晚期岩体岩石学特征

岩体	岩石类型	样品数	色率	结构	构造	矿物含量 ($\times 10^{-2}$)						
						斑晶			基质			
						石英	斜长石	钾长石	斜长石	钾长石	石英	黑云母	普通角闪石
鱼弄	中粒斑角闪黑云二长花岗岩	6	10	中粒半自形粒状结构(3~5mm)	块状构造				(>30)~35	25~30	25~30	5~10	(>3)~5
日土部	中细粒黑云角闪花岗闪长岩	5	15	中细粒花岗结构(1~2mm 及 2~4mm)	叶理构造				40~(<50)	15~20	20~25	(>5)~10	(>5)~10

岩体	矿物特征				
	斜长石	钾长石	石英	普通角闪石	黑云母
鱼弄	半自形柱状,干净,钠长石律发育,双晶纹细密,少数有钠化镶边。An=24~26	他形—半自形板状,格子双晶和钠长石条纹清楚,属微斜条纹长石	他形粒状,尘状杂质包体明显	半自形—他形柱状、粒状,Ng 绿色,Np 淡绿色	半自形片状,Ng 棕红色,Np 浅棕黄色
日土部	自形—半自形柱状,洁净,钠长律为主,少数卡钠复合律双晶,环带构造清楚。An=25~28	他形粒状、板状,混浊,格子双晶及条纹结构较明显,常包钠长石板条,为微斜条纹长石	他形粒状,波状消光明显,少数显裂纹	半自形柱状,Ng 深绿色,Np 淡黄色,$C \wedge Ng=18°~20°$	自形片状,Ng 棕色,Np 浅褐色,常包裹自形锆石

表 3-50 始新世晚期岩体锆石特征

特征\岩体	日土部	鱼弄
颜色	浅粉色	无色—微显粉色
光泽	金刚光泽	强玻璃光泽
透明度	透明	透明
粒径(mm)	长：0.1～0.6 宽：0.03～0.1	长：0.05～0.3 宽：0.04～0.08
长宽比	2∶1～3∶1，少数 4∶1～5∶1～7∶1	1.5∶1～2∶1，个别 3∶1～4∶1
包体	个别含金属矿物、磷灰石、绿泥石、锆石包体	少数含绿泥石及金属矿物包体
发光性	普遍发土黄色光	发亮黄色光
晶体形态	以柱状为主，晶棱、晶面清晰，表面光滑，个别显蚀象，由柱面 m、a 和锥面 x、p 组成，次为 m 和 p 组成聚形，自生连生体普遍	为柱状碎块和短柱状，表面光滑，个别显蚀象，由柱面 m、a 和锥面 x、p 组成，次由 m 和 p 组成聚形，少部分具平行连生体
晶体图		

(5) 微量元素特征。微量元素丰度值见表 3-31。微量元素贫富不定，与世界花岗岩类平均值相比，总体贫化亲石元素 B、Be、Li、Ba、Zr、Nb、Ta、Mn、Sr 及亲铁、亲铜元素 P、Ni、Zn、Pb、Sn 等，而富集 Co、Cu、Ag、Au、Hg、As、Sb、Bi 等亲铁、亲铜元素和少量亲石元素 Sc、V、Cs、Cr、Bb、W、Th、Hf、U。在 Rb-Sr-Ba 三角图解中向富 Rb 贫 Sr 方向演化（图 3-37）。K/Rb（171→200）、Rb/Cs（28→32）、Rb/Li（8.4→11.1）、Rb/Sr（0.6→1.40）及 $Li×10^3/Mg$（2.6→7.2）平均值均表现递增特点。反映具向 S 型花岗岩过渡性质。

(6) 稀土元素特征。稀土元素含量及有关参数见表 3-48。从早期到晚期，岩体具如下演化规律：稀土总量（$220.11×10^{-6}$→$109.74×10^{-6}$）和 $\sum Ce/\sum Y$ 平均比值（4.96→1.42）、$(Ce/Yb)_N$ 比值（9.56→2.96）、$(La/Sm)_N$ 比值（5.83→2.34）等递减，属轻稀土富集型，分馏程度较低，配分曲线向右倾斜，而重稀土近于水平线（图 3-38）；δCe 平均值 0.92～1.13、δEu 平均值 0.55～0.06，为铕、铈亏损型，在分配曲线型式图上呈现明显 Eu 负异常，鱼弄岩体中 Eu 强烈亏损，说明始新世晚期已过渡为 S 型花岗岩，其物质来源于陆壳重熔。以上特征反映不同构造环境下和不同成因类型的岩浆变化规律。

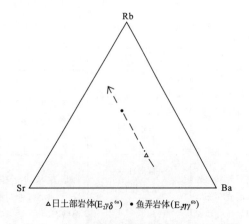

图 3-37 始新世晚期各岩体 Rb-Sr-Ba 图解
△日土部岩体($E_2\gamma\delta^{6a}$) ・鱼弄岩体($E_2\eta\gamma^{6b}$)

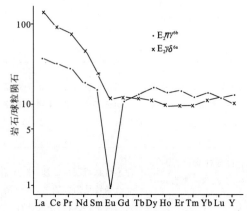

图 3-38 始新世晚期各岩体稀土元素球粒陨石标准化配分型式

3. 渐新世侵入岩

渐新世侵入岩分布于仁钦则-努玛岩带西段,零星分布于松多-堪珠岩带中,由19个侵入体组成,归并为洞沙($E_3\xi\gamma^{7a}$)、拉木达($E_3\xi\gamma^{7b}$)、鸡弄勒($E_3\kappa\gamma^{7c}$)三个岩体,构成以结构为主的演化特征。

1) 地质特征

各岩体呈岩株或岩瘤状,其长轴方向与东西向区域构造线一致,分别侵入于林布宗组、楚木龙组、典中组等地层,黑云母K-Ar稀释法同位素年龄值为33.6±1.2Ma,26.3±2.7Ma,故将其定为渐新世。

2) 岩石学特征

从早期到晚期,各主要造岩矿物种类及光学特征基本相同;结构由中粗粒→中粒斑状→不等粒依次演化;微斜条纹长石含量递增,而斜长石含量及牌号(An=26→22→20)逐渐递减(表3-51)。反映S型花岗岩的结构演化和岩浆向更酸性方向变化特点。

表3-51 渐新世各岩体岩石学特征

岩体	岩石类型	样品数	色率	结构	构造	矿物含量($\times 10^{-2}$)				
						斑晶	基质			
						钾长石	钾长石	斜长石	石英	黑云母
鸡弄勒	不等粒黑云碱长花岗岩	5	5	不等粒花岗结构(0.5~2mm及3~8mm)	块状构造		55~60	>3~5	25~30	>5~5
拉木达	中粒斑状黑云钾长花岗岩	8	10	似斑状结构(10~20mm),基质中粒花岗结构(3~4mm)	块状构造、局部片麻状构造	20~25	>25~30	15~20	>20~25	>5~10
洞沙	中粗粒黑云钾长花岗岩	6	10	中粗粒花岗结构[2~4mm及(>5)~7mm]	块状构造		45~50	15~20	25~30	5~10

岩体	矿物特征			
	斜长石	钾长石	石英	普通角闪石
鸡弄勒	他形一半自形板状,洁净,格子双晶和条纹发育,钠长石条纹呈树枝状,系交代成因,属微斜条纹长石	自形一半自形柱状,干净,钠长律双晶发育,少数卡钠复合律,An=20~22	他形粒状,较干净,具明显波状消光及裂纹	半自形片状,Ng棕,Np棕黄,显弯曲
拉木达	半自形柱状,干净,格子双晶和钠长石条纹十分明显,个别钠长石呈糖粒状,形成微文象结构,为微斜条纹长石	半自形柱状,干净,具钠长律和卡钠复合律双晶,An=22~24	半形粒状,波状消明显	半自形片状,Ng棕,Np棕黄,晶片显示弯曲
洞沙	他形一半自形板状,洁净,钠长石条纹发育,呈补片状、细脉状,系交代成因,为条纹长石,个别岩石中具卡斯巴双晶,属正条纹长石	半自形柱状,洁净,钠长律双晶明显,个别具卡钠复合律,双晶纹显弯曲,An=25~28	他形粒状,波状消光和裂纹明显	半自形柱状,部分变绿泥石和白云母

3）副矿物特征

各岩体副矿物种类稍有不同，其主要矿物组合均为锆石—磷灰石—磁铁矿—独居石，以普遍出现方铅矿和晚期岩体出现自然金颗粒、褐帘石为特征。各岩体锆石特征（表3-52）相同，均呈柱状碎块，晶面清晰，由柱面 m、a 和锥面 x、p 组成，皆具连生体。说明渐新世岩体以结构演化为主。

表 3-52 渐新世各岩体锆石特征

岩体 特征	洞沙	拉木达	鸡弄勒
颜色	淡粉色	淡粉色，个别奶油色	浅粉色，个别淡粉色—无色
光泽	金刚光泽	金刚光泽	金刚光泽
透明度	透明	透明，个别半透明	透明
粒径 （mm）	长：0.05～0.3 宽：0.02～0.1	长：0.05～0.4 宽：0.03～0.1	长：0.08～0.2 宽：0.04～0.07
长宽比	2：1～3：1，个别4：1	2：1～3：1，个别4：1～5：1	2：1～3：1，个别4：1
包体	少数含锆石、绿泥石、磷灰石包体	为固化绿泥石包体	少数含金属矿物包体
发光性	发黄色光	普遍发黄色光	发黄色光
晶体形态	普遍呈柱状碎块，晶棱、晶面清晰，由柱面 m、a 和锥面 x、p 组成，个别由 a 和 p 组成简单聚片	多呈柱状碎块，一般光滑，晶棱、晶面清晰，少数有微蚀象，由柱面 m、a 和锥面 x、p 组成，其次由 m、a 和 p 组成聚形，个别具自生连晶体	为柱状碎块，晶体复杂，主要由柱面 m、a 和锥面 x、p 组成，其次由 m、a 和 p 组成聚形及 m 和 x、p 组成聚形，普遍具连生体
晶体图			

4）岩石化学特征

岩石化学成分、标准矿物含量及特征参数（表3-53）演化特点表现如下：①SiO_2 平均含量变化于 71.54%～76.57% 之间，属酸性岩范畴，由早到晚期，（K_2O/Na_2O）平均比值依次递增（0.85→1.36→1.86）；②早期岩体（Al_2O_3）＞（Na_2O+K_2O+CaO），属过铝的岩石类型，到晚期岩体（Na_2O+K_2O）/Al_2O_3 平均值变化于 0.87～0.91 之间，属偏碱性岩石类型，碱度指数（A·R）表现递减趋势，在 SiO_2-A·R 值变异图解上，均投影于碱性区靠近钙碱性区一侧（图3-29）；③A/CNK 平均值变化于 1.11～1.19 之间，而长英指数、固结指数、分异指数均变化不定；④标准矿物部分出现刚玉分子，钾长石（Or）平均含量（21.15%→31.16%→31.72%），钙长石（An）平均含量（3.34%→4.45%）均逐渐递增，钠长石（Ab）平均含量（36.18%→32.51%→24.12%）则依次递减。上述变化规律反映出渐新世各岩体岩石具 S 型花岗岩的特征。

5）微量元素特征

微量元素丰度值见表 3-31。与世界花岗岩类平均值相比，均贫化大部分亲石元素 B、Sc、V、Cs、Be、Li、Ba、Zr、Nb、Ta、W、U 及部分亲铁、亲铜元素 Mo、Cu、Zn、Pb、Sn、Hg 等，而富集个别亲石元素 Cr、Hf、Sr 及亲铁、亲铜元素 Au、Ag、As、Sb、Bi 等，Au 为 $6.12×10^{-9}$～$1.25×10^{-9}$，Ag 为 $0.12×10^{-6}$～$0.142×10^{-6}$，As 最高为 $4.48×10^{-6}$；Rb/Cs（55～23）、Rb/Li（9.5～8）、Rb/Sr（0.85～0.23）

表 3-53 古近纪渐新世各岩体岩石化学成分、标准矿物含量及特征参数表

化 学 成 分 （$\times 10^{-2}$）

岩体	代号	样号	SiO_2	TiO_2	Al_2O_3	Fe_2O_3	FeO	MnO	MgO	CaO	Na_2O	K_2O	P_2O_5	LOI	H_2O^+	F	总和
鸡茅勒	$E_3\kappa\gamma^c$	1064	75.98	0.31	11.92	0.74	0.96	0.05	0.56	1.39	2.46	4.58	0.120	0.37	0.28		99.44
		0103-1	75.33	0.11	12.37	1.64	0.48	0.03	0.47	0.82	3.27	6.11	0.014	0.30	0.30	0.04	99.98
		平均	75.66	0.21	12.14	0.69	0.72	0.04	0.52	1.11	2.87	5.34	0.067	0.34	0.29	0.04	99.74
拉木达	$E_3\xi\gamma^b$	4082-1	72.18	0.46	13.20	1.42	1.11	0.06	0.67	1.65	3.70	4.81	0.100	0.56	0.38	0.03	99.95
		9032☆	70.90	0.59	13.38	0.90	1.44	0.09	0.58	1.46	3.98	5.68	0.040		0.27	0.03	99.34
		平均	71.54	0.53	13.29	1.16	1.27	0.075	0.63	1.55	3.84	5.24	0.070	0.56	0.325	0.03	99.78
洞沙	$E_3\xi\gamma^a$	2113-3	75.56	0.17	12.22	0.63	0.71	0.03	0.24	0.77	3.66	5.16	0.020	0.84	0.63	0.019	100.03
		9045☆	77.58	0.28	12.27	0.78	0.76	0.089	0.48	0.56	4.88	2.09	0.009		0.20	0.017	100.00
		平均	76.57	0.23	12.25	0.70	0.74	0.059	0.36	0.66	4.27	3.62	0.045	0.84	0.41	0.018	100.32
中国花岗岩类平均化学成分（据黎彤、饶纪龙，1962）			71.27	0.25	14.25	1.24	1.62	0.08	0.80	1.62	3.79	4.03	0.16				

CIPW 标准矿物含量（$\times 10^{-2}$）

特 征 参 数

岩体	代号	样号	Or	Ab	An	Q	Di	Hy	C	σ	$A\cdot R$	A/CNK	FL	SI	W	DI	AN	$(K_2O+Na_2O)/Al_2O_3$	R_1	R_2
鸡茅勒	$E_3\kappa\gamma^c$	1064	27.27	20.97	6.12	40.08		2.07	0.61	1.50	2.17	1.23	83.51	6.02	0.42	88.32	0.36			
		0103-1	36.17	27.79	0.83	30.84	2.65	0.20		2.72	2.96	0.91	91.96	4.28	0.57	94.80	0.05			
		平均	31.72	24.12	4.45	35.34	0.89	1.40		2.06	2.56	1.17	88.09	5.13	0.49	91.18	0.26	0.87	2730	584
拉木达	$E_3\xi\gamma^b$	4082-1	28.38	31.46	5.01	28.44	1.73	1.03		2.48	3.00	0.92	83.76	5.72	0.56	88.28	0.23			
		9032☆	33.39	33.55	1.95	22.86	4.33	0.33		3.34	3.30	1.27	86.87	4.16	0.38	89.80	0.10			
		平均	31.16	32.51	3.34	25.32	3.59	0.53		2.89	3.15	1.19	85.42	5.19	0.48	88.99	0.16	0.91	2088	460
洞沙	$E_3\xi\gamma^a$	2113-3	30.61	30.93	1.67	32.64	1.83	0.23		2.39	3.58	0.94	91.97	2.31	0.47	94.18	0.09			
		9045☆	12.24	41.42	2.78	39.06		1.60	0.92	1.40	3.38	1.18	92.56	5.34	0.51	92.72	0.11			
		平均	21.15	36.18	3.34	35.76		1.43	0.10	1.85	3.48	1.11	92.28	2.72	0.49	93.09	0.15	0.89	2702	530

注：☆表示样品采于图幅西1：20万渡通门县幅、侧布乡幅。

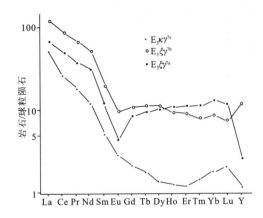

图 3-39 渐新世各岩体稀土元素
球粒陨石标准化配分型式

等均表现递减趋势，仅 $Li\times10^3/Mg$(8.3~9.3)平均值表现递增特点。表明渐新世各岩体岩石演化已过渡为 S 型花岗岩。

6) 稀土元素特征

稀土元素含量及有关参数见表 3-40。从早到晚期岩体具如下特征：稀土总量相对偏低，$\Sigma Ce/\Sigma Y$ 平均比值(5.34→6.35→11.87)、$(Ce/Yb)_N$ 比值(4.89→12.25→18.82)、$(La/Sm)_N$ 比值(5.23→5.75→10.03)等递增，配分曲线向右倾斜，属轻稀土富集型(图 3-39)；δCe 平均值(0.37→0.54→0.74)递增，均小于 1，为铈亏损，负异常，而 δEu 平均值(1.11→1.04)显示降低趋势，并大于 1，为铈富集型。以上反映 S 型花岗岩特征。

(三) 新近纪侵入岩

分布于北部的松多-堪珠岩带中，仅则雄岩体零星分布于仁钦则-努玛岩带中。由早期的松多岩体($N_1m\eta\gamma$)和中期的其顶($N_1\delta\eta o^{8a}$)、雄格巴($N_1\eta\gamma^{8b}$)、苦生($N_1\eta\gamma^{8c}$)、麦松($N_1\eta\gamma^{8d}$)4 个岩体及晚期的则雄岩体($N_1\eta\gamma$)组成。

1. 松多岩体

1) 地质特征

松多岩体分布于北部松多、则拉等地，呈岩滴状沿弧背断隆断续出露，平面上为不规则椭圆形。岩体中含 1%~2% 椭圆形浅色同源长英质包体，大小 5~10cm，分布杂乱。据白云母 K-Ar 法测定值为 20.4Ma(李璞，1965)，结合其与早、晚期侵入体之间的接触关系，定位时代为中新世。

2) 岩石学特征

岩体岩性为中细粒二云二长花岗岩，浅灰色，中细粒花岗结构，块状构造。主要矿物为斜长石(25%~30%)、微斜长石(30%~35%)、石英(25%~30%)，次要矿物有白云母(5%~8%)、黑云母(3%~5%)。

3) 副矿物特征

岩体主要副矿物组合为锆石—磷灰石—磁铁矿—钛铁矿，副矿物合量普遍较低。锆石晶形复杂(表 3-44)，以柱状为主，由柱面 m、a 和锥面 x、p 组成聚形。

4) 岩石化学特征

岩石化学成分、标准矿物含量及特征参数(表 3-54)。SiO_2 含量 71.72%，属酸性岩，K_2O/Na_2O 比值 1.57，$Al_2O_3>(Na_2O+K_2O+CaO)$，属过铝的岩石类型，$(Na_2O+K_2O)/Al_2O_3$ 为 0.89，属钙碱性岩类，里特曼指数 3.01，碱度指数(A·R)2.91，在 $SiO_2-A\cdot R$ 值变异图解上均投影于钙碱性区(图 3-29)，A/CNK 值 1.15，长英指数 95.38，固结指数 3.08，分异指数 92.03，氧化系数(W)0.72；标准矿物中部分出现刚玉分子(1.02%)。上述规律反映出岩体属于 S 型花岗岩，同时向富碱质方向演化。

5) 微量元素特征

微量元素丰度值见表 3-31。与世界花岗岩类平均值相比，贫化大部分亲石元素 B、Sc、V、Sr、Be、Li、Th、Zr、Nb、Ta、Mn、U 及部分亲铁、亲铜元素 Co、Cu、Zn、Ni、Hg 等，而富集个别亲石元素 Cr、Hf、W、Rb 及亲铁、亲铜元素 Mo、P、Au、Ag、As、Sb、Bi、Pb、Sn 等；K/Rb 为 95，Rb/Sr 为 15，$Li\times10^3/Mg$ 为 137.5，指示松多岩体为 S 型花岗岩。

表 3-54 新近纪中新世各岩体岩石化学成分、标准矿物含量及特征参数表

岩体	代号	样号	化学成分 (×10⁻²)														
			SiO_2	TiO_2	Al_2O_3	Fe_2O_3	FeO	MnO	MgO	CaO	Na_2O	K_2O	P_2O_5	LOI	H_2O^+	F	总和
则雄	$N_1\eta\gamma$	1204-1	73.10	0.34	13.66	1.09	1.72	0.08	1.40	2.23	4.08	2.37	0.06	0.30	0.28		100.44
麦松	$N_1\eta\gamma^{8d}$	9094	71.44	0.39	14.31	0.95	1.32	0.16	0.85	1.35	3.94	5.11	0.06		0.19	0.050	100.42
		4129-1	72.74	0.20	13.45	0.65	1.03	0.038	0.47	1.14	3.73	5.77	0.08	0.53	0.41	0.081	99.91
		平均	72.09	0.29	13.88	0.80	1.16	0.094	0.66	1.24	3.83	5.44	0.07	0.53	0.30	0.065	100.15
苦生	$N_1\eta\gamma^{8c}$	9045-1☆	74.64	0.38	12.18	0.81	1.14	0.049	0.47	0.99	3.50	4.93	0.05	0.49	0.31	0.027	99.76
		5938	72.90	0.23	12.90	1.20	1.00	0.039	0.55	1.26	3.73	5.19	0.10	0.47	0.33	0.024	99.59
		1242-1	66.18	0.69	15.38	1.36	3.83	0.12	1.74	1.37	2.33	5.27	0.22	1.53	0.91	0.064	100.09
		平均	71.24	0.43	13.49	1.12	1.99	0.069	0.92	1.21	3.19	5.13	0.12	0.83	0.52	0.039	100.29
雄格巴	$N_1\eta\gamma^{8b}$	6135-1	74.62	0.09	12.88	0.38	0.87	0.08	0.34	0.38	4.26	5.27	0.03	0.38	0.35	0.005	99.59
		5901-1	63.28	0.78	16.01	1.33	3.98	0.08	1.89	3.46	3.41	4.17	0.20	1.44	1.11	0.000	100.06
		平均	68.95	0.44	14.45	0.85	2.43	0.08	1.11	1.92	3.84	4.72	0.12	0.91	0.73	0.005	99.81
其顶	$N_1\delta\rho^{8a}$	6063-1	50.96	1.34	16.10	1.19	5.92	0.11	7.10	11.09	2.90	1.23	0.30	1.52	0.87	0.007	99.66
松多	$N_1m\eta\gamma$	6065-1	71.72	0.15	13.81	2.35	0.93	0.03	0.40	0.45	3.48	5.46	0.20	1.15	0.91		100.20
中国花岗岩类平均化学成分 (据纪龙,1962)			71.27	0.25	14.25	1.24	1.62	0.08	0.80	1.62	3.79	4.03	0.16				

岩体	代号	样号	CIPW 标准矿物含量 (×10⁻²)							特征参数									
			Or	Ab	An	Q	Di	Hy	C	σ	A·R	A/CNK	FL	SI	W	DI	AN	$(K_2O+Na_2O)/Al_2O_3$	R_1	R_2
则雄	$N_1\eta\gamma$	1204-1	13.91	34.60	11.13	32.52	0.46	5.36	0.31	1.38	2.37	1.12	74.31	13.13	0.39	81.03	0.39	0.68	2780	578
麦松	$N_1\eta\gamma^{8d}$	9094	30.05	33.55	6.12	24.30	1.36	3.07		2.88	3.02	0.99	87.02	6.98	0.42	87.90	0.26			
		4129-1	32.95	31.46	3.06	26.22	1.36	1.59		3.03	3.09	1.14	89.29	4.03	0.39	91.63	0.16			
		平均	32.28	32.51	4.45	25.08	1.36	1.99		2.95	3.05	1.11	88.20	5.55	0.41	89.87	0.21	0.88	1598	836
苦生	$N_1\eta\gamma^{8c}$	9045-1☆	28.94	29.36	3.06	32.82	1.61	1.33		2.25	3.26	1.96	89.49	4.33	0.42	91.12	0.16			
		5938	30.61	31.46	3.34	28.50	1.57	1.16		2.66	3.26	1.98	87.62	4.71	0.55	90.57	0.17			
		1242-1	31.16	19.92	5.01	25.32		9.20	3.98	2.49	1.77	1.28	84.73	11.98	0.26	76.40	0.32			
		平均	30.05	26.74	5.28	28.68		4.55	0.82	2.45	2.76	1.14	87.30	7.45	0.36	85.47	0.27	0.80	1738	842
雄格巴	$N_1\eta\gamma^{8b}$	6135-1	31.16	36.18	0.28	27.96		1.42		2.87	4.58	1.18	96.17	3.06	0.30	95.30	0.01			
		5901-1	24.49	28.84	16.13	15.48		9.63		2.83	2.08	1.98	68.66	12.79	0.25	68.81	0.51			
		平均	27.83	32.51	8.34	21.78		5.88		2.82	3.33	1.12	81.68	8.57	0.26	82.12	0.33	0.79	2026	644
其顶	$N_1\delta\rho^{8a}$	6063-1	7.23	26.64	27.26		22.14	1.69		2.14	1.36	0.61	27.14	33.27	0.17	31.87	0.68	0.38	1758	1056
松多	$N_1m\eta\gamma$	6065-1	32.28	32.51	1.39	27.24		1.00	1.02	3.01	2.91	1.15	95.38	3.08	0.72	92.03	0.08	0.89	2046	838

注:☆表示样品采于图幅西1:20万谢通门县幅,侧布乡幅。

6）稀土元素特征

稀土元素含量及有关参数见表 3-48。稀土总量贫化，$\Sigma Ce/\Sigma Y$ 比值 5.87，$(Ce/Yb)_N$ 比值 15.84，$(La/Sm)_N$ 比值 3.09，配分曲线向右倾斜，属轻稀土富集型（图 3-35），δEu 值 0.26，为铕严重亏损，在分配曲线上出现"谷"状，具明显的负异常，δCe 值 1.24，大于 1，为铈富集型。以上反映 S 型花岗岩特征。

2. 中新世中期侵入岩

岩体分布于北部松多-堪珠岩带，出露于则雄、团结、垄公、捕勤等地，共 16 个侵入体。从早期至晚期，由其顶（$N_1\delta\eta o^{8a}$）、雄格巴（$N_1\eta\gamma^{8b}$）、苦生（$N_1\eta\gamma^{8c}$）及麦松（$N_1\eta\gamma^{8d}$）4 个岩体构成的以结构为主的演化特征。

1）地质特征

该深成岩体沿弧背断隆分布，多呈岩株状，个别岩基状，各岩体大致呈不规则套叠式空间分布格局。岩体分别侵入于念青唐古拉群和永珠组、拉嘎组、昂杰组及帕那组等地层中，接触线面清楚，界面弯曲不平，细岩脉常贯穿于围岩中，外接触带常发生接触变质作用，有堇青长英角岩、斑点状角岩和角岩化砂岩、板岩等。与早期松多岩体之间为侵入接触关系。

据 K-Ar 法测得黑云母年龄值分别为 15.9 ± 0.2 Ma、13.9 ± 1.0 Ma、10.3 ± 0.6 Ma，故将其定为中新世。

2）岩石学特征

从早到晚期演化特征（表 3-55）如下：结构依次由中细粒→中粒→中粗粒巨斑状，构造由弱叶理→块状；色率依次降低，斑晶含量由无到有，微斜条纹长石和石英含量依次增加，而角闪石含量依次递减至无，斜长石牌号稍有降低趋势。上述特征表明中新世侵入体以结构演化为主。

3）副矿物特征

副矿物组合皆为锆石—磷灰石—磁铁矿—榍石—褐帘石—独居石，以普遍出现方铅矿、辉锑矿和苦生岩体个别侵入体含自然金颗粒及其顶岩体不含褐帘石、独居石为特征。从早到晚期岩体，锆石长宽比依次为 $2:1\sim3:1\sim5:1$，晶体由简单到复杂，均以柱状为主，由柱面 m、a 和锥面 x、p 组成聚形（表 3-56）。

4）岩石化学特征

岩石化学成分、标准矿物含量及特征参数如表 3-54 所示。演化特点体现在以下 4 方面：①SiO_2 平均含量（50.96%→68.95%→71.24%→72.09%），K_2O/Na_2O 平均比值（0.43→1.23→1.60），均递增，而 Fe_2O_3、FeO、MgO 等皆依次递减，$(Na_2O+K_2O+CaO)>(Al_2O_3)>(Na_2O+K_2O)$，为次铝的岩石类型；②$(Na_2O+K_2O)/Al_2O_3$ 平均值（0.38→0.79→0.80→0.88）递增，且小于 0.9，属钙碱性岩，里特曼指数小于 3.03，碱度指数（1.36→2.76→3.05）表现递增，在 $SiO_2-A\cdot R$ 值变异图解上，除个别样品外，投影于钙碱性区，A/CNK 平均值变化于 $1.11\sim1.14$ 之间；③长英指数平均值（27.14→81.68→87.30→88.20），分异指数平均值（31.87→82.12→85.47→89.87），氧化系数平均值（0.17→0.26→0.41）均依次递增，而固结指数（33.27→8.57→5.55）表现递减；④标准矿物仅苦生岩体出现刚玉分子，钾长石（Or）、钠长石（Ab）、石英等均逐渐递增，而钙长石（An）明显递减。上述变化反映中新世中期岩浆向富碱质方向演化。

5）微量元素特征

微量元素丰度值见表 3-31。与世界花岗岩类平均值相比，相对贫化亲元素 B、Sc、V、Ba、Li、Zr、Nb、Ta、Mn 及亲铁、亲铜元素 Mo、Co、Cu、Ni、Hg 等，而富集亲石元素 Cr、Hf、Be、Cs、Th、Sn、U、W、Rb 及亲铁、亲铜元素 P、Zn、Au、Ag、Sb、Bi 等；在 Rb-Sr-Ba 三角图解中向富 Rb 贫 Sr 方向演化（图 3-40）。K/Rb 平均比值为 47.64，Rb/Cs 平均比值为 $13.43\sim32.9$，Rb/Li 平均比值为

5.0~9.25。花岗岩的微量元素组合与其形成地质环境密切相关,反映中新世中期侵入岩为 S 型花岗岩。

表 3-55 中新世中期各岩体岩石学特征

岩体	岩石类型	样品数	色率	结构	构造	矿物含量(×10^{-2})					
						斑晶		基质			
						钾长石	斜长石	钾长石	斜长石	石英	普通角闪石	黑云母
麦松	中粒斑状黑云二长花岗岩	7	5	似斑状结构(5~10~20mm),基质中粒花岗结构(2~3mm)	块状	10~15			20~25	30~35	25~30		5~(<10)
苦生	中粗粒巨斑黑云二长花岗岩	10	5	似斑状结构(20~30mm、少数 4~5mm),基质中粗粒花岗结构(3~4mm,5~7mm)	块状	15~20		15~(>20)	30~(>35)	20~30	3~5	5~(<5)
雄格巴	中粒黑云二长花岗岩	7	15	中粒花岗结构(3~4~5mm)	弱叶理			25~30	25~30	>25~30	1~2	10~15
其顶	中细粒角闪石英二长闪长岩	5	20	中细粒半自形柱结构(1~2mm 及 2~3mm)	弱叶理			15~20	40~(<40)	10~15	15~(<25)	2~3

岩体	矿 物 特 征				
	斜长石	钾长石	石英	普通角闪石	黑云母
麦松	半自形柱状,钠长石律双晶发育,仅个别卡钠复合律,环带少,An=24~26	半自形—他形板状,格子双晶发育,少数具条纹(微斜条纹长石)和卡斯巴双晶(正条纹长石)	他形粒状,洁净,显示波状消光		自形片状,Ng 褐色,Np 浅黄褐色,多数包裹磁铁矿
苦生	自形—半自形柱状,钠长石律发育,个别卡钠复合律、肖钠+钠长石律,少数连续环带,2~3环,An=20~22	半自形—自形板状,格子双晶发育,多数具贯入式交代条纹,属微斜条纹长石	他形填隙,洁净,含尘状杂质包体	他形—半自形粒状、柱状	自形片状,Ng 棕色,Np 黄褐色
雄格巴	自形板状,洁净,钠长石律,双晶不发育,An=18~20	半自形—自形板状,干净,格子双晶十分清楚,属微斜长石,个别晶体边缘与石英交代形成文象结构	填隙状	半自形柱状,Ng 绿色,Np 浅黄绿色	半自形片状,Ng 棕色,Np 浅黄棕色,Nm 褐色
其顶	半自形柱状,混浊,钠长石律双晶发育,出现绢云母化,An=35~38	他形粒状,干净,具格子双晶及条纹结构,为微斜条纹长石	填隙状、他形	半自形短柱状,Ng 棕色,Np 浅黄棕色,Nm 棕色,C∧Ng=20°~22°	他形片状,多数褪色变绢云母

表 3-56 中新世中期各岩体锆石特征

岩体 特征	其顶	雄格巴	苦生	麦松
颜色	淡玫瑰色	淡粉色—无色	无色—淡粉色	浅粉色—无色
光泽	强玻璃光泽	强玻璃光泽	强玻璃光泽	强玻璃光泽
透明度	透明,少数半透明	透明,个别半透明	透明透明,个别半透明	透明
粒径 (mm)	长:0.1~0.3 宽:0.05~0.15	长:0.1~0.3 宽:0.04~0.1	长:0.1~0.3 宽:0.04~0.1	长:0.08~0.25 宽:0.03—0.07
长宽比	1.5:1~2:1	2:1~3:1	2:1~3:1,个别5:1	2:1~3:1,个别5:1
包体	个别含固化和故态包体	少数含金属矿物和锆石包体	个别含锆石和黑色质点包体	含锆石和金属矿物包体
发光性	普遍发黄色光	发暗黄色光	紫外线下发暗黄色光	普遍发黄色光
晶体形态	以柱状为主,一般光滑,晶棱锐利、晶面清晰,由柱面 m、a 和锥面 x、p 组成,次由 m 和 p 组成,个别具自生连晶体,晶体复杂	柱状,晶体复杂,表面光滑,连生体普遍,由柱面 m、a 和锥面 p 及 m、a 和 x、p 组成,次由 m 和 p 组成聚形	呈柱状,表面光滑,种类较多,晶棱、晶面清晰,由柱面 m、a 和锥面 p 组成,次由 m、a 和 x、p 组成聚形,个别具不规则自生连晶体	柱状碎块,晶体复杂,晶棱、晶面清晰,主要由柱面 a 和锥面 p 组成,其次由 m、a 和 p 组成聚形及 a、m 和 p 组成,普遍具连生体
晶体图				

6) 稀土元素特征

稀土元素含量及有关参数见表 3-57。从早到晚期的变化规律是:稀土总量除其顶岩体高度贫化外,其他岩体偏低;$\sum Ce/\sum Y$ 比值(1.70→4.47→5.82→9.81),$(Ce/Yb)_N$ 比值(4.53→9.67→11.68→12.94),$(La/Sm)_N$ 比值(3.60→4.51→4.97→7.64)均依次递增,分配曲线向右倾斜(图 3-41),属轻稀土富集型;δEu 平均值小于1,为铕亏损,在配分曲线上出现"谷"状,表明负异常,而 δCe 平均比值不定,总体属铈稍富集型。以上反映岩浆演化至晚期分异程度稍差特点。

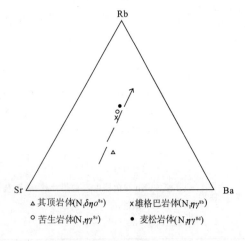

图 3-40 中新世中期各岩体 Rb-Sr-Ba 图解

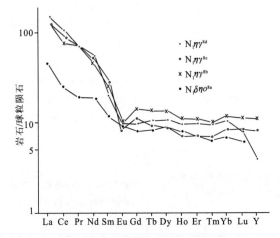

图 3-41 中新世中期各岩体稀土元素球粒陨石标准化配分型式

表 3-57 古近纪、新近纪各岩体岩石稀土元素含量及特征参数

岩体	代号	样号	元素含量值 ($\times 10^{-6}$)									
			La	Ce	Pr	Nd	Sm	Eu	Gd	Tb	Dy	Ho	Er
则雄	$N_1\eta\gamma$	1092-2☆	25.77	49.90	5.85	20.09	3.44	0.73	2.39	0.34	1.82	0.34	0.90
		0109-2	12.18	22.48	2.50	9.08	1.78	0.55	1.77	0.27	2.01	0.41	1.32
		平均	18.98	36.19	4.18	14.59	2.61	0.64	2.08	0.31	1.92	0.38	1.11
麦松	$N_1\eta\gamma^{8d}$	4129-2	54.33	101.80	9.40	28.35	4.07	0.64	2.24	0.32	1.52	0.29	0.80
		9047☆	37.39	80.75	7.20	33.58	3.99	0.76	3.76	0.68	4.71	1.06	3.11
		9094	60.59	138.67	11.07	46.14	4.49	0.72	3.71	0.65	4.36	0.94	2.69
		平均	50.77	107.07	9.22	36.02	4.18	0.71	3.24	0.55	3.53	0.76	2.02
苦生	$N_1\eta\gamma^{8c}$	9045-1☆	32.97	64.63	7.83	29.60	4.96	0.87	2.82	0.29	1.60	0.29	0.73
		9045-1☆	31.93	59.99	7.56	25.63	5.13	0.36	4.36	0.66	4.59	0.93	2.66
		5938-1	61.35	115.50	12.28	37.26	5.89	0.57	3.72	0.52	2.68	0.50	1.37
		平均	42.08	79.04	9.22	30.83	5.35	0.60	3.63	0.49	2.96	0.57	1.59
雄格巴	$N_1\eta\gamma^{8b}$	5901-1	63.61	129.20	13.54	47.15	7.58	1.33	5.78	0.83	4.63	0.84	2.19
		6135-1	19.58	47.24	4.82	17.11	4.02	0.17	3.56	0.60	4.30	0.86	2.81
		平均	41.60	88.22	9.18	32.13	5.80	0.75	4.67	0.72	4.47	0.85	2.56
其顶	$N_1\delta\eta\gamma^{8a}$	6063	14.82	24.53	2.38	12.06	2.59	0.69	2.68	0.45	2.88	0.66	1.63
花岗岩花岗闪长岩平均含量(维氏,1962)			60	100	12	46	9	15	9	25	6.7	2	1

岩体	代号	样号	元素含量值 ($\times 10^{-6}$)				特征参数				
			Tm	Yb	Lu	Y	ΣREE	$\Sigma Ce/\Sigma Y$	δEu	δCe	$(Ce/Yb)_N$	$(La/Sm)_N$	$(Gd/Yb)_N$
则雄	$N_1\eta\gamma$	1092-2☆	0.12	0.91	0.15	9.79	122.55	6.326	0.739	0.942	14.183	4.712	2.119
		0109-2	0.22	1.61	0.27	13.08	69.52	2.317	0.937	0.930	3.611	4.034	0.887
		平均	0.17	1.26	0.21	11.44	96.04	4.088	0.813	0.938	7.429	4.574	1.332
麦松	$N_1\eta\gamma^{8d}$	4129-2	0.12	0.79	0.14	8.16	212.98	3.810	0.589	0.998	33.381	8.936	2.288
		9047	0.48	3.11	0.43		181.01	6.418	0.591	1.112	6.716	5.894	0.975
		9094	0.40	2.52	0.26	8.16	277.21	11.046	0.524	1.199	14.233	8.488	1.188
		平均	0.33	2.14	0.28	7.84	229.16	9.814	0.569	1.107	12.941	7.640	1.221
苦生	$N_1\eta\gamma^{8c}$	9045-1☆	0.09	0.63	0.10		155.25	9.788	0.651	0.938	26.535	4.181	3.612
		9045-1☆	0.42	0.03	0.47	28.82	173.56	2.777	0.227	0.855	4.865	3.915	1.161
		5938-1	0.22	1.59	0.27	15.01	258.74	8.997	0.348	0.957	18.789	6.511	1.887
		平均	0.24	1.75	0.28	07.22	195.85	5.816	0.394	0.925	11.682	4.966	1.673
雄格巴	$N_1\eta\gamma^{8b}$	5901-1	0.29	1.77	0.28	21.93	300.96	6.730	0.591	0.987	18.442	5.278	2.635
		6135-1	0.41	2.95	0.47	24.96	133.85	2.271	0.134	1.138	4.142	3.063	0.973
		平均	0.35	2.36	0.38	23.45	217.41	4.469	0.427	1.042	9.669	4.511	1.554
其顶	$N_1\delta\eta\gamma^{8a}$	6063	0.23	1.40	0.21		67.15	1.702	0.794	0.902	4.532		
花岗岩花岗闪长岩平均含量(维氏,1962)			0.3	4	1	34	292	3.60	0.56				

注：☆表示样品采于图幅西1∶20万谢通门县幅、侧布乡幅。

2. 则雄岩体

1) 地质特征

岩体（$N_1\gamma\gamma$）零星分布于则雄、折嘎、恰莎等地，由 8 个侵入体组成，均为独立的椭圆形岩滴，个别呈岩株，受控于东西向构造机制，呈东西向展布。与早期各深成岩体之间皆为侵入接触关系。内部组构不发育，仅个别侵入体内出现早期侵入体的捕虏体。根据地质特征及其与早期侵入体之间的接触关系分析，其侵入时代相当于中新世晚期。

2) 岩石学特征

岩性为微细粒黑云二长花岗岩，浅灰色，微细粒花岗结构，块状构造，粒径 0.4～0.6mm 及 1～1.5mm。主要矿物有微斜长石（30%～35%）、石英（25%～30%）、斜长石（30%～35%）、黑云母（3%～5%）等，岩石新鲜无蚀变。

3) 岩石化学特征

岩石化学成分、标准矿物含量及特征参数如表 3-54 所示，SiO_2 含量 73.10%，属酸性岩，Al_2O_3＞(Na_2O+K_2O+CaO)，过铝的岩石类型，$(Na_2O+K_2O)/Al_2O_3$ 为 0.68，属钙碱性岩类，里特曼指数 1.38，为钙碱性岩类，碱度指数（A·R）2.37，在 $SiO_2-A\cdot R$ 值变异图解上均投影于钙碱性区；A/CNK 值 1.12，具 S 型花岗岩特征；标准矿物中部分出现刚玉分子（0.3%），反映铝过饱和。

4) 微量元素特征

微量元素丰度值见表 3-31。与世界花岗岩类平均值相比，明显贫化大部分亲石元素 B、Rb、V、Be、Li、Th、Zr、Nb、Ta、Mn、W 及部分亲铁、亲铜元素 P、Cu、Zn、Ni、Hg、Sn 等，富集个别亲石元素 Sr、Hf 及亲铁、亲铜元素 Au、Ag、As、Sb、Bi、Pb 等，其中 Au 为 8.13×10^{-9}，Ag 为 0.91×10^{-6}，Zn 为 91.53×10^{-6}；K/Rb 为 101，Rb/Cs 为 26，Rb/Li 比值 6。反映该岩体接近 S 型花岗岩类。

5) 稀土元素特征

岩体的稀土元素含量及有关参数见表 3-57。稀土总量偏低（122.55×10^{-6}），$\sum Ce/\sum Y$ 比值 6.33，$(Ce/Yb)_N$ 比值 14.18，$(La/Sm)_N$ 比值 4.71，均较大，配分曲线向右倾斜，属轻稀土富集型（图 3-35）；δEu 值 0.74，δCe 值 0.94，皆小于 1，铕铈亏损，负异常。综上分析，该岩体由上地壳经不同程度的部分熔融而形成的。

四、脉岩

脉岩极为发育，种类繁多，从基性—中性—酸性均有出露。根据脉岩的分布位置、形成时间及岩石特征，将测区脉岩分为两大类：一类与区域性构造裂隙有关的区域性脉岩，另一类与相应深成侵入体成分有关的专属性脉岩，均为岩浆成因。其特点是脉体与围岩界线清楚，壁面整齐，呈岩墙、岩脉状产出。脉岩的分布规律与区域性构造裂隙规模及围岩性质有关。相对而言，北部（以雅鲁藏布江为界）脉岩比南部发育，北部基—中性脉岩主要沿雅鲁藏布江北岸仁钦则-努玛岩带南侧分布，而南部分布零星，主要为闪长玢岩脉，个别石英斑岩脉、二长花岗斑岩脉和花岗闪长斑岩脉。

（一）地质特征

脉岩主要出露于孜东、扎西岗、仁钦则、塔巴拉、列当吓巴等地，并零星分布于图区中南部，总体走向近东西向，少数北东东向或北西西向，个别近南北向。呈脉状侵入于基—酸性侵入体及各围岩地层中，侵入关系清楚，脉体规模悬殊，一般宽几十厘米至几十米，延伸长十几米至百余米。

岩石类型：基性脉岩以辉绿玢岩、辉绿岩为主，微晶辉长岩次之；中性脉岩以闪长玢岩为主，石英闪长玢岩、细晶闪长岩、细晶二长闪长岩次之；酸性脉岩以花岗斑岩为主，二长（钾长）花岗斑岩、花岗细晶岩、花岗闪长斑岩次之。

(二)岩石学特征

表 3-58 中,基性脉岩岩石呈灰绿—深绿色,普遍受后期变质和蚀变作用,部分辉石蚀变为纤闪石、绿泥石,少数角闪石蚀变为阳起石、绿泥石和绿帘石等;中性脉岩普遍具斑状结构,斑晶矿物常被基质熔蚀呈圆形或港湾状,少量岩石中含透辉石、角闪石,显示纤闪石化和绿泥石化;酸性脉岩当钾长石或斜长石含量增高时,即过渡为钾长花岗斑岩或花岗闪长斑岩,均匀的微粒结构者为花岗细晶岩,岩石普遍轻微绢云母化、高岭土化,石英斑晶常被基质熔蚀呈港湾状和圆粒状。

表 3-58　各类脉岩岩石学特征

脉岩类型		基性脉岩	中性脉岩	酸性脉岩
岩石名称		辉绿玢岩	闪长玢岩	花岗斑岩
结构		斑状结构,粒径2～5mm;基质微辉绿结构,粒径0.5～1mm	斑状结构,粒径1.5～2mm;基质微粒结构,粒径0.05～0.1mm	斑状结构,粒径2～4mm;基质微粒花岗结构,粒径0.5～1mm
构造		块状构造	块状构造	块状构造
矿物含量(%)	斑晶	透辉石(10～15)、斜长石(2～3)、橄榄石(1～2)	斜长石(20～25)、透辉石(0～5)、黑云母(5～10)、石英(1～2)	斜长石(>15)、钾长石(5～10)、黑云母(>2～3)、石英(1～2)
	基质 斜长石	45～55	55～60	20～(<20)
	基质 钾长石		>3～5	20～25
	基质 石英		2～3	10～15
	基质 黑云母		1～3	2～(<3)
	基质 角闪石	>5～10	0～3	
	基质 辉石	20～25		
矿物特征	斜长石	自形长柱状、板条状,洁净,钠长石律和卡钠复合律清晰,部分具环带构造。An=50～52	他形柱状,洁净,钠长石律和卡斯巴双晶发育,个别具环带构造。An=34～36	自形柱状,浑浊,聚片双晶发育,部分具卡斯巴律,一般轻绢云母化。An=22～24
	钾长石		他形柱状,洁净,具格子双晶,系微斜长石	半自形柱状,洁净,格子双晶和钠长条纹清楚,为微斜条纹长石
	石英		他形粒状,为斑晶者被基质熔蚀呈圆粒,洁净	为斑晶者呈自形粒状和被熔蚀呈圆粒状,洁净
	黑云母		自形片状,Ng棕色,Np褐黄色,Nm浅棕褐色	自形片状,Ng棕色,Np浅褐色,个别褪色为白云母
	角闪石	半自形柱状,Ng绿色,Np浅黄绿色。C∧Ng=20°～22°	部分岩石中为半自形柱状,Ng绿色,Np浅绿色。C∧Ng=18°～20°	
	辉石	半自形柱状,填于空隙中,近无色。C∧Ng=38°～40°	个别岩石中呈斑晶,自形短柱状,无色,透辉石为主,多纤闪石化。C∧Ng=40°～42°	

(三)岩石化学特征

表 3-59 中,基性脉岩的 SiO_2 含量 49.07%,Na_2O+K_2O 含量 4.87%,里特曼指数 3.91,MgO 含量大于 FeO,为镁质基性岩类;$(Na_2O+K_2O)/Al_2O_3$ 分子比小于 0.9,属钙碱性岩类;氧化系数(W)0.45,表明脉岩形成于较弱的氧化环境;标准矿物出现钾长石、钠长石、透辉石,说明 SiO_2 处于饱和及铝过饱和状态。

表 3-59 各类脉岩化学成分、标准矿物含量及特征参数

脉岩类型	岩石名称	样号	氧化物含量 （×10⁻²）													
			SiO_2	TiO_2	Al_2O_3	Fe_2O_3	FeO	MnO	MgO	CaO	Na_2O	K_2O	P_2O_5	LOI	H_2O^+
基性	辉绿玢岩	5143-1	49.07	0.96	16.79	4.42	5.30	0.20	6.28	9.25	4.06	0.81	0.29	2.16	1.32
中性	闪长玢岩	1092-2	68.03	0.45	14.74	1.75	1.48	0.051	1.07	2.74	3.52	4.06	0.14	1.92	1.39
		1069-2	57.40	0.75	16.45	3.32	4.08	0.16	3.12	6.09	4.14	3.20	0.20	1.05	1.06
	平均		62.74	0.60	15.60	2.53	2.78	0.11	2.09	4.41	3.83	3.63	0.17	1.49	1.23
酸性	花岗斑岩	0101-2	75.54	0.064	12.13	0.77	0.44	0.019	0.43	0.88	3.63	5.16	0.007	0.29	0.25
		1171-2	75.00	0.088	12.69	0.87	0.49	0.019	0.55	0.49	2.51	6.24	0.03	0.70	0.51
		1172-1	74.77	0.14	12.16	0.68	0.92	0.02	0.24	0.60	2.30	6.83	0.017	0.74	0.57
	平均		75.10	0.097	12.34	0.77	0.62	0.019	0.41	0.66	2.48	6.07	0.018	0.57	0.44

脉岩类型	岩石名称	样号	氧化物含量（×10⁻²）		CIPW 标准矿物含量（×10⁻²）							特征参数			
			F	Σ	Or	Ab	An	Q	Di	Hy	C	σ	W	DI
基性	辉绿玢岩	5143-1	0.04	99.63	5.01	33.03	25.31		15.13			3.91	0.45	38.61
中性	闪长玢岩	1092-2	0.01	100.01	23.93	29.88	12.52	24.66	0.22	3.27		2.29		78.47
		1069-2	0.06	100.02	18.92	35.13	16.69	4.68	10.36	6.53		3.74	0.45	58.73
	平均		0.03	100.01	21.43	32.51	14.60	14.67	5.29	4.90		3.51	0.45	68.60
酸性	花岗斑岩	0101-2	0.003	99.41	30.61	30.93	1.39	32.52		1.54	0.92	2.37	0.64	94.06
		1171-2	0.005	99.68	36.73	20.97	2.50	34.80	0.46	1.29		2.39	0.64	92.50
		1172-1	0.00	99.42	44.62	23.77	2.13	33.48	0.34	2.03	0.30	2.46	0.43	93.23
	平均		0.003	99.59	35.98	23.77	2.13	33.48	0.34	2.03	0.30	2.46	0.57	93.23

中性脉岩 SiO_2 平均含量 62.74%，Na_2O+K_2O 含量 7.5%，里特曼指数 3.01，$(Na_2O+K_2O)/Al_2O_3$ 分子比小于 0.66，均反映脉岩属于钙碱性岩类；氧化系数（W）0.45，形成环境与基性脉岩相似；标准矿物出现钾长石、钠长石、石英，说明 SiO_2 过饱和，$Al_2O_3>(Na_2O+K_2O+CaO)$，为铝过饱和状态。

酸性脉岩 SiO_2 含量 74.77%～75.54%，Na_2O+K_2O 平均含量 8.97%，里特曼指数平均值 2.42，属钙碱性岩类；标准矿物出现钾长石、钠长石、石英，个别出现刚玉分子，属于 SiO_2、Al_2O_3 过饱和类型。氧化系数（W）0.57，高于中、基性脉岩，说明酸性脉岩形成于浅部和较弱的氧化环境。

（四）地球化学特征

如表 3-60、表 3-61 和图 3-42 所示，基性脉岩稀土总量（78.95×10^{-6}）低，$\sum Ce/\sum Y$ 比值 2.20，大于 1，配分曲线向右倾斜，为轻稀土富集型，δEu 值 0.97，铕弱亏损型。

表 3-60　各类脉岩稀土元素含量及参数

脉岩类型		基性脉岩	中性脉岩	酸性脉岩		
岩石名称		辉绿玢岩	闪长玢岩	花岗斑岩		平均
样号		5413-1	1095-2	0101-2	1172-1	
稀土元素含量（$\times10^{-6}$）	La	10.04	19.65	11.41	6.39	8.90
	Ce	23.80	35.25	19.93	16.96	18.44
	Pr	3.08	3.51	2.00	2.31	2.16
	Nd	13.39	9.88	6.39	9.22	7.80
	Sm	3.05	1.58	1.16	2.00	1.58
	Eu	0.96	0.30	0.13	0.22	0.18
	Cd	2.86	1.05	0.91	1.64	1.27
	Tb	0.41	0.15	0.14	0.25	0.19
	Dy	2.76	0.80	0.81	1.79	1.30
	Ho	0.52	0.15	0.16	0.37	0.27
	Er	1.56	0.42	0.43	1.17	0.80
	Tm	0.22	0.06	0.08	0.19	0.14
	Yb	1.40	0.44	0.62	1.42	1.02
	Lu	0.22	0.07	0.10	0.23	0.16
	Y	14.86	4.45	4.84	11.60	8.22
	$\sum REE$	78.59	77.80	49.10	55.75	52.43
参数	δEu	0.974	0.671	0.373	0.360	0.366
	$\sum Ce/\sum Y$	2.202	9.249	5.070	1.988	3.529

表3-61 各类脉岩微量元素含量

微量元素含量（$\times 10^{-6}$）

脉岩	岩石	样品	B	Pb	Sn	Ag	As	Sb	Bi	Hg	Li	P	Cr	Zn	Rb	Sr	Zr	Nb
基性	辉绿玢岩	5143-1	9.37	29.1	3.3	0.16	2.2	1.04	0.12	0.03	19.0	1160	183	304	23.3	702	64.3	8.6
中性	闪长玢岩	1069-2	36.3	14.5	2.64	0.13	5.18	0.28	0.05	0.01	27.1	1010	139	91	98.7	362	116	16.9
酸性		1172-1	11.6	174	2.14	1.51	20.4	1.29	0.13	0.01	18.3	127	767	28.2	155	296	87.7	9.8
	花岗斑岩	0101-2	6.73	13.0	2.08	0.13	1.09	0.24	0.05	0.02	3.0	60.4	90.9	55.6	136	68.5	54.3	8.0
		1072	123	13.8	2.45	0.07	3.91	0.40	1.30	0.01	13.6	29.3	379	32.8	265	47.3	61.3	35.8

微量元素含量（$\times 10^{-6}$）（Au$\times 10^{-9}$）

脉岩	岩石	样品	Th	Au	W	Mo	Co	Ni	Ba	Mn	V	Be	Cu	U	Hf	Ta	Cs	Sc
基性	辉绿玢岩	5143-1	4.0	21.5	1.9	0.41	33.5	62.6	324	1380	244	0.68	78.6	0.85	3.2	3.38	3.0	
中性	闪长玢岩	1069-2	9.3	1.98	0.88	1.0	20.0	10.1	284	1360	168	1.93	61.2	2.7	6.3	0.35	7.0	6.0
酸性		1172-1	43.1	7.74	1.2	8.8	1.52	1.05	518	85.6	1.83	1.2	5240	9.8	3.7	0.76	3.8	0.7
	花岗斑岩	0101-2	15.5	2.24	0.5	0.41	1.0	3.5	109	371	5.0	1.37	10.3	5.05	2.5	1.97	2.8	0.7
		1072	21.3	2.01	2.3		2.78	5.68	122	197	11.1	2.92	14.6	9.0				

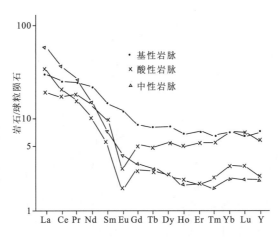

图 3-42 脉岩稀土元素球粒陨石标准化配分型式

中性脉岩稀土总量(77.80×10^{-6})低,$\Sigma Ce/\Sigma Y$ 比值 9.25,远大于 1,配分曲线向右倾斜,轻稀土高度富集型;δEu 值 0.67,属铕亏损型。微量元素中,亲铁元素 Co,亲铜元素 Cu、Zn、Au、Sn、As、Sb、Bi 及亲石元素 B、Sc、Be、Li、Cs、Cr、Hf、Th、U、Mn 等显著富集,而 Pb、Ag、Hg、P、Rb、Sr、Zr、Nb、W、Mo、Ni、V、Ta 高度贫化。酸性脉岩稀土总量平均值仅 52.42×10^{-6},高度贫化,$\Sigma Ce/\Sigma Y$ 平均比值 3.53,配分曲线向右倾斜,属轻稀土富集型,重稀土呈现平坦型;δEu 值 0.37,铕高度亏损。微量元素中,亲石元素 Li、Rb、Sr、Zr、Nb、W、Ba、Mn、V、Be、Ta、Sc 及亲铁、亲铜元素 Sn、Sb、Bi、Hg、P、Zn、Co、Ni 高度贫化,B、Pb、Ag、As、Cr、Th、Au、Mo、Cu、U、Hf、Cs 等元素明显富集。

此外,仁钦则等地偶见煌斑岩脉,岩性为云煌岩,呈不规则脉状侵入于茶穷石英二长岩中,脉体规模小,一般延伸几米至十几米,脉宽 1m 左右。岩性特征:呈灰绿色,斑状结构,基质自形粒状结构。斑晶 3~5mm,基质 0.5~1mm,主要矿物由斑晶黑云母(10%~15%)和基质正长石(55%~60%)、黑云母(20%~25%)、石英(3%~5%)、方解石(3%~5%)及副矿物磷灰石、锆石等组成。

五、花岗岩类的演化特征

侵入岩时代为早白垩世、晚白垩世、古新世、始新世、渐新世和中新世,从早期到晚期,侵入岩在岩石学、矿物学、岩石地球化学、同位素等方面均有较明显的演化特征。

(一)岩石、矿物演化特征

早白垩世洛堆和棉将两岩体岩性自早到晚期依次为辉长岩、辉长辉绿岩→辉长闪长岩,矿物以中基性斜长石、单斜辉石为主,仅出现微量石英。早白垩世晚期到晚白垩世侵入岩,岩性依次为闪长岩→石英闪长岩→英云闪长岩→花岗闪长岩,在矿物成分中,透辉石含量明显减少至无,未出现紫苏辉石,而石英、角闪石含量增高。从古新世→始新世早期→始新世中期→始新世晚期→渐新世侵入岩,除渐新世岩性由钾长花岗岩→碱长花岗岩,其余各时期侵入岩总的变化规律为石英二长闪长岩→花岗闪长岩→二长花岗岩。矿物成分中,斜长石、角闪石含量逐渐减少,而石英、微斜条纹长石则增多。

渐新世—中新世侵入岩,从早到晚期岩性由二云二长花岗岩→二长花岗岩,晚期岩体中未出现白云母,而含少量的角闪石。

从上述变化看出:岩石总体从早到晚期由基性→中性→中酸性→酸性演化(图3-43),主要矿物石英、钾长石含量变化由少(无)渐多(图3-44),辉石由多到无,斜长石牌号由大变小(图3-45)。

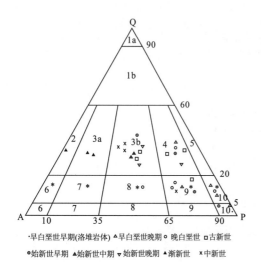

图 3-43 各时代侵入岩岩性演化图解
(Le Maitre 等,1989)

1a:硅英岩(石英岩);1b:富石英花岗岩类;2:碱长花岗岩;3a:正长花岗岩;3b:二长花岗岩;4:花岗闪长岩;5:英云闪长岩;6*:石英碱长正长岩;6:碱长正长岩;7*:石英正长岩;7:正长岩;8*:石英二长岩;8:二长岩;9*:石英二长闪长岩、石英二长辉长岩;9:二长闪长岩、二长辉长岩;10*:石英斜长岩、石英闪长岩、石英辉长岩;10:斜长岩、闪长岩、辉长岩

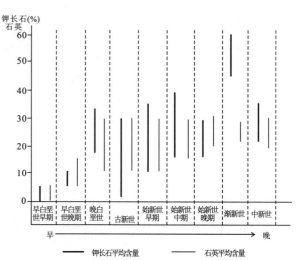

图 3-44 各时代花岗岩中石英、钾长石平均含量变异图

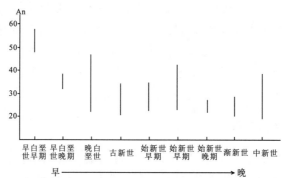

图 3-45 各时代侵入岩中斜长石牌号变异区间图解

(二)副矿物演化特征

副矿物组合一般为锆石—磷灰石—钛铁矿—磁铁矿,但各时期侵入岩副矿物组合又有差异。①早、晚白垩世各侵入体副矿物以磁铁矿、钛铁矿含量较高为特征,至古新世、始新世、渐新世、中新世,部分侵入体出现独居石、褐帘石,磁铁矿含量逐渐递减;②锆石特征变化不明显,仅在早白垩世侵入体中部分晶体呈浑圆状,晶形简单,晶面、晶棱不清,粒径细小,至晚时代各岩体中,锆石晶体大部分呈柱状,晶棱、晶面清晰,粒径和长宽比逐渐增大,晶形复杂。以上特征反映岩浆由 I 型花岗岩经 IS 型到 S 型花岗岩的演化规律,显示不同时代岩浆形成深度、熔融程度不同。

(三)岩石化学成分演化特征

早白垩世的基性→中酸性岩类,Fe_2O_3+FeO、CaO、MgO、TiO_2 含量显著居高。自古新世→始新世,岩性由中性→中酸性→酸性演化,上述四种氧化物平均含量相对于早白垩世侵入体递减,与晚白垩世相比略显增高。当岩浆演化到渐新世→中新世,岩性则为酸性,表现为:SiO_2、Na_2O+K_2O 平均含

量及 K_2O/Na_2O 平均比值明显增高，Fe_2O_3+FeO、CaO、MgO、TiO_2 含量则显著降低，在 AFM 及 K、Na、Ca 等相关图解上，从早到晚各时期岩石化学成分演化明显（图 3-46），该图显示出三个各自方向的演化区间，反映测区各时期侵入岩形成于不同的板块运动阶段。从白垩纪→新近纪，岩石的碱度指数（A·R）、过铝指数、长英指数、分异指数等依次增加，而固结指数则依次降低，少部分岩体出现刚玉分子。以上岩石化学演化特点基本反映测区 I 型花岗岩经 IS 型过渡到 S 型花岗岩。

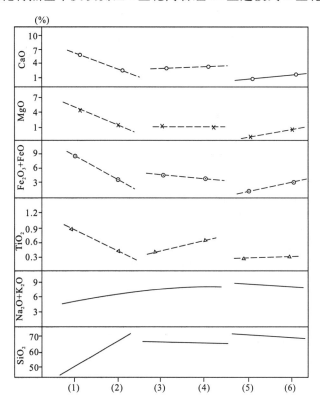

图 3-46　各时代花岗质岩石化学成分变异图
(1) 早白垩世岩体；(2) 晚白垩世岩体；(3) 古新世岩体；
(4) 始新世岩体；(5) 渐新世岩体；(6) 中新世岩体

（四）岩石微量元素演化特征

自白垩纪到新近纪侵入岩，随岩浆由 I 型花岗岩向 IS 型到 S 型花岗岩的演化，微量元素含量也显示明显的变化：由早到晚期各时代侵入体的 Li、Be、Rb、W、Sn、Ta、U、Hf 等元素含量依次递增，而 Cr、Ni、Co、V、Ba、Cu、Sc、Au、Ag、Sr、Zr 等元素含量由高降低，从测区部分元素演化趋势曲线（图 3-47）分析，测区具三个岩浆源区的特点。K/Rb、Rb/Li 及 Rb/Ce 比值变化区间分别为 230～171～47.5、35～23、11～9.3，由早期到晚期岩体，呈现递减趋势，而 Rb/Sr 和 $Li\times 10^3/Mg$ 比值则由低向高演化。从分异指数 DI-Rb/Sr 的相关图上（图 3-48）明显看出，各演化序列内部各岩体之间的密切相关性和同源岩浆演化特点。

（五）岩石稀土元素演化特点

自白垩纪到新近纪，随着岩石由基性到酸性的变化。各时代岩体稀土总量平均值（130×10^{-6} →158.7×10^{-6}）及 $\sum Ce/\sum Y$ 平均值（2.86→8.8）表现为由低到高的演化特点，δEu 平均值（0.88→0.43→0.26）从高向低演化，均为铕亏损型，负异常。δEu、δCe 曲线变化反映测区侵入岩具三个源区特点（图 3-49），分异指数演化趋势线也反映三个密集区（图 3-50），且 δEu 与分异指数成负相关。以上说明从早期到晚期,各时代岩体中ΣREE与$\Sigma Ce/\Sigma Y$、DI与δEu之间的变化成负相关,反映岩浆从基性经中酸性到酸性演化、分异均形成于不同的构造环境。

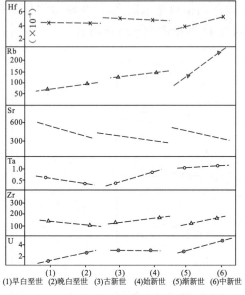

图 3-47 各时代侵入岩微量元素平均值变异图

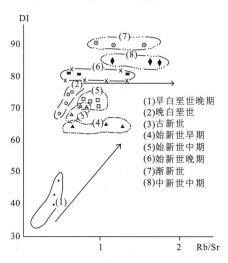

图 3-48 白垩纪—新近纪岩体 DI-Rb/Sr 相关图

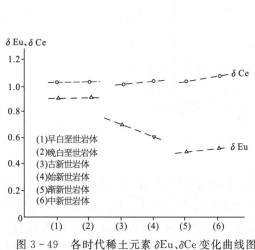

图 3-49 各时代稀土元素 δEu、δCe 变化曲线图

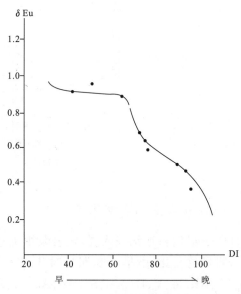

图 3-50 铕异常与分异指数关系图

六、花岗岩成因类型和构造环境

根据不同岩体的地质特征和岩石学、地球化学、岩石化学特征,结合区域地质发展背景,对本区花岗岩的成因作如下初步探讨。

(一)成因类型

冈底斯-念青唐古拉板片复式深成杂岩体呈东西向展布,与白垩纪和古近纪沉积-火山岩系共生,构成活动大陆边缘的岩浆弧和火山弧,岩石类型复杂,自早期到晚期构成从基性向酸性较完整的演化序列。岩石中斜长石双晶普遍发育,大多数具环带构造,暗色矿物以镁黑云母和普通角闪石为主,个别岩体出现高镁的铁黑云母和透闪石、紫苏辉石等。岩体与围岩之间呈侵入接触,接触带内常发生接触变质和交代作用,在岩体中常见细粒边和深源暗色包体。将各时期岩体标准矿物成分分别投影在 Q-Ab-Or 三角图解上,绝大部分投影点落入岩浆成因花岗岩范围,少部分落入交代成因花岗岩区(图3-51),这表明冈底斯(南缘)复式深成岩体多为岩浆成因,少量基性和中基性侵入体在上升和就位过程中发生同化混染和轻微交代作用。在 A-C-F 图解中(图3-52),早白垩世、晚白垩世、古新世、始新世早期各岩体及普吓岩体样品均落在 I 型花岗岩区,而始新世中期、始新世晚期各岩体样品落入 I 型和 S 型交界线上或附近,属双重特征和过渡性质的 IS 型花岗岩,渐新世及中新世各岩体投影于 S 型花岗岩区,与其前述的岩石学、岩石化学、副矿物和地球化学演化特征所反映的成因类型一致。因此,测区冈底斯(南缘)花岗岩自老到新由 I 型→IS 型→S 型花岗岩演化,是受控于板块机制的不同环境下陆缘火山-岩浆岛弧复式深成杂岩体组合。

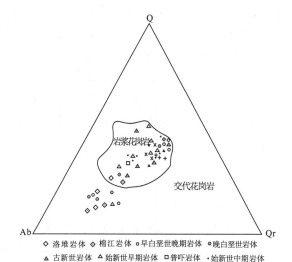

图 3-51 侵入岩标准矿物 Q-Ab-Or 投影图

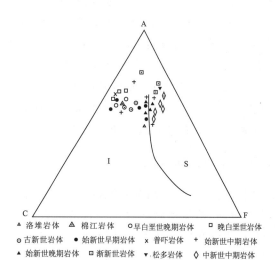

图 3-52 中酸性侵入岩 A-C-F 图解
$A = (Al_2O_3 + Fe_2O_3) - (Na_2O + K_2O)$;
$C = CaO - 3.3P_2O_5$; $F = MgO + FeO + MnO$

(二)成岩温度与压力

测区侵入岩中的钾长石普遍发育格子双晶和条纹结构,有序度(ΔZ)0.65～0.95,三斜度(ΔY)0.98,为最大微斜长石和条纹长石,粒径大小不一,有的为巨大似斑晶。综上分析,区内侵入岩具中深成相特点,绝大部分落入低温槽和低温共熔点附近(图3-53),由此推断,侵入岩成岩温压由新到老分别为:则雄岩体 700℃、2GPa±,形成深度 3～4km;中新世中期岩体、松多岩体 700～720℃、2～3GPa,形成深度 2km;渐新世岩体成岩温度 700～720℃,压力 3～4GPa,推算形成深度 3～5km;始新世晚期岩体成岩温度 700～720℃,成岩压力 3～4GPa,推算成岩深度 5～8km;始新世中期岩体、普吓岩体成岩温度 700～720℃,初熔温度 680℃,成岩压力

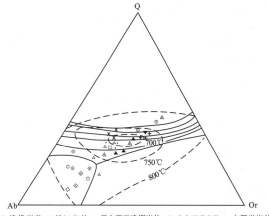

图 3-53 中酸性侵入岩不同成岩温度、压力下 Q-Ab-Or 相图

4GPa±，推算形成深度 8km；始新世早期岩体成岩温度 700～780℃，初熔温度 680℃±，成岩压力 3～10GPa，形成深度 12～35km；古新世岩体成岩温度 700～780℃，成岩压力 3.5～7GPa，推算成岩深度 5～22km；晚白垩世岩体成岩温度 760～780℃，成岩压力 5～10GPa，推算成岩深度 25～33km；早白垩世晚期岩体成岩温度 780℃，成岩压力 10～11GPa，推算成岩深度 35～38km；洛堆岩体成岩温度 800℃±，成岩压力约 13GPa，推算成岩深度约为 46km。由上可看出，从早白垩世至中新世，测区侵入岩成生深度由深变浅，温度和压力也由高渐低。

(三) 成岩物源讨论

侵入岩成岩物质来源主要有两种。

1. 来源于上地幔和下地壳

此类侵入岩包括早白垩世早期、晚期和晚白垩世及古新世、始新世早期各侵入岩体。其依据如下：①各侵入岩其岩石学、矿物学及地球化学皆具有 I 型花岗岩特征；②大部分侵入岩体含暗色微晶闪长质和辉长闪长质深源包体。Didier 认为，含有这种包体的花岗岩，其原始岩浆是基性岩浆（地幔）和原生长英质岩浆不完全混合产物，$^{87}Sr/^{86}Sr$ 初始值为 0.7043～0.7052，说明与上地幔部分熔融或下地壳重熔有关；③本区莫霍面深度 72km，结合邻区 1：20 万拉萨幅、曲水幅地层资料估算地壳厚度 30～35km，与侵入岩形成深度相比，各侵入岩岩浆是地幔岩浆与地壳岩浆不完全混熔产物，即其物源主要来自上地幔和下地壳。

2. 来源于上地壳沉积改造

这类侵入岩主要包括沿弧背断隆分布的渐新世、中新世中期岩体和松多岩体及分布于陆缘岛弧的始新世中期、始新世晚期岩体。其依据是：①各侵入体具 S 型和 IS 型花岗岩特点，与岩石学、矿物学、岩石化学和地球化学等所反映的特点相同；②此类侵入岩形成深度一般较浅，是沉积岩和个别早期岛弧火山岩部分熔融形成的花岗质岩浆上升侵位形成的。

(四) 花岗岩的构造环境判别

不同类型的花岗岩形成于板块构造演化的不同阶段。自中生代以来，图区板块构造的演化与花岗岩成生关系如下。

(1) 一般认为，新特提斯晚期洋壳(J_3—K_1)于早白垩世晚期—晚白垩世早期向北开始俯冲，沿活动大陆边缘形成冈底斯火山-岩浆岛弧，新特提斯洋壳接着向冈底斯板块强烈俯冲。俯冲初期，速度较慢，摩擦力小，俯冲影响的范围不大，以基性岩浆上侵定位为主，兼部分重熔岩浆；至晚白垩世—始新世早、中期，洋壳俯冲速度不断加快，沿俯冲带产生的摩擦力持续增强，由于水分介入和部分活动组分的参与，重熔速度加快，致使地壳深部物质熔融，产生大量的中基性、中酸性岩浆，在强烈挤压构造环境下，形成测区岛弧区的早白垩世—始新世中期的 I 型花岗岩类。

(2) 始新世晚期—渐新世早期，两大板块已转为碰撞阶段。在板块碰撞阶段，上侵的岩浆与先侵的岩浆混合，沿构造裂隙上升侵位，形成冈底斯陆缘弧区具双重特征的 IS 型花岗岩及 S 型花岗岩类。

(3) 碰撞后期(渐新世早期至今)，进入陆内俯冲发展阶段，由于印度洋地块持续向北漂移挤压，产生的侧向伸展构造和逆冲断裂为图区北部大量壳源型熔浆上升侵位提供了通道，形成中新世 S 型花岗岩类。

综上所述，侵入岩自老到新总体特征是：侵位深度渐浅，岩石类型向酸碱质方向演化，亲石元素含量增高，少数亲铁、亲铜元素含量减少，稀土总量增高。岩石 SiO_2 含量演化没有明显间断标志，花岗岩的演化过程是相对连续的,与彼罗(Petyo Wi)等人(1979)总结的"挤压板块边界在挤压条件下演化具连续变异特点"观点相吻合。将岩体 Rb、Yb+Nb 含量分别投影到构造环境判别图上(图3-54),早白垩世早、晚期及晚白垩世、古新世、始新世早期各岩体投影点均落在火山弧花岗岩区,始新世中、晚期、渐新世各岩体落入同碰撞花岗岩区,仅中新世早期松多岩体、中新世中期各岩体投影点落入板内花岗岩区。另外,在不同构造环境判别图上(图3-55),早白垩世早、晚期及晚白垩世、古新世各岩体投入板块碰撞前区,始新世早、中、晚期及渐新世各岩体落入同碰撞期区,仅中新世早期松多岩体和中新世中期各岩体落入碰撞后抬升区。更进一步说明各侵入体的形成与构造环境关系密切。

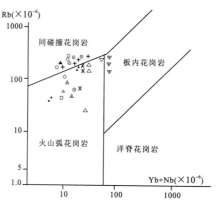

图 3-54 中酸性侵入岩构造环境 Rb-Yb+Nb 判别图

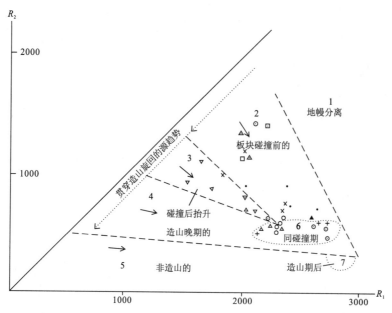

$R_1=4Si-11(Na+K)-2(Fe+Ti)$ $R_2=Al+2Mg+6Ca$

图 3-55 测区各时代岩体花岗岩类 R_1-R_2 变异图

第三节 火 山 岩

测区火山活动频繁、强烈,历时较长,火山岩比较发育,出露面积约 2489.5km²(图 3-56),占测区面积的 15.7%。包括中生代—新生代岛弧及陆缘山弧各类火山岩,是冈底斯陆缘火山-岩浆弧(带)的重要组成部分之一,除少数地层单位不含火山岩外,大部分构成地层单元的主体或夹(含)火山岩(表 3-62)。

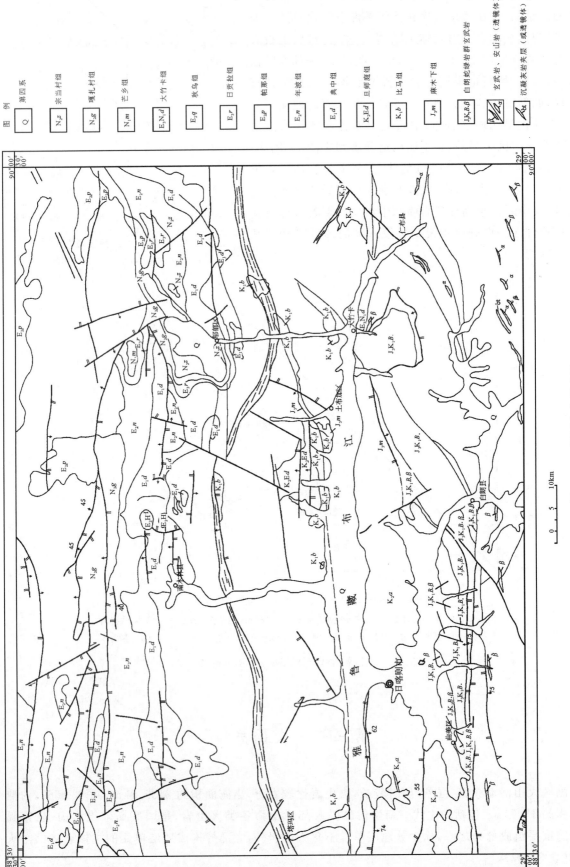

图 3-56 测区火山岩略图

表 3-62 测区火山岩地层一览表

分区	地层单元	代号	火山岩厚度(m)	占地层厚度(%)	岩石类型	岩石组合	沉积环境
北区	宗当村组	N_2z				凝灰质岩屑砂岩	陆相盆地
	嘎扎村组	N_2g	1004.77	62.4	中性—中酸性	粗面岩—流纹岩	
	芒乡组	N_1m	186.9	40	中酸—酸性	凝灰岩	
	日贡拉组	E_3r	169.71	68		凝灰质岩屑砂岩	
	帕那组	E_2p	1062.93	100	中性—中酸性	安山岩—流纹岩	陆相
	年波组	E_2n	329.86	100	中性—中酸性	凝灰岩—沉凝灰岩	
	典中组	E_1d	1301.7	100	基性—中酸性	玄武岩—英安岩	
中区	大竹卡组	E_3N_1d	47.7	6.6	中性—中酸性	粗面安山岩—英安岩凝灰岩	
	秋乌组	E_2q	200	33	中性—中酸性	沉凝灰岩	
	旦师庭组	K_2Ed	5118.7	100	基性—中性—中酸性	玄武岩、安山岩、英安岩	
	昂仁组	K_2a			中酸性	沉凝灰岩	
	比马组	K_1b	1749.7	61	基性—中性—中酸性	玄武岩、安山岩、英安岩	海相
	白朗蛇绿岩群	$J_3K_1B.$			基性	玄武岩	
南区	麻木下组	J_3m	29.4	17	基性—中酸性	玄武岩、安山岩、英安岩	
	嘎学群	J_3K_1G			中性—中基性	安山岩、玄武岩	
	遮拉组	$J_{2-3}z$			基性—中基性	玄武岩、安山岩、英安岩凝灰岩	
	宋热岩组	$T_3s.$			中性—中基性	安山岩、玄武岩	

在时空分布上测区火山岩呈现出明显的阶段性和与构造线方向一致的特征。大致以塔玛-由古-渡布韧性剪切带和雅鲁藏布缝合带(蛇绿岩的南界断层)为界,将区内火山岩分为南、中、北三个小区。南区火山岩不甚发育,主要以夹层形式出现,规模较小,空间上零星分布,主要岩石类型为基性—中基性—中性—酸性,根据岩石类型、接触关系及围岩时代等,分别划归晚三叠世宋热岩组,中晚侏罗世遮拉组、晚侏罗世—早白垩世嘎学群等。中区火山岩较发育,厚度7145m,近东西向条带状展布,根据岩性组合、旋回及韵律特征,将其划分为:晚侏罗世早期麻木下组、早白垩世早中期比马组、晚白垩世—第三纪旦师庭组,渐新世—中新世大竹卡组及晚侏罗世—早白垩世白朗蛇绿岩群中的火山熔岩等。其主要岩石类型为基性—中性—中酸性熔岩及火山碎屑岩;由于受后期花岗岩的侵入和破坏,现多呈残留体。北区火山岩最为发育,旋回清楚,韵律明显,火山地层出露厚度3463m。主要岩石类型为基性—中性—酸性—酸碱性等,根据接触关系、岩石组合、韵律特征及形成时代,将其分别划分为:渐新世日贡拉组,古新世典中组,始新世年波组、帕那组,上新世嘎扎村组,中新世芒乡组,上新世宗当村组中也夹有火山岩。

一、三叠纪火山岩

晚三叠世火山岩主要分布于卡堆乡东普夏哇一带和德吉林乡北、察巴乡北等地,仅在宋热岩组中见以透镜体状或夹层形式存在,断续展布,与沉积地层产状一致。其厚度一般小于50m。主要岩石类型为玄武岩、安山岩,前者多呈夹层赋存于变细碎屑岩和变泥质岩中。总体来看,基性岩较中性岩分布范围广,面积大;中性岩主要分布在德吉林乡及其以东地区。

二、侏罗纪—白垩纪火山岩

侏罗纪—白垩纪是测区海相火山活动的主要时期,火山活动强度大,火山岩分布范围广,主要出露在火山岩中区,南区仅零星出现。

（一）基本特征

侏罗纪—白垩纪火山岩纵向、横向有明显的不一致性,尤以纵向变化显著,表现在喷发方式、岩石类型、岩石组合等方面的差异。

1. 中区

1）麻木下组（J_3m）

该组火山岩呈条带状近北东-南西向展布于土布加乡一带中含少量火山岩夹层,区域上本组中夹含薄层状灰绿色蚀变安山岩、浅灰色强蚀变凝灰熔岩。

2）比马组（K_1b）

比马组多以残留体断续出露于雅江之北,其中在扎西定乡色青、青者和大竹卡东山嘴雅江边基本上由火山岩构成。该单位中火山岩控制厚度1749.7m,占整个地层厚度的61%。以中基性、中性、中酸性火山熔岩为主,普遍具片理化,并遭受区域浅变质作用,以溢流相为主,并夹有弱喷发相的凝灰岩。

3）白朗蛇绿岩群（$J_3K_1B.$）

蛇绿岩中的基性熔岩,厚度变化较大,呈断续的条带状、透镜状近北东东向展布,其长轴方向与区域构造线方向一致。主要由块状、枕状、角砾状、气孔状玄武岩组成。

4）昂仁组（K_2a）

昂仁组出露厚度和规模都很小,常呈透镜状夹层近东西向产出,岩性为沉凝灰岩和角闪安山岩两种。岩石均遭受了区域浅变质作用。

5）旦师庭组（K_2Ed）

旦师庭组呈不规则状残体产出,为一套中酸性火山熔岩及火山碎屑岩,以含火山豆凝灰岩为特征。岩石类型复杂多样,以爆发相及溢流相为主,亦有少量喷发沉积相。

2. 南区

1）遮拉组（$J_{2-3}z$）

该组火山岩主要为基性和中性火山熔岩,以夹层形式和扁平透镜体形式零星出露。规模较小,与页岩、砂岩及灰岩等整合接触。

2）嘎学群（J_3K_1G）

该群主要为基性火山岩、中性火山熔岩及火山碎屑岩,主要以透镜体形式夹于上段地层中,分布零散,规模较小。

3）甲不拉组（K_1j）

该组主要以夹层和透镜体形式出现,规模较小,分布零散,火山岩为基性、中性火山熔岩及沉积火山碎屑岩。

（二）岩石学特征

根据有关火山岩分类方案,将测区内侏罗纪—白垩纪火山岩分述如下所示。

1. 火山熔岩

该岩类主要有玄武岩、安山岩、玄武安山岩、粗安岩、和英安岩等。玄武岩在麻木下组、比马组和遮拉组中局部零星出现;安山岩主要出露于中区比马组、旦师庭组,南区的遮拉组、嘎学群、甲不拉组中,分布范围广。该种岩石为比马组和旦师庭组的主要岩性,一般出现于各喷发韵律层的下部。玄武安山岩出露较少,主要分布于比马组中,常夹于安山岩中,为喷发韵律的下部组分。粗安岩主要见于旦师庭组中,出露规模较小,以夹层形式出现。英安岩主要分布于比马组、旦师庭组中,以夹层形式产出,出露规模较小。

2. 火山碎屑熔岩类

该岩类主要有安山质凝灰熔岩、英安质凝灰熔岩、安山质火山角砾岩等。安山质凝灰熔岩分布于旦师庭组中,为主要岩石类型之一,出露规模较大,一般出现于喷发韵律的中上部。在嘎学群上部以夹层形式、透镜体状零星出露。英安质凝灰熔岩仅分布于旦师庭组中,以夹层形式出现,出露规模小。安山质火山角砾岩主要分布于旦师庭组中,以夹层形式出现,一般出现于喷发韵律层的底部。

3. 正常火山碎屑岩类

该岩类主要有安山质豆状凝灰岩、安山质(含)角砾晶屑玻屑凝灰岩、安山质火山角砾岩、(安山质)沉凝灰岩等。安山质豆状凝灰岩仅见于旦师庭组中,是本组特征性岩石,一般出现在喷发韵律的中上部位。安山质(含)角砾晶屑玻屑凝灰岩主要分布于旦师庭组和比马组中,一般出现于火山喷发韵律层的底部。安山质火山角砾岩主要分布于旦师庭组中,出露厚度不大,一般出现于火山喷发韵律的底部。(安山质)沉凝灰岩主要分布于昂仁组、甲不拉组中,以夹层形式或扁平透镜状零星出露。

(三)岩石化学特征

1. 岩石化学成分

岩石化学成分、标准矿物及特征参数列于表 3-63。从表中可以看出 SiO_2 含量为 $51.20\%\sim67.46\%$,属基性、中性到中酸性岩范畴,其中安山岩 SiO_2 平均含量为 58.47%,与大边缘安山岩的 SiO_2 含量非常相近;Na_2O 的含量明显大于 K_2O,与典型安山岩基本一致。

比马组火山岩中的主要氧化物变化特征见图 3-57,可以看出,SiO_2 与 K_2O、Na_2O 含量变化成正相关,而与 CaO、MgO、Fe_2O_3 则成负相关,这种规律反映钙碱性火山岩系列酸度不同的变化特征。旦师庭组中火山岩的氧化物变化特征(图 3-58)与比马组火山岩的变化特征基本一致,只是比马组中 Al_2O_3 随 SiO_2 的增加出现由高→低→高的变化趋势,而前者则从低→高→低,总体随 SiO_2 升高而呈降低趋势。

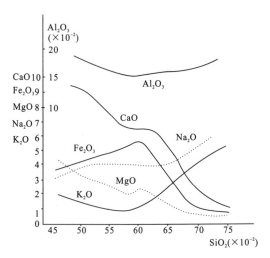
图 3-57 比马组 SiO_2 与其他氧化物变异曲线图

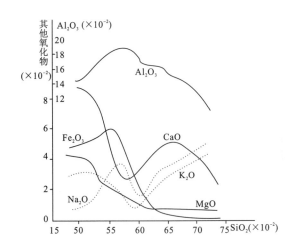
图 3-58 旦师庭组 SiO_2 与其他氧化物变异曲线图

表 3-63 测区火山岩岩石化学分析结果一览表

火山岩分区	北区														中区										南区		标准安山岩		
地层单位	嘎扎村组		帕那组	年波组			典中组							大竹卡组		旦师庭组		比马组				白朗蛇绿岩群			嘎学群	昂仁组	黎彤、饶纪龙(1962)	里特曼平均值	KC 康迪 岛弧 安山岩	大陆边缘安山岩
样号	9158-15	9053-1	9128-2	1013-2	4204-9	4209-41	4209-39	1056-10	4207-4	4209-29	6147-8	3236-8	4080	4207-19	6147-34	4209-8	5046	3014	II LG 001 GS01-1	II LG 001 GS01	D201 GS1	9171-29	9171-29	4061-20	4061-15	4147-4	4147-12	6P5 GS5	IP3 2GS1	SP II GS3	SP I GS6	SP I GS9	SP I GS13	P6 GS16	P5 GS9				
岩石名称	英安质凝灰岩	片理化英安岩	安山岩	粗面岩	酸性熔岩	凝灰角砾岩	酸性凝灰熔岩	安山岩	英安岩	流纹质凝灰熔岩	凝灰质熔岩	岩屑凝灰熔岩	安山岩	凝灰质粉砂岩	安山岩	玄武安山岩	安山岩	玄武岩	晶屑凝灰岩	晶屑凝灰岩	角砾晶屑凝灰岩	玻屑凝灰岩	玄武岩	安山岩	玄武岩	安山岩	英安岩	安山岩	玄武岩	玄武岩	玄武岩	粒玄岩	粒玄岩	安山质凝灰熔岩	安山质砂岩				
SiO$_2$	65.74	59.85	51.04	55.98	74.02	71.08	72.94	55.74	73.38	66.85	54.8	56.04	56.94	62.08	59.90	51.38	58.98	51.74	68.88	68.46	66.86	61.28	52.54	59.34	51.20	61.11	67.46	54.96	55.04	53.18	64.14	41.20	55.92	52.25	89.70	56.75	57.97	57.30	58.70
TiO$_2$	0.63	0.68	1.08	1.39	0.27	0.25	0.28	1.51	0.20	0.54	1.20	0.98	0.92	0.64	1.10	1.16	0.75	1.16	0.37	0.33	0.35	0.86	1.15	0.34	0.67	0.86	0.38	0.62	0.63	0.95	0.61	0.02	0.85	2.57	0.16	0.76	0.87	0.58	
Al$_2$O$_3$	14.86	13.49	17.78	11.79	12.69	12.12	13.53	17.18	13.26	15.29	17.57	17.79	17.89	16.53	15.18	16.55	16.69	16.14	16.04	18.60	15.69	17.73	15.09	14.77	18.67	15.33	15.59	17.71	13.98	16.37	10.01	0.70	14.70	15.48	2.94	18.60	17.02	17.40	
Fe$_2$O$_3$	2.23	4.39	4.86	3.59	1.51	1.04	1.70	3.74	0.87	3.05	4.47	4.73	1.81	2.36	3.38	4.16	2.08	3.84	1.18	1.10	1.36	0.83	4.72	2.42	4.05	2.86	0.89	2.38	2.33	4.92	1.79	4.51	1.24	2.45	2.05	3.58	3.27	4.09	6.30
FeO	1.42	1.57	3.74	1.54	0.74	0.53	0.68	4.50	1.14	0.91	3.65	2.58	2.28	2.36	4.47	5.62	4.62	3.74	1.60	1.96	1.24	6.85	5.91	2.98	3.60	3.90	2.27	4.39	8.58	2.57	2.02	2.14	3.99	8.19	2.24	3.26	4.04	4.01	3.80
MnO	0.031	0.180	0.200	0.130	0.019	0.140	0.038	0.130	0.088	0.039	0.170	0.140	0.169	0.290	0.240	0.190	0.129	0.150	0.04	0.04	0.04	0.120	0.24	0.092	0.191	0.110	0.094	0.08	0.17	0.08	0.05	0.06	0.09	0.48	0.73	0.150	0.140		
MgO	0.98	1.89	4.14	4.61	0.32	1.38	2.01	3.73	0.71	0.59	4.22	5.57	2.61	2.57	1.70	4.03	1.93	4.14	0.62	0.89	1.15	1.96	3.83	1.97	3.39	2.41	1.82	4.22	8.11	5.27	3.22	37.44	7.12	4.88	0.93	3.42	3.33		
CaO	3.16	5.16	5.44	5.91	0.22	3.51	0.82	5.69	0.30	0.50	5.76	3.07	6.14	1.26	4.12	7.38	5.71	6.86	2.26	2.35	3.70	2.46	8.51	6.19	9.20	6.49	1.70	8.24	5.15	6.20	6.25	0.74	4.14	3.18	0.84	6.97	6.79	3.55	
Na$_2$O	3.70	3.57	5.12	2.34	3.54	1.93	1.07	3.27	3.68	3.17	3.84	2.94	3.10	5.19	4.41	3.30	3.42	2.44	4.43	3.24	3.75	1.78	3.49	4.15	4.41	3.81	4.76	3.76	5.75	5.62	3.78	0.12	5.22	5.36	0.23	3.07	3.48	8.70	2.80
K$_2$O	3.31	2.47	0.98	6.42	5.18	2.66	3.57	2.38	4.75	6.85	0.20	1.45	1.84	2.34	1.22	2.53	1.63	3.29	3.40	3.23	1.24	2.12	4.03	1.42	1.02	0.92	3.63	2.66	0.15	1.12	0.57	0.02	0.04	0.59	0.23	2.01	1.68	2.63	
P$_2$O$_5$	0.25	0.20	0.26	0.53	0.085	0.080	0.090	0.450	0.074	0.140	0.270	0.230	0.280	0.180	0.460	0.290	0.304	0.300	0.12	0.13	0.1	0.036	0.320	0.140	0.101	0.340	0.130	0.21	0.13	0.09	0.26	0.01	0.29	0.29	0.07	0.49	0.21	0.70	
H$_2$O$^+$	0.53	2.16	3.49	1.85	1.04	2.35	2.46	0.75	0.084	1.19	2.89	3.13	1.55	2.81	2.05	2.11	1.24	3.36	1.07	1.90	1.38	0.14	1.78	1.09	1.70	0.095	0.680	1.08	1.19	2.18	2.32	12.54	3.82	4.08	0.82				
F		0.120	0.060		0.016	0.004	0.092		0.004	0.060	0.050	0.084		0.032	0.056	0.026		0.047	0.82	1.72	2.02		0.015				0.076			0.00030	0.00060	0.00010	0.0008						
灼失量	2.15	5.68	4.13	4.93	1.06	4.18	2.98	0.86	0.86	1.24	3.22	3.59	2.65	2.92	2.74	2.69	2.18	5.42	1.08	1.40		3.00	2.19	3.55	3.11	0.62	0.81	0.82		2.72	6.80	13.17	5.72	2.87	0.56				
总量	99.72	99.74	99.37	99.55	99.84	99.12	99.99	99.59	99.58	99.58	99.66	99.66	99.58	100.01	99.35	99.96	99.65	99.79	101.08	105.15	100.9	99.18	99.97	97.06	99.62	99.06	98.61	100.63	100.02	99.09	99.50	100.13	99.32	99.80	100.70				

续表 3-63

火山岩分区	北区																		中区									南区
地层单位	嘎扎村组			响那组	年波组					典中组							大竹卡组		日喃庭组		比马组				白朗蛇绿岩群			嘎学群
样号	9158-15	9053-1	9128-2	1013-2	4204-9	4209-41	4209-39	1056-10	4207-4	4209-29	6147-8	3236-8	4080	4207-19	6147-34	4209-8	5046	3014	ⅡLG001 GS01-1	ⅡLG001 GS01	D201 GS1	9171-29	9171-19	4061-20	4061-15	4147-4	4147-12	6P5 GS5	IP3 2GS1	SPⅡ GS3	SPⅠ GS6	SPⅠ GS9	SPⅠ GS13
岩石名称	英安质凝灰岩	片理化英质安山岩	安山岩	粗面岩	酸性熔岩	凝灰质角砾岩	酸性凝灰熔岩	安山岩	英安岩	流纹质凝灰熔岩	凝灰质熔岩	岩屑凝灰岩	安山岩	凝灰质粉砂岩	安山岩	玄武安山岩	安山岩	玄武岩	晶屑凝灰岩	晶屑凝灰岩	角砾晶屑凝灰岩	玻屑凝灰岩	玄武岩	安山岩	玄武岩	安山岩	英安岩	安山岩	玄武岩	玄武岩	玄武岩	粒玄岩	粒玄岩
Or	19.48	14.47	5.57	37.84	30.61	15.85	21.15	13.91	28.38	40.62	1.11	8.35	11.13	13.91	7.23	15.13	9.46	19.48	20.03	18.92	18.92	6.12	8.35	6.12	5.57	21.70	16.14	1.11	6.68				
Ab	31.46	30.41	43.52	1.92	29.88	16.25	8.91	27.79	32.51	26.74	32.25	24.64	26.21	44.04	37.22	27.29	28.84	20.45	39.32	37.22	32.00	29.36	35.43	37.22	31.98	40.37	31.98	49.28	47.19	31.98	44.04		
An	14.19	13.35	22.53	2.78	0.28	16.69	3.34	25.31	0.56	1.67	26.15	13.63	26.70	5.28	18.08	22.81	25.59	23.36	10.29	10.85	16.41	25.03	17.52	27.81	21.97	7.51	23.36	11.40	16.41	8.62	1.05	1.54	3.34
Di	0.23	8.88	2.19	17.97				0.22					1.61		0.23	10.58	0.92	7.03				12.65	9.68	13.58	7.03		16.03	11.37	5.69	16.49	1.39		45.61
Hy	2.54	0.60	10.23	3.11	0.80	3.41	5.02	11.87	2.87	1.51	11.46	13.85	14.17	9.98	7.91	9.93	10.03	8.62	2.96	4.45	2.97	8.79	1.13	3.50	6.15	7.42	14.29	11.54	9.51	1.46	1.73	20.76	14.19
Q	24.00	18.54	0.60	4.74	33.42	40.50	48.60	9.84	30.84	20.52	13.08	19.50	12.00	15.06	17.70	1.56	17.7	6.12	22.88	23.60	23.36	6.06	16.26		18.90	7.51	18.38			26.37	79.44	7.51	21.65
C					1.12		6.73			2.04	1.53	6.52		3.47					0.92	3.87							4.12						
Mt	2.78	3.71	7.78	1.39	0.46	1.39	1.39	6.06	1.53	1.62	1.62	5.79	3.01	3.70	5.32	6.71	3.24	6.25	1.62	1.62	1.85	6.95	7.41	5.79	4.17	1.37	2.28	2.12	3.64	1.67	4.25	2.58	2.28
K+Na/Al	0.65	0.64	0.53	0.91	0.90	0.50	0.41	0.46	0.87	0.83	0.37	0.35	0.42	0.67	0.56	0.49	0.44	0.47	0.71	0.58	0.61	0.43	0.57	0.45	0.47	0.76				0.90	0.01		0.82
σ	2.16	2.17	4.63	5.91	2.42	1.66	0.72	2.51	2.45	4.21	1.46	1.44	1.75	2.97	1.88	4.13	1.50	3.76	2.52	2.31	2.04	2.14	1.90	3.60	1.24	2.88	3.45	2.89	4.46	1.73	1.22	2.14	2.43
τ	17.7	14.6	11.7	6.8	33.8	40.8	44.5	9.2	47	28.3	14.7	15.2	15.0	17.7	9.8	12.0	17.7	14.8	30.7	42.9	34.1	10.9	39.3	21.3	13.4	27.8							
A·R	2.27	1.96	1.71	2.96	3.43	1.66	0.96	1.66	3.38	2.34	1.42	1.53	1.55	2.74	1.82	1.04	1.58	1.54	2.58	2.16	2.12	1.45	1.72	1.19	1.55	2.89	1.82	4.01	1.85	1.73		1.77	3.83
FL	68.93	53.93	52.86	59.71	97.54	56.76	84.98	49.82	69.64	95.25	41.22	58.57	44.58	85.67	75.74	43.68	46.93	45.51	78.14	76.55	65.36	34.69	47.36	37.12	37.12	83.15	43.79	53.39	52.09	41.04	15.91	55.96	
SI	8.24	13.14	21.36	24.39	2.89	18.02	21.80	20.69	6.32	3.96	25.00	31.49	16.64	15.98	10.93	20.00	13.87	23.15	5.40	7.66	10.72	20.18	12.61	20.58	17.34	13.61	24.24	32.54	27.03	28.30	84.65	40.43	3.70
W	61.54	73.81	56.67	70.42	81.48	66.67	72.73	45.22	40.00	76.36	54.87	65.35	23.01	40.51	42.59	42.65	30.43	50.94	42.45	35.95	52.31	42.25	60.95	50.00	40.00	27.27							62.17
DI	74.94	63.42	49.69	62.50	93.91	72.33	78.66	61.54	91.73	87.88	456.70	52.49	49.34	73.01	62.15	41.38	55.58	46.05	82.23	79.74	74.28	41.45	59.74	43.34	43.34	80.43							22.73
岩石类别	次岩型	次岩型	次岩型	次岩型	过岩型	次岩型	过岩型	次岩型	过岩型	过岩型	过岩型	过岩型	次岩型	过岩型	次岩型	次岩型	次岩型	次岩型	过岩型	过岩型	正常型	过岩型	次岩型	次岩型	次岩型	次岩型	过岩型						

2. 各种指数特征

测区此时代火山岩标准矿物含量及特征参数见表3-63,从表中可看出,火山岩主要为过铝型和次铝型。

1)碱度类型及火山岩系列

旦师庭组火山岩σ值在0.83～2.14之间,为钙性-碱钙性类型。比马组火山岩σ值在1.23～3.60之间,为钙性-碱钙性-钙碱性类型,以碱钙性和钙碱性为主。硅-碱图(图3-59)中均投点于亚碱性系列区,少数位于碱性和亚碱性分界线附近,表明属亚碱性系列,在火山岩AFM图解中(图3-60),投点均落入钙碱性玄武岩系列区中,而在久野的硅-碱关系图(图3-61)中,投点则较分散,大部分投点于碱性玄武岩区,少数投点于高铝玄武岩和拉斑玄武岩区。旦师庭组和比马组以高铝玄武岩系列为主。

△旦师庭组 · 比马组 × 白朗蛇绿岩群 ○嘎学群

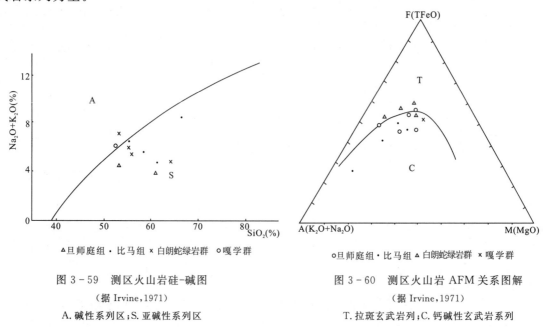

图3-59　测区火山岩硅-碱图

(据Irvine,1971)

A.碱性系列区;S.亚碱性系列区

○旦师庭组 · 比马组 △白朗蛇绿岩群 ×嘎学群

图3-60　测区火山岩AFM关系图解

(据Irvine,1971)

T.拉斑玄武岩列;C.钙碱性玄武岩系列

2)碱度指数A · R

该时期火山岩碱度指数A · R在1.19～4.01之间,其平均值为2.20,大多数在1.19～2.89之间,总体上碱度指数值较低,而且其值变化区间较小。从SiO_2与碱度指数(A · R)关系图(图3-62)上可看出,比马组火山岩全部投点于钙碱性岩系区;旦师庭组绝大多数位于钙碱性岩系区,只有少数样品位于碱性岩系区;嘎学群投点于过碱性岩系区,白朗蛇绿岩群火山岩投点于碱性和过碱性分界线处,以上说明应为钙碱性-碱性岩系,与里特曼岩系指数所反映的基本一致。

3)分异指数DI

旦师庭组和比马组的分异指数DI平均值分别为49.47、59.99,从早到晚期,分异指数值降低,表明岩浆分异程度减弱。比马组中安山岩DI值为43.33～59.47,英安岩为80.43,与标准安山岩(DI=50～65)和英安岩(DI=64～80)基本相同,这表明该时代中性-中酸性熔岩结晶分异程度较好。从比马组的分异指数DI与氧化物关系曲线图(图3-63)上表明,SiO_2、K_2O、Na_2O等含量与其成正相关,而CaO、MgO、Al_2O_3等含量则为负相关。以上演化特征呈单模式表明,比马组火山岩属同一火山旋回。

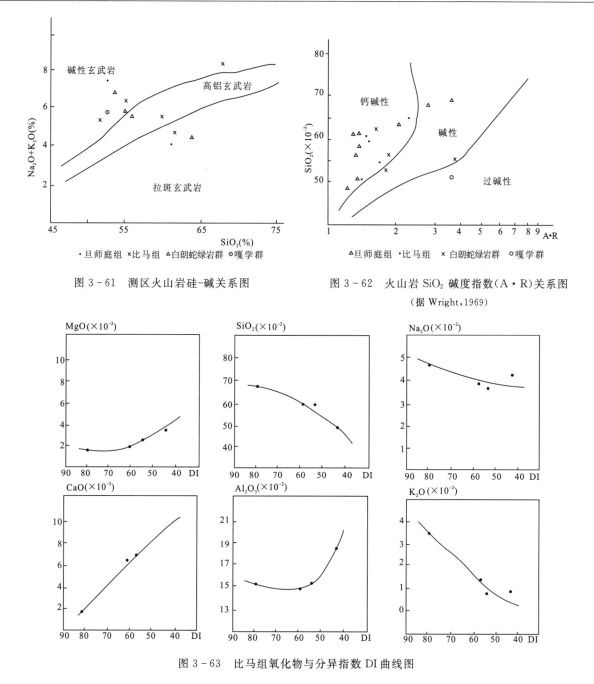

图 3-61 测区火山岩硅-碱关系图

图 3-62 火山岩 SiO₂ 碱度指数（A·R）关系图
（据 Wright，1969）

图 3-63 比马组氧化物与分异指数 DI 曲线图

从 AFM 图解（图 3-64）中可以看出，该组火山岩投点均贴近 AF 一边向 A 角处变化，反映了比马组火山岩从中基性向酸性演化趋势，属钙碱性系列。

4）固结指数 SI

测区内嘎学群的 SI 值为 22.73，蛇绿岩中火山岩 SI 值为 32.54，比马组火山岩 SI 值为 12.61～24.24，平均值为 17.68，旦师庭组 SI 值为 14.08～20.18，平均值为 17.33，总体上从早到晚期，固结指数 SI 值呈逐渐降低的趋势，MgO 含量变化亦具有上述规律。一般不同的岩石类型 SI 不同，任何岩浆从早到晚期分异趋势都是从富 MgO 进行的，即 SI

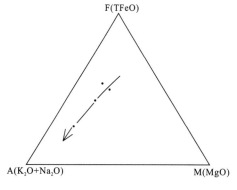

图 3-64 比马组火山岩 AFM 三角图解

随着岩浆分异而逐渐减少。蛇绿岩中的基性熔岩固结指数与标准玄武岩(SI=30～40)基本一致，说明岩浆在结晶分异作用过程中剩余的熔体量相对较低。比马组和旦师庭组的SI值低于标准玄武安山岩(SI=20～29)，即接近于标准安山岩(SI=10～19)的SI值，表明两组火山岩，在岩浆分离结晶作用时，剩余的液体相较少，大部已结晶成固体相。

5) 氧化指数 W

测区内比马组的氧化指数在27.27～60.95之间，平均值为44.56，旦师庭组在9.52～24.25之间，平均值为25.89，两组氧化指数跨度较大，反映了白垩纪火山活动持续时间较长，从早到晚期，氧化指数有逐渐降低趋势，火山岩氧化程度逐渐减弱。

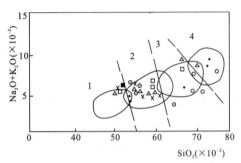

图 3-65　火山岩硅碱命名图解
1. 玄武岩；2. 安山岩；3. 英安岩；4. 流纹岩

3. 岩石化学定名

在硅碱命名图解(图3-65)中，嘎学群中的火山碎屑岩投点在玄武岩和安山岩的界线处，比马组火山岩投点离散度较大，分别落入玄武岩、安山岩及英安岩区，以安山岩区较多；旦师庭组投点落于玄武岩区及安山岩区，此图解只把火山岩分了四个大类，可与其他图表相对照。

在全碱-二氧化硅(TAS)图解(图3-66)中，旦师庭组投点于安山岩-玄武安山岩区；比马组投点于粗面玄武岩-玄武粗安岩-粗面岩-安山岩区，投点分散，多数位于安山岩区，蛇绿岩中火山岩投点于玄武粗安岩区；嘎学群火山岩投点于玄武粗安岩区。

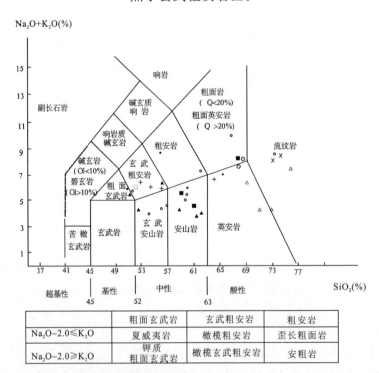

图 3-66　火山岩全碱-二氧化硅(TAS)图解的化学分类和命名
(据 Le Bas 等, 1986)

在火山岩酸度、碱度、名称图解（图3-67）中，旦师庭组投点于安山岩-高铝玄武岩区；比马组投点分散，位于碱性玄武岩-玄武安山岩-安山岩-英安岩区；蛇绿岩中火山岩投点落于玄武安山区；嘎学群火山岩投点于碱性玄武岩区。

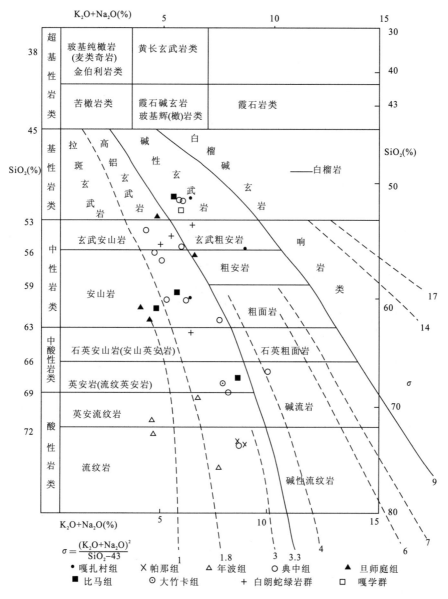

图3-67 确定火山岩的名称、碱度、系列、组合图解
(据邱家骧，1985)

综上所述，旦师庭组火山岩应为安山岩类，其岩石化学成分类型属安山岩-玄武安山岩-英安岩系列。比马组应为玄武岩类和安山岩类，岩石化学成分类型为玄武岩-玄武安山岩-玄武粗安岩-安山岩-英安岩系列。蛇绿岩中火山岩应为玄武岩类，其岩石化学成分类型属玄武安山岩-玄武粗安岩系列。嘎学群火山岩应为玄武岩类，岩石化学成分类型属玄武岩-玄武粗安岩系列。

(四) 地球化学特征

1. 微量元素特征

测区内侏罗纪—白垩纪火山岩微量元素列于表3-64中，具有以下几个特点。

表 3-64 测区(海相)白垩纪—古近纪火山岩微量元素分析成果表

地层单位		旦师庭组								比马组							白朗蛇绿岩群				嘎学群
序号		1	2	3	4	5	6	7	8	9	10	11	12	13	14	15	16	17	18	19	20
岩石名称		角闪安山岩	角闪石英安山岩	安山质凝灰熔岩	安山质凝灰岩	火山角砾岩	角闪英安岩	英安质凝灰岩	粗安岩	玄武安山岩	安山岩	安山岩	安山质凝灰岩	英安岩	流纹质凝灰岩	安山岩	玄武岩	气孔状玄武岩	角砾状玄武岩	粒玄岩	安山质凝灰岩
平均样数		4	2	2	6	2	1	3	1	1	8	1	3	3	3	1	1	1	1	2	1
微量元素含量 ($\times 10^{-6}$) ($Au \times 10^{-9}$)	P	1524	494	1631	879	16.45	486	1191	1080	992	774	1700	570	804	242	1000	400				1500
	Cr	190	457	194	99.5	242	111	195	186	238	257	68.2	285	167	85	28.9	86.0	106	96.2	684	103
	Zn	156	307	229	113	226	98.3	96.5	92.5	80.5	123	126	249	135	121	51.2	163	77.0	77.8	60.8	77.7
	Rb	8.3	50.4	9.5	71.7	24.9	26.2	32.5	52.7	28.8	45.5	34.5	65.4	218	110	40.3	1.2	25.6	31.4	11.2	8.3
	Sr	330	249	354	234	421	159	326	389	373	398	586	469	684	95.4	670	120	183	375	278.1	300
	Y	28.3	31.2	26.9	36.1	30.3	36.8	29.9	25.7	17.8	17.5	14.5	17.6	13.8	66.4	15	37				32
	Zr	138.6	233.5	110.1	169	150	264	181	150	58.7	160.3	120	164	83.6	792.3	110	77				260
	Nb	9.43	9.8	9.05	10.3	10.0	10.6	9.7	7.4	8.5	11.6	13.1	10.4	10.8	68.1	20.4	2.1				52
	Th	4.1	7.55	<4	4.18	<4	4.3	<4	<4	<4	8.26	10.2	8.3	11.3	14.4	4.6	5.1	2.41	15.4	6.83	12.0
	Co	21.6	3.15	24.9	14.6	17.4	1.81	9.17	13.2	41.6	8.51	21.2	4.17	13.3	2.82	16.1	33.0	25.9	12.3	53.8	40.3
	Ni	25.7	6.65	19.7	19.9	16.9	7.45	6.58	17.8	58.5	8.28	22.4	5.94	11.6	3.80	16.3	65.2	38.4	76.2	1396	75.9
	Ba	109.4	393	188	481	308	897	589	379	284	1120	309	1142	598	608	480	15	117	164	87.4	190
	Mn	1778	732	1595	962	1380	871	1259	10.30	1430	705	985	751	877	799						
	V	187	39.1	200	131	157	21	107	127	221	652	168	30.7	93.4	169	290	250	198	81.4	79.7	310
	Be	1.41	1.42	1.38	1.70	1.55	1.31	1.69	1.37	0.94	1.29	0.35	1.87	0.78	1.64		1.7	1.66	1.69	1.12	
	Cu	222	16	43.9	44.0	48.8	123	20.3	10.7	167	50.7	87.5	37.9	70.5	32.1	38.4	39.0	19.4	73.9	17.8	31.4
	Ti	7353	3110	7565	8058	8350	2540	7223	5230	6404	3148	520	1983	2997	5257	3800	6500				1700
	La	17.1	20.1	13.3	15.3	15.0	20.6	17.4	15.6	9.19	24.4	18.0	26.9	43.1	31.7						
	As	2.26	2.50	1.47	9.06	2.12	1.09	1.90	4.93	<0.5	1.46	1.82	2.45	2.47	7.69	0.1	1.0	1.8	59.3	9.8	0.8
	Sb	0.665	0.690	0.750	0.787	0.645	0.710	0.440	0.890	0.370	0.410	0.510	0.610	0.460	0.450	69.5	0.11	2.49	1.19	1.31	0.26
	Bi	0.07	0.09	<0.05	0.138	0.225	0.100	0.006	0.130	0.090	0.180	0.100	0.370	0.147	0.510	0.04	0.03	0.06	0.19	0.09	0.04
	Hg	0.021	0.021	0.022	0.025	0.021	0.017	0.023	0.025	0.026	0.021	0.006	0.013	0.010	0.006	0.002	0.016	0.006	0.024	0.019	0.006
	W	0.465	0.990	0.395	0.698	0.625	0.380	0.527	0.880	0.780	0.780	0.960	1.090	0.860	2.640	0.44	0.08	0.2	3.2	1.8	8.3
	F	444	293	343	391	442	221	365	487	411	437	366	300	349	372	450	115				
	B	6.60	9.10	6.93	17.7	5.92	5.46	7.00	11.1	5.61	6.44	12.1	12.3	16.9	19.0		2.7	17.5	11.8	52.3	
	Pb	18.4	20.3	16.5	17.3	17.4	21.3	17.1	17.0	11.4	14.4	8.35	19.2	11.4	19.8	0.1	0.1	<1	30.0	<13.5	0.1
	Sn	3.37	3.56	3.39	3.47	3.37	3.48	3.35	3.05	2.93	0.93	2.11	3.10	2.95	9.12	5.2	0.6	9.5	2.0	4.1	5.4
	Ag	0.160	0.095	0.090	0.089	0.091	0.091	0.092	0.088	0.089	0.096	0.083	0.148	0.140	0.143	0.02	0.05	0.01	0.05	0.04	
	Cd	0.16%	0.160	0.185	0.160	0.220	0.180	0.171	0.150	0.150	0.220	0.440	0.160	0.300	0.203						
	Li	20.7	15.3	16.5	27.9	19.9	21.8	13.5	27.7	4.9	20.2	55.9	13.3	33.1	22.7	16.3	2.8	14.7	32.0	23.43	33.0
	U	0.86	0.88	0.90	0.92	0.88	1.15	0.73	1.25	0.75	1.30	0.85	1.95	1.45	1.52	2.7	2.6	1.13	1.67	1.73	1.6
	Au	3.56	4.15	6.53	5.24	3.38	2.55	3.24	2.40	1.68	1.69	1.34	1.21	1.85	9.42	1.3	0.6				
	Cl															440	159				
	Cs															2.6	1.8				2.1
	Mo															0.80	0.06	0.3	0.7	0.2	
	Sc															26	41	33.2	8.86	10.3	26
	Ta															<0.5	<0.5				3.60
	Hf															3.2	2.8				7.4
	K															27 600	800				2700
	Ga																20	22.5	19.6	16.7	

续表 3-64

地层单位		嘎扎村组						帕那组										年波组			
序号		1	2	3	4	5	6	7	8	9	10	11	12	13	14	15	16	17	18	19	20
岩石名称		安山岩	安山质凝灰熔岩	英安岩	凝灰岩	火山角砾岩	凝灰熔岩	酸性凝灰岩	粗安岩	安山岩	角砾凝灰岩	英安岩	英安质凝灰岩	石英斑	火山角砾岩	流纹质凝灰熔岩	流纹质凝灰岩	安山岩	熔结凝灰岩	英安岩	英安质凝灰熔岩
平均样数		1	1	1	2	2	1	1	1	2	1	2	3	1	1	1	2	2	1	1	3
微量元素含量 ($\times 10^{-6}$) ($Au \times 10^{-9}$)	Ti	7040	2190	5570	4800	3215	1250	937	1990	523	2770	2300	1038	876	1630	423	3349	4690	1640	4100	4345
	Ld	65.3	44.5	46.9	30.8	29.3	23	150.8	42.9	21.2	30.8	12.0	27.0	34.2	41.4	8.2	30.5	26.5	37.8	59	30.2
	As	2.95	2.60	80.9	19.6	24.7	465	26.3	1.44	7.43	12.9	5.42	10.9	1.8	0.5	0.5	0.5	6.15	17.2	12.9	9.44
	Sb	2	1.41	1.69	1.4	3.3	0.98	0.75	0.35	0.59	0.75	0.35	0.50	0.57	0.59	0.33	0.7	0.97	0.63	5.32	0.35
	Bi	0.07	0.06	0.13	0.18	0.17	0.52	0.46	1.2	0.75	0.198	0.51	0.18	0.08	0.05	0.05	0.09	1.18	2.14	0.35	0.11
	Hg	0.036	0.039	0.032	0.052	0.095	0.025	0.11	0.006	0.024	0.02	0.017	0.026	0.42	0.24	0.022	0.029	0.022	0.006	0.022	0.017
	W	0.91	2	1.5	1.65	1.55	1.7	1.7	1.9	2.15	1.5	1.12	1.24	1.7	3.2	0.64	2.56	1.1	3.4	2.9	1.7
	F	1330	597	838	516	467	523	379	1080	3.98	492	303	277	367	335	308	426	468	483	1900	519
	B	46	60.2	17.8	40.2	60.6	219	287	25.1	14.7	18.6	13.4	19.9	18.0	31.2	13.8	11.4	12.1	39.9	93	22.7
	Pb	27.8	36.9	37.6	27.6	26.9	15.4	32	50.9	31.4	28.4	16.8	17.1	12.9	14.3	13.1	16.6	16.4	23.1	189	13.2
	Sn	2.79	2.88	3.19	3.14	2.85	2.9	2.72	3.9	2.69	2.58	3.42	2.34	2.15	2.69	8.85	3.04	3.09	3.8	3.97	2.13
	Ag	0.089	0.096	0.11	0.096	0.105	0.094	0.1	0.103	0.21	0.31	0.108	0.13	0.10	0.091	0.098	0.098	0.091	0.133	0.266	0.13
	Cd	0.17	0.18	0.17	0.16	0.17	0.16	0.14	0.11	0.15	0.16	0.13	0.15	0.18	0.14	0.18	0.14	0.15	0.21	0.67	30.9
	Li	56.4	48.8	12.2	55.4	24.5	41	52.1	43.6	44.6	44.4	23.6	25.3	24.1	14.3	21.1	10.4	35.8	34.3	15.9	1.98
	U	1.5	3.05	1.1	1.43	2.1	5.0	37	7.4	1.45	0.65	1.38	1.65	3.5	3.85	2.95	1.16	1.7	1.8	4.7	2.48
	Au	1.31	1.52	1.19	1.63	1.57	1.59	1.19	1.53	2.02	2.22	1.62	1.61	1.0	1.9	2.35	30.7	1.73	0.8	2.07	
	P	2380	334	1450	929	728	220	164	440	664	479	490	177	115	116	55.9	600	870	187	872	230
	Cr	1352	119	151	129	123	52.8	51.3	139	148	156	265	173	443	333	267	352	67.4	79.3	93.8	226
	Zn	397	219	134	137	177	172	126	57.4	167	65.8	48.4	51.8	28.2	25.5	18.0	47.2	64.4	227	243	24.5
	Rp	177	114	154	101	130	216	140	342	221	141	121	102	108	109	93.3	137	44.6	101	201	97.3
	Sr	1020	247	985	643	747	167	107	485	189	254	151	102	98.5	140	29.6	128	261	59.4	48.3	327
	Y	21.8	283	16.3	18.3	12.4	15.5	14.4	13	29.3	24.4	16.9	19.6	33.5	22.7	17.5	26.8	23.3	36.8	31	19.8
	Zr	262	208	204	159	147	98.4	81.5	148	227	178	134	121	104	134	52.1	152	180	199	364	160
	Nb	21.6	12.6	10.8	9.1	9.1	7.9	7	15.1	12.5	9.7	9.4	8	15.8	9.2	8.0	14.3	12.9	16.5	24.4	10.2
	Tb	12.6	18.9	31	13.4	14.5	24.4	17.3	46.7	13.9	14.6	17.8	12	29.5	13.9	18.5	25.8	42.9	28.9	32.6	19
	Co	17.3	1.15	8.52	10	15.5	2.18	<1	4.56	3.93	4.3	1.42	<1	<1	1	1	3.29	9.05	2.46	5.45	1.55
	Ni	45.6	<3.5	20.5	19	10.3	4.08	<3.5	7.73	3.75	<3.5	5.36	4.95	5.0	5.1	3.5	4.05	2.98	4.02	9.29	4.72
	Ba	1130	513	1460	632	1256	2240	767	662	836	605	544	517	104	267	446	250	322	377	562	364
	Mn	590	693	208	768	1151	89.2	49.4	214	762	617	436	367	382	165	233	562	813	247	240	230
	V	124	21.7	88.8	124	79.4	17.5	19	30.4	71.5	41.8	34.5	6.7	5.0	22.9	6.05	28.9	114	16.7	67.2	18.1
	Be	2.83	2.64	3.81	1.43	1.68	3.74	1.91	5.71	3.69	2.13	2.07	1.69	2.8	1.83	0.97	1.91	1.72	2.58	3.72	1.75
	Cu	12.8	5.7	19.3	31.2	19	8.35	10.4	20.7	9.14	7.24	3.93	5.10	4.13	6.93	8.35	4.75	13.9	14	31.4	15.1

续表 3-64

地层单位		年波组							典中组											
序号		21	22	23	24	25	26	27	28	29	30	31	32	33	34	35	36	37	38	39	40
岩石名称		晶屑凝灰岩	熔结火山角砾岩	流纹岩	流纹质凝灰岩	粗面质凝灰岩	凝灰质砂岩	玄武岩	玄武安山岩	玄武质凝灰熔岩	安山岩	凝灰质安山岩	安山质凝灰熔岩	熔结凝灰熔岩	英安岩	英安质凝灰熔岩	英安质凝灰岩	流纹岩	流纹岩	火山角砾岩	凝灰质砂砾岩
平均样数		2	1	1	2	1	2	1	2	1	9	1	4	3	2	6	4	1	1	1	3
微量元素含量 ($\times 10^{-6}$) ($Au \times 10^{-9}$)	Ti	2560	2080	1380	1333	1140	5580	6690	5950	6260	5310	6340	3683	4693	2460	2839	2318	1770	1140	7500	4473
	Ld	26.8	15.6	34.2	38.8	29.0	17.1	19.7	22.2	20.1	25.1	16.6	1	19.5	15.4	28.9	27.3	29.6	35.9	18.9	29.4
	As	12.6	3.43	5.19	3.75	1.82	2.0	18.4	39.3	2.11	11.9	5.6	6.87	8.9	12.5	12.6	9.64	5.39	8.27	25.4	25.4
	Sb	2.44	0.28	0.69	0.72	0.87	0.85	3.06	3.17	0.57	0.66	0.4	0.93	0.8	0.59	1.16	0.98	0.67	0.70	0.66	2.20
	Bi	0.34	0.72	0.32	0.34	2.92	0.33	0.69	0.12	0.05	0.218	0.08	0.079	0.071	0.20	0.24	0.59	0.30	0.37	0.076	0.27
	Hg	0.015	0.007	0.028	0.044	0.006	0.015	0.021	0.020	0.032	0.016	0.01	0.025	0.018	0.018	0.037	0.04	0.006	0.006	0.016	0.018
	W	1.9	5.1	0.5	1.4	4.3	0.89	0.92	1.56	0.78	0.98	1.2	1.03	0.84	0.69	1.43	1.85	1.40	1.20	0.72	1.53
	F	1030	616	338	488	273	785	636	435	534	535	837	424	629	410	677	496	267	352	674	503
	B	59.5	27.9	25.9	42.6	25.2	37.8	36.0	24.3	8.64	16.2	16.3	13.8	22.7	22.9	60.7	69.0	100	26.7	17.5	21.0
	Pb	40.1	14.2	20.2	23.8	20.1	49.8	12.1	38.7	17.7	27.0	17.9	16.0	13.2	34.7	17.4	21.1	14.0	13.4	14.2	24.7
	Sn	2.89	2.43	3.13	2.67	2.71	2.52	2.01	2.67	3.0	2.80	3.17	2.7	2.66	2.21	2.39	2.70	3.30	2.15	2.77	2.75
	Ag	0.14	0.146	0.11	0.09	0.07	0.11	0.085	0.11	0.10	0.12	0.098	0.103	0.086	0.215	0.256	0.133	0.105	0.119	0.083	0.18
	Cd	0.31	0.09	0.18	0.15	0.12	0.21	0.15	0.13	0.21	0.17	0.18	0.13	0.14	0.16	0.15	0.141	0.11	0.15	0.21	0.15
	Li	23.8	47.8	41.0	56.5	22.0	23.8	28.9	40.7	39.1	28.8	22.8	21.8	36.3	15.4	27.7	29.6	19.6	43.1	32.7	50.6
	U	2.18	4.3	1.25	2.77	3.0	3.05	1.25	1.45	0.80	1.17	1.5	1.25	0.85	0.78	1.79	1.48	2.1	4.4	0.8	1.25
	Au	1.60	1.69	1.87	2.06	0.89	1.47	1.54	1.85	1.65	1.90	0.56	1.63	2.44	2.45	1.76	2.04	6.65	2.12	2.16	8.10
	P	449	506	179	206	85	8.69	1380	1206	1020	1180	1190	599	641	892	640	561	311	252	1300	765
	Cr	48.1	97.9	37.7	131	113	88.5	230	104	268	154	58.2	245	195	106	213	298	85	85	83.5	120
	Zn	215	75.9	55.5	83.5	73.3	76.7	80.8	400	204	226	144	154	144	171	124	167	74.4	102	319	351
	Rp	129	236	125	113	187	124	50.8	73.9	24.3	87.7	66.0	112	78.1	40.8	119	132	85.9	144	109	9.6
	Sr	128	160	69	230	134	302	592	700	468	446	420	236	202	246	195	168	381	439	341	227
	Y	27.2	19.6	28.5	26	35.7	22.8	23.8	23	22.2	25.3	21.1	21.9	22.4	28.9	25.5	260	24.8	28.6	26.4	21.9
	Zr	188	144	220	144	199	142	141	148	161	198	148	131	140	225	192	214	135	137	176	205
	Nb	12.4	11.3	14.9	12.4	12.7	9.5	11.5	9.9	8.5	11.0	14.4	9.5	9.2	9.8	11.5	13.1	14.9	12.3	10.11	11.3
	Tb	13.4	17.9	18.9	21.3	20.9	9.1	6.8	7.4	4.0	7.9	8.3	8.4	7.3	5.0	14.5	14.3	10.4	11.9	<4	13.0
	Co	10.4	3.2	1	4.1	2.74	24.1	24.5	21.5	28.8	13.7	26.4	6.0	14.2	1.1	7.65	4.5	3.8	2.55	29.8	965
	Ni	8.7	2.59	3.5	4.41	5.13	16.6	23.2	8.59	18.6	8.16	16.2	4.89	6.68	<3.5	8.69	12.7	8.29	3.69	19.3	11.7
	Ba	58.1	651	340	321	7.35	337	426	515	289	455	483	453	454	319	533	506	718	443	534	488
	Mn	1265	336	223	443	136	1345	1150	1610	1050	877	1340	560	1010	763	955	609	330	369	1090	1838
	V	38.1	31.4	12.2	22.2	7.11	167	152	143	162	98.5	208	78.1	77.6	7.18	47.1	28.8	27.4	8.72	188	104
	Be	2.48	2.04	2.04	2.03	2.42	1.36	1.28	1.44	1.52	1.69	1.98	1.67	1.17	1.41	2.51	215	2.67	2.21	1.22	2.09
	Cu	18.1	6.66	6.79	16.8	12.1	2.01	58.4	27.5	29.9	33.8	13.2	20.7	12.0	1.62	7.72	12.4	13.4	12.0	17.1	12.5

(1) 大离子亲石元素 Sr、Ba 及 P、Li 等元素随 SiO_2 含量的升高而降低,即在中基性岩和中性岩中的丰度值比酸性岩中富集;而 Rb、Au、Th 等元素却随 SiO_2 含量的升高而呈递增趋势,在酸性岩中较富集。测区内 Sr、Ba 的变化与火山岩的结晶分异作用相对应。

(2) 过渡元素 Cr、Ni 等,具有由基性岩→中、酸性岩逐渐降低的趋势。Co 趋向富集于中性岩中,基性、酸性岩中含量略低。Cu 的富集具有火山熔岩大于火山碎屑岩的变化趋势。

(3) 非活动性元素 Nb 因离子电位较高，具有较小的迁移能力，常富集于角闪石和黑云母中。测区内旦师庭组中 Nb 的含量在 $7.4 \times 10^{-6} \sim 10.6 \times 10^{-6}$ 之间，平均值为 9.535×10^{-6}，比马组 Nb 在 $8.5 \times 10^{-6} \sim 68.1 \times 10^{-6}$ 之间，平均值 20.417×10^{-6}。说明两个组的火山岩均具有大致相似的构造环境。Zr 元素在各组之间平均含量变化不大，但在不同岩性之间却存在一定差异。

(4) 火山岩中 Au 元素的丰度值大部分在 $1.21 \times 10^{-9} \sim 1.85 \times 10^{-9}$ 之间，为 Au 在岩浆岩中平均值的 $2 \sim 3$ 倍，个别样品中 Au 的含量为 9.42×10^{-9}，为 Au 在岩浆岩中的平均值的 20 倍。

(5) 不同组段的同种岩性，其微量元素差别较大，而同组段不同韵律层的同种岩性，其微量元素也存在较大差异。

2. 稀土元素特征

测区侏罗纪—白垩纪火山岩稀土元素及特征参数见表 3-65。总体具有以下特点。

(1) 各组火山岩稀土总量差别较大，其中嘎学群稀土总量最高（205.31×10^{-6}），比马组的稀土总量要高于旦师庭组。相对球粒陨石稀土元素富集。

(2) 旦师庭组、比马组、蛇绿岩、嘎学群、遮拉组的 $\sum LREE/\sum HREE$ 之值分别为：3.282、6.062～7.818、1.551、7.954、6.352，$(La/Yb)_N$ 值分别为 5.727、8.800～10.247、0.908、9.561、10.037，明显大于1，均显示重稀土亏损而轻稀土相对富集的特点，轻稀土分馏程度高于重稀土。由比马组→旦师庭组，$\sum LREE/\sum HREE$ 及 $(La/Yb)_N$ 值递减变化。

(3) $(La/Sm)_N$ 和 $(Gd/Yb)_N$ 值多大于1，仅蛇绿岩中火山岩其值小于1，说明轻稀土分馏程度高，而且较富集，而重稀土分馏程度低，富集程度差，蛇绿岩中火山岩则与之相反。

(4) 蛇绿岩中火山岩 δEu 值为1.055，大于1，其他 δEu 平均值均小于1，而且接近于1，说明具有弱的负 Eu 异常，反映了火山岩原始岩浆受到地壳混染程度较轻，蛇绿岩中的火山岩显示弱的正 Eu 异常，具有洋脊拉斑玄武岩的特征。

(5) 从稀土配分模式图上（图 3-68）可以看出，除蛇绿岩中火山岩的配分曲线近于水平外，其他各组配分曲线均向右倾斜的较平滑曲线，而且配分曲线的斜率大小相差不大，说明火山岩原始岩浆受地壳混染程度相差不大。

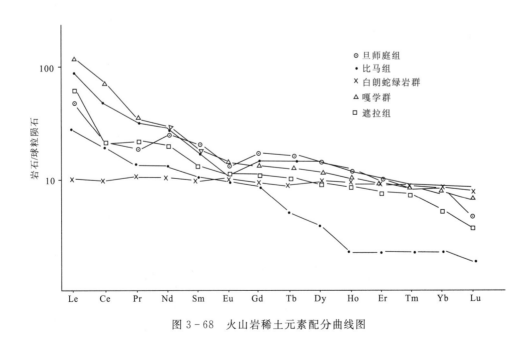

图 3-68 火山岩稀土元素配分曲线图

表 3-65 测区火山岩稀土元素含量分析成果及特征参数表

地层单位	嘎扎村组		帕那组	年波组					典中组			大竹卡组		日师庭组	比马组				白朗蛇绿岩群				嘎学群	遮拉组
样号	9054	9128-2	4204-9	4209-41	4209-39	4207-4	4209-19	4209-8	3236-3	6147-34	2P7-2XT1	D201-XT1	9171-19	4147-12	GP5T5	1P3-2×T1	SMI×T3	SPⅠ×T6	SP×T9	SPI×T13	P6×T16	P5×T9
La	43.72	12.35	22.67	35.32	20.15	76.04	51.23	21.86	22.82	27.74	28.6	23.6	15.81	30.24	18.3	4.82	4.69	41.7	3.13	38.4	41.3	30.6
Ce	73.64	21.98	19.94	75.53	40.71	142.61	91.54	31.91	41.33	49.45	48.9	41.3	20.63	47.58	35.7	10.2	65.8	72.5	3.21	67.8	85.8	37.2
Pr	6.04	2.37	2.63	6.04	3.27	12.10	8.04	11.79	4.55	5.37	4.78	4.50	2.56	4.22	3.49	1.93	1.10	7.70	0.14	7.63	8.29	5.72
Nd	29.78	13.36	18.15	25.57	13.78	53.62	36.85	3.29	28.16	30.47	20.8	19.3	16.88	19.15	18.2	10.0	7.00	37.4	0.56	35.2	36.8	27.0
Sm	6.50	4.00	3.86	5.03	2.94	10.56	6.84	5.27	7.09	7.68	3.26	2.64	4.42	3.93	3.81	3.13	1.70	5.72	0.20	5.59	7.72	5.51
Eu	1.09	1.14	0.61	0.85	0.48	1.40	1.31	1.24	1.51	1.96	0.75	0.76	1.08	0.90	1.23	1.25	0.90	1.32	0.045	1.44	2.47	1.44
Gd	5.87	3.10	3.52	5.87	4.30	13.61	9.84	6.64	8.54	9.89	1.94	1.97	6.14	5.29	3.57	4.27	3.21	3.67	0.20	3.90	7.35	5.43
Tb	0.79	0.53	0.63	0.94	0.70	2.07	1.50	1.01	1.53	1.55	0.28	0.28	0.94	0.84	0.45	0.75	0.54	0.57	0.028	0.62	1.25	0.81
Dy	5.76	3.46	4.31	5.76	4.31	12.06	8.81	5.89	8.18	9.31	1.36	1.39	5.51	5.10	2.65	5.81	4.06	2.23	0.20	2.73	6.36	4.75
Ho	1.14	0.73	0.95	1.14	0.86	2.67	1.67	1.11	1.61	1.81	0.19	0.23	1.04	1.01	0.45	1.20	0.76	0.31	0.035	0.45	1.15	0.03
Er	2.97	0.4	2.78	2.96	2.27	5.60	4.15	3.74	4.12	4.16	0.44	0.57	2.30	2.58	1.39	3.62	2.54	0.89	0.10	0.92	3.16	2.37
Tm	0.41	0.30	0.43	0.41	0.32	0.73	0.54	0.36	0.56	0.62	0.068	0.088	0.84	0.35	0.22	0.56	0.37	0.12	0.012	0.14	0.48	0.36
Yb	2.53	1.83	2.73	2.33	1.82	3.96	2.60	1.94	3.15	3.46	0.44	0.57	1.86	1.99	1.37	3.50	2.23	0.66	0.071	0.92	2.84	2.01
Lu	0.33	0.32	0.41	0.42	0.32	0.56	0.49	0.31	0.45	0.60	0.077	0.083	0.19	0.33	0.18	0.49	0.35	0.12	0.011	0.15	0.34	0.26
ΣREE	180.57	67.51	83.62	168.17	96.23	336.58	225.31	95.36	131.60	154.52	111.89	97.22	80.28	123.51	91.01	51.53	36.03	174.91	7.94	165.89	205.31	124.39
LREE	160.77	55.20	67.86	148.34	81.33	295.33	195.81	75.36	103.46	122.67	107.09	92.1	61.11	106.62	80.37	31.33	21.97	166.34	7.29	156.06	182.38	107.47
HREE	19.80	12.31	15.76	19.83	14.90	41.26	29.50	20.00	28.14	31.85	4.8	5.12	18.62	17.49	10.28	20.2	14.06	8.57	0.65	9.83	22.93	16.92
ΣLREE/ΣHREE	9.08	4.484	4.305	7.480	5.458	7.160	6.640	3.758	3.676	3.851	22.310	17.988	3.262	6.062	7.818	1.551	1.563	19.410	11.215	15.876	7.954	6.352
δEu	0.532	0.955	0.197	0.477	0.412	0.357	0.487	0.640	0.592	0.687	0.847	0.985	0.633	0.603	1.011	1.055	1.176	0.828	0.689	0.902	0.997	0.800
δCe	0.956	0.918	0.521	1.143	1.097	1.024	0.980	0.472	0.922	0.916	0.908	0.981	0.700	0.891	0.993	0.784	0.662	0.896	0.708	0.884	1.040	0.622
(Ce/Yb)N	7.528	3.106	1.889	8.384	5.785	9.315	9.471	22.927	3.36	3.696	28.305	20.634	2.831	6.184	6.655	0.745	0.752	28.038	11.345	18.835	7.711	4.721
(La/Sm)N	4.230	1.942	3.694	4.416	1.311	1.529	1.711	2.609	2.024	2.272	5.331	5.426	2.250	4.840	2.916	0.941	1.678	4.418	9.517	4.198	3.244	3.375
(Gd/Yb)N	1.843	1.366	1.040	2.032	1.906	2.773	3.176	14.883	2.187	2.306	3.525	3.088	2.663	2.145	2.091	0.972	1.150	4.453	2.207	3.388	2.070	2.169
(La/Yb)N	17.280	6.748	6.748	8.304	15.158	11.071	19.202	20.292	60.722	7.244	42.768	30.439	5.727	10.247	8.800	0.908	1.384	41.509	28.552	27.642	9.561	10.037

稀土元素含量 ($\times 10^{-6}$)

特征参数

(6)在 La-La/Sm 图解(图 3-69)上,样品投点于靠近部分熔融线两侧附近,反映了岩浆来源较浅,可能有少部分地壳物质熔融混入。

(五)构造环境分析

根据上述岩石学、岩石化学及地球化学特征,结合火山地层资料,对侏罗纪—白垩纪火山岩形成环境做如下分析。

(1)从演化规律看,由老到新,岩石总的趋势是由中基性向中性、中酸性演化,与侵入岩变化特征相同;火山喷发形式由宁静溢流、喷溢转为间歇沉积的周期性活动。微量元素 Sr、P、Ni、Li、Au、Th 等具有相关性,上述均说明火山岩与侵入岩的岩浆具有同源异相特征。

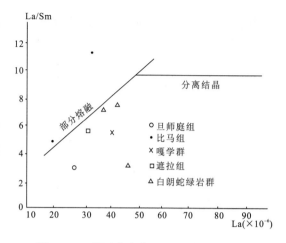

图 3-69 测区火山岩 La-La/Sm 图解

(2)在里特曼-戈蒂里图解(图 3-70)中,样品均落在造山带火山岩区,在 Ti-Zr-Sr 图解(图 3-71)中,大部分样品投点于岛弧钙碱性玄武岩区,只有蛇绿岩和嘎学群中火山岩投点落于洋脊拉斑玄武岩区,说明了旦师庭组、比马组等火山岩形成环境为岛弧环境,而蛇绿岩中基性熔岩则形成在一个具有洋壳海盆地的扩张中心(洋脊环境)。

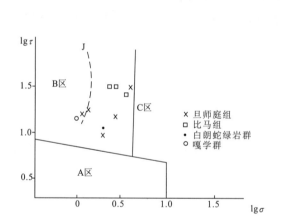

图 3-70 测区火山岩里特曼-戈蒂里图解
(据 Rittmann,1973)
A 区:非造成山带火山岩;B 区:造山带火山岩;
C 区:A、B 区派生的碱性、偏碱性岩;J:日本火山岩

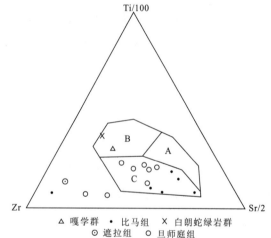

图 3-71 Ti-Zr-Sr 图解
A. 岛弧拉斑玄武岩;B. 洋脊拉斑玄武岩;
C. 钙碱性玄武岩(岛弧)

(3)在 $TiO_2-P_2O_5$ 图解(图 3-72)中,投点离散度较大,但蛇绿岩和个别旦师庭组火山岩样品落入洋脊玄武岩区,嘎学群样品落入洋岛玄武岩区。在 TiO_2-Zr 图解(图 3-73)中,比马组和旦师庭组样品全部投点于岛弧玄武岩区,蛇绿岩中火山岩投点于洋中脊玄武岩区,嘎学群投点于板内玄武岩区。以上两个图解与前述火山岩的形成环境对应,相互印证。

(4)侏罗纪—白垩纪火山岩 SiO_2 和 K_2O+Na_2O 含量特征与康迪确定的岛弧安山岩成分基本相近,区内安山岩稀土总量高,为轻稀土富集型,表明其岩浆源系上地幔—下地壳低度熔融的结果,母岩浆铕亏损,可能与形成于活动陆缘有关。

综上所述,该区侏罗纪—白垩纪火山岩,从岩石组合、岩相特征、岩石化学、地球化学特征分析,比马组、旦师庭组等为活动陆缘岛弧环境,蛇绿岩中火山岩为具洋壳的海盆环境。嘎学群及遮拉组火山岩的形成环境为陆缘岛弧前海洋。

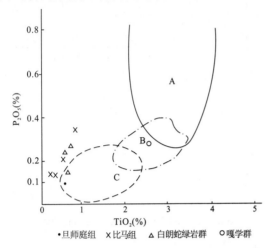

图 3-72 火山岩 TiO_2-P_2O_5 图解
A.碱性玄武岩区；B.洋岛玄武岩区；C.洋脊玄武岩区

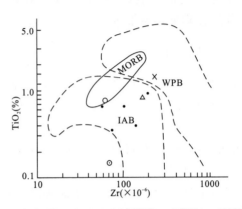

图 3-73 测区火山岩 TiO_2-Zr 图解
（据 Pearce，1979）
MORB：洋中脊玄武岩；WPB：板内玄武岩；IAB：岛弧玄武岩

三、古近纪火山岩

古近纪是冈底斯火山-岩浆弧中陆相火山活动主要时期。火山岩分布广泛，厚度巨大。该时期火山岩石类型比较复杂，主要为中基性-中性-酸性系列岩石，岩相类别多样，以爆发相、喷溢相、溢流相为主。

（一）基本特征

1. 中区

秋乌组（E_2q）：火山岩以中厚层状出现，呈紫红色，岩石类型较单调，为晶屑岩屑凝灰岩，厚度小于 260m。纵横向厚度变化较大。

2. 北区

1）典中组（E_1d）

该组火山岩主体出露于弧背断隆前缘断裂之南，厚度 843.81～1301.65m。为一套基性—中性—酸性熔岩、火山碎屑熔岩、熔结火山碎屑岩和普通火山碎屑岩类等。以深灰—灰绿色为基本色调。

2）年波组（E_2n）

年波组主体沿弧背断隆前缘断裂南北两侧东西向分布，厚度大于 329.86m。为一套中—中酸性的火山碎屑熔岩、普通火山碎屑岩和火山碎屑沉积岩为主的岩石组合，以喷发—沉积相为主，爆发相、溢流相较少。宏观上以紫红色调为主。

3）帕那组（E_2p）

帕那组主体沿弧背断隆前缘断裂北侧呈断续出露，厚度 1062.93m。主要为一套中—中酸性火山熔岩及火山碎屑岩组合，以喷发—喷溢相为主，也有少量爆发—喷发相火山岩，以灰白色调为主。

4）日贡拉组（E_3r）

该组火山岩在测区内呈条带状、环状及孤岛状展布，出露面积较小。主要为一套火山碎屑沉积岩组合，以紫红色调为主，主要火山岩岩石类型为火山岩屑砂岩，火山沉积岩厚度小于 169.71m。

该组横向上岩性及出露厚度均变化较大。在西部仲巴、革吉地区,岩性以中酸性火山碎屑岩、火山碎屑岩夹长石砂岩为主,东部以火山沉积岩为主,说明西部火山喷发活动较强。

(二)岩石学特征

1. 熔岩

该岩类主要由玄武岩、玄武安山岩、安山岩、英安岩、流纹岩、粗面流纹岩等。玄武岩出露于典中组中,一般呈夹层产出,西部较发育,向东相变为玄武安山岩。玄武安山岩主要分布于典中组中,以夹层形式出现,规模较小,横向不稳定。安山岩主要分布于典中组、帕那组中,是主要的火山熔岩类型,个别地段为含角砾安山岩、斜长安山岩、黑云母安山岩、辉石安山岩、凝灰质安山岩等。英安岩主要见于帕那组中部,出露规模较小,局部出现含角砾(岩屑)英安岩、辉石英安岩等。流纹岩主要见于帕那组中,年波组中少量出露,为主要熔岩类型,常为火山韵律的上部组分。粗面流纹岩主要分布于帕那组中,常呈夹层与流纹岩相伴产出。

2. 火山碎屑熔岩类

该岩类主要有安山质凝灰熔岩、英安质(角砾)凝灰熔岩、流纹质凝灰熔岩等。安山质凝灰熔岩分布于典中组中,年波组中仅有少量出露,为典中组的主要火山碎屑熔岩类型。英安质(角砾)凝灰熔岩主要分布于典中组、年波组中,为两组火山岩的主要岩石类型,常为火山喷发韵律的中上部分,出露规模较大。流纹质凝灰熔岩仅见于年波组中,出露规模极小,以夹层或透镜体形式出现。

3. 正常火山碎屑岩类

该岩类主要有熔结凝灰岩(熔结角砾凝灰岩)、安山质(英安质)熔结火山角砾岩、英安质(含角砾)岩屑晶屑凝灰岩等。熔结凝灰岩(熔结角砾凝灰岩)主要分布于典中组、年波组中,以夹层形式出现,常为喷发韵律的下部组分,层理清楚,因受变质和蚀变,显示片理化。安山质(英安质)熔结火山角砾岩主要分布于典中组、年波组中,以夹层形式出露,常为火山韵律的下部组分。英安质(含角砾)岩屑晶屑凝灰岩主要分布于典中组、年波组、帕那组中,为主要岩石类型之一,出露规模较大,常为火山喷发韵律的中上部分,分布较广。

4. 火山-沉积碎屑岩类

该岩类主要有沉凝灰岩、凝灰质(粉、细)砂岩、凝灰质(砂)砾岩等。沉凝灰岩主要分布于年波组中,呈薄层状,以夹层形式出现,出露规模极小。凝灰质(粉、细)砂岩主要分布于年波组中,是本组主要岩石类型,大都以夹层形式出现。凝灰质(砂)砾岩主要分布于年波组中,以夹层形式出现,出露规模较小。

(三)岩石化学特征

1. 岩石化学成分

该时代火山岩岩石化学成分、标准矿物及特征参数见表 3-63。从表中可看出,SiO_2 含量介于 51.03%~74.02%之间,属于基性、中性岩及酸性岩的化学成分范围内。典中组 SiO_2 平均含量为 58.93%、年波组 72.01%、帕那组 74.02%,年波组和帕那组明显偏高,为酸性火山岩类;典中组属中性岩类。全碱含量,典中组平均值为 6.12%、年波组 4.62%、帕那组 8.72%,由老到新全碱含量为增加趋势。

典中组中安山岩、玄武安山岩等与标准安山岩相比较(表3-66),不难看出,本组中安山岩与大陆边缘安山岩极其相近,说明了典中组火山岩为大陆边缘环境所形成。

表 3-66　典中组主要火山岩化学成分与标准成分对比表

岩石类型	样品数	化学成分($\times 10^{-2}$)									
		SiO_2	TiO_2	Al_2O_3	Fe_2O_3	MnO	MgO	CaO	Na_2O	K_2O	P_2O_5
安山岩	4	58.14	1.07	16.49	3.06	0.167	2.50	5.42	3.55	1.77	0.375
英安岩	1	73.38	0.20	13.26	0.97	0.088	0.71	0.30	3.68	4.75	0.074
玄武岩	1	51.74	1.16	16.14	4.27	0.150	4.14	6.86	2.44	3.29	0.3000
玄武安山岩	1	51.38	1.10	16.55	4.62	0.190	4.03	7.58	3.30	2.58	0.290
流纹质凝熔岩	1	66.86	0.54	15.29	3.39	0.039	0.59	0.50	3.17	6.85	0.140
凝灰质粉砂岩	1	54.18	1.20	17.65	4.97	0.170	4.22	5.76	3.84	0.20	0.370
凝灰质粉砂岩	1	62.08	0.64	16.58	2.62	0.290	2.57	1.26	5.19	2.34	0.180
晶屑凝灰岩	1	56.04	0.98	17.79	5.25	0.140	5.57	3.07	2.94	1.45	0.230
岛弧安山岩	384	57.30	0.58	17.40	4.09		3.50	8.70	2.63	0.70	
安山岩平均值	1279	57.97	0.87	17.02	3.27		3.33	6.79	3.48	1.68	
大陆边缘安山岩		58.70						6.30	3.80	2.80	

注:岛弧安山岩引自康迪;安山岩平均值引自里特曼,1973。

2. 各种指数特征

古近纪火山岩标准矿物含量及特征参数见表3-63。

1)里特曼指数(σ)及火山岩系列

区内古近纪火山岩里特曼指数 σ 介于 $0.72 \sim 5.91$ 之间,其碱质类型为过钙性-碱钙性-钙碱性类型。典中组火山岩的 σ 值在 $1.43 \sim 4.21$ 之间,既有钙性又有碱钙性和钙碱性,以钙性和碱钙性为主。年波组 σ 值介于 $0.72 \sim 0.75$ 间,为过钙性类型。帕那组 σ 值为 2.42,为钙碱性类型。

从里特曼岩系指数图(图 3-74)中可清楚看出,只有典中组和帕那组中的少部分样品落入F—L 线之间的钙碱性岩系范围内,而绝大部分样品落入 L 线以下,为钙性岩系。

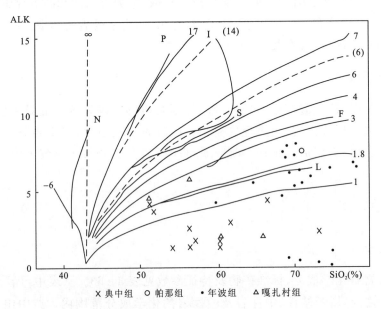

图 3-74　里特曼岩系指数图

(据 Rittmann,1962)

L:钙性岩系;F:钙碱性岩系;S:碱钙性岩系,弱纳质型;I:碱钙性岩系,
弱钾-中钠型;P:碱性岩系,强钾质;N:碱性岩系,强钠质

在硅-碱关系图(图略)上,投点较为分散:典中组位于碱性玄武岩和高铝玄武岩区,年波组落入拉斑玄武岩区。各自对应不同的玄武岩系列,反映古近纪火山岩均来自玄武岩浆,分异、演化为一系列不同的火山岩。

2)碱度指数 A·R

碱度指数即碱度率,一般岛弧和活动大陆边缘火山岩的碱度指数偏低,指数值的变化区间也较小,而稳定地区火山岩的碱度指数值较高,变化区间也较大。测区古近纪火山岩碱度指数变化区间为 1.03~3.43,为具中等碱性到钙碱性的组合,构造上是处在地壳强烈褶皱的地带,包括现在形成的大陆边缘,酸性端元主要是由变质基底上层深熔而产生的。碱度指数低,变化区间小,为岛弧和活动大陆边缘环境,与上述相吻合。

在火山岩 SiO_2 - A·R 关系(图略)中,几乎所有样品均落于钙碱性岩区和碱性岩区。

3)分异指数 DI

该时期火山岩的分异指数,典中组分异变化区间 46.04~91.73,平均为 60.99,波动较大。年波组分异变化范围为 72.33~78.66,平均值 75.50,帕那组为 93.91,各组间分异指数有明显差异,但总体上从早到晚呈正弦曲线状态,且有增大趋势,表明岩浆分异程度逐渐增强。

4)氧化指数 W

火山岩的氧化指数 W 反映了火山岩形成时的氧化程度,一般情况下其值越大,火山岩氧化越强烈,其指数变化范围越大,表明火山活动持续时间越长。古近纪火山岩的 W 值的变化范围在 23.01~81.48 之间,其中典中组为 23.01~76.36,平均值为 46.54;年波组在 66.67~72.73 之间,平均值 69.70;帕那组为 81.48。典中组 W 值的变化范围较大,表明火山活动持续了较长时间,而年波组 W 值变化范围相对要小,其火山活动时间相对较短。由老到新氧化指数平均值有逐渐增大之趋势,表明从古新世至始新世火山岩氧化程度逐渐增强。

5)固结指数 SI

固结指数(SI)在各组之间、组内不同岩石类型间差异较大。典中组 SI 值 10.93~31.19,平均值 17.07;年波组 SI 值 18.02~21.80,平均值 19.91;帕那组 SI 值 2.89。大多数原始岩浆的固结指数为 40±或更大些,当发生结晶分异时,残余岩浆的硬化系数迅速降低。根据有关资料统计,英安岩 SI 值为 0~9,标准安山岩 SI 值为 10~19,普通玄武安山岩的 SI 值为 20~29,玄武岩 SI 值为 30~40。典中组的 SI 值与普通玄武岩相近,年波组酸性熔岩 SI 值与英安岩 SI 值差别较大,而帕那组则低于安山岩 SI 值,与英安岩 SI 值相近。说明古近纪火山岩岩浆在结晶分异作用过程中剩余的熔体量相对较低,帕那组岩浆结晶分异时剩余的熔体量更低,表明没有地壳物质混入,而年波组熔浆在结晶分异过程中有地壳物质的熔融混入。

3. 岩石化学定名

由 TAS 图解(图 3-66)中可以看出,典中组投点较分散,主要投点于玄武安山岩-安山岩-粗安岩-粗面岩-流纹岩区。年波组投点于英安岩-流纹岩区,投点较集中。帕那组火山岩投点于流纹岩区。在 TAS 图解中,古近纪总体投点分散,表明岩性较复杂。

在火山岩酸度、碱度、组合图解(图 3-67)中,典中组投点于碱性玄武岩-玄武安山岩-安山岩-碱流岩-流纹岩区,以玄武安山岩和安山岩区为主,投点较分散。年波组投点于英安流纹岩区,投点较集中。帕那组投点集中于流纹岩区。

综合上述,典中组火山岩应为安山岩类,其岩石化学成分类型属玄武岩-玄武安山岩-安山岩-粗安岩-粗面岩-流纹岩-碱流岩系列,岩石类型复杂多样,从基性→中性→中酸性→酸性→偏碱性岩,为一个较完整的岩石演化系列。年波组火山岩应为英安岩和流纹岩类,其岩石化学成分属英安岩-流纹岩系列,为一套酸性岩。帕那组火山岩应为流纹岩类,属流纹岩系列,岩性单调。在上述两个图解中,投点区域基本一致,命名也基本相同,与火山岩硅碱命名图解(图3-65)也大致相同。

4. 岩石化学成分演化规律

由火山岩分异指数-氧化物图解(图3-75)可以看出,古近纪火山岩与其分异指数具有较好的相关性,随着分异指数DI值的增大,SiO_2、Na_2O+K_2O的含量呈递增趋势,Al_2O_3先缓慢上升后又逐渐递减,$FeO+0.9Fe_2O_3$、MgO、CaO的含量呈递减趋势。根据化学成分对分异指数的明显转折推断岩浆源区的化学成分为SiO_2 57%~58%,Al_2O_3 17%±,$FeO+0.9Fe_2O_3$ 7%~8%,Na_2O+K_2O 4%~6%,MgO 3%~4%,CaO 6%~7%。由此可见,测区原始岩浆成分应为安山质岩浆。

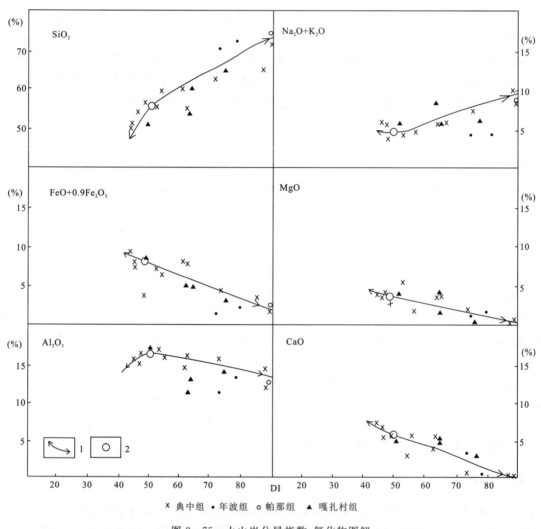

图3-75 火山岩分异指数-氧化物图解
1. 演化曲线;2. 推测原始岩浆区

古近纪火山岩,由早到晚期,表现出如下演化规律:

(1)SiO_2的平均含量(58.93%→62.01%→74.02%)和K_2O的平均含量(2.59%→3.4%→3.8%)依次递增,而CaO平均含量(4.27%→1.43%→0.17%)及TiO_2平均含量(0.92%→0.37%→0.25%)皆明显递减,这种变化反映出从典中组→帕那组,火山熔浆由中性向酸性演化。

(2)典中组SiO_2与其他氧化物的变化关系如图3-76所示,SiO_2与Na_2O、K_2O的含量成正相关,而Fe_2O_3、MgO、CaO成负相关,这种变化规律显示钙碱性火山系列酸度相同的化学特征。

(3)在 FAM 图解(图略)中,绝大部分样品落入钙碱性岩系列,其中年波组、帕那组样品投点靠近 A 端,表明典中组以后各组向酸碱性演化的趋势。

(4)里特曼指数(σ)平均值小于 3.3,碱度指数(A·R)变化于 1.43~3.38 之间,在 SiO_2-A·R 图解(图略)上,除帕那组及年波组个别样品落入碱性岩区内,其他样品投点均落入钙碱性岩区。另从典中组火山岩钙碱性指数图解(图 3-77)中可看出,典中组钙碱指数为 58.4%,属钙碱性岩,表明该时代火山岩,从早期到晚期由钙碱性向碱性的演化规律。

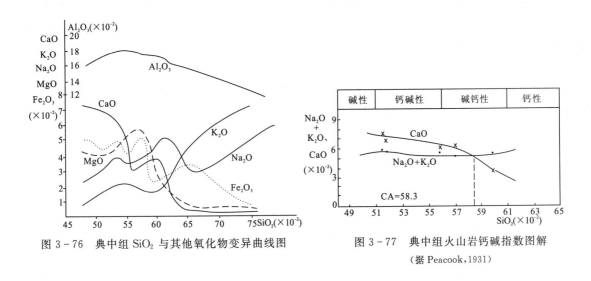

图 3-76 典中组 SiO_2 与其他氧化物变异曲线图　　图 3-77 典中组火山岩钙碱指数图解
(据 Peacook,1931)

(5)典中组、年波组及帕那组中的标准矿物中,绝大部分样品出现刚玉(C)分子,表明具有富铝特征。

(四)地球化学特征

1. 微量元素特征

古近纪火山岩微量元素(表 3-64)具有以下特点。

(1)大离子亲石元素 Sr、Ba 随 SiO_2 含量的升高而降低,而 Rb 却随着 SiO_2 含量的升高呈递增。Ba 趋向于在结晶固相中富集而残余相中贫化,Sr 的变化能指示出斜长石的分异结晶程度,区内 Sr、Ba 变化与火山岩的结晶分异作用相对应。

(2)过渡元素 Cr、Ni 在典中组富集程度比年波组、帕那组要高,具有由基性岩→中、酸性岩逐渐降低的趋势。Co 趋向富集于中性岩中,基性、酸性岩中含量略低,Cu 元素的富集具有碎屑岩大于火山熔岩的总体变化趋势。

(3)区内典中组 Nb 的含量在 $8.5×10^{-6}$~$14.9×10^{-6}$ 之间,年波组含量为 $9.5×10^{-6}$~$24.4×10^{-6}$,帕那组为 $7×10^{-6}$~$15.8×10^{-6}$。各组中 Nb 含量变化幅度不大,说明各期火山岩均具有相似的构造环境。

(4)不同组段的同种岩性,其微量元素的含量和分布差别较大,如典中组、年波组中的英安岩的微量元素。同组段不同韵律的同种岩性,其微量元素分布和含量也存在较大差异。

2. 稀土元素

古近纪火山岩稀土元素(表 3-65)总体具有以下特点和规律。

(1)火山岩稀土总量以典中组最高 $95.36×10^{-6}$~$336.58×10^{-6}$,年波组次之,为 $96.23×10^{-6}$

~168.17×10⁻⁶，帕那组最低 83.62×10⁻⁶。从早到晚期稀土总量总体有逐渐降低之趋势。典中组稀土总量变化范围较大，后者变化范围较小。稀土元素总量相对球粒陨石较富集。

（2）典中组、年波组、帕那组的 $\sum LREE/\sum HREE$ 值分别为 3.676~7.160、5.458~7.480、4.305，$(La/Yb)_N$ 值分别为 7.244~60.722、8.304~15.158、6.748，明显大于1，均显示重稀土亏损和轻稀土相对富集的特点，轻稀土分馏程度高于重稀土。表明典中组→年波组→帕那组 $\sum LREE/\sum HREE$、$(La/Yb)_N$ 值呈递减的变化趋势。

（3）典中组、年波组、帕那组的 δEu 值均小于1，属于 Eu 亏损型。其 δEu 平均值分别为：0.553、0.432、0.197，可见帕那组具有较强的负 Eu 异常，反映原始岩浆受地壳混染较重，而其他组具有中等程度的负 Eu 异常，反映了其火山岩浆也有不同程度的混染。δCe 值在 0.472~1.143 之间，且大部分样品小于1，显示 Ce 具弱亏损型。

（4）火山岩稀土元素配分模式图（图 3-78）中可以看出，各组配分曲线均向右倾斜的较平滑曲线，曲线斜率基本一致，反映了同源岩浆同等混染的演化规律。

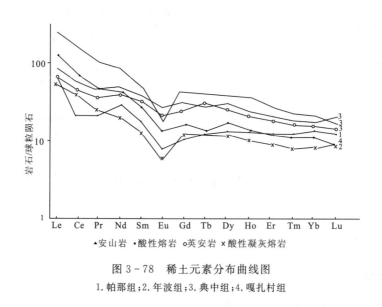

图 3-78 稀土元素分布曲线图
1. 帕那组；2. 年波组；3. 典中组；4. 嘎扎村组

（5）在 La-La/Sm 图解（图略）上，其大部分样品投点在部分熔融线上下两侧，但投点较分散，反映了各个组内火山岩具有相同的熔浆来源，而且来自较浅的岩浆房，有少量地壳物质熔融混入。

（五）火山岩的构造环境

在里特曼-戈蒂里图解（图略）中，古近纪火山岩绝大部分投点于 B 区，只有少数样品投点于 B、C 区界线附近，表明区内典中组、年波组、帕那组等火山活动的构造环境是活动大陆边缘区。该时期火山活动向非构造带转化不甚明显，这与火山岩的碱度指数所说的"处在地壳强烈褶皱地带"相吻合。由典中组→年波组→帕那组火山岩化学成分向酸性方向演化，即安山质→英安质→流纹质，说明火山喷发时构造作用渐强，岩浆房逐渐上移，总体其构造环境为活动陆缘弧环境。利用 Ti-Zr-Sr 图解（图略），典中组大部分样品投点于岛弧钙碱性岩区，而 Ti-Zr 图解（图 3-79）中，帕那组、典中组、年波组绝大多数样品投点于岛弧熔岩区，说明区内陆相火山岩的形成环境为陆缘岛弧环境。

在陆相火山岩 DI 频率分布直方图（图 3-80）上，只出现 DI 大于43 的一个峰值特征，峰值间无间断，表明火山岩构造同属于一个活动带。从峰值特征看，峰偏左侧，是以基性岩和中性岩类为主体。当安山质岩浆上涌时，并无陆壳物质熔入而喷出地表。随着时间的推移，熔浆中渐渐熔融混入了少量地壳物质。

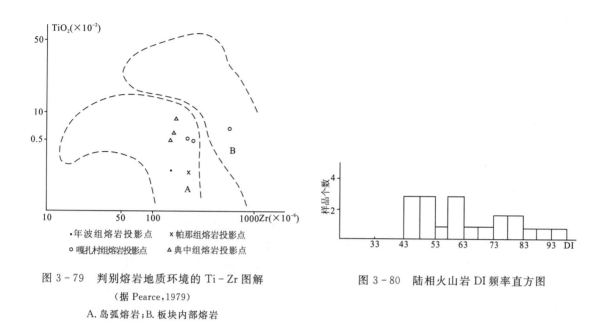

图 3-79 判别熔岩地质环境的 Ti-Zr 图解
（据 Pearce,1979）
A. 岛弧熔岩；B. 板块内部熔岩

图 3-80 陆相火山岩 DI 频率直方图

四、新近纪火山岩

新近纪火山活动已趋衰竭，分布面积较小，为陆相盆地型火山-沉积岩系，多以中层状夹层形式赋存于沉积地层体中。

（一）基本特征

1. 中区

大竹卡组（E_3N_1d）：火山岩以夹层形式出现，总厚度为 147m，主要为火山碎屑岩，以紫红色、紫灰色为特征。

2. 北区

1）芒乡组（N_1m）

火山岩呈零星、孤岛状分布。主要为一套中—酸性的火山熔岩、火山碎屑岩及火山沉积岩的组合，岩石类型有碳酸盐化（黑云母）安山岩、流纹质晶屑凝灰岩、（安山质）凝灰质砾岩及火山岩屑砂岩等。

2）嘎扎村组（N_2g）

该组岩体主体呈东西向出露于弧背断隆之郭拉乡、旁堆乡及邬郁盆地带，主要为一套中—中酸性的火山熔岩、普通火山碎屑岩、熔结火山碎屑岩及火山碎屑沉积岩的岩石组合，岩石类型较复杂。主要由爆发相、喷发相、溢流相及火山沉积相等组成。

3）宗当村组（N_2z）

该组岩体主要出露于邬郁盆地。为一套火山碎屑沉积岩的岩石组合，偶夹中酸性火山熔岩，主要岩性为含砾凝灰质岩屑砂岩、凝灰质砂砾岩等，偶夹黑云母英安岩，以灰白色调为主。

（二）岩石学特征

根据火山岩分类原则，将测区新近纪火山岩分述如下。

1. 熔岩类

岩性主要有安山岩、粗面岩、英安岩等。安山岩主要出露于邬郁盆地嘎扎村组的下部层位,芒乡组中有少量出露。粗面岩主要分布于杜鲁乡一带,为嘎扎村组的特征岩石。英安岩主要分布于嘎扎村组的上部,以夹层形式出现,规模较小。

2. 火山碎屑熔岩类

岩性主要有安山质角砾熔岩,主要分布于嘎扎村组中,以夹层形式出现,出露规模较小。

3. 火山碎屑岩类

岩性主要有英安质凝灰岩、流纹质(含角砾)(岩屑)晶屑(玻屑)凝灰岩、火山集块岩、火山角砾岩等。英安质凝灰岩为嘎扎村组喷发韵律的下部组分,宗当村组零星见及。流纹质(含角砾)(岩屑)晶屑(玻屑)凝灰岩主要分布于大竹卡组、芒乡组中,出露规模较大,在嘎扎村组也有出露,分布范围较广。火山集块岩主要分布于嘎扎村组,以夹层形式出露,为火山韵律的下部组分。火山角砾岩主要见于嘎扎村组中,以夹层形式出露,规模较小,一般在火山集块的上部出现。

(三)岩石化学特征

1. 岩石化学成分

新近纪火山岩岩石化学成分、标准矿物及特征参数见表3-63。从表中可看出,SiO_2含量介于51.04%~68.88%之间,属基性、中性和酸性岩的范畴。其中大竹卡组变化较小,平均含量为68.07%,为中酸性岩类;而嘎扎村组幅度变化较大,平均含量为58.15%,属中性岩类。全碱含量大竹卡组为7.88%,嘎扎村组为7.23%,为随时代变新而呈降低之势。

2. 各种指数特征

1)碱性类型及火山岩系列

新近纪火山岩各种指数均与古近纪及其以前形成之火山岩迥然有别。表3-63中,里特曼指数(σ)大竹卡组为2.04~2.52,为钙碱性类型;嘎扎村组为2.16~5.91,为属钙碱性-碱性类型。从硅-碱关系及组合指数图(图略)看出,大竹卡组投点于钙碱性区,而嘎扎村组则投入钙碱性区和碱性区。在硅-碱关系图(图略)中,大竹卡组投在碱性玄武岩和高铝玄武岩之界线附近,嘎扎村组则落入这两个区内。反映来自相同的玄武岩浆而分异为不同类型的火山岩。

2)碱度指数 A·R

碱度指数变化于1.71~2.96之间,大竹卡组变异区间较小,平均为2.29(表3-63)。在SiO_2-A·R变异图(图略)中落于钙碱性岩区;嘎扎村组投点离散度较大,平均为2.23,在变异图上投点落入钙碱性岩区和碱性岩区。由此可见,前者可能形成于活动区,而后者则形成于较为稳定的地区。

3)分异指数 DI

新近纪火山岩的分异指数在各组内和组间均有差异。表3-63中,大竹卡组凝灰岩变化范围74.28~82.23;嘎扎村组变化幅度较大(49.69~74.94),其中安山岩为49.69~62.50,英安岩为63.42~74.94,与标准安山岩(DI=50~65)和英安岩(DI=64~80)基本相同。表明在不同时段、不同背景、不同环境下成生的火山岩具有不同的岩浆分异特点。

4）氧化指数 W

新近纪火山岩的氧化指数变化宽度大（表 3-63），从 35.95～73.81，表明火山活动持续了较长时间。大竹卡组 W 值为 35.95～52.31，嘎扎村组 W 值为 56.67～73.81，各组内部之差值分别为 16.36 和 17.14，表明氧化程度持续时间相当。说明中新世和上新世均有近等时间的火山活动，且后者比前者氧化强烈，也反映出表明从中新世至上新世火山活动时间渐长、氧化强度渐高的特点。

5）固结指数 SI

表 3-63 中，大竹卡组的 SI 值为 5.40～10.72，平均值为 7.93，与前述英安岩 SI 值相当。嘎扎村组 SI 值为 8.24～24.39，平均值 16.78，其中英安岩 SI 值为 8.24～13.14，安山岩为 21.36，均高于标准英安岩（SI=0～9）和安山岩（SI=10～19），显示岩浆在分异结晶过程中有地壳物质熔融混入，或也反映原始岩浆的来源深度（幔源、壳源）较大，或混染程度不同所致。

3. 岩石化学定名

在 TAS 图解（图 3-66）中，嘎扎村组火山岩投点于粗面玄武岩-粗安岩-安山岩-英安岩区，投点较分散。大竹卡组投点于粗面岩与英安岩分界线附近，分属粗面岩区和英安岩区。

在组合图解（图 3-67）中，大竹卡组投点于英安岩（流纹英安岩）区，投点较集中，嘎扎村组投点于碱性玄武岩-玄武粗安岩-安山岩-石英安山岩（安山英安岩）区，投点分散。

综合上述，大竹卡组应为中酸性岩类，岩石化学成分类型应属拉斑玄武岩系列的安山岩-英安岩（流纹英安岩）组合。嘎扎村组投点分散，岩性复杂，应为基性岩类和中性岩类，岩石化学成分类型应属碱性玄武岩和高铝玄武岩之碱性玄武岩、玄武粗安岩和玄武安山岩、安山岩的组合。在上述两个图解中投点区域基本相同，与岩石定名也基本一致。

4. 岩石化学成分演化规律

在嘎扎村组分异指数与主要氧化物关系图上（图 3-81），SiO_2、K_2O 等含量随分异指数升高而增加，MgO、CaO 随分异指数升高而减少。在本组的 AFM 三角图解（图 3-82）中，也反映出向酸碱性、碱性的演化趋势。

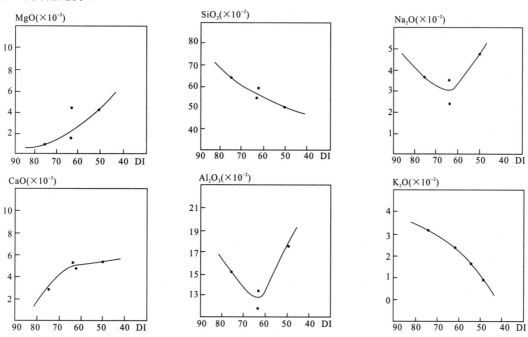

图 3-81　嘎扎村组氧化物与分异指数曲线图

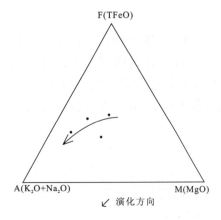

图 3-82 嘎扎村组 AFM 三角图解
（据 Hyndman,1972）

（四）地球化学特征

1. 微量元素特征

嘎扎村组中 Ba、Ti、Cr、Ni、Sr、As、B 等元素在碱性岩中丰度低于酸性岩,且大多数微量元素丰度高于古近纪相同岩性的微量元素（表 3-64）,Au 元素丰度值变化于 $1.19×10^{-9}$～$1.63×10^{-9}$ 之间,各岩类中变化幅度不大,为 Au 元素在岩浆岩中平均值的 2～3 倍。

在 Ti-Zr 图解（图 3-79）中投于板内熔岩区。

2. 稀土元素特征

新近纪火山岩稀土元素含量及特征见表 3-65。大竹卡组和嘎扎村组稀土总量分别为 $97.22×10^{-6}$～$111.89×10^{-6}$ 和 $67.51×10^{-6}$～$180.57×10^{-6}$,后者变化较大,但均较球粒陨石富集。$\Sigma LREE/\Sigma HREE$ 分别为 17.988～22.310 和 4.484～9.080；$(La/Yb)_N$ 分别为 30.439～42.768 和 6.748～17.280；分配曲线图向右倾（图 3-78）,均显示重稀土亏损、轻稀土富集的特点。δEu 值分别为 0.847～0.985 及 0.532～0.955,δCe 值分别为 0.908～0.981 及 0.918～0.956；其值均小于1,显示铕亏损和铈略亏损。在 La/Sm-La 图解（图略）中,投点落于部分熔融线附近,反映岩浆来源较浅且具部分熔融的特征。

五、火山机构

火山岩由于第四系覆盖及花岗岩侵吞破坏,给古火山机构的研究带来一定的困难。现对达那、邬郁两个残存的古火山机构作简要分析描述。

（一）达那古火山机构

达那古火山机构位于南木林县达那乡,属典中旋回的一个喷发中心,可见残留有两个古火山口（图 3-83）。火山机构平面形态近似椭圆形,长轴近东西向,与火山岩系区域展布方向一致。

1. 岩相岩性特征

岩石组合、岩性及岩相出露较全,见有爆发相、喷发相、喷溢相、潜火山岩相、深成侵入岩相等,岩相分带呈叠置带状。

爆发相：主要分布于火山口的南部东西两侧,呈条带状、楔状,近东西向展布。主要由（熔结）火山集块岩、火山角砾岩等构成。

喷发相：位于爆发相的北侧,呈带状近东西向展布。规模较大,主要由含角砾岩屑晶屑凝灰岩、晶屑岩屑凝灰岩等组成。

喷溢相：位于喷发相的上部（北侧）,也呈条带状,近东西向展布,东西延伸较远,范围较大,主要由安山岩和少量英安岩组成。

潜火山岩相：该相位于最北侧,分布于喷溢相的上部,呈楔状,近东西向展布,岩性主要为安山玢岩。

深成侵入岩相：火山通道内充填斑状中粒黑云母二长花岗岩高位岩体,平面上自形封闭。出露面积约 $10km^2$,空间上呈穹状体侵入于三种不同岩相中,接触界面外倾,倾角 64°～70°。

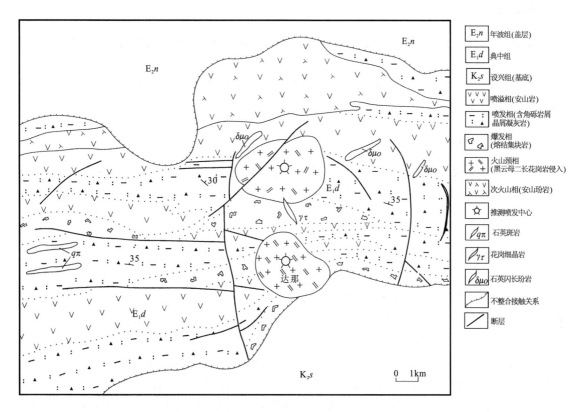

图 3-83 南木林县达那典中旋回火山机构示意图

2. 构造及水系特征

达那古火山构造主要表现为围绕火山机构的环形断裂。围绕喷发中心发育放射性断裂，常切割半环形断裂和不同喷发相，断面产状一般陡立。以两个破火山口为中心呈放射状张性节理、裂隙，一部分已被石英脉或石英闪长玢岩岩脉充填。裂隙、节理多以火山机构中心向外倾斜，倾角较陡。

放射状水系明显（图3-84），它们是承袭了以达那火山机构为中心的放射性构造、节理、裂隙而形成的。

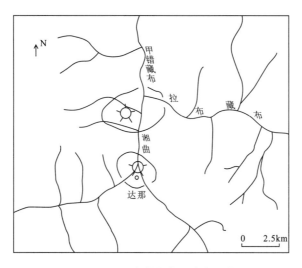

图 3-84 达那放射状水系分布示意图

3. 影像特征

达那火山环状、放射性构造及近东西向线状构造影像特征明显，近南北向弧形构造切割近东西向线状构造，说明达那古火山机构的演化可能存在着多期性和长期性。

综上所述，该火山机构具有穹体型中心式喷出层状火山机构的主要特征，穹体核部高位斑状二长花岗岩体是喷发的中心位置。

(二) 邬郁古火山机构

该火山机构位于南木林县邬郁乡，为上新世嘎扎村组、宗当村组火山活动的喷发中心。平面上为一近椭圆形盆地，长轴北东向，与区域构造方向一致，盆地中心被第四系覆盖。

1. 岩相岩性特征

该火山岩石组合、岩性及岩相出露不全，仅见爆发相、喷溢相、喷发沉积相。古火山机构的岩相分布呈叠置环形。

爆发相：主要分布于古火山机构内环，由嘎扎村组火山集块岩、火山角砾岩等组成。

喷溢相：规模较小，与火山喷发-沉积相相间产出。主要有安山岩、英安岩、粗面岩等。

喷发-沉积相：由凝灰质粉砂岩、凝灰质砂砾岩等组成。

火山通道推测应位于盆地中部，地貌上形成火山凹形盆地。围绕通道体的喷发沉积相、爆发相呈环状围斜内倾，倾角内陡外缓。由盆地中部向外依次有凝灰质砂岩（砾岩）→凝灰岩→火山集块岩（角砾岩）变化，火山碎屑岩层理不清，偶含次圆状集块和角砾，反映火山活动从早到晚期，由强烈爆发转变为喷发到停息的活动过程。

2. 构造及水系特征

火山构造主要表现为断裂和节理，围绕喷发中心，近似弧形断裂和放射状断裂发育，断面产状一般陡立，放射状断裂常切割弧形断裂和不同喷发相，少数裂隙被花岗细晶岩脉和闪长玢岩脉充填，内放射状水系特别明显，这些水系是承袭了以火山机构为中心的放射状构造节理、裂隙而成。依据上述特征分析，邬郁古火山机构具在盆地内部发生火山活动、火山物质就地堆积的特征（火山喷发盆地），从基底构造层的接触关系分析，应为上叠式火山盆地。

第四章　变质岩与变质作用

第一节　概述

测区处于藏中南变质地区,从北到南划分为:冈底斯变质地带、雅鲁藏布江变质地带、喜马拉雅北部变质地带。区内变质岩约占图区总面积的47%。除新生界外其余各时代地层均遭受不同程度的区域变质改造;局部侵入体周围及断裂带还发育接触变质及动力变质作用(图4-1),由此形成区内种类繁多的区域变质岩、接触(交代)变质岩及动力变质岩。

一、变质地质单元划分

(一)变质地质单元划分的原则和依据

变质地质单元的划分参照董申保(1986)的1:400万中国变质地质图的划分方案及《西藏自治区区域地质志》划分方案,并结合测区变质地质特点而确定。

(二)变质地质单元的划分

按上述原则,将测区划分为一个变质地区、三个变质地带、九个变质岩带。
Ⅰ 冈底斯-念青唐古拉变质地带
　　Ⅰa 念青唐古拉变质岩带
　　Ⅰb 加多捕勒-甲嘎变质岩带
　　Ⅰc 空朗-邬郁变质岩带
　　Ⅰd 扎西定-泽南变质岩带
　　Ⅰe 江庆则-日喀则变质岩带
Ⅱ 雅鲁藏布江变质地带
　　Ⅱa 曲美区-大竹卡变质岩带
　　Ⅱb 白朗-仁布变质岩带
Ⅲ 喜马拉雅北部变质地带
　　Ⅲa 孙喀则-重孜区变质岩带
　　Ⅲb 切热变质岩带

二、变质作用类型的划分

测区内的变质作用可划分出区域变质作用,接触变质作用和动力变质作用等类型(表4-1)。

图 4-1 测区变质岩相系、变质岩相及接触变质划分图

1.第四纪;2.古近纪;3.新近纪;4.白垩纪;5.前震旦纪念青唐古拉岩群;6.前震旦纪拉轨岗日岩群;7.二长化岗岩;8.钾长花岗岩;9.角闪石英二长岩;10.二长闪长岩;11.角闪英云闪长岩;12.角闪闪长岩;13.辉长岩(辉长辉绿岩);14.角闪石英二长闪长岩;15.不整合界线;16.地质体界线;17.一般断裂;18.逆冲推覆断层;19.韧性剪切带;20.未变质地层;21.低压相系低绿片岩相和高绿片岩相;22.中—低压相系,角闪岩相,高绿片岩相和低绿片岩相;23.低压相系、低绿片岩相;24.低压相系、低压,低绿片岩相;25.高压相系、低绿片岩相、蓝闪绿片岩相和低角闪岩相;26.低压相系、低绿片岩相;27.sk矽卡岩、矽卡岩化;28.角岩、角岩化;29.铁铝榴石;30.红柱石;31.蓝闪石

区域变质作用 包括区域动力热流变质作用和区域低温动力变质作用。其中属中—低压型区域动力热流变质作用的受变质地层,为前震旦系念青唐古拉岩群和拉轨岗日岩群,属低绿片岩相—角闪岩相,具多相变质特点;高压低温动力变质作用受变质地层为三叠系,属蓝闪绿片岩相;低压型区域动力热流变质作用和区域低温动力变质作用,受变质地层(地质体)主要为石炭系、二叠系、上侏罗统—白垩系,属低绿片岩相—高绿片岩相,具多相递增变质特征。

接触变质作用 受洋壳俯冲部分熔融上升形成的火山-岩浆作用控制,燕山—喜马拉雅期岩浆活动强烈,相伴发生的接触变质作用有热接触变质作用和接触交代变质作用,形成种类繁多的角岩化岩石和矽卡岩化岩石,属绿片岩相至高角闪岩相。

动力变质作用 仅指呈狭窄带状展布的碎裂变质作用。根据变质变形的演化可进一步分为脆性和韧性两种。对于岩石的变质作用来说,前者称为碎裂岩化作用,后者由于塑性流变及重结晶称为糜棱岩化作用。

表 4-1 变质作用类型划分表

变质作用类型		变质作用特征	构造环境
动力碎裂变质作用	脆性的	以碎裂变形为主,形成各种碎裂岩(固结的和未固结的)	地壳浅表层次各种脆性断裂
	韧性的	以塑性流变及重结晶作用为主,形成糜棱岩系列及构造岩系列	地壳较深层次韧性逆冲断裂带
接触变质作用	热接触变质作用	与中酸性深成侵入岩有关的热接触变质(角岩及角岩化)	冈底斯陆缘-岩浆弧
	接触交代变质作用	与中酸性深成侵入岩有关的接触交代变质(矽卡岩化)	
区域变质作用	中—低压型区域动力热流变质作用	区域动力热流上升,中—低压相系,低绿片岩相—角闪岩相	活动大陆边缘沉积环境
	低压型区域动力热流变质作用	区域动力热流上升,低压相系,低绿片岩相,高绿片岩相	弧后沉积盆地环境
		区域动力热流上升,低压相系,低绿片岩相	弧内局限盆地环境
		区域动力热流上升,低压相系,低绿相,高绿片岩相	冈底斯活动陆缘火山弧
	高压低温动力变质作用	低温,应力为主,高压相系,蓝闪绿片岩相、低角闪岩相	缝合带
	区域低温动力变质作用	低温,应力为主,变质级低(板岩-千板岩)单一绿片岩相	冈底斯活动陆缘带及弧后环境

三、变质期的划分

变质作用具有多期性及复合性。据受变质地层的时代,重要地质不整合界面,长期活动的断裂带以及同位素年龄数据,初步确定有晚元古期、加里东期、燕山晚期—喜马拉雅期。

四、变质带、变质相、变质相系的划分

采用的划分方案是根据艾斯科拉、特纳和温克勒的划分综合制定的。

变质相系的划分采用了都城秋穗(1961)提出的方案,即以特征矿物、常见矿物、常见变质相系列共生岩浆岩等因素综合考虑确定的。

第二节 区域变质作用

一、冈底斯-念青唐古拉变质地带

(一)念青唐古拉变质岩带

该变质岩带主要出露于图幅东北角南木林县堪珠乡北东,南以同波-冬古拉弧背断裂带为界。由于构造和岩浆侵入及剥蚀原因,该岩带呈 NE、NW 向两组面状展布,向西延入曲水地区,出露面积 162km²。该岩带变质程度较深,以中—低压相系区域动力热流变质作用为主,并具多相递增变质特征。

1. 主要变质岩石类型

该岩带岩石类型相对较简单,根据岩性组合特征划分为 4 个变质岩段。

片麻岩类主要分布在雪古拉岩组片麻岩段中,根据残余特征分析原岩为沉积碎屑岩。

片岩类遍布念青唐古拉岩群各岩段中,据残余结构及矿物成分推测,原岩为沉积的泥质砂岩或泥质岩石。

变粒岩类主要出露于堪珠岩组石英岩岩段中,根据残余结构及矿物成分判定原岩为沉积的长石石英砂岩。

二云长石石英岩主要出露于变质岩带上部,岩石呈浅灰—灰色,等轴粒状变晶结构,块状构造。

大理岩类主要出露于堪珠岩组大理岩岩段中,呈层状不连续分布,一般厚几米到几十米。

2. 区域变质作用特征

该岩带变质岩野外观察具成层性(大层有序、小层无序),现存面理至少为 S_{n+1}。各岩段变质程度不一,泥质成分含量高时变质较强,可达片岩或片麻岩,面理置换亦较彻底。岩石的原始层理已无法辨认,只能见到由长英质条带所显示的面理(S_1),从长英质条带与岩石中残留的成分层的关系判断 $S_1 /\!/ S_0$,即现存面理为顺层面理。泥质成分含量低的长英质岩石变质变形弱,反映了岩石的能干性与变质变形相关的特点。

1) 变质带、变质相划分

总体上看,念青唐古拉岩群的变质作用表现为递增变质特点。在南木林县堪珠剖面(图 4-2)上,变质程度由北向南递增(渐进变质),以泥质岩特征变质矿物的首次出现为标志,可划出黑云母带、透辉石带、铁铝榴石带及矽线石带等 4 个变质矿物带,对应为低绿片岩相、高绿片岩相、低角闪岩相、高角闪岩相。

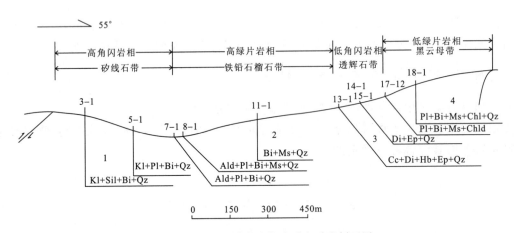

图 4-2 堪珠念青唐古拉岩群变质岩剖面图

1.片麻岩夹片岩段;2.石英岩夹变粒岩段;3.条带状角闪透辉大理岩夹片岩段;4.长石石英岩夹片岩段

(1) 高角闪岩相(矽线石带)。该变质相主要发育于雪古拉岩组片麻岩段中。在堪珠剖面中出现矽线石特征变质矿物,芒乡北亦见有矽线石出现,晶体呈纤柱状和毛发状,含量 2%~3%,具旋转结构,受应力作用呈"S"型扭曲。长石具格子双晶和条纹结构,为变质过程中新生变晶成分。其岩石类型及主要变质矿物共生组合为:

矽线斜长片麻岩　$Kl+Sil+Ald+Bi+Qz$

黑云二长片麻岩　$Kl+Pl+Bi+Sil+Qz$

根据上述矿物共生组合及矽线石的首次出现,以及与钾长石平衡共生关系,该相带应为钾长石-矽线石带,属高角闪岩相[图 4-3(a)]。

(2) 低角闪岩相(透辉石带)。在变质岩剖面上,该变质相出现于堪珠岩组大理岩段中,而在路线上大致相当剖面上的石英岩夹变粒岩岩段中夹有透辉石、透闪石等特征变质矿物的岩石,主要变质岩石类型及变质矿物共生组合有：

角闪透辉大理岩　　Cc+Di+Hb+Ep+Qz

透辉长石变粒岩　　Di+Tl+Ep+Pl+Qz

上述矿物处于平衡共生状态，以变质原岩钙质岩类中的透辉石、角闪石的出现为标志，此岩段划分为透辉石带，属低角闪岩相[图4-2及图4-3(b)]较合适。

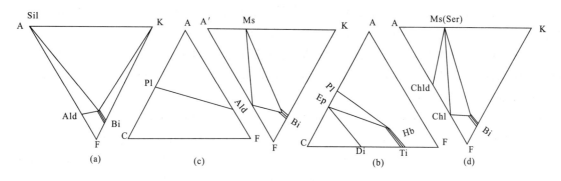

图4-3　念青唐古拉群变质相图

(a)高角闪岩相矽线石带AKF相图；(b)低角闪岩相透辉石带ACF相图；
(c)高绿片岩相铁铝榴石带ACF和A′KF相图；(d)低绿片岩相黑云母带AKF相图

(3)高绿片岩相(铁铝榴石带)。该变质相发育在石英岩夹变粒岩岩段中，以特征变质矿物铁铝榴石的首次出现为标志，划分铁铝榴石带。该带主要岩石类型及其变质矿物共生组合为：

石榴黑云斜长变粒岩　　　　Ald+Pl+Bi+Ms+Qz

石榴黑云二长变粒岩　　　　Ald+Pl+Bi+Qz

黑云斜长变粒岩　　　　　　Pl+Bi+Ms+Qz

以上矿物处于平衡共生状态，划为高绿片岩相[图4-3(c)]。

(4)低绿片岩相(黑云母带)。该变质带发育在长石石英岩段中，以变质泥岩类出现特征矿物绿泥石、黑云母为标志，划分为黑云母带。该带岩石类型及变质矿物共生组合为：

长石石英岩　　Pl+Bi+Ms+Chl+Qz

二长石英片岩　　Pl+Bi+Ms+Chld+Qz

上述变质矿物共生组合处于平衡状态(图4-3(d))，属低绿片岩相。

从上述变质带、变质相的划分可以看出，念青唐古拉变质岩带具有明显递增变质特征，地热梯度由下至上逐渐变弱，显示该变质带应系区域热流上升过程中形成。变质矿物的共生情况也可证明这一点。如下部片岩、片麻岩段出现矽线石、钾长石矿物组合，属高角闪岩相；中部为石榴石带，属高绿片岩相；中上部为透辉石带，属低角闪岩相；上部则为黑云母带，为低绿片岩相。从而表明该变质岩带具中—低压型的区域动力热流变质作用的一般特征。

(2)微量元素特征

念青唐古拉岩群中各岩类微量元素含量有较大的差别(表4-2)。

表4-2　念青唐古拉岩群各岩类微量元素特征($\times 10^{-6}$)

岩石类型	Cr	Zn	Sr	Y	Zr	Th	Co	Ni	Ba	Mn	V	Be	Cu	Ti
黑云斜长变粒岩	678	75.75	65	26	282	15.35	8.82	22.57	322	449	57.2	2.20	9.63	3570
黑云斜长片麻岩	392	102.3	79.67	27.07	234	21.35	17.65	24.26	823	622	98.2	3.32	12.95	53.07
角闪透辉大理岩	36.9	43.8	341	19.2	59.9	13.2	7.63	14.4	342	1470	38.8	1.38	19.2	2450
长石石英岩	1080	51.1	683	16.3	248	6.8	4.41	21.2	773	245	22.8	1.63	20.9	1450

Ti元素在各岩类中丰度普遍较高，其他岩石尤其是角闪透辉大理岩及黑云斜长片麻岩中的Mn相对偏高，但低于Ti。而在角闪透辉大理岩中，Mn高于黑云斜长变粒岩、黑云斜长片麻岩及长石石英岩。Cu、Be、Y、Ni、Th、Co、V等元素在各岩类中则普遍偏低。在4种岩石中V高于Y，Y高于Ni，Ni高于Th，Th高于Cu，Cu高于Be，为逐渐降低变化趋势。长石石英中Cr含量高达1080×10^{-6}，而在变粒岩中低于长石石英岩，角闪透辉大理岩中最低。Sr元素从变粒岩-片麻岩-透辉大理岩-石英岩逐渐增高。Ba为跳跃式变化，Be在各岩类中含量最低。总体上微量元素的变化与岩石的性质有关，尤其Ti、Mn丰度高更显示沉积岩的特征。

根据Ti和Mn在主要沉积岩中的平均含量，念青唐古拉岩群原岩为沉积碎屑岩和碳酸盐岩，经区域变质作用，Cr、Sr、V、Ni、Co、Th、Zr变质迁移呈富集趋势，而Y、Be则分散变贫，Zr处于稳定状态。

3) 温压条件及变质相系

该岩带有比较完整的递增变质带和多相变质系列（绿泥石-黑云母带→石榴石带→透辉石带→矽线石-钾长石带，低绿片岩相→高绿片岩相→角闪岩相）。一般认为，角闪岩相中矽线石的形成温度为575～730℃，压力为0.2～1.0GPa。变质岩石中矿物组合未出现相对高压相矿物，则反映中—低压变质特点。据邻区资料，念青唐古拉岩群中出现多硅白云母，反映其压力条件有2个级数值，一种为bo值小于9（$bo=8.9880 \times 10^{-10}$m），另一种bo值大于9（$bo=9.080 \times 10^{-10} \sim 9.0400 \times 10^{-10}$m）均属中低压相系。

上述表明，念青唐古拉岩群属低—中压型。低绿片岩相—高绿片岩相—角闪岩相变质，可能系在线性褶皱活动带环境下由于区域热流值增高而发生的变质作用。

3. 形成时代及变质期次

1) 形成时代

由于受构造破坏及岩浆侵入的影响，念青唐古拉岩群呈残块或残片产出，各地变质程度差异较大，加之化石及同位素资料难于取证等原因，对该岩群的形成时代及变质时代等问题长期争论不休。据许荣华等（1985）在羊八井北沟的眼球状黑云母片麻岩中测得锆石U-Pb模式年龄值为1250Ma，西藏自治区水电工程局在沃卡电站斜长片麻岩中测得U-Pb年龄为1920Ma，青海区调大队在沃卡幅的松多岩群绿片岩中测得Sm-Nd等时线年龄值为1516Ma，1:20万南木林幅在堪珠乡片麻岩中测得Sm-Nd等时线模式年龄2213～2275Ma。这些年龄值虽然不尽一致，但均反映了念青唐古拉岩群是前震旦纪地质体的信息。

2) 变质期次划分

晚元古期变质作用：对于这次变质作用（期）到目前为止还没有获得可靠的地质和同位素年龄的证据。迄今，该群中所获得同位素年龄值如上所述，其模式年龄值与聂拉木群的个别年龄值相当，且其变质格局可与聂拉木群对比，因此可以推测念青唐古拉岩群的形成时代应为前震旦纪，并可能经历过晚元古期的区域变质作用。

加里东期变质作用：根据《西藏自治区区域地质志》，在察隅县古琴地区变质岩附近的下泥盆统春节桥组底部砾岩层中含有较丰富的千枚岩、变质凝灰岩类和少量片麻岩、花岗岩等砾石，表明存在早于早泥盆世的变质岩。再根据1:20万沃卡幅资料，在松多岩群绿片岩中测得Rb-Sr等时线年龄为507.7Ma，应代表松多岩群的变质年龄。而松多岩群绿片岩中测得Sm-Nd等时线年龄1516Ma（表面），而时代接近念青唐古拉岩群。另外，测区石炭系、二叠系为念青唐古拉岩群盖层，二者变质程度差异较大，盖层原岩结构保留较清楚，而该岩群原岩结构、构造均遭受较强的变质变形改造。二者的变形程度也存在较大差异，区域构造特征极不协调。

燕山晚期—喜马拉雅期变质作用：主要发生退变质，石榴石已退变为绿泥石、绢云母等。

综上所述，念青唐古拉岩群变质格局是由晚元古期、加里东期、燕山晚期—喜马拉雅期的多次叠加变质作用构成的。

(二)加多捕勒-甲嘎变质岩带

该变质岩带主要出露在同波-冬古拉弧背断裂带以北的广大地区,并受该断裂的控制,出露面积 824.02km²。受变质地层为石炭系永珠组、拉嘎组、昂杰组及下二叠统下拉组。变质程度较浅,原岩面貌清楚。

1. 主要变质岩石类型

岩石类型以浅变质岩为主,主要有板岩(含砾绢云板岩、粉砂质绢云板岩、不等粒砂质绢云板岩及钙质板岩等)、千枚岩(见于石炭系中上部,为绢云(石英)千枚岩)、片岩、变质砂岩、变质粉砂岩、大理岩、结晶灰岩等。

2. 区域变质作用特征

1)变质带、变质相划分

受变质地层因变质程度低,原岩组构保留较好,变质矿物单一,主要为绢云母、绿泥石、硬绿泥石、黑云母、方解石及石榴石(雏晶)。从南向北划分出两个变质带和两个变质相。

(1)黑云母带。主要由拉嘎组组成,变质岩石为变质石英砂岩、变质长石石英砂岩、变质粉砂岩及绢云板岩、云母千枚岩、绢云石英千枚岩等。特征变质矿物为黑云母、绢云母、白云母、绿泥石等。变质带中各岩类及其变质矿物共生组合为:变质石英砂岩 Pl+Bi+Ser+Ms+Qz;变质石英粉砂岩 Pl+Bi+Ms+Chl+Qz;绢云石英千枚岩 Ser+Ms+Bi+Chl+Qz。

据上述矿物共生组合及 AKF 相图[图 4-4(a)],矿物处于平衡共生状态,并以变质带首次出现黑云母为标志,划为黑云母带,低绿片岩相。

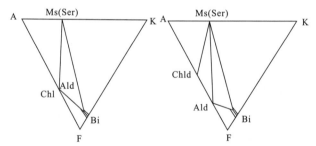

(a)低绿片岩相黑云母带AKF相图　(b)高绿片岩相铁铝榴石带AKF相图

图 4-4　石炭纪变质岩剖面相图

(2)铁铝榴石带。受变质地层主要为永珠组,变质岩石以变质(长石)石英砂岩、变质含石榴砂岩、石榴黑云石英片岩为主,各岩类及变质矿物共生组合有:

石榴黑云石英片岩	Ald+Bi+Ms+Qz
变质粉砂岩	Pl+Ald+Chld+Ms+Qz
变质石英砂岩	Pl+Bi+Ser+Qz
变质石英砂岩	Ab+Bi+Ms+Qz

据上述矿物共生组合特征及 AKF 相图[图 4-4(b)],矿物处于稳定平衡共生状态,以特征变质矿物铁铝榴石的首次出现为标志,划为铁铝榴石带,高绿片岩相。

从上述变质带、变质相的划分可以看出该岩带总体上变质程度低,岩石基本保留了原始成分组构,新生变质矿物主要为铁铝榴石、白云母、绿泥石、硬绿泥石、黑云母等。除铁铝榴石外,一般认为其他几种变质矿物形成的变质强度较低。

2)温压条件及变质相系

该变质岩带变质程度不均衡。据区域资料,仁堆出现石榴子石,而在雪乡、德丰、青都等地出现堇青石和十字石等特征变质矿物。石榴子石的开始出现是进入铁铝榴石的标志,一般认为它是由绿泥石经脱水反应所成:

$$2(Mg,Fe,Mn)_4 \cdot 5Al_3Si_2 \cdot 5O_{10}(OH)_8 + 4SiO_2 \rightarrow 3(Mg,Fe,Mn)_3Al_2Si_3O_{12} + 8H_2O$$

(绿泥石)   (石英)   (铁铝榴石)

铁铝榴石的稳定范围和压力有关,压力较大时有利出现,即可能显示了仁堆地区具有较高的压力条件,属中压相系;压力较低时则易于形成代替石榴石的堇青石。

根据温克勒等变质应变的变质反应:

$$Chl + Ms + Qz \rightarrow Cord + Bi + Al_2SiO_5 + 9H_2O$$

这一平衡反应式温压条件是 $505 \sim 555℃$,$0.05 \sim 0.4GPa$。显示出雪乡、德丰、青都地段具有低压高温变质特点。

从上述变质特征可以看出,该带具有复杂的多相、异向递增变质特征,这除显示当时热流分布不均匀外,还反映了具热穹隆状的变质特点,即在该带热流是以热中心或热柱形式自地壳深部上升,造成了该岩带变质程度不均一。

3)微量元素特征

从该岩带部分岩石微量元素特征表(表4-3)看出,元素 Mn、Ti、Ba 含量普遍较高,Ba 个别高达 1310×10^{-6},Ti 高达 5370×10^{-6},Y、Th、Ni 元素含量偏高,变化稳定,而 Bi 在各岩石中含量均最低。Co 在同一时代地层内稳定,但在片岩中不稳定。与维诺格拉多夫沉积岩石类型元素平均含量对比:变质粉砂岩中 Y 同粉砂岩中含量相同,在变质砂岩中同砂岩含量接近;Cr 在碳酸盐岩石中变化不大;Ti 接近页岩及粘土岩类;Bi 也接近砂岩的含量。据上述分析,该岩带岩石中的微量元素在变质作用过程中迁移变化不大。

表 4-3   石炭纪二叠纪各岩类微量元素特征表($\times 10^{-6}$)

时代	类型	Cr	Zn	Sr	Y	Zr	Th	Co	Ni	Ba	Mn	V	Be	Cu	Ti	Bi
C_2y	1	500.7	192	126.3	28.03	216.7	18	12.9	30.53	689.7	846.7	72.07	2.71	17.35	4053	0.13
	2	375.5	105	161.5	30.45	194	22.55	14.4	34.15	893	824.5	91.1	3.16	10.7	5065	0.13
C_2l	3	218.5	73.25	29	28.5	142.5	24.95	9.15	25.8	885.5	213.5	102.1	3.20	44.8	5360	0.51
	4	327	113	62.7	28.9	145	23.7	26.7	61.4	1310	668	106	4.33	11.3	5370	0.34
	1	502	62.77	67.2	27.33	226	18.9	12.07	29.57	656.3	613.3	67.93	2.74	16.6	3916	0.38
	2	491.5	89.4	122.5	25.3	201	19.4	15.3	35.75	718	707	87.7	2.97	24.1	4260	0.31
C_2a	5	30.2	84	59.6	25	248	13.9	5.73	20.7	551	413	66.2	2.3	18	3410	0.33
	6	349	42	211	20.8	209	8.5	1.95	10.8	331	1310	30.1	0.89	11.1	1850	0.18
P_1x	7	12.5	34.7	117.3	<5	18.85	12.05	1.67	5.55	30.75	142	5.5	0.3	7.14	158.5	<0.1
	8	7.2	48	101	5.8	17.5	11.5	1.73	6.5	68.9	215	<5	<0.3	5.39	200	<0.1

类型栏中数字定义为:1.变质砂岩;2.变质粉砂岩;3.二云母石英片岩;4.绿泥二云片岩;5.变质长石石英砂岩;6.变质粉砂岩;7.结晶灰岩;8.蛇纹石大理岩

3. 变质期次

早期主要与晚白垩世—始新世的板块俯冲-碰撞有关;晚期与始新世以后的陆内会聚有关,因此该岩带区域变质作用发生于晚白垩世—第三纪,即为燕山晚期—喜马拉雅期。

(三)空朗-邬郁变质岩带

该变质岩带主要分布于雅江北侧,南以塔玛-渡布韧性剪切带为界,北至同波-冬古拉弧背断裂。受变质地层为上侏罗统—下白垩统林布宗组、楚木龙组、塔克那组、设兴组等。变质地层受晚期岩体侵蚀破坏和第三纪火山岩覆盖,出露零星,面积约 602.14km^2。

1. 主要变质岩石类型

该变质岩带变质岩有变质火山岩和变质沉积岩两大类,岩石变质浅,原岩组构保留清楚。
(1)变质火山岩。主要有变质玄武岩、变质石英安山岩、变质英安岩、变质凝灰岩等。
(2)变质沉积岩类。主要有变质砂岩、变质不等粒长石杂砂岩、变质粉砂岩、板岩、大理岩等。

2. 区域变质作用特征

空朗-邬郁变质岩带,为区内变质程度较低的变质岩带。据拉嘎晚侏罗世—白垩纪变质岩剖面(图4-5),变质火山岩仍保留了原岩的成分和组构,新生矿物为绢云母、绿帘石、黑云母、绿泥石。泥砂质岩变质后一般仅达到板岩级,主要变质矿物为绢云母、白云母和黑云母、绿泥石,属低绿片岩相变质矿物组合。

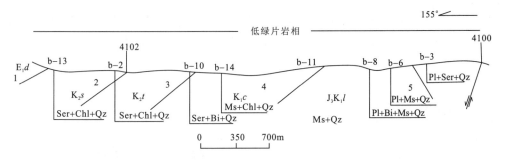

图 4-5 拉嘎乡晚侏罗世—白垩纪变质岩剖面图

1.安山玄武岩(E_1d);2.粉砂质凝灰泥岩、变质粉砂岩夹生物碎屑灰岩(K_2s);3.细晶灰岩、微晶灰岩夹生物碎屑灰岩、粉砂质板岩(K_2t);4.变质粉砂岩夹变质细砂岩、变质石英细砂岩(K_1c);5.含粉砂质板岩夹细砂岩条带(J_3K_1l)

3. 变质期次

该岩带受变质地层主要为上侏罗统—上白垩统和上白垩统—第三系(古近系+新近系),早期与板块俯冲-碰撞有关,晚期与陆内会聚有关,因此区域变质发生在晚白垩世—第三纪,即燕山晚期—喜马拉雅期。

(四)扎西定-泽南变质岩带

该岩带受变质地层为麻木下组、比马组及旦师庭组,因受深成花岗岩浆的多次侵入而被大量吞噬,呈残留体、悬垂体或捕虏体零星分布,很难反映该变质岩带总体地质特征。

1. 变质岩石类型

(1)变质火山岩类。主要有变质石英安山岩、变质粗面岩、黑云阳起长英片岩等。
(2)变质沉积岩类。主要有千枚岩(硬绿泥石石英千枚岩、板状石英千枚岩、石榴红柱绢云千枚岩、红柱石英云母千枚岩等)、变质(杂)砂岩、变质粉砂岩、石英岩、大理岩等。

2. 特征变质矿物及其形成条件

该带特征变质矿物有红柱石、铁铝榴石、硬绿泥石、阳起石、黑云母等,部分地段受后期岩浆侵入影响出现蓝晶石,对研究变质岩带的温度、压力条件有重要意义。

1)红柱石

该矿物仅见于南木林县长木乡南侧比马组千枚岩内。含量10%~15%,呈自形变晶粒状、柱状。横切面呈菱形和四方形,具微弱多色性:Np—淡红,Ng—淡绿色,负延性。由于退变质作用多数晶体蚀变为绢云母,少数晶体内具有炭质和尘埃质点包体,沿晶体断面呈对角线分布的十字形,这种含炭质包体的红柱石变种称空晶石。

红柱石常与铁铝榴石、黑云母共生,有时偶见红柱石向蓝晶石过渡。红柱石和蓝晶石具有相同的变质反应:

$$Al_2Si_4O_{10}(OH)_2 \rightarrow Al_2SiO_5 + 3SiO_2 + H_2O$$
　　　　(叶蜡石)　　(红柱石)　(石英)

一般认为,红柱石的生成温度、压力区间为510±5℃~530±10℃,0.2~0.4GPa,在温度相同的条件下压力较大时(中压)生成蓝晶石,压力较低时(低压)生成红柱石。由此表明该变质岩带曾由中压型转变为低压型。有些红柱石具旋转拖尾(图4-6),显示为同构造期产物。

2)铁铝榴石

与红柱石同产出在上述地段和岩石中,并与红柱石、黑云母、石英共生。含量2%~3%,呈斑状变晶,粒径大于1~2mm,含质点和黑云母鳞片包体,构成包含变晶残缕结构(图4-7)。

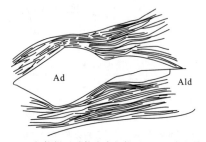
红柱绢云千枚岩中红柱石(Ad)变斑晶
具旋转拖尾为同构造期产物 (+) ×50

图4-6 比马组变斑晶特征图

石榴红柱绢云千枚岩中石榴石(Ald)变斑晶内包裹
黑云母(Bi)鳞片,为残缕结构 (+) ×50

图4-7 比马组变斑晶内部特征图

在泥质岩石中,一般认为铁铝榴石是由绿泥石经脱水反应形成的;并常与黑云母、白云母稳定共生。铁铝榴石的稳定范围还和压力有关,压力较大时有利于它的出现,压力较低时形成代替它的堇青石。该变质岩带未出现堇青石,表明变质作用发生在压力条件较高的环境下。

3. 变质带、变质相的划分

长木乡比马组、荣玛乡和努玛乡桑日群变质岩剖面(图4-8、图4-9)及岩石中特征变质矿物,该岩带可划分出绿泥石带、黑云母带和铁铝榴石带。

1)低绿片岩相

根据出现的新生变质矿物平衡共生组合,可划分为钠长石-绿泥石带和黑云母带。

(1)钠长石-绿泥石带。该变质带主要发育在麻木下组和比马组上部变质火山岩中,新生变质矿物有绿泥石、钠长石、绿帘石、绢云母和方解石等。各类岩石及变质矿物共生组合有:

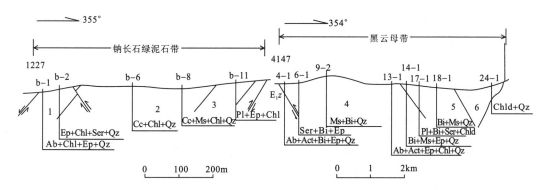

图 4-8 荣玛乡、努玛乡桑日岩群变质岩剖面图

1.变玄武岩、变安山质凝灰熔岩(K_1b);2.粉晶灰岩、亮晶(团粒)灰岩(J_3m);3.变安山岩(J_3m);
4.变玄武安山岩夹板状千枚岩(K_1b);5.变粉砂岩夹蚀变安山岩、变英安岩(K_1b);6.变砂岩、粉砂岩夹大理岩(K_1b)

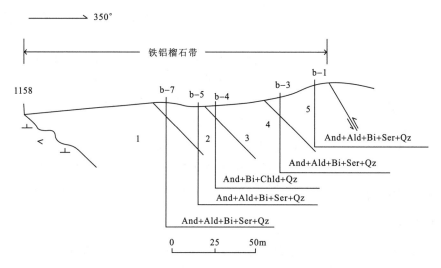

图 4-9 长木乡比马组变质岩剖面图

1.变流纹岩;2.石榴红柱绢云千枚岩;3.红柱石英云母千枚岩;4.结晶灰岩;5.石榴红柱绢云千枚岩

变质玄武岩　　Ab＋Chl＋Ep＋Qz
变质砂岩　　　Chl＋Ep＋Ser＋Qz
大理岩　　　　Cc＋Ms＋Chl＋Qz

在 ACF 和 A′KF 相图[图 4-10(a)]上变质矿物处于稳定平衡共生状态。

(2)黑云母带。发育于比马组下部和中上部变质中基性火山-沉积岩系中,以黑云母的首次出现为划分标志。各岩类中的变质矿物共生组合为:

变质粉砂岩　　　　　Bi＋Ser＋Chld＋Pl＋Qz
变质中基性火山岩　　Ab(An＝8～10)＋Act＋Chl＋Ep＋Qz
变质杂砂岩　　　　　Bi＋Ms＋Qz
黑云阳起钠长片岩　　Ab＋Act＋Bi＋Ep＋Qz

以上矿物共生组合,在 ACF 和 A′KF 相图[图 4-10(b)]上处于稳定平衡共生关系。另据变质基性岩中,绿纤石＋绿泥石＋石英→斜黝帘石＋阳起石＋H_2O,其压力为 0.25～0.7GPa,温度 325～370℃。上述矿物变质带均属低绿片岩相。

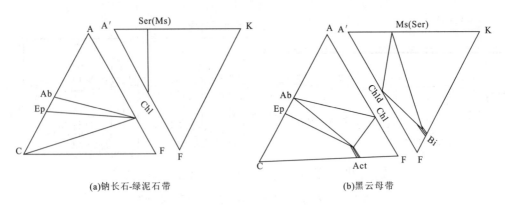

图 4-10 绿泥石带 ACF 和 A′KF 相图

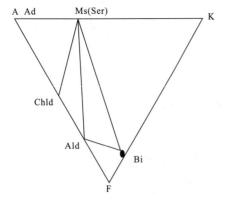

图 4-11 高绿片岩相 AKF 相图

2) 高绿片岩相（铁铝榴石带）

主要出现于比马组千枚岩中，各岩石类型及典型矿物组合为：

石榴红柱绢云千枚岩　　And+Ald+Bi+Ser+Qz
红柱石英云母千枚岩　　And+Bi+Ser+Chld+Qz

上述矿物处于平衡共生状态，以铁铝榴石的首次出现并与红柱石、黑云母、硬绿泥石、绢云母共生为标志划分为铁铝榴石带，高绿片岩相（图 4-11）。

该带中出现细柱状蓝晶石，此矿物多出现于红柱石变斑晶中，以雏晶多见，反映出该带叠加有热接触变质作用。

4. 区域变质特征

该岩带总体上变质程度较低，大多保留了原岩的成分及组构，最高仅达片岩级。火山岩中的新生变质矿物为绿帘石、黑云母、阳起石、钠长石、绿泥石、绢云母等，其形成温度一般在 350～500℃。变质泥质岩仅达变质砂岩-千枚岩级，主要新生变质矿物为绢云母、绿泥石、白云母和黑云母，属低绿片岩相。局部出现铁铝榴石、红柱石、硬绿泥石而无十字石，表明变质温度可达 525～580℃，已进入高绿片岩相。该带变质作用在空间上还显示出多相递增变质特点。

（1）比马组红柱石石英绢云千枚岩中含红柱石 20%～25%，区域上还出现石英黑云堇青石片岩，其中堇青石含量可达 35%～40%，构成低压相系典型的特征变质矿物组合。上述低压相系区域动力热流变质作用与雅鲁藏布江变质地带形成的高压相系变质作用构成双变质带。

（2）该变质岩带具有较复杂的变质地质特征。在努玛变质岩剖面上为由北向南递增，可划分出钠长石-绿泥石带、黑云母带，为低绿片岩相。而在长木乡南残块中却出现铁铝榴石带，可达高绿片岩相。区域上该变质岩带一般是自西向东递增变质，从低绿片岩相—高绿片岩相—低角闪岩相；而在 1∶20 万浪卡子幅-泽当幅（1993）中则是自南向北递增变质。据以上不同地段不同地质块体，变质程度各异，递增变质形式多样，可以推断桑日群的变质面貌可能是在较为复杂的构造环境下由多次变质作用叠加形成。

（3）从上述变质相带的划分可以看出，该变质岩带具有复杂的多相异向递增变质特征，显示当时的热流分布不均匀，可能反映了多个热流穹隆或热心、热柱的存在。

5. 变质期次

区域上该岩带常被晚白垩世—第三纪花岗岩侵入，其所获同位素年龄值范围与受变质地层基本吻合。因此,该变质岩带区域变质作用发生于晚白垩世—第三纪,即燕山晚期—喜马拉雅期,主变质期为晚白垩世末。其后为大规模花岗岩浆侵入,并伴有局部热接触变质事件发生。

(五)江庆则-日喀则变质岩带

该变质岩带分布于测区西南侧,北以雅鲁藏布江为界,南以蛇绿岩北界断裂为界。呈西宽东窄的楔状出露,测区内出露面积为 $1253km^2$。

受变质地层为昂仁组(K_2a),变质岩类单一,为钙化石英粘土板岩,而且仅在那当岗地区出露。由于岩石经变质作用,粘土矿物多已重结晶并形成绢云母,石英呈变晶粒状,大小 0.1~0.15mm,矿物平行定向分布形成显微鳞片变晶结构,板状构造。矿物共生组合为 Ser+Qz。该变质岩带砂岩和页岩具泥化和绢云母化。

根据变质岩类和变质矿物共生组合可以判断,该岩带变质程度极低,仅达板岩级,属低绿片岩相,但岩石变形极为强烈,发育各类褶皱及出现动力变质作用。

根据东邻1:20万浪卡子-泽当幅(1993)的资料,亚德地区变质岩类型有变质粉砂岩、变质长石石英细砂岩及粉砂质板岩,主要变质岩类矿物共生组合为:①Ser+Chl+Cc+Qz;②Se+Chl+Ab+Qz;③Ser+Ms+Chl+Ab+Qz。经区域对比该区以变质为主,变形较弱;而测区则以变形为主,变质相对较弱。

二、雅鲁藏布江变质地带

(一)曲美区-大竹卡变质岩带

该变质岩带呈近东西向透镜状展布,卡堆、仁布一带呈残片状零星分布。出露面积约 $715km^2$,由蛇绿岩组成。

1. 主要变质岩石类型

(1)变质超基性岩类。主要有蛇纹岩(具变残斑结构、网环状结构,块状构造)、异剥钙榴岩(纤维状变晶结构,块状构造)等。

(2)变质基性岩类。蚀变玄武岩(间隐结构、斑状结构,块状构造)、蚀变辉绿岩(辉绿结构,块状构造)。

(3)片岩类。蛇纹片岩(纤维状变晶结构,片状构造)、绿帘阳起片岩(细粒粒状柱状变晶结构,片状构造和条带状构造)。

2. 区域变质作用特征

1)变质带、变质相的划分

根据变质程度和新生变质矿物共生组合,该变质岩带可划分为两个变质相:低绿片岩相和低角闪岩相。

低绿片岩相变质岩石类型有蛇纹岩、异剥钙榴岩和蚀变基性岩。矿物共生组合为:

蛇纹岩　　　　　Ser+Bst
蚀变玄武岩　　　Zo+Chl+Ep
异剥钙榴石　　　Ser+Bst
蚀变辉绿岩　　　Ser+Zo+Act

根据矿物共生组合特征属低绿片岩相绿泥石带。

低角闪岩相仅在斜巴一带发现,受变质块体为蛇绿混杂岩。变质岩石类型为斜长角闪岩、石榴角闪片岩。岩石变质矿物共生组合为：

斜长角闪岩　　Hb＋Pl＋Qz

石榴角闪片岩　Ald＋Hb＋Qz

根据角闪石 Ti-Si 变异图（图 4-12）可知石榴角闪片岩中角闪石属变质矿物。而角闪石中 $Al^{IV}-Al^{VI}$ 变异图和角闪石中（Na＋K）-Ti 变异图中各角闪石均投影在角闪岩相区（图 4-13、图 4-14）。另外根据两种岩石中共生矿物组合特点可以判断石榴角闪片岩属低角闪岩相。

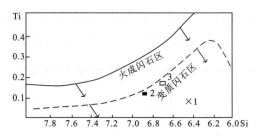

图 4-12　角闪石的 Ti-Si 变异图

1.斜巴；2.斜巴-1；3.斜巴-2

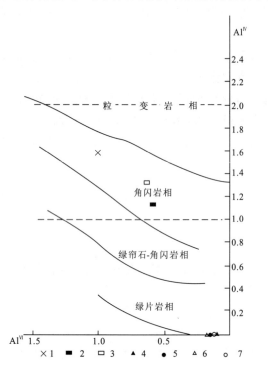

图 4-13　角闪石中 $Al^{IV}-Al^{VI}$ 的变异图

（据 закруткин,1968）

1.斜巴；2.斜巴-1；3.斜巴-2；4.卡堆-17；
5.卡堆-18；6.卡堆-19；7.卡堆-20

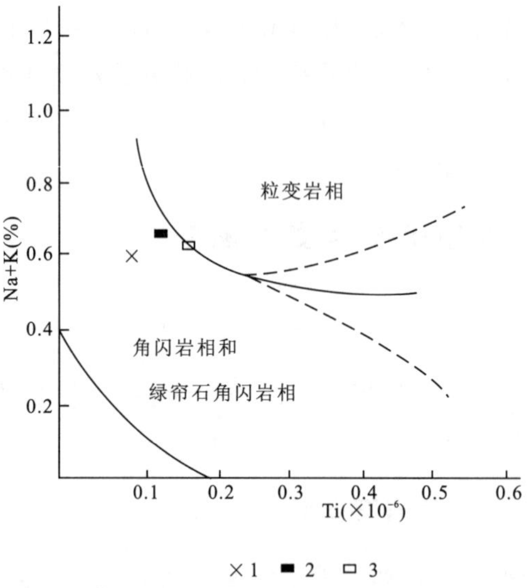

图 4-14　角闪石中（Na＋K）-Ti 的变异图

（据 закруткин,1968）

1.斜巴；2.斜巴-1；3.斜巴-2

运用能斯特分配原理（元素分配温压计），低角闪岩相在斜长石-角闪石实验地质温压计中（图 4-15）得出温度为 470～460℃，压力分别为 0.63GPa、0.71GPa、0.90GPa。石榴石-角闪斜长石—角闪石实验地质温压计石之间 Mg 分配等温线图（图 4-16）中得到变质温度为 670℃。石榴石-角闪石 $K_{Mg}^{Gt-Am}-K_{Ca}^{Gt-Am}$ 与 $T-P$ 相关图（图 4-17）中得出温度范围为 670～750℃。压力范围为 1.2～1.3GPa。综上所述，低角闪岩相变质温度为 710℃，压力为 0.9GPa，该变质相属低温高压。

（2）岩石地球化学特征

该岩带内各类岩石稀土元素及其参数特征见表 4-4 所示。蛇纹岩的稀土元素总量 ΣREE 为 2.25×10^{-6}～2.71×10^{-6}，Eu 异常值为（δEu）为 0.72～0.93、$(La/Yb)_N$＝1.15～3.48；异剥钙榴岩稀土元素总量 ΣREE 为 33.15×10^{-6}～23.40×10^{-6}、Eu 异常值（δEu）为 0.95～1.31、$(La/Yb)_N$＝0.85～1.04。稀土元素配分图（图 4-18、图 4-19）中，曲线呈近水平，轻重稀土分馏程度低，重稀

第四章 变质岩与变质作用

表 4-4 雅鲁藏布江变质岩带中各类岩石稀土元素分析结果表

编号		IP_2-8XT_1	IP_2-9XT_1	P_5-XT_1	$2L006D_1XT_1$	$2L004D_2XT_1$	$IP1.2-6XT_1$	$2L004D_1XT_1$	$2L205D_6XT_1$	$2L007D_1XT_4$	$1L004D_5XT_1$	IP_2-25XT_2	$2L205D_5XT_1$	P_5-XT_{12}	$2L205D_4XT_4$	P_5XT_{13}	P_5XT_{25}
岩石名称		蛇纹岩	蛇纹岩	蛇纹岩	蛇纹岩	蛇纹岩	单斜斜辉橄榄岩	斜辉橄榄岩	斜辉橄榄岩	异剥钙榴岩	异剥钙榴岩	蚀变玄武岩	强蚀变辉绿岩	泥板岩	泥质硅质板岩	泥板岩	泥板岩
稀土元素含量 ($\times 10^{-6}$)	Ld	0.38	2.33	0.35	1.22	1.11	0.73	1.19	1.11	2.82	2.56	43.6	5.95	14.5	25.9	15.6	13.1
	Ce	0.68	3.68	0.58	1.22	1.23	1.59	1.27	1.53	6.03	4.94	79.8	12.3	27.8	38.7	37.8	26.3
	Pr	0.087	0.23	0.070	0.14	0.14	0.14	0.14	0.15	1.23	0.69	10.2	1.66	2.31	4.72	2.71	2.26
	Nd	0.38	0.68	0.4	0.61	0.54	0.64	0.50	0.63	6.67	3.82	46.5	8.55	10.3	21.5	11.8	2.69
	Sm	0.11	0.18	0.097	0.18	0.16	0.13	0.14	0.15	2.19	1.33	10.9	2.38	1.91	4.27	2.45	1.74
	Eu	0.033	0.044	0.049	0.029	0.32	0.039	0.014	0.040	1.02	0.51	2.91	0.90	0.47	0.97	0.69	0.42
	Gd	0.18	0.30	0.25	0.15	0.14	0.15	0.15	0.22	2.65	1.99	9.99	3.12	2.36	3.70	2.27	2.07
	Tb	0.028	0.036	0.045	0.023	0.033	0.024	0.023	0.034	0.51	0.38	1.48	0.57	0.40	0.59	0.38	0.29
	Dy	0.16	0.22	0.32	0.15	0.20	0.17	0.14	0.25	3.97	2.72	8.84	4.37	2.42	4.02	2.13	1.76
	Ho	0.035	0.048	0.072	0.030	0.038	0.043	0.040	0.051	0.79	0.59	1.68	0.87	0.43	0.71	0.38	0.36
	Er	0.089	0.14	0.20	0.070	0.11	0.14	0.12	0.014	2.45	1.76	4.11	2.71	1.63	2.22	1.00	0.90
	Tm	0.012	0.020	0.032	0.011	0.015	0.020	0.016	0.024	0.36	0.26	0.53	0.40	0.18	0.32	0.16	0.15
	Yb	0.071	0.20	0.20	0.082	0.11	0.12	0.090	0.15	2.17	1.62	3.23	2.36	1.41	1.71	1.15	0.96
	Lu	0.018	0.015	0.039	0.015	0.021	0.020	0.022	0.022	0.29	0.23	0.40	0.37	0.19	0.21	0.14	0.13
	LREE	1.67	7.14	1.55	3.40	3.21	3.27	3.25	3.61	19.96	13.85	193.91	31.74	57.29	96.06	71.14	46.51
	HREE	0.59	0.98	1.16	0.53	0.67	0.69	0.60	0.89	13.19	9.55	30.26	14.77	8.72	13.48	7.64	6.62
	ΣREE	2.26	8.12	2.71	3.93	3.88	3.96	3.85	4.50	33.15	23.40	224.17	46.51	66.01	109.54	78.78	53.13
	ΣLREE/ΣHREE	2.83	7.29	1.34	6.42	4.79	4.74	5.42	4.06	1.51	1.45	6.41	2.15	6.57	7.13	9.31	7.03
	δEu	0.72	0.59	0.93	0.52	0.64	0.86	0.29	0.68	1.31	0.97	0.84	1.02	0.68	0.73	1.44	1.32
	$(La/Sm)_N$	2.10	7.90	2.21	4.14	4.20	3.39	5.16	4.52	0.78	1.17	2.43	1.51	4.63	3.68	3.75	4.58
	$(Gd/Yb)_N$	2.00	1.20	1.00	1.45	1.02	1.00	1.33	1.18	0.98	0.98	2.47	1.10	1.34	1.73	1.58	1.73
	$(La/Yb)_N$	3.48	7.70	1.16	9.79	6.08	4.02	8.75	4.90	0.86	1.04	8.85	1.66	6.78	9.97	8.94	8.99

土富集。蛇纹岩类中 Eu 表现为正常—负异常,异剥钙榴岩中 Eu 表现为正常—正异常。综上可知,稀土元素特征显示幔源岩石特征。

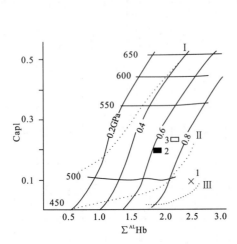

图 4-15 斜长石-角闪石实验地质温压计

（据 Plyusnina,1982）

Ⅰ.低压相系；Ⅱ.中压相系；Ⅲ.高压相系；
1.斜巴；2.斜巴(1—5)；3.斜巴(2—6)

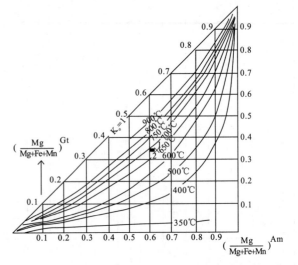

图 4-16 共存的石榴石—角闪石之间 Mg 分配等温线图

（据 Нерчук,1967）

1.斜巴；2.斜巴(1—3)

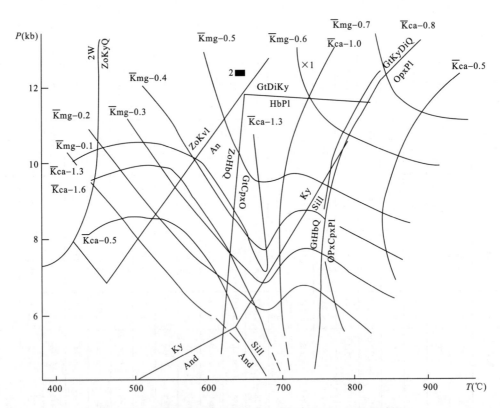

图 4-17 石榴石-角闪石 $K_{Mg}^{Gt-Am}-K_{Ca}^{Gt-Am}$ 与 T-P 的相关图

1.斜巴；2.斜巴(1—3)

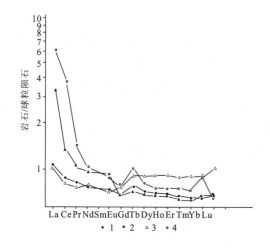

图 4-18 蛇绿岩稀土元素配分图(一)

1.2L006XT$_1$;2.IP$_2$-8XT$_1$;3.P$_5$-XT$_1$;4.IP$_2$-9XT$_1$;

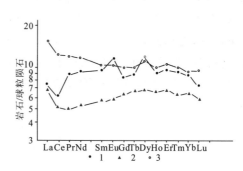

图 4-19 蛇绿岩稀土元素配分图(二)

1.2L007D$_1$XT$_4$;2.1L004D$_5$XT$_1$;3.2L205D$_5$XT$_1$

(二)白朗-仁布变质岩带

白朗-仁布变质岩带分布于测区东南角,出露面积约 724km^2,受变质地层为中生代地层。

1. 主要变质岩石类型

(1)变质中基性岩类。主要有蚀变玄武岩(残余间隐结构,块状构造)、强蚀变安山岩(残余交织结构,块状构造)、蚀变辉绿岩(辉绿结构,块状构造)。

(2)板岩类。为该变质岩带内的主要组成,岩石类型有泥板岩、绢云板岩、绢云硅质板岩、斑点板岩、含粉砂泥板岩、含硅质泥板岩和铁质泥板岩等,岩石类型复杂,具显微鳞片变晶结构、显微鳞片隐晶粒状变晶结构,板状构造、斑点构造。

(3)千枚岩类。在仁布形下和大竹卡等地零星出现,岩石类型单一,为(斜长)绢云千枚岩。岩石具显微粒状鳞片变晶结构,千枚状构造。

(4)片岩类。该岩类出现于仁布和卡堆。岩石类型为绿帘绿泥片岩和蓝闪黑云片岩,前者具显微鳞片粒状变晶结构、显微皱纹及片状构造。后者具细粒鳞片粒状变晶结构,片状构造。

2. 区域变质作用特征

1)变质带、变质相的划分

根据变质岩石类型及变质矿物特点,该岩带可划出低绿片岩相和蓝闪绿片岩相。

(1)低绿片岩相。该岩带地层普遍发育低绿片岩相变质作用,变质岩石为泥板岩、斑点板岩、蚀变玄武岩、蚀变安山岩、蚀变辉绿岩和绿帘绿泥石化蚀变岩等。特征变质矿物为绿泥石、绿帘石、黝帘石、绢云母、白云母和石英等。

变质矿物共生组合为:

泥板岩	Ser+Ms+Qz
蚀变玄武岩	Chl+Anr+Zo
蚀变安山岩	Chl+Anr+Zo
蚀变辉绿岩	Chl+Anr+Ser

根据矿物共生组合及 ACF 相图(图 4-20),矿物处于平衡共生状态,并以变质带首次出现绿泥石为标志,划为低绿

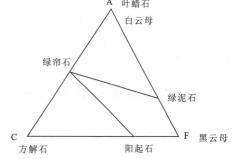

图 4-20 低绿片岩相 ACF 相图

片岩相绿泥石带。

(2) 蓝闪绿片岩相。蓝闪片岩仅在测区雅江变质地带的卡堆地区发现。带内蓝闪片岩与地幔成因的蛇绿岩及混杂岩密切伴生,为蓝闪黑云片岩,其矿物共生组合为 Q+Bi+Gl。

特征矿物蓝闪石镜下多呈针状,多色性明显：Ng—蓝色、Nm—紫蓝色、Np—无色。最高干涉色为二级蓝,正延性,斜消光,Ng∧C=5°~11°。岩石中赋存于石英条带中,而云母集中层中极少。岩石中呈不定向排列,杂乱分布。其属蓝闪石类的铝钠闪石-蓝闪石(图 4-21)。而在角闪石中 Al^{IV}-Al^{VI} 的变异图(图 4-13)中,蓝闪石均投影在绿片岩相区,从而认为该变质相属蓝闪绿片岩相。

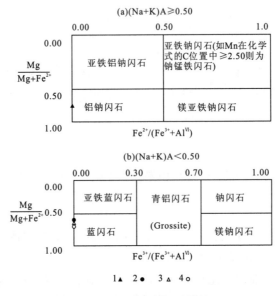

图 4-21 碱性角闪石图解
1.卡堆-17;2.卡堆-18;3.卡堆-19;4.卡堆-20

2) 岩石地球化学特征

变质岩带内各类板岩稀土元素及其参数特征见表 4-4。其中板岩类 ΣREE 为 53.3×10^{-6}~109.4×10^{-6},δEu 为 0.68~1.44,$(La/Yb)_N=6.79$~9.97。

雅鲁藏布江变质地带表现为三期变质特点,第一期变质以低绿片岩相为主;第二期变质为蓝闪绿片岩相;第三期变质为低角闪岩相。

变质岩带内出现三期变形特征。第一期为碰撞造山前变形,表现为三叠系岩石内发育韧性变形及片理,为 S_2 置换 S_1 置换 S_0,显示变形期次的叠加。第二期为碰撞造山期变形,表现为侏罗纪—白垩纪地层的褶皱变形和岩石的韧性剪切变形,出现糜棱岩化蛇纹岩及各类片岩。第二期变形应力方向与第一次基本平行且形成折劈理(S_2)。第三期为碰撞造山后变形,表现为柳区群中的一些宽缓褶皱及断层、节理。

该变质地带变质作用影响的最新地层是白垩系。可见变质时期是晚白垩世后期开始,相当于板块开始俯冲时期,晚期与始新世以后的陆内会聚有关,据此认为该变质地带变质作用发生于晚白垩世—第三纪,即为燕山晚期—喜马拉雅期。

三、喜马拉雅北部变质地带

(一) 孙喀则-重孜区变质岩带

该变质岩带出露于图幅最南端,北以雅鲁藏布缝合带为界,呈近东西向展布,面积约 1415km²。

受变质地层为三叠系、下侏罗统—下白垩统地层。

1. 变质岩石类型

板岩类：主要有(含砂)泥板岩、粉砂质绢云板岩、粉砂泥质板岩、含砾粉砂质板岩等。具变余粉砂显微鳞片变晶结构，板状构造。

变质细粒长石石英(杂)砂岩：呈变余细粒砂状结构，块状构造。

蚀变玄武岩：主要有蚀变玄武岩和强蚀变杏仁状玄武岩。具残余交织结构，杏仁状构造。

2. 区域变质特征

该岩带受变质程度低，原岩组构均有残留，新生变质矿物有绢云母、石英、绿泥石等。变质砂岩原粘土矿物杂基变质重结晶形成绢云母鳞片，碎屑物多具定向性和重结晶现象。玄武岩经变质形成蚀变玄武岩和强蚀变杏仁状玄武岩，斜长石板条微晶全蚀变为绢云母、绿泥石，仅保存其假象，变质作用使原岩组构不清。

主要变质矿物共生组合为：

泥板岩	Ser+Chl+Qz
变质细粒长石石英杂砂岩	Ser+Ms+Qz
蚀变玄武岩	Chl+Act+Ep

变质矿物共生组合 Chl+Act+Ms 在 ACF 相图（图4-22)中处于平衡共生状态，另外以变质岩中首次出现绿泥石为标志，该变质相属低绿片岩相绿泥石带。

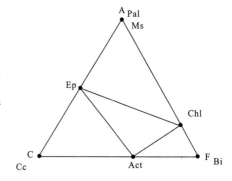

图4-22 低绿片岩相 ACF 相图

（二）切热变质岩带

该变质岩带分布于测区东南切热一带，出露面积约 $6.2km^2$。受变质地层为拉轨岗日岩群（AnZLg.）。

1. 变质岩石类型

石榴十字二云(石英)片岩：岩石呈粒状(显微)鳞片变晶结构，片状构造。

二云(石英)片岩：岩石具变斑状柱状—鳞片变晶结构，片状构造。

2. 变质带、变质相的划分

该变质岩带可划出：低绿片岩相、高绿片岩相、低角闪岩相，测区内仅出现低绿片岩相和低角闪岩相。变质带内变质温压条件为400～650℃。变质矿物共生组合为：

绿片岩相	Ser+Bi+Qz
低角闪岩相	Ald+St+Bi+Ms+Qz

3. 变质年龄

据 Manlski(1984)报道，采自康马变质岩中蓝晶石-十字石带中，白云母和黑云母 $^{39}Ar/^{40}Ar$ 年龄值为31Ma。张旗等(1986)在十字石-石榴石中的角闪石 K-Ar 年龄为26Ma，周云生和张魁武获得康马穹隆体的片麻岩云母 K-Ar 年龄为35～22Ma。

这组年龄值属一些晚期侵入体及其有关的岩浆事件，反映了喜马拉雅期变质作用特点。

第三节　接触变质岩与接触变质作用

由于处于冈底斯火山-岩浆弧中段，接触变质作用和接触交代变质作用强烈，变质作用主要与燕山晚期—喜马拉雅期的中酸性岩浆侵入活动有关，多发生在侵入体与围岩的接触带上，且在不同时代、不同期次、不同级序的侵入岩体内、外侧形成比较清楚的不同规模、不同形态、不同组成的内、外接触（交代）变质带。

一、接触变质作用及其岩石

接触变质作用在测区普遍较发育，根据围岩性质的不同和受温度影响的差异，形成不同类型的角岩相岩石。

（一）岩石类型及其特征

1. 角岩类

该类岩石因接触变质是在区域变质之上叠加的，故接触变质岩具有更为复杂的成分和结构，接触带的产状常随侵入体同步变化，出露宽度 5~80m，最宽达 150m。主要接触变质岩石有堇青黑云长英角岩、透辉斜长角岩、黑云长英角岩、角闪长英角岩等。岩石具角岩构造和鳞片粒状变晶结构，块状或平行构造。这既反映出热接触变质结构的特点，又残余有原岩层理构造特征，较常出现的矿物有黑云母、石英、斜长石、堇青石、透辉石、透闪石、角闪石及少量绿帘石、绿泥石、绢云母、白云母等。从岩石残余组构和矿物组成看，原岩一般为泥砂质岩和含钙质碎屑岩类。

2. 角岩化岩石

该类岩石主要分布于侵入体外接触带的外侧，与角岩带共同构成侵入体的接触变质晕圈。角岩化带较窄，一般十几米到几十米，主要岩石有角岩化堇青绢云板岩、角岩化砂岩、角岩化石英云母千枚岩及青磐岩化安山岩等，岩石具显微粒状鳞片变晶结构，个别斑状变晶结构，板状（千枚状）构造。主要变质矿物为绢云母、黑云母、绿泥石、堇青石、红柱石、蓝晶石、石英、长石等。鳞片状矿物和粒状长英质矿物，均显示平行定向分布，有时二者平行相间排列，反映原岩的层状构造特征。

3. 大理岩

该类岩石分布在侵入体外接触带。岩石呈灰白色，粒状镶嵌变晶结构，层状构造，主要矿物为自形粒状变晶方解石，解理清晰，粒径 0.5~1.2mm。常含少量绢云母、透闪石、蛇纹石等。

（二）主要变质矿物特征

接触变质岩石中所形成的主要变质矿物有以下五种。

（1）黑云母：为角岩（化）岩石的主要叠加变质矿物，呈等轴鳞片状，多色性呈褐红色，反映形成温度较高。一般在岩石中分布均匀，有时晶片聚集成斑点，构成斑点状构造。

（2）堇青石：仅出现于部分岩石中，为叠加的热接触变质形成。全斑状变晶，粒径 1.5~4mm，个别晶体具聚片双晶，晶体中常包裹较多的石英、黑云母等成分，即为筛状变晶结构。

（3）透辉石：见于部分长英角岩内，为接触变质形成的新生矿物，呈短柱状或粒状变晶，近无色，最大消光角（C∧Ng）38°~40°，粒径 0.3~0.6mm，一般较细小。

(4)红柱石:受低压区域动力热流变质作用形成于绢云千枚岩中,自形程度较差,粒度细小,变晶中的残缕晶体与片理呈整合关系。在此基础上,又叠加热接触变质作用,呈粗大自形变斑晶,粒径1.5~2mm,横切面呈菱形和四方形,晶体延伸方向常与片理斜交,晶内残缕方向与片理一致,说明系构造期后形成。

(5)蓝晶石:主要出现在长木乡以北比马组区域变质千枚岩中,为叠加接触变质形成的新生矿物。呈细柱状或纤柱状晶体,粒径0.3~0.8mm,无色—浅蓝色,正高突起,偶见聚片双晶,晶内常含石英、白云母等包裹体。有时呈纤柱状残存在红柱石变斑晶中,从二者交生关系看,蓝晶石不向红柱石过渡,表明压力由高变低的特点。

(三)变质相带特征

由于岩浆活动频繁,造成测区接触变质多次叠加、复合,故新生的变质矿物成分也较为复杂,变质相带也很难划分。现择有代表性的雪乡接触变质特征描述如下。

在雪乡热接触变质岩剖面(图4-23)上,可以看到接触变质分带现象。随着远离侵入体,变质程度逐渐降低,变质岩石由堇青黑云长英角岩→角岩化石英云母千枚岩。特征变质矿物及矿物共生组合发生有规律的变化,即Pl+Cord+Ms+Qz组合到Pl+Bi+Ser+Chl+Qz组合。按矿物共生组合,可大致划分堇青石带-黑云母带,相应的接触变质相为绿帘角岩相。

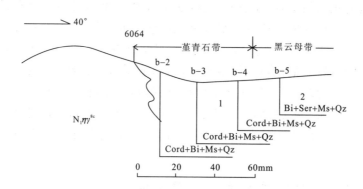

图4-23 雪乡接触变质岩剖面图

$N_1\eta\gamma^{8c}$:苦生岩体;1.堇青黑云长英角岩;2.石英云母千枚岩

二、接触交代变质作用及其岩石

接触交代变质岩的分布与发生情况与上述接触变质岩相似。但发育程度远不及前者,出露宽度一般十几米至几十米。扎西定-泽南变质岩带接触交代变质较普遍。

(一)岩石类型与特征

扎西定-泽南变质岩带上的塔玛、桑宗地区发育有透辉石榴矽卡岩、符山石矽卡岩、石榴符山矽卡岩、阳起绿帘矽卡岩、绿帘透辉矽卡岩及透辉石化(矽卡岩化)大理岩。其一般产出于侵入体外接触带,产状常随侵入体同步变化。岩石一般具较粗不等粒变晶结构,块状构造。新生的交代变晶矿物分布杂乱,成分复杂,主要为透辉石、符山石、钙铝榴石、透辉石、绿帘石、硅灰石、阳起石等。伴生的金属矿物有磁铁矿、黄铁矿、黄铜矿、方铅矿等,生成较晚,常交代透辉石、石榴石、符山石等早期矽卡岩矿物,属复杂型矽卡岩。

(二)主要变质矿物与变质相特征

接触交代变质形成的矽卡岩或矽卡岩化岩石,由于原岩性质的不同所形成的交代变质矿物成分复杂,分布不均匀。现以上述几种矽卡岩为代表,从总的接触交代变质矿物平衡共生结构分析,其交代变质矿物共生组合有 Cc+Gro+Di+Wl+(Vl+Tl),Cc+Vl+Wl+Tl,Gro+Vl+Ep+Qz。按矽卡岩矿物共生组合特征,其相应的变质相为角闪岩相和辉石角岩相。

以上接触变质作用与接触交代变质作用,均围绕燕山晚期—喜马拉雅期中深成侵入岩体发育,且同期发生于晚白垩世以后。

第四节 动力变质岩与动力变质作用

动力(碎裂)变质作用反映较强烈,与不同层次的脆、韧性断裂构造相伴生,各种类型的动力(碎裂)变质岩均沿构造带呈线性分布,并与不同期次、不同类型的变质作用叠加交织。岩石类型有超糜棱岩、糜棱岩、糜棱岩化岩石及各种碎裂岩和碎裂岩化岩石。

一、浅层次脆性动力变质岩及其变质特征

浅层次脆性动力变质岩,主要发育在近东西向的同波-冬古拉弧背断裂及其他断裂带中。宽5~6m不等,长几千米到数千米,活动时限为古生代至新生代,以新生代表现最为强烈。动力变质岩石类型主要有碎裂岩化结晶灰岩、碎裂岩、超碎裂岩及断层角砾岩等。分布最多者为碎裂岩,岩石具明显挤压碎裂和碎粒化现象。长石多绢云母化或钠黝帘石化,双晶弯曲变形,具格子状双晶并有条纹构造的微斜长石也产生双晶变形及波状消光,且多被撕裂。石英呈不规则粒状,具有变形条带和波状消光,多重结晶,较大颗粒则初始破裂变形,形成平行透镜状。片状矿物黑云母多绿泥石化,并产生扭曲、挠曲变形,甚至产生流变而呈定向排列,显示由脆性变形向塑性流变的转化特点。岩石矿物组合均与构造方向平行排列,碎裂组分常形成大小不一的挤压眼球体,粉碎物发生重结晶并出现新生的绿泥石、绢云母、石英等变质矿物。它们均沿构造面理(S_1)平行定向排列成条带、条纹。

二、中深层次韧性动力变质岩及其变质特征

(一)塔玛-渡布韧性剪切变形变质带

该带呈近东西向带状延伸,活动时限为早白垩世至古近纪渐新世末,殃及桑日群地层、上白垩统—古近系火山岩及早白垩世—古近纪侵入岩。动力变质岩石为糜棱岩、超糜棱岩及糜棱岩化岩石。

(1)糜棱岩:粒径为 0.03~0.06mm 或 0.1~0.3~0.6mm 及 0.8~2~3mm 不等。长石已强蚀变,仅保留外形,出现碎斑系,碎斑拉长或呈眼球及透镜状,并发生旋转,压力影呈"δ"型,晶体常弯曲折断,新生绢云母形成"Sc"面理和拉伸线理。被碎粒化矿物由韧性剪切应力作用平行定向排列明显,常见石英波状消光和变形纹,个别呈亚颗粒或形成拔丝构造,粉碎的颗粒又重结晶或蚀变成新生的帘石类矿物和黑云母、绢云母并聚集平行分布。个别强变形带粉碎的基质含量大于 90%,即过渡为超糜棱岩。

(2)糜棱岩化岩石:主要分布在强应变带糜棱岩外侧与正常岩石之间。宽度不等,几十米至百余米,最宽可达 200~300m。由于原岩不同而表现有别,动力变质岩石为糜棱岩化黑云钾长花岗岩、糜棱岩化安山岩、糜棱岩化灰岩及千糜状千枚岩等。岩石具糜棱结构、粒状变晶结构、残余斑状结构、显微鳞片变晶结构等,平行及千枚状构造。粒径为 0.03~0.1mm,残斑大小为 10~20mm。矿物受动力作用呈扁豆状,个别岩石中石英拉长成丝带构造,并同黑云母形成 S-C 组构,长石碎斑

常形成布丁构造等。

上述岩石的碎基中出现新生矿物组合：$Bi+Ep+Zo+Ser+Chl+Pl+Qz$，变质带应为黑云母带，变质相应为低绿片岩相。

(二)腊根拉-谭门千韧性剪切变形变质带

该带波及念青唐古拉岩群。动力变质岩石为强糜棱岩化石英岩、长石石英岩、黑云长英片岩。岩石局部具糜棱结构和变余粒状变晶结构，平行构造。粉碎粒径为 0.03～0.01mm。岩石中的矿物发生明显碎粒化，石英重结晶并有明显的拉长且呈细条状，波状消光和变形纹十分明显，拉长的石英呈条纹聚集形成拉伸线理，长石双晶弯曲折断现象普遍。

该韧性剪切变形变质带仅发生在念青唐古拉岩群中而未延入其他地层，其动力变质时代应为中新世之前。证据：①始新世帕那组火山岩不整合覆于念青唐古拉岩群之上；②中新世二长闪长岩（K-Ar法同位素年龄值15.9Ma）侵入该岩群而未发生动力变质等。

(三)泽南韧性剪切变形变质带

该带受动力变质地层为桑日群及始新世侵入岩。动力变质岩石为花岗闪长质初糜棱岩、糜棱岩化安山岩。岩石具初糜棱结构、残余斑状结构、碎裂结构，平行构造。粉碎粒径为 0.02～0.04mm 或 0.03～1.2mm。长石多呈碎斑状，剥皮构造，显示机械双晶，并发生舒缓"S"状弯曲。石英多呈拉长状，波状消光及变形条带明显，碎粒矿物定向排列清楚。新生的动力变质矿物为绿泥石、绢云母等，属低绿片岩相。

第五章 地质构造及演化

第一节 概述

一、测区大地构造位置

测区位于青藏高原中南部，地处东特提斯构造域的中段，喜马拉雅板片和冈底斯-念青唐古拉板片（以下简称冈-念板片）衔接部位，闻名遐迩的雅鲁藏布江缝合带呈近东西向横贯于测区南部（图5-1）。据区域构造研究，印度河-雅鲁藏布江缝合带是新特提斯晚期洋壳闭合的遗迹，也是最终闭合的板块碰撞事件的产物，它是继班公错-怒江中特提斯洋壳闭合之后，新特提斯主域最终闭合的地方。

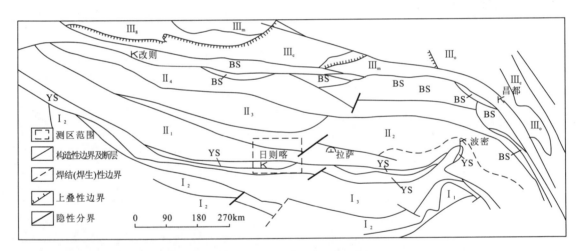

图5-1 测区大地构造位置图

Ⅰ：喜马拉雅板片；Ⅰ₁：小(低)喜马拉雅中陆壳片；Ⅰ₂：大喜马拉雅陆棚壳片；Ⅰ₃：拉轨岗日陆隆壳片；YS：雅鲁藏布江缝合带；Ⅱ：冈底斯-念青唐古拉板岩；Ⅱ₁：冈底斯陆缘火山-岩浆弧；Ⅱ₂：念青唐古拉弧背断隆；Ⅱ₃：措勤-纳木错初始弧间盆地；Ⅱ₄：班戈-倾多拉退化弧；BS：班公错-怒江缝合带；Ⅲ：羌塘-三江复合板片；Ⅲ₈：冈瓦纳亲缘构造地层地体(群)；Ⅲ。：华夏新缘构造地层地体(群)；Ⅲₘ：中介性集成岛链；Ⅲ。：拼贴超覆盖层单元

二、测区构造单元划分

根据构造单元划分原则和测区工作的新发现、新认识，运用板块构造理论和构造层次概念，结合大陆造山带地区盆山耦合特点及各型沉积盆地特征，注重大地构造属性和特征，及其在沉积作用（响应）、火山作用（事件）、岩浆建造、变质建造、成矿系列及其运动学和动力学等方面的不同表现和各自的演化规律及大地构造环境的综合分析，按照建造和改造统一的基本原则，测区范围内划分为3个一级构造单元，6个二级构造单元和12个三级构造单元（表5-1，图5-2）。

表 5-1 测区构造单元划分表

Ⅰ级构造单元	Ⅱ级构造单元	Ⅲ级构造单元
冈底斯-念青唐古拉板片（Ⅰ）	念青唐古拉中生代隆起/弧背断隆（Ⅰ$_1$）	则学-那如雄中生代隆起（Ⅰ$_1^1$）
	冈底斯中—新生代陆缘火山-岩浆弧（Ⅰ$_2$）	中生代中—晚期火山-岩浆弧（Ⅰ$_2^1$）
		中生代中—晚期沉积盆地（Ⅰ$_2^2$）
		新生代陆缘火山-岩浆弧（Ⅰ$_2^3$）
		新生代晚期沉积盆地（Ⅰ$_2^4$）
		新生代陆缘山链（Ⅰ$_2^5$）
雅鲁藏布缝合带（Ⅱ）	雅鲁藏布蛇绿岩带（Ⅱ$_1$）	中生代早期蛇绿岩带（Ⅱ$_1^1$）
		中生代中晚期蛇绿岩带（Ⅱ$_1^2$）
	雅鲁藏布混杂岩带（Ⅱ$_2$）	中生代早期混杂岩带（Ⅱ$_2^1$）
		中生代晚期混杂岩带（Ⅱ$_2^2$）
喜马拉雅板片（Ⅲ）	拉轨岗日变质核杂岩（Ⅲ$_1$）	前震旦纪拉轨岗日核杂岩穹隆（Ⅲ$_1^1$）
	北喜马拉雅沉积带（Ⅲ$_2$）	中生代陆棚—陆坡沉积带（Ⅲ$_2^1$）

第二节 各构造单元的构造建造特征

一、冈底斯-念青唐古拉板片

测区各构造单元除北部基底外，还包括火山-岩浆弧、弧后复陆屑、弧前复理石和陆缘山间磨拉石，分别代表岛弧、弧后盆地、弧前盆地和山间盆地，具活动大陆边缘的特征。

（一）中生代念青唐古拉隆起/弧背断隆

1. 则学-那如雄中生代隆起

该构造单元位于测区北部，其南以同波-唐巴-热木杠-冬古拉逆冲推覆断裂为界，包括前震旦系结晶基底和古生代盖层（褶皱基底）。前者主要沿念青唐古拉山脉主脊一线呈北东向出现，出露于堪珠北舍纳、冬古拉北、那如雄、桑木岗和堪布扎等地，分布局限，多呈残蚀（留）体驮覆于渐新世花岗岩之上。该套岩系总体为一套中深层次的变质杂岩，以出现片麻岩及大理岩为标志，具从低绿片岩相至高角闪岩相的递增变质特点，且具叠加变质，中之韧性剪切变形广为发育。总体构成一个复式向斜，南界多被前缘断裂断失，并广泛地被古近系不同层位火山岩和上新统沉积岩直接不整合覆盖，且其中多见被中新世壳熔型花岗岩侵入。石炭系主要为一套碎屑岩夹泥岩组合。总体上变质程度较浅，变形较弱。下拉组为一套碳酸盐岩组合。总体来看，该构造单元之特点是缺少中生代沉积，这也是区域上弧背断裂形成和发育的主要时期。

（二）冈底斯中—新生代陆缘火山-岩浆弧

1. 中生代中晚期火山-岩浆弧

1）扎西定-土布加中生代中期不成熟火山岛弧

该构造单元主体出现于雅江北岸，但在仁布大桥东扎西林至嘎波脚嘎一带逾江而就，其北界为

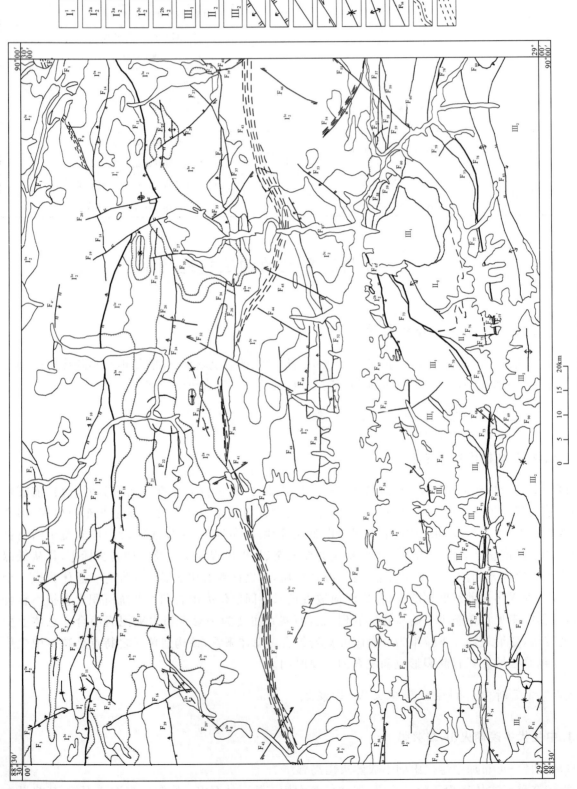

图 5-2 测区地质构造纲要图

塔玛-渡布脆韧性-韧性剪切带,且在卡孜东卓玛日一带剪切带之南零星出现比马组残留体。总体呈近东西向展布,在测区中部西延进入邻幅,东边在妥峡大桥延入曲水幅。在土布加至努玛一带因花岗岩影响呈现两支且走向转为北东。该构造单元由晚侏罗世—早白垩世桑日群火山-沉积岩系构成。因受嗣后花岗岩侵位和所处构造位置,多支离破碎而呈残留体。变质变形强烈,局部极度破碎。麻木下组主要为一套碳酸盐岩、碎屑岩夹火山岩的建造。比马组为一套火山岩、碎屑岩、泥岩、碳酸盐岩建造,标志是见灰白色大理岩层,但横向上厚度变化较大。且师庭组区域上其不整合于桑日群之上,区内均为断裂关系,宏观上位于剪切带的性质转换部位之南。以中性火山碎屑岩为主,夹安山岩、玄武岩、英安岩及火山碎屑熔岩,并发育角砾岩筒。岩石化学和地球化学综合特征表明属岛弧钙碱性火山岩,且形成于岛弧-活动陆缘。

2）东嘎-切娃中生代晚期不成熟岩浆岛弧

该构造单元是冈底斯岩浆岛弧中最早形成的一个单元,主要沿雅江北岸之扎西定、东嘎、山巴、努玛及希马一线呈近东西向出露,在测区东边仁布大桥东谊弄一带跨江而就。总体形态为长圆形,东部多呈残留体,侵入体形态多见为岩滴、岩瘤和小岩株,西部规模较大,多见呈岩株状。常见该类花岗岩与晚白垩世火山岩相随且侵入其中,并多见地层的残留体。主要岩性为辉长闪长岩、角闪闪长岩、石英闪长岩、石英二长岩、石英二长闪长岩和英云闪长岩、花岗闪长岩,总体具有从早期到晚期由基性—中基性—中性的演化特点。该构造单元最大特点是不同程度地含有暗色深源辉长质、闪长质包体。尤其在拉木则一带呈现暗色矿物与浅色矿物组成的黑白条带或条纹,具浆混岩特点。早白垩世侵入体中包体密度大、拉长明显,形态多为细长条形、卵虫状,强—中等的叶理构造。晚白垩世侵入体中具弱—中等叶理构造,包体数量多,拉长不甚明显,形态多见为扁圆状、卵圆状、团块状等。岩石化学和地球化学等综合特征表明,白垩纪花岗岩属次铝的钙碱性岩类,具Ⅰ型花岗岩特点,是岩浆演化初始阶段的产物,具幔源分异且程度较差的特点。

3）南木林东中生代中晚期弧后盆地

该构造单元主体出露于测区北部,呈近东西向展布于弧背断裂之南和塔玛-渡布脆韧性-韧性剪切带之北的区域内,主要出露于龙桑、冲党和龙堆、牙布桑及孔安村一带。因受古近纪花岗岩侵位的影响多呈残块形式或受第三纪地层的沉积覆盖而未出露。其中在南木林东牙布桑一带,即是剪切变形带之性质转换部位范围较大。测区内该单元组成出露不全,仅见有 J_3K_1l、K_1c、K_1t、K_2s。主要为一套陆源碎屑岩和碳酸盐岩及泥岩的组合,据区域特征分析,测区缺失多底沟组（$J_{2-3}d$）碳酸盐岩和却桑温泉组（J_2q）碎屑岩沉积以及盆地建造的基础-岛弧火山岩。

4）日喀则中生代晚期弧前盆地

该构造单元出露于雅江南岸之甲列、甲舍拉、小卡堆、日喀则、边雄、桑巴、江当、汪达和年木等地。包括 K_2a、K_2as。总体形态呈西宽东窄近东西向展布的楔形。其南北边界以断裂关系分别与晚侏罗世至早白垩世蛇绿岩和渐新世至中新世大竹卡组砾岩接触。在联乡见其与蛇绿岩顶部的硅质岩整合接触,且在昂仁组底部见含砾粗砂岩,其砾石成分即为下伏硅质岩。该单元为一套巨厚复理石建造,据岩性组合和结构特征划分为三段,测区内该构造单元整体构成一复式向斜构造。

2.新生代陆缘火山-岩浆弧

1）龙桑-达那-麻江古近纪成熟陆缘山弧

该构造单元指广布于测区北部的陆相火山岩,为一套紫红色火山碎屑岩、碎屑熔岩、火山熔岩的组合,包括典中组、年波组、帕那组。主要分布于龙桑、西马普、南木林、达那、拉布和宙百、麻江一线及尼布坭玛、则拉等地。总体呈近东西向长条形展布于塔玛-卡孜-渡布脆韧性-韧性剪切带之北和弧背断隆前缘断裂之南的狭长区域内,少量出露于弧背断隆之盖层的南、北两侧。总体来看,此套火山岩呈两条支带,南支带位处前缘断裂之南,发育齐全。北支带位处北部边缘或弧背断隆之盖层之上，出露不全，多见为始新统层位，在旁堆乡北热不沙一带见帕那组呈近南北向出露。该构造单元总体上表现出从早期到晚期由中基性到中性、中酸性直至酸性的连续的火山作用过程，岩石学、岩石化学、地球化学综合特征表明其为岛弧钙碱性火山岩，形成于活动陆缘构造环境。

2) 南木加岗-多角-色翁古近纪成熟岩浆岛弧

该构造单元是测区内出露规模最大的一个单元，遍布测区北部，并构成岩浆岛弧的主体。其总体沿塔玛、普洛岗、洛莱、泽南北一线呈近东西向分布，平面形态具套叠式椭圆形空间格局，其单个侵入体规模较大，并具有自边缘至中心从结构和成分上递增变化之特点，为一套中性—中酸性—酸性—酸碱性的花岗岩类，主要岩性为石英二长闪长岩、花岗闪长岩、二长花岗岩、钾长花岗岩和碱长花岗岩，且有少量石英二(正)长岩。其特征是颗粒粗大，含有聚晶、连晶和巨大斑晶。古新世花岗岩为次铝的钙碱性岩，属岛弧I型花岗岩类。始新世早期花岗岩具从边缘至中心出现由中性—中酸性—酸性的变化特征，具从I型向S型过渡、具壳幔混合来源的特点。晚期具从边缘至中心粒径增大、斑晶增多的特点，岩石化学和地球化学特征表现为S型花岗岩，物源来自陆壳重熔。渐新世花岗岩规模较小，并具从早阶段到晚阶段由酸性向酸碱性演变的特点，各种特征表明其为陆壳重熔的S型花岗岩。从以上可看出，古近纪是构造岩浆强烈活动时期，也反映了从早到晚不同构造环境和不同类型岩浆的变化规律。

3) 加多捕勒-去故错新近纪成熟岩浆岛弧

该构造单元主体分布于弧背断隆前缘断裂之北地区，在旁堆东有少量侵入体越过此界，并且断续出露，总体为呈近东西向沿加多捕勒、巴来勒、普当乡北、穷麦曲和去故错一带显现。其大部分侵入体出现于东北部，并使念青唐古拉岩群呈漂浮残块。西北部多见其呈犬牙状围绕弧背断隆及盖层出现，且可见其侵入古近纪晚期花岗岩。主要岩性为二云二长花岗岩、石英二长闪长岩、二长花岗岩和微细粒白岗岩。中新世中晚期的侵入体以含白云母为特征，并具由早阶段至晚阶段向富碱方向演化的特点。岩石学、岩石化学和地球化学特征表明其为过铝质钙碱性岩，且为壳熔S型花岗岩，形成于板内俯冲构造环境。推测可能缘于超碰撞构造背景下弧背断隆的古老结晶基底壳层深熔所致。

4) 恰布林-大竹卡新生代陆缘山间断陷盆地

该构造单元主要分布于雅江南岸，呈近东西向断续出露于恰布林、聂日乡、大竹卡、仁布大桥和那波等地，包括秋乌组、大竹卡组，系一套磨拉石堆积体。区域上呈狭窄条带状展现于冈底斯山之南。其南、北分别与大竹卡组和比马组角度不整合接触，其底部局部见不整合于白垩纪花岗岩之上，为一套含煤碎屑岩建造。蛇绿岩带南侧的柳区群是与秋乌组同时异相的产物，系一套山前磨拉石建造。大竹卡组系一套陆相碎屑岩夹火山岩建造，其南界见以断层与昂仁组相隔，北界多被第四系覆盖，大竹卡东山嘴见其不整合于比马组之上，切娃乡东明显见其不整合于始新世花岗岩之上。该单位西边伸延出图，东边在那波一带被断层夹持，呈楔型。总之三层火山岩说明局部的构造岩浆活动，仍处于不平静的边缘。它是第三纪以来第二期较大规模的山间磨拉石体，代表着大规模碰撞造山作用的终结。

二、雅鲁藏布缝合带

著名的雅鲁藏布缝合带横贯测区南部，西起日喀则市朗拉，东至仁布县娘果列一带，区内全长150余千米。其北界以朗拉-曲美-联珠东-苦布-吓巴断层与昂仁组接触，西端朗拉一带与冲堆组断层接触。南界以强堆-卡堆-察巴断裂为界，与涅如组类复理石变形带相隔。该缝合带由蛇绿岩亚带和混杂岩亚带组成，前者呈近东西向，在白朗东至联乡一带转向北东，从西端至联乡多均连续出露，且层序完整，大竹卡以东至东图边断续显现，该亚带区内全长152km左右，最宽处在该亚带走向转向处之白朗东，宽达15.5km，东西两端宽度较小，最窄处在西端仅0.25km。

(一)雅鲁藏布蛇绿岩带

1. 中生代早期蛇绿岩带

该构造单元为蛇绿岩带形成最早的一个组成,它代表新特提斯早期碰撞之所在,主要沿强堆-卡堆-察巴构造混杂岩带呈近东西向残块出露,主要显现于强堆、卡堆和察巴一带,由八个大小不一的残块组成,其边界均为构造接触。主体为一套非层序型蛇绿岩组合,以超基性岩、辉绿岩、辉长岩及板内玄武岩建造为特色。局部见及基性熔岩。岩石化学和地球化学综合特征表明其形成于板内裂谷,形成时代为晚三叠世。

2. 中生代中晚期蛇绿岩带

1)大竹卡-仁布中生代晚期岛弧型蛇绿岩亚带

该构造单元主体出现于大竹卡东、达拉、白朗拉、姆乡、形下、母孜庐古一线,呈近东西向残片出露,向东延伸出图。该构造单元南界被近东西向的孜巴-娘果列断裂与上三叠统宋热岩组相隔,其北界以近东西向之大竹卡-希马断裂与大竹卡组和晚白垩世花岗岩相望。该单元由近30个大小不等的构造残片组成,最大规模者为达拉蛇绿岩残体。总体具有向东规模渐小、组成简单的特点,为一套不完整层序蛇绿岩组合。岩石化学和地球化学特征表明其形成于弧前海底扩张环境,成生于晚侏罗世至早白垩世。

2)白朗-联乡中生代晚期洋脊型蛇绿岩亚带

该构造单元出露于白朗、当热、斜巴、嘎章、联乡等地,呈北东向连续出现,南、北边界分别以主中央断裂和苦布-虾巴断裂与嘎学群和昂仁组接触,其东界与大竹卡-仁布蛇绿岩亚带未见直接关系,西界与曲美-嘎东蛇绿岩亚带以其顶部硅质岩和前者之蛇绿混杂岩相隔。该单元总体具中间宽、两端窄的特点,由于后期构造作用致其在两侧之地层上留下推覆残体。该单元为一套组合齐全的层序蛇绿岩,其形成于早白垩世中期,岩石化学及地球化学综合特征表明其具典型洋脊环境。

3)曲美-嘎东中生代晚期弧前型蛇绿岩亚带

该构造单元出露范围较大,呈近东西向展露于郎拉、曲美、夏鲁、白朗学、嘎东等地,总体具中间宽、两端窄的特点,在路曲至夏鲁一带宽度最大,西端延伸图外,东端与上述单元构造接触,其北界与冲堆组及昂仁组似整合或断层接触,南界多见柳区群不整合,后期断裂沿袭并与侏罗系不同层位构造接触。该单元为一套组合完整的层序蛇绿岩,广泛发育基性岩墙群。岩石化学和地球化学特征表明其为典型岛弧型,形成于弧前海底扩张环境,综合地质特征表明其形成于早白垩世中晚期。

(二)雅鲁藏布混杂岩带

1. 中生代早期混杂岩带

1)白林-塔巴拉沉积混杂岩亚带

该构造单元主要出露于测区西南部之白林爬座、拍金、毕沙、摸岗、塔巴拉一带,总体呈东西长、南北窄,北宽南狭、西大东小的楔形,南部延入邻幅,四周均见逆冲断层与侏罗系—白垩系不同地层单元构造接触,此边界被后期断裂沿承。其基质为泥砂质,以磨砾、滑块、层滑体的滑混、堆叠为特征,成分为砂岩、砂砾岩、灰岩等,岩块形态各异,大小不等。其中南图边多见为砂(砾)岩岩块,中部库巨一带以巨大的灰岩岩块为特征,东西两端规模较小,其时代为二叠纪,基质时代为晚三叠世。

2)强堆-察巴构造混杂岩亚带

该构造单元是与同时期蛇绿岩的构造上侵伴生的构造搅混体,主体出露在该构造混杂岩带之中部的康莎、普布顶及德吉林一带，各岩块与基质均为构造关系，形态多见为圆柱形、圆形，大小不一，以规模大者居多，组成主要为灰岩，少见有硅质岩，其时代为晚二叠世，少量为早二叠世，基质为砂泥质，形成时代为晚三叠世。

2. 中生代晚期混杂岩带

1）路曲中生代晚期构造混杂岩亚带

该岩带是与同时期蛇绿岩的成生而伴随出现的一个构造单元，因其沉积混杂特征在区内未出露，故不叙述。构造混杂岩主要出现在路曲南毕沙、吓巴一带，是叠置于早期沉积混杂岩之上的构造混杂，各岩块与基质均呈断裂关系，并在以后的构造过程中发生同构造作用。岩块规模较大，内部结构清楚，主要成分为硅质岩、硅质灰岩、灰岩等，和丰富古生物化石，时代为晚白垩世。基质形成时代为晚三叠世。

2）卡麦-察巴中生代早期增生杂岩亚带

该构造单元主要出露于卡麦、卡堆、仁布、崩岗、察巴北一带，总体呈近东西向，在普夏哇至仁布县城一带受构造影响转呈北东向，东端延伸出图，西端拼合于混杂岩带且潜入第四系，南北边界均以断裂与嘎学群和构造混杂岩相隔。主体为一套变形复理石，且多见夹有基性熔岩和碳酸盐岩透镜体，形成时代为晚三叠世。

3）格白-仁布中生代中晚期增生杂岩亚带

该构造单元主要出露在重峡、格白、模牙、托如、却宗江嘎及仁布乡南，总体呈北东向，其四周均以断裂关系与周围地质体接触，总体构成一个向斜构造，为与白朗-联乡蛇绿岩和大竹卡-仁布蛇绿岩密切共生的一套深海硅（泥）质建造，上部发育中基性火山岩，形成时代为晚侏罗世至早白垩世。

三、喜马拉雅板片

该构造单元位于主前缘断裂之南，除前震旦系结晶基底外，还包括南陆坡变形复理石和陆棚—陆坡泥砂质沉积。

（一）拉轨岗日变质核杂岩

1. 前震旦系拉轨岗日核杂岩穹隆

测区内出露范围较小，仅显于图幅南东边缘之折修南，东延出图，以剥离断裂与涅如组构造接触。该构造单元总体为一套中深层次的变质杂岩，以片岩、大理岩建造为特征，具递增变质和叠加变质作用特点，发育各种韧性剪切变形特征，形成时代为前震旦纪。

（二）北喜马拉雅沉积带

1. 中生代陆棚—陆坡沉积带

1）杜穷-雷脚中生代早期变形复理石亚带

该构造单元呈近东西向出露于测区南部雅夏、杜穷、重孜、互助、日窝切等地，夹持于主前缘断裂和背司-恩马断裂之间，其西界与混杂岩构造接触，东延出图，现所见为一复式向斜。为一套泥砂质复理石建造，局部并见砂砾岩和灰岩透镜体，顺层中基性岩脉发育，地质时代为晚三叠世。

2）孙喀则-甲堆中生代晚期沉积亚带

该构造单元展布范围较大，呈近东西向出露于孙喀则、纳尔、甲堆和垭日欧布、列当夏巴及联拉一带，为一准原地系统。该单元与其他单元均呈构造接触，其东、南、西三面均延出图外，总体构成一大型宽缓复式向斜,为一套碎屑岩、泥质岩,局部夹有火山碎屑岩及碳酸盐岩、砂砾岩透镜体的建造组合,形成时代为早侏罗世至早白垩世。

第三节 构造单元边界特征

测区地质构造复杂,一些规模大、层次深、级别高、活动时间长、期次多的区域性断裂,不仅对区内各构造单元的沉积作用、火山活动、岩浆作用、变质作用和成矿作用等不同程度地起到控制作用,而且还对各构造建造单元的构造改造、变形变质和构造样式等起到主导作用,并且它们往往成为不同构造单元和变质地质单元的界线。

一、同波-唐巴-热木杠-冬古拉逆冲断层(F_{15})

1. 概述

该断裂是念青唐古拉弧背断隆与冈底斯火山-岩浆弧的分界断裂,是北部的一条一级断裂构造,是弧背断隆(中生代隆起)的前缘断裂,也是其南侧主边界断裂。它西起龙桑乡北同波,向东经本章、唐巴乡、宽仁档至冬古拉,全长149.5km,总体呈近东西向展布,在其东段索青乡北一带受近南北向断裂错移,致其呈弧形舒缓弯曲,走向转向北东,在旁堆西与晚期近东西向断裂复合、交汇,在其西段切奶、重波等地被北东向断裂切断、错移。

断层总体向北倾斜,倾向中等,产状为0°~350°∠40°~50°,局部地段可见其向南陡倾,倾角约75°,在其中段则明显地为东西向线性特征。该断裂穿切地质体复杂,断裂横切古近系典中组、年波组,且切断设兴组。东部麻江一带横切年波组和帕那组火山岩,并成为中新世花岗岩的隔板,中东部横切日贡拉组和嘎扎村组,且穿入中新世花岗岩,中西部西马普北本章一带切断古生代地层。

2. 构造破碎带特征

沿该断裂出现由复杂构造岩组成的断层破碎带,一般宽数米,最宽可至百余米,且具有东宽西窄,中段宽、两端窄的特点。构造破碎带内由不同类型和不同成分的构造岩所组成,主要有构造角砾岩、碎裂岩、碎粉岩、断层泥等,钙泥质胶结物和断层泥常显片理化,并发生高岭土化、褐铁矿化、硅化等,断面附近牵引褶皱和揉曲等较为发育,破碎带内主断面上普遍见有镜面擦痕和阶步等小构造,断层破碎带内构造透镜体十分发育,呈斜列方式,其总体排列指示该断层的逆冲性质。在断层上盘岩石中常发育劈理,从构造角砾岩的组成复杂程度来看,既有来自不同时代、不同变形变质程度地质体的岩石,又有未变质岩石,此与断裂穿切地质体部位有关,也反映出多时期、多阶段活动特点。

3. 显微构造特征

构造破碎带中构造岩组构图案进一步揭示了该断裂较为复杂的构造变形特征。念青唐古拉岩群雪拉岩组片麻岩中采得两件构造岩组样,为在ac片上测试石英光轴208粒所成。岩石组构图案特征[图5-3(a)]表现为较完整的裂开,ac大圆环带与中央点极密组合,环带上存在多处次密域。单斜对称,柱面滑移突出,菱面滑移较弱,几乎无底面滑移,密度值较高。反映以较强的高温低速变形(韧性变形)的特点。实验岩组学分析认为,点极密和次密域是某种局部的主应力σ_1,其与S面(构造前的片理面、片麻理、劈理面或其他早期存在的变形面)构成菱面滑移关系。从上述可看出中央点密度值高,其他较低,后者并无明显规律。图案中存在多处次极密域,进一步反映出该构造带

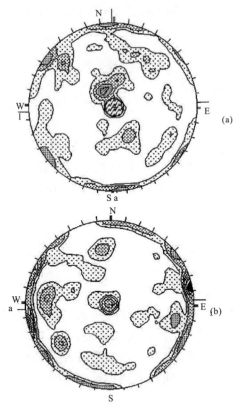

图 5-3 构造岩组构图

内存在着不同体制、不同方向的构造变形及叠加构造。切片中变形变质矿物反映明显，在构造面上（ab 面）黑云母呈明显波状消光，ac 面上平行定向，ac 面上所见石榴石变晶可见多次拉长、变形并具"米"字型裂缝系统特征，以上均系强变形特征。结合野外特征，该期变形的运动性质是沿 ab 面的逆冲，与实际的逆冲推覆吻合。组构图案[图 5-3(b)]中出现了近东西方向上的沿大圆环点密集的组构特征，其比中央点极密区更为明显，表明存在近东西向的构造应力作用，此特征与宏观观察到的该断裂早期具近东西向的平移剪切特征一致。

总之，无论从客观特征还是微观特征均表明该断裂具长期活动、多阶段发育、性质复杂、复合叠加、运动方式多样等众多特征。

二、塔玛-约得-渡布脆韧性-韧性剪切带（F_{48}）

1. 概述

该剪切带为谢通门-努玛脆韧性-韧性剪切带的主体部分，横穿测区中部，它是古近纪山弧与岛弧的分界断裂，并且也是白垩纪岩浆岛弧的北界。该断裂西起塔玛乡。

2. 宏观地质特征

该剪切带平面上呈舒缓波状近东西向展布，区内全长约 150km，宽窄不一，一般宽 1.5～3.1km。东西两端被北西向断裂错位，在中段被北东向断裂拦腰截断。

该剪切带主要穿切于白垩纪和古近纪花岗岩中，其西多切入晚白垩世花岗岩，卡孜一带殃及比马组，并在其东穿入典中组，且未进入设兴组。未切入晚期侵入体。从上可以看出该剪切带形成于古近纪晚期。

该剪切带通过处地形上表现为沟谷、凹地、垭口、鞍部或线型负地形、对头水系等。发育断层三角面、断层崖等构造地貌。

3. 构造变形特征

该剪切带内部存在强、弱应变域明显隔出现的规律变化特点，总体上表现透镜状或网结状构造特征，其中在弱应变域中未变形岩块多呈透镜状，且被强变形剪切网络所包裹。综观整个韧性剪切带，变形较强烈，主要组成为糜棱岩，局部变形更强而出现构造片岩。脆韧性地段其变形较弱。在同一地段该剪切带内外变形程度也不尽相同，一般表现为中心部位变形强烈，边部变形较弱，有些地带表现出强弱带交替出现。

该剪切带穿切地质体复杂，并且由于不同地段或同一地段的不同组成或不同部位构造变形的差异，也就造成变形程度不同的构造岩。主要构造岩石类型有构造片岩、糜棱岩、初糜棱岩、糜棱岩化花岗岩和构造角砾岩、碎裂岩、碎斑岩、碎粉岩等。其中构造片岩较为少见，糜棱岩和糜棱岩化岩石分布于整个构造带。

各种变形组构清晰明显。剪切带中常见 S-C 组构、旋转碎斑、核幔结构(图 5-4)、拉伸线理、动态重结晶、双晶弯曲、晶体错位(图 5-5)、波状消光、边缘粒化、拔丝构造,局部出现有压力影、多米诺骨牌、S 型旋斑、石英蠕虫状亚颗粒以及包体压扁拉长和 S 型弯曲变形。

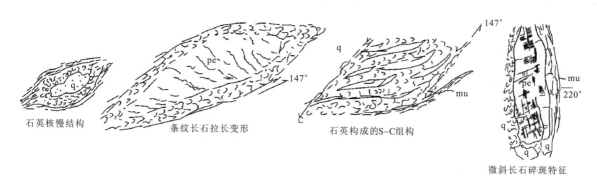

图 5-4　韧性剪切变形微观特征(+)×40(南木林县卡孜乡扎翁)

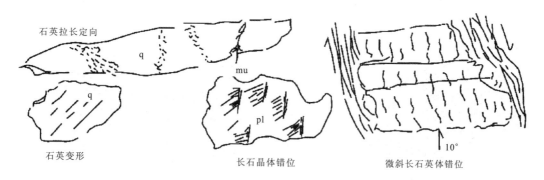

图 5-5　剪切变形微观特征(+)×40(南木林县卡孜乡扎翁)

4. 显微构造特征

该剪切带中显微构造变形较为复杂。S-C 组构在剪切带中广泛发育,常见由长石残斑旋转定向排列形成 S 面理,而 C 面理则由变形石英和云母等矿物碎基定向排列组成。拉伸线理多由角闪石、黑云母及新生矿物绢云母、绿泥石、绿帘石等沿糜棱面理上所形成的一系列线状矿物定向排列组成。剪切带中发育旋转碎斑构造,长石碎裂形成碎斑,由于受应力剪切而出现拖尾,且多见钾长石碎斑旋转而形成多米诺骨牌(图 5-6)。由于旋转碎斑围绕 C 面理发生褶曲而出现假流纹构造(图 5-7)。卷入剪切带的含有许多暗色闪长质包体的侵入体,在剪切应力作用下出现包体的塑性变形,多见呈反 S 型变形包体。

5. 构造运动特征

该韧性剪切带无论从其宏观构造形迹组合,还是微观构造的变形差异,均表现其具有逆冲、斜冲和平移剪切的不同阶段、性质的多重动力学特征。

花岗质糜棱岩中动态重结晶石英颗粒位错密度法求得其古应力差($\sigma_1-\sigma_3$)为 77.1MPa,形成时代大体为 14.6Ma(王根厚,1996)。此外,还见晚期脆性断层叠加、愈合性剪切带。

在显微构造中也表明出韧性剪切带应力作用的大量运动学特征。在上述中,一系列拉伸线理指示该剪切带具逆冲性质(图 5-8);旋转碎斑形成的多米诺骨牌、假流纹构造和变形包体均表明该剪切带又叠加有左旋剪切特征;石英拔丝特征则呈现出发生过近东西向的平移剪切作用;平面露头上还见有旋转碎斑的拖尾和出现压力影等特征(图5-9),表明该剪切带还发生了右旋平移剪切。在由古一带剪切带构造岩ac面的切片中,产状为120°∠80°。总体上右行平移剪切规模较小,一般宽仅几米,延伸不远,且见明显切割东西向的平移韧性剪切带,从区域构造背景分析,此期构造应属于自南而北逆冲推覆作用过程中所伴生的结果。

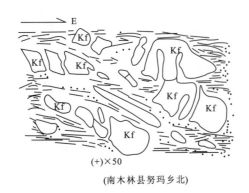

(南木林县努玛乡北)

图5-6 多米诺骨牌特征素描

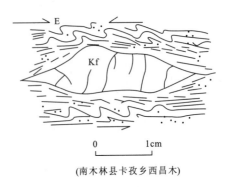

(南木林县卡孜乡西昌木)

图5-7 钾长石碎斑及小褶曲特征

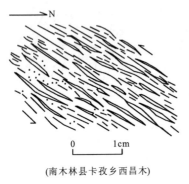

(南木林县卡孜乡西昌木)

图5-8 拉伸线理指示逆冲推覆剪切

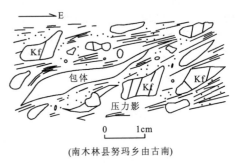

(南木林县努玛乡由古南)

图5-9 旋转碎斑形成的压力影特征

综合上述,不论是宏观表现还是微观特征,或是岩石组构特点,均表明塔玛-卡孜-约得-由古-渡布脆韧性-韧性剪切带是一个经历长期活动,多发阶段,并具不同方向、不同性质、不同动力学机制和运动学特点的复杂构造带。

三、恰布林-江当-大竹卡-希马断裂(F_{56}、F_{57})

1. 概述

该断裂位处测区中南部雅江南岸,基本沿雅江河谷东西向延伸,以大竹卡为界分为西、东两段。西段称为恰布林-江当断裂,东段称为大竹卡-希马断裂。西段是雅鲁藏布江缝合带断裂体系的主北中央断裂。沿该断裂的踪迹,在恰布林村、郎萨巴村、桑祖岗村及边雄乡等地,分别见到恰布林组向北逆冲到秋乌组之上,南之桑祖岗灰岩又向北逆掩到恰布林组之上,或见昂仁组向北逆冲到恰布林组地层之上,且各地剪切及破碎现象显著,发育石香肠构造。

2. 宏观地质特征

该断裂沿雅江南岸近东西向横贯测区中南部,西段西起恰布林村南,向东经聂日乡、郎莎巴、骡马场、江当西等地,其全长约67.5km;东段从大竹卡向东经苦龙、仁布大桥以至谊弄南,全长约

30.5km。

西段主要见昂仁组复理石逆冲至大竹卡组三段之上。在恰布林南局部并见透镜状灰岩沿断裂逆冲其上,发育构造破碎带,构造挤压破碎带总体表现为S型上逆,且具从下部向上部倾角由陡变缓特点,从下至上,倾角为从50°～69°～20°(图5-10)。总体反映出陡倾部位应力作用较强,挤压透镜形态多样,变形也最复杂。

东段特征与西段明显不同,总体仍呈东西向,但在大竹卡至姆乡则呈波状弯曲,产状变化较大,总体产状为200°～210°∠60°～70°,局部向南东偏转,仁布大桥至东图边为平直东西向,且被北东向、北西向断裂显著错动、移位。

综合上述,恰布林-江当-大竹卡-希马断裂各种特征均表现为由南而北的挤压上冲、逆掩叠盖的特点。且同时表现破碎

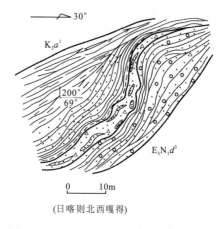

(日喀则北西嘎得)

图5-10 构造挤压破碎带特征素描图

带西宽东窄,倾角自下而上由缓变陡又变缓的S型逆冲特征,从其穿切不同地质单位分析,该断裂具两期以上活动。其西段控制着磨拉石的沉积,东图边成为花岗岩的边界,而且东段尤为明显地成为构造混杂岩带的北边界。

四、别绒-路曲-白朗-斜巴-联乡断裂(F_{73})

1. 概述

该断裂是区内的一条一级构造边界断裂,构成雅鲁藏布蛇绿岩带同仲巴-郎杰学陆缘移置混杂地体之间的构造拼贴边界。它是洋壳消减闭合所导生的一种断裂形迹,属壳-幔型聚敛体系中的一条主干逆冲断裂,是雅鲁藏布缝合带缝合结构中的极为重要的构造界面。

2. 宏观地质特征

该断裂西起南部曲美南别绒,东至联乡,向东可能与孜巴-仁布乡-娘果列断层重合相连。总体呈近东西向展布,在白朗县重峡及其东南折转呈北东向,全长约108.5km。该断裂在走向上北侧蛇绿岩与南侧不同地质体接触。

3. 断裂组成及变形特征

该断裂因其在不同层次、不同阶段的活动加之后期其改造而与不同地质体接触,其组成和变形各地不尽相同。曲美之西断裂呈缓波形,产状变化较大,倾角较陡。与柳区群紫红色砾岩接触处可见宽4m的断层破碎带,产状355°∠40°,为正断层。在曲美南断裂明显,组成清楚,此处与日当组粉砂岩夹页岩层位接触,断层破碎带宽约300m,产状189°∠80°,为逆断层。在路曲东、西两边之断裂走向上表现特征更加明显,其北为蛇绿构造混杂岩,南侧为硅质岩、硅质泥岩、粉砂岩,断裂带一般宽30～50m不等,其在路曲之西较宽,特征明显,带中可见构造角砾岩及构造片岩和长轴顺断裂走向的挤压透镜体,且还见大理岩化灰岩的碎块或角砾,断裂产状为355°∠73°,为逆断层。

综上所述,该断裂具多期变形特点,断裂近东西向延伸稳定,宏观地形地貌明显,断裂带宽窄不一,组成不均,断裂破碎带最宽处在曲美南,向东、西两边宽度渐减,一般宽3～5m。断面呈波形变化,产状变化较大,该断裂具有构造上冲、逆推、滑覆、挤压等各种性质、多种层次的多阶段活动的特点,是一条主边界断裂。

结合本次工作在联乡西山所见昂仁组复理石超覆于蛇绿岩上覆层位硅质岩之上的特点，以及结合昂仁组底部地层年代和核部最新地层年代，认为测区蛇绿岩形成时限为140～100Ma，该断裂活动年代为87～70Ma。即是蛇绿岩成生于早白垩世，该断裂活动于晚白垩世晚期。

五、强堆-卡堆-德吉林-察巴断裂(F_{77}、F_{78})

1. 概述

该断层是区内的主要边界断裂之一，是雅鲁藏布江缝合聚敛系的南界主干逆推断裂，是由于洋壳的消减、闭合过程中所直接产生的，属于壳-幔型聚敛体系，又因该断裂与洋壳板块的俯冲运动有关，故又称其为主前缘俯冲逆推断裂，它代表了新特提斯洋壳早期的一个主要俯冲消减部位。为混杂岩带与特提斯喜马拉雅沉积之间的边界断裂。强堆-卡堆-德吉林-察巴逆冲推覆断裂及其北侧之构造混杂岩带，是与雅鲁藏布缝合带近乎平行的又一条板内壳-幔缝合带，它代表着新特提斯洋壳早期遗迹。

2. 宏观地质特征

该断裂西起强堆，向东经卡麦、卡堆、康莎和普布顶、德吉林至察巴乡，全长60.5km。该断裂展布特征与主中央断裂近于平行和相似，断面多倾向北，倾角一般70°±，断裂以南为晚三叠世涅如组砂板岩沉积，其北为构造混杂岩。断裂在地形上多呈现为大的沟谷、鞍部、垭口等负地形。

3. 结构组成及变形特征

该断裂主要成为卡堆-察巴构造混杂岩的南界。在强堆一带，其与涅如组砂板岩接触处发育宽约5m的断层破碎带，北倾且倾角45°～50°。在章堆东见破碎带宽1～2m，带内片理化强烈，北倾且倾角约65°。综合上述，该断裂展现出与主中央断裂相似的特征，并在康莎北至德吉林转呈北东走向，使其整体呈现S型特征。该断裂表现出自北而南的上冲特征，同时表现出断面的弯波弧形，破碎带由东西两端向中部在卡堆一带宽度最大，而且其宽度由下而上渐宽。从其两侧不同地质单元特征及断裂破碎带特征分析，该断裂带至少经历两次以上构造活动。

第四节 构造单元构造变形特征

根据上述各构造单元边界及其各构造单元的建造特征和构造形迹群组合特点及格局来阐述其内部构造变形。构造单元的构造变形特征是指在不同构造带中的主导构造事件中所形成的各种构造形迹组合及其他构造事件(时间)所形成的构造的联合、复合、叠加等现象的综合表现。它包括不同变形场中不同层次、尺度和序列等的各种构造单元、构造要素和构造单体的组合(马杏垣,1993)。据此而对测区各构造单元内的断裂、褶皱及其派生、伴生的各类面状、线状构造等分别论述，并依其相互关系加深对区域构造组合规律的认识。

一、念青唐古拉弧背断隆构造变形特征

(一)断裂构造

该构造单元内断裂构造十分发育，形成一系列近东西向的逆冲断层。多数规模较大，延伸较远，产状复杂，倾角较陡，且局部被改造、复合和叠加。有些已穿切较新时代的侵入体，但均未穿过

弧背断隆前缘断裂。后期北西向、北东向断层不同程度地错断东西向断层,断层列表简述见表5-2。

表 5-2 断裂构造特征表

断裂编号	断裂名称	断裂要素 走向	断裂要素 倾向	断裂要素 倾角	断裂要素 性质	断裂规模 长度(m)	断裂规模 宽度(m)	断裂规模 断距(m)	断切单位	断裂特征	形成时期
F_6	则学断裂	NW	60°	66°	平移断层	20 500	40~50	150	C_2l, P_1x, $N_1\eta\gamma$	该断裂斜切 F_3、F_7 和 F_{14},横切 C_2l 及 P_1x,北端切入 $N_1\eta\gamma$,断裂附近岩层破碎,产状零乱,则学北两盘岩层均为拉嘎组含砾板岩,顺断层带并见有宽约40m的长英质脉体且遭破碎	为两期活动,早期横切晚古生代地层,具右旋特征,晚期主要可能具向东倾的正断层性质,形成时期为 N_1 以后
F_7	各清顶断裂	NWW	45°	70°	正断层	14 000	15		C_2l, P_1x, E_2n	该断裂斜切 F_{15},且在其东南被 F_{10} 平移错断,各清顶处北盘为 E_2n 火山岩,南盘为 P_1x 灰岩,东南端切入 P_1x 内部,中段在 C_2a 与 P_1x 界线上,形成构造透镜体	为两期以上活动,早期为伴随晚古生代地层褶皱而沿其单位接触部位形成。后期为沿不整合界面再次活动,形成时期为 N_1
F_{16}	立窘曲断裂	NNW	290°	65°	逆断层	16 500	100		$AnZNq.$, $N_1\eta\gamma$, N_2g	该断裂横切 F_{12} 和 F_{14},且使后者弧形弯转,断裂平直,发育断裂破碎带,组成物质为碎裂岩、角砾岩,破碎带中局部见断层泥强烈片理化或密集劈理化带内存在强应变细纹带,倾向东	据断裂破碎带内断层角砾岩及其密集片理化带内的强应变细条的不同特征,判定具两期以上活动,据构造透镜体和劈理特征判断晚期活动为逆冲性质。该断裂与古老结晶基底的地表出现有密切关系
F_{15}	错青-芒热断裂	NW	225°	80°	逆断层	17 800	15		E_1d, E_3r, $N_1\eta\gamma$, N_2g	该断裂横切 F_{12}、F_{14},且使后者错移甚大。均切断较新地层单位,断裂线性特征明显,在断裂西侧多出现断块山,且其变形较下盘明显,发育断层角砾岩、构造透镜体及两期以上片理,并形成平行断面的强力应变带	据其断裂破碎带中构造透镜体和强片理及该断裂穿切的地层单位等综合判断,该断裂具两期以上活动,晚期活动时间为 N_2 末
F_8	普当-白假做断裂	NW	45°	45°	逆断层	10 000	0.4~0.6		C_2a, N_2g	该断裂与 F_{10} 未见明显交切关系,沿断裂形成直线水系,线性构造特征明显,断裂北段均横切 C_2a 地层,南东段穿入 N_2g 地层。雪乡至白假火山岩中见宽1~2km的片理化,且绿泥石化、绿帘石化、青磐岩化等次生蚀变强烈,断层破碎带由碎裂岩、片理化火山岩组成,挤压较为强烈	据破碎带内两组片理特征,产状50°∠45°,250°∠30°,综合其他特征,该断层性质为逆冲性质,具两期以上变形活动,晚期活动时间为 N_2 以后

1. 别六壳-仁堆逆冲断层(F_3)

该冲断层位于北图边,西起斯弄多北西,向东经别六壳、莫尖、至仁堆折偏北东而延伸出图,全长约67.5km。该断裂呈近东西向较平直延伸,仁堆一带呈向南东凸弯弧形,中段被两条北西向断层错动、移位。走向上断裂通过处多为沟谷、鞍部等负地形,地貌上可见湖泊长向与断裂带一致。西端切入昂杰组,东端切入永珠组、拉嘎组,别六壳一带断层控制着始新统火山岩的边界,且其后再次活动,导致出现中新世花岗岩的被动侵位和形成。

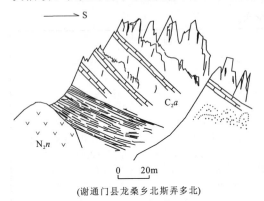

(谢通门县龙桑乡北斯弄多北)

图 5-11 反冲断层素描图

该构造破碎带宽约 20m,带内见断层角砾岩。在断层下层面上,主要见有长英质碎裂岩和石英碎裂岩,局部见有片理化,断裂面上可见摩擦镜面。断面为向北倾,倾角中等,断面较为平滑,产状为 $180°\sim190°\angle40°\sim45°$,具由南而北的逆冲性质(图 5-11)。从其切穿地层和断层性质及组成分析,该断裂至少经历了三期活动,早期可能与晚古生代地层同褶而形成。始新世又再度活动,并使北侧地层下降而成为控制火山岩的边界,此期性质可能为正断层。嗣后受区域构造作用,并与前缘断裂近同期地活动,出现由南向北的逆冲推覆,由此并导致中新世花岗岩的形成、上侵、定位。之后沿其再次活动而使花岗岩错动、变形。总之,该断裂是一条形成较早、活动时限长、次数较多的,具与前缘断裂特点和性质类同的一条较大级别断裂。

2. 虾嘎北-格穷档-觉种多逆冲断层(F_{10})

该断层呈近东西向延伸,中段格穷档一带被北西向断层错断,其西向南凸形弧度较大,全长约 60km。顺断层形成东西向线型水系,地形上多表现为沟谷、凹地、鞍部等负地形,雪乡一带呈串珠状断陷盆地,发育断层三角面,沿断裂带见有泉水溢出。

西段穿过下拉组与昂杰组接触界面。中段切断拉嘎组与下拉组的界线,断失昂杰组层位。则学藏布一带该断层控制上新世的沉积,且又表现了后期由北而南的逆冲,表现为昂杰组被推覆至上新统嘎扎村组之上的特点。断裂西端被中新世花岗岩侵位,雪乡之东为沿中新世花岗岩与嘎扎村组的接触界面穿行,且在东端觉种多一带并合、复叠于前缘断裂。

断层构造破碎带发育,断层角砾岩发育,可见摩擦镜面、阶地和擦痕,近断裂带拖曳褶皱发育,并见有片理化,断面产状 $350°\angle40°\sim45°$,具逆冲推覆性质。

该断裂经历了比较长的活动时期,早期为与晚古生代地层褶皱同步发生,且沿昂杰组、下拉组组成的背斜的北翼发生构造作用,同时并导致中新世花岗岩的侵位,并且控制上新统的沉积和火山活动,此后发生自北而南的逆冲,致使古老地层或较老侵入体推覆于上新世火山岩之上。因此其至少有三次剧烈活动,最宏伟和主要的活动时间在上新世以后,与大陆超碰撞密切相关。

3. 腊根拉-堪布扎韧性断层(F_9)

该韧性断层发育于念青唐古拉岩群中,总体呈北东-南西向展布,长约 25km,宽 1.8~2km。南西端被中新世花岗岩侵截,中段被始新世及中新世花岗岩切断。断裂带中发育强糜棱岩化岩石,具明显糜棱结构和平行条纹构造,石英碎粒化和重结晶明显,具波状消光特点,多见被拉长呈丝状、细条状,且形成拉抻线理。

综上所述,该韧性剪切带形成时间为始新世—渐新世。至少经历了两期的变形活动,早期为左行平移韧性剪切变形,晚期为逆冲韧性剪切变形。

(二)褶皱构造

该构造单元内褶皱构造形态较为复杂。雪古拉岩组中面理置换强烈,加之后期构造改造,破坏,仅是复合多次变形以后残存的小褶曲或揉流变形。堪珠岩组及其之上的晚古生代地层发育一些复式褶皱。

1. 堪珠北复式褶皱

此复式背、向斜褶皱出露于芒热乡堪珠北,堪珠岩组中,层理(S_0)清晰可见,在软弱层内出现劈理(S_1),多以 S_0 为变形面形成一些宽缓褶皱。大理岩中发育一系列相似褶皱,表现出向形较背形规模较大,两翼产状近等。总体表现为宽缓、顶厚、枢纽弯波形,呈近东西并略向西扬起,轴面近于直立,并略向南倾的特征。褶皱内部软弱层变形出现 S-M-N 型构造。

雪古拉岩组多发生固态流变的塑性变形,面理置换强烈,原生层理已不存在,常见以片理或片麻理(S_n)为变形面而出现多次褶皱,同时形成纵向置换的面理(S_{n+1}),有的则由 S_n 面理形成"M"型褶皱(图 5-12)。石英脉及酸性岩脉变形、钩状褶皱、无根褶皱(图 5-13)以及出现透镜状、石香肠(图 5-14)等复杂形态,表现为明显的固态流变下的不规则褶皱变形特征。

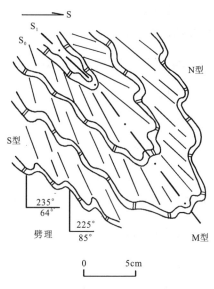

图 5-12 S-M-N 型构造

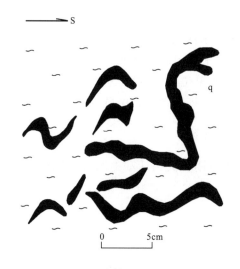

图 5-13 脉体钩状褶皱

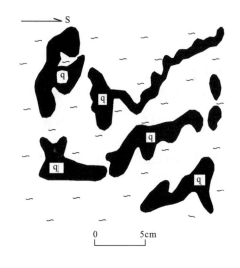

图 5-14 石香肠构造

2. 则学复式褶皱

该复式褶皱展现于西北部,出露于斯弄多、则学、仁堆等地。由晚古生代地层所组成,区内复式褶皱总长约 68km,宽约 20km,由数个背、向斜褶皱所组成,北翼总体产状为 325°∠59°,南翼产状 160°∠40°。枢纽近东西向,轴面多向北倾,少部分向南倾,局部近直立。核部地层为 C_1y,两翼为 C_2l、C_2a、P_1x。轴部或翼边部遭到近东西向断裂的破坏,产状极不协调,形态也不完整。从受褶皱地层的组成来看,除下拉组外,形成褶皱的各地层能干性较高,层理清楚,多发生沿 S_0 为变形面的南北向挤压下的纵弯褶皱,在褶皱转折端等位置出现劈理(S_1),局部地段并见劈理折射现象。板理、千枚理、片理常见于泥质岩中。由此来看,该套组合曾发生过东西向的挤压而呈现枢纽近南北的褶皱，即晚古生代地层曾经历早期南北向褶皱和后期近东西向的复合叠加褶皱作用。

综上所述，该构造单元内的各单位均遭受了极为复杂的构造变形历程，既有深层次的塑性固态流变，又有南北向和东西向的复合叠加褶皱，以及由北向南的挤压推覆和自南而北的挤压逆冲，还有北西向和近南北向的断裂切割。

二、冈底斯陆缘火山-岩浆弧构造变形特征

该构造单元包括了火山弧、岩浆岛弧和弧内盆地、弧前盆地等次级构造单元，现依形成时序和空间位置予以分述。

（一）扎西定-土布加火山岛弧构造变形特征

该单元组成结构不甚齐全，支离破碎，多呈残留体，总体构造变形不太强，岩浆叠加热力作用使其变质程度较高，以不协调褶皱和东西向断裂为主，其他方向断裂次之。

1. 褶皱构造

褶皱构造发育于麻木下组和比马组中，岩石能干性较强，总体表现为以 S_0 为变形面的褶皱作用。泽南一带比马组火山岩变形强烈，发生以 S_1（片理）的褶皱并新生 S_2 轴面劈理。总体褶皱形态复杂，常见有平卧褶皱、尖棱褶皱、斜歪褶皱及倒转褶皱，在逆冲断层附近还形成不对称褶皱、不协调褶皱等，较为复杂，但轴面多为南倾。

2. 断裂构造

断裂构造较为复杂，且多规模较小，主要构造形迹为东西向断裂，次为北东向和北西向断裂构造。尤其在土布加、大竹卡和妥峡一带表现较为明显，近东西向断层和北东向断层多沿不同地层单位界面或与古近纪早期花岗岩的界线活动，局部斜切地层单位，而且由于后期断裂多沿早期形迹活动。该构造单元中断裂构造残存不多，被后期沿承，故在岩浆岛弧单元中并叙。

（二）南木林东中生代中晚期弧内盆地构造变形特征

该构造单元因受古近纪岩浆作用的影响，加之构造作用及火山活动的联合共同作用，致其多出露不全，主要包括晚中生代沉积。

1. 褶皱构造

1）冲党复式褶皱

该复式褶皱出露于西北部西马普乡南拉嘎、冲党一带，发育于白垩系残留地层中，总体形成复式背斜，其北西翼被渐新世二长花岗岩侵吞，南东翼被典中组不整合覆盖，南西端被古新世二长花岗岩侵截，北东被近东西向断裂横截、断失。

该复式褶皱残体呈北东向展布，现存长约15km，宽4~7.5km。核部地层为林布宗组，向南依次为楚木龙组、塔克那组和设兴组，该翼总体倾向南东，形成复杂的不协调褶皱，其形态、位态等十分复杂，见有紧闭褶皱、开阔褶皱、平卧褶皱等，两翼多不对称，组合形态极不协调。

2）达那复式褶皱

达那复式褶皱出露于南木林县东达那至移不舍，该复式褶皱之南、北被典中组不整合覆盖，西端被始新世花岗岩侵吞。由于受花岗岩影响及断裂破坏而出露不全，长约26km，宽5~9km。该复式褶皱包含了两个向斜和一个背斜。向斜核部为设兴组紫红色碎屑岩，两翼为塔克那组灰岩，背斜则反之。向斜北西翼（背斜南东翼）产状为130°∠70°，向斜南东翼（背斜北西翼）产状350°∠60°，两

翼基本对称,轴面近于直立并略向北西倾斜。枢纽倾伏指向北东,略向南西仰起,属直立倾伏褶皱。该褶皱可能发生在晚白垩世,是与区域性的南北挤压有关,后期发生由北向南的推覆,故使轴面产状变化。

2. 断裂构造

该构造单元内断裂构造欠发育,多是在褶皱过程中沿薄弱面出现的一些规模较小、级别较低的小型断裂。以开当断裂为例,该断裂出露于达那南开当,呈东西向展布,长约11km,断裂呈缓波形,断裂破碎带宽0.5~1m,走向上不稳定,其内见有构造角砾岩和断层泥,局部出现片理化,且见新生矿物绢云母、绿泥石等,在角砾中还见有擦痕,断裂产状为175°~185°∠45°~55°,为逆断层。该断裂从其特征来看可能具有两期以上活动,晚期切穿典中组,形成于古新世末。

(三)日喀则中生代晚期弧前盆地构造变形特征

该构造单元总体呈西开东聚的楔形,包括冲堆组和昂仁组,长约107km,宽1~21km,总体形成复式向斜,枢纽向西倾伏,向东仰起。其中尤以昂仁组构造复杂,褶皱构造发育,常见有斜歪褶皱、倒转褶皱、平卧褶皱、宽缓直立褶皱等,样式复杂。断裂构造也比较发育,多规模不大,常表现为近东西向、断面北倾的正断层。

1. 褶皱构造

在昂仁组中褶皱构造十分发育,由于沉积时北厚南薄,加之岩石能干性的差异和后期的构造作用,以致褶皱形态各不相同。发育有轴面北倾的倒转褶皱、平卧褶皱、紧闭褶皱、斜歪褶皱、尖棱褶皱等。

2. 断裂构造

该单元中断裂构造不甚发育,其中在东段江当一带多表现为斜切岩层的小规模高角度正断层,尤其在复式背斜转折端处较为发育。而在中西段和西段多见规模较大的东西向顺层断层,且多为高角度正断层,北倾逆断层一般规模较小,也较少见。

(四)龙桑-麻江古近纪陆缘山弧构造变形特征

该构造单元总体呈近东西向出露于弧后盆地与弧背前缘断裂之间,构造变形较为复杂,褶皱构造多为短轴向斜,断裂构造较为发育,且穿切不同时代地质体。

1. 褶皱构造

该构造单元主要由帕那组形成向斜构造,年波组和典中组分布范围广大,多表现为向北的层序变新的单斜层,褶皱构造不发育。褶皱构造多表现为轴向东西、轴面直立、两翼对称、转折端宽缓的特征。

1)斯弄多向斜

出露于西北角斯弄多,由始新世年波组凝灰岩形成近东西向的向斜,长约24km,宽1~2.5km,呈现为西窄东宽的景观,东、西两端被中新世二长花岗岩侵截,南、北两翼与昂杰组不整合接触,北部中段局部不整合于下拉组之上,北翼产状为190°∠34°,南翼产状为350°∠42°,枢纽东西向,轴面直立,两翼对称,转折端宽缓,基本未受到后期构造作用的影响。

2)各鲁向斜

呈近东西向显露于龙桑东各鲁,为由核部帕那组、四周均为年波组而成的短轴向斜,长约7.5km,宽2.5km,其西边和北翼受到北西向和北东向断裂的穿切,南翼产状为10°∠30°,北翼南倾,西端近转折端产状为 40°∠20°,枢纽近呈东西向,轴面近直立,转折端宽缓,两翼基本对称,且在转折部位见有劈理。

2. 断裂构造

较发育近东西向断裂,伴之有北东向、北西向断裂和南北向断裂。

1)拉布-贫茶龙断层(F_{24})

该断裂呈近东西向展现于北部,西起南木林县东拉布,向东经档果、窝牡垛至芒热北贫茶龙,全长约 28.5km。该断裂在不同地段穿切不同地质体,中西段为沿典中组与年波组界面的活动,中东段断入日贡拉组和芒乡组、嘎扎村组地层,且切断芒乡组南缘。断裂两盘地层产状不协调,多发生揉褶和挠曲。构造破碎带宽约 30m,断层破碎带上盘见有牵引褶皱,且在中部发育挤压片理,断裂产状为 356°~5°∠85°,为逆断层。

2)忙历-邬郁-冲江断裂(F_{36})

该断裂地处测区中部,是一条规模较大的断裂。西起卡孜乡北忙历,向东经约得、邬郁至冲江,走向近东西,呈波状延伸且在约得、邬郁东、冲江西被北北东向、北西向和北东向不同力学性质断裂错断。

该断裂延向上多呈现为沟谷、凹地负地形。在邬郁一带被中上更新统砂砾层掩盖,并出露温泉。断裂走向上不同地段穿切不同地质体。

3)恰莎-强娘断裂(F_{33})

该断裂呈北东向展布于测区东部,南西起于邬郁南恰莎,向北东经汤巴强曲至强娘,全长约 34km。该断裂南西段主要穿入典中组和始新世花岗岩中,并切割楚木龙组与侵入体之接触带,北东段主体切割典中组地层,且在东北端被第四系覆盖,沿断裂带时有温泉出露。断层破碎带宽窄变化较大,窄处仅 2m,宽处可达 50m,破碎带内发育角砾岩,并见挤压透镜体,断层角砾成分与两侧基岩有关。下盘发育牵引褶皱。断面产状 310°~340°∠45°~50°,为逆断层。

(五)南木加岗-色翁古近纪陆缘岩浆岛弧构造变形特征

该构造单元主要由古近纪花岗岩组成,其内断裂构造十分发育,不同方向、不同性质的断裂相互交错,网状交结,纷繁复杂,现择主要断裂叙之,其余列表综述(表 5-3)。

1)立窘曲-堪珠断裂(F_{16})

该断裂出露于东北部芒热乡堪珠,基本上沿立窘曲呈北北西向展布,长约 17km,断裂呈直线型,断面较为平直,并发育断层三角面。走向上呈现沟谷并控制水系形态。

断裂两侧地质体均为念青唐古拉岩群和中新世二长花岗岩,发育宽 100m 的断层破碎带,其组成为碎裂岩、断层角砾岩等,并见有构造挤压透镜体,其成分主要为石英岩。断裂产状为 290°∠80°,为逆断层。从断裂两侧的构造变动和断裂破碎带内部的复杂小构造变形及后期对地形地貌的控制等,均表明该断裂具多期活动,并与念青唐古拉岩群的上升、出露、剥蚀有密切关系。

2)错青-芒热断裂(F_{15})

该断裂出露于芒热北宽仁档一带,其与 F_{16} 近于平行,呈北北西向展布,长约 18.5km,呈直线型伸延,断面平直,线性构造明显,走向上呈沟谷、平台、凹地等负地形,且控制着错青一带高山湖泊的出露和形态,在芒热乡北断裂西侧形成一系列断块山地貌景观。

断层破碎带宽约 15m,并略显上宽下窄特点,断面具上缓下陡的变化。断层破碎带内发育构造角砾岩和构造透镜体,总体略向北东东方向倾斜,断裂带下部发育宽约 4.5m 的片理化带,形成平行于断面的强应变带。其与挤压透镜体中的片理存在明显交叉,故应是多期活动的结果。断裂产状 225°~230°∠75°,为逆断层,此断裂至少有四次活动。

表 5-3 断裂构造特征表

断裂编号	断裂名称	断裂要素 走向	断裂要素 倾向	断裂要素 倾角	断裂要素 性质	断裂规模 长度(m)	断裂规模 宽度(m)	断裂规模 断距(m)	断切单位	断裂特征	形成时期
F_{47}	虾慢-腮村断裂	EW	0°	40°~50°	正断层	19 500	130~150	100±	E_1d, $E_1\gamma\delta$, $E_1\delta\eta o$	近东西向展布,横切旦师庭组地层,西端切入古近纪花岗岩,断层破碎带内发育碎粒岩、断层泥、构造透镜体,沿断层带侵入基性岩脉	为张扭性正断层,形成时代为 E_1 以后
F_{48}	山巴-面嘎断裂	EW	25°	39°~70°	逆断层	33 500	180~200		K_1b, K_2Ed, $K_1\delta o$, $E_1\eta\gamma$, $E_1\gamma\delta$	破碎带内岩石碎裂,局部糜棱岩化强烈,片理发育,石英脉呈肠状。矿物晶体裂纹发育,波状消光,沿破碎带见细粒花岗岩脉贯入	具韧脆性断层特征,形成于 E_1 以后
F_{49}	卧布-努玛断裂	NEE	335°	25°	逆断层	47 000	40~60		J_3m, K_1b, $K_1\delta o$, $K_2\gamma\tau$, $E_1\gamma\delta$	断层角砾由闪长岩、灰岩、硅质岩、火山岩等组成,胶结物为钙泥质。断层面上可见摩擦镜面及擦痕和阶步,发育牵引褶皱,矿物晶体裂纹及碎粒化明显,定向排列形成拉伸线理	具韧性断层特征,形成于 E_1 以后
F_{50}	炸鲁西-赤当断裂	NE	310°	80°	逆断层	13 800	10~50		K_1b, $K_1\delta o$, $K_2\delta$, $E_2\gamma\delta$, $E_2\eta\gamma$	断层破碎带宽窄不一,具上宽下窄特征,断裂两端宽度较大,片理化明显,浅色矿物与暗色矿物条带状交互出现且定向排列,糜棱岩化较明显	具韧性断层特征,形成于 E_2 以后
F_{18}	达恩-麦力断裂	NW	50°	60°~70°	正断层	19 500	50~100		J_3K_1l, K_1c, E_2n, E_2p, $E_3\eta\gamma$	断层破碎带宽窄不一,两端较宽,中段较窄,两盘产状不协调,断裂东段切割近东西向断层,并使其右旋错移,龙桑普形成对头水系。断层角砾岩成分为砂岩、石英岩、花岗岩等,被碎粉岩胶结	

3)泽南韧脆性断裂

该断裂出露于测区东部之泽南乡南西的则拉、来岗、鱼弄等地,沿山脊呈北西-南东走向。整体呈向南西微凸的弧形,鱼弄一带被北东向断裂错动、移位,并在其东呈东西向与雅江近平行展布。长约18.5km,宽400~500m,穿切地质体各地不尽一致。南东段斜切比马组火山岩、白垩纪角闪闪长岩,北西段穿入始新世石英正长岩,且沿其与白垩纪花岗闪长岩的侵入界面活动。该断裂韧性变形极为强烈,具剪切推覆特点。

综上所述,结合野外特征,泽南断裂具左旋逆冲推覆脆韧性剪切的特性,其活动时间应在始新世以后。

三、雅鲁藏布缝合带构造变形特征

地处雅鲁藏布缝合带中段,是包括蛇绿岩带、混杂岩带和高压低温变质带的一个完整缝合带。

(一)雅鲁藏布蛇绿岩带

如前所述,四个亚带单元与其他构造单元为构造接触。各亚带内部构造变形强烈,橄榄岩类内部变形明显,表现出甚强的片理化特征,并发育深层次的韧性剪切变形组构,其内的宏观褶皱构造和断裂构造残存较少,多被极其复杂的构造改造得荡然无踪。

1. 褶皱构造

该构造单元主要见于日喀则甲错雄东到冲堆一带,由于受强烈片理化和后期断裂作用,褶皱构造多保存不完整。多见为由辉绿岩墙横弯褶皱表现出来,也可通过辉绿岩贯入超基性岩中并使蛇纹石化橄榄岩的长条形残体的踪迹展现出来,两翼不对称,转折端处多见塌陷,且在轴部并见辉绿岩脉的不规则斜切贯入,该处所见其轴面多为向南陡斜,规模较小,宽约50m,延向较短,两翼产状为172°∠46°(SE),326°∠68°(NW),轴面产状为170°∠76°,总体表现为由北西向南东的小型逆冲。

2. 断裂构造

该构造单元内各种不同类型、不同层次断裂构造十分发育,现择其幔内韧性剪切带、壳幔转换部位韧性剪切带及蛇绿岩上冲岩片北界边界断裂和后期北东向断裂进行叙述。

1)幔内型韧性推覆剪切带

此类剪切带是指蛇绿岩下部地幔岩在经受从地幔至地壳形成逆冲叠置岩片过程中高温应变的构造变形。

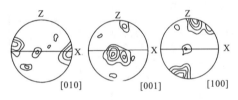

图5-15 幔内型韧性剪切带
橄榄岩中橄榄石组构图
(据肖序常,1988)

据肖序常(1988)对大竹卡一带橄榄岩及橄榄糜棱岩中橄榄石的组构研究表明,具有两种类型:一类为具 n_g[100]极密,不具 n_m[001]和 n_p[010]极密,表示橄榄石具(010)[100]高温滑移系;另一类为同时具有 n_g[100]、n_m[001]和 n_p[010]极密,表示橄榄石具(100)、(010)及(001)三个滑移面,即存在低温叠加高温的双滑移系。幔源矿物橄榄石的组构特征还显示了自北向南剪切滑移运动学特征(图5-15)。

据许志琴等(1999)对日喀则蛇绿岩底部的超镁铁质岩石运用TEM技术进行幔源矿物的超微构造研究表明:橄榄石和辉石位错构造表现为短位错、位错排、亚晶粒、偶极子位错环及汽液态包体等,反映了橄榄石、辉石的早期高温位错特征十分明显,并可见由一系列平行的、短直的刃位错排列而成的位错壁组成长条形亚晶粒的边界。位错滑移系(001)[100]一致。二辉橄榄岩中橄榄石残碎斑晶[010]方向的长位错(滑移系(100)[001])切割了早期高温位错构造,表明晚期低温位错构造叠加了早期高温位错构造,估算其平均位错密度为 $2.42 \times 10^8/cm^2$,古应力值为135~178MPa,古应变速率为 $9.8 \times 10^{-14}/s$,其古应变速率与Nicolas(1976)提出的上地幔中物质稳态蠕变速率($10^{-15} \sim 10^{-13}/s$)相当。

综上所述,测区内的上地幔岩中橄榄石(001)[100]高温滑移系及高应变值与固态蠕变规律的确证实其为上地幔流变机制的产物。

2)斜巴壳幔型韧性剪切带(F_{79})

该韧性剪切带呈北东向展露于测区南部白朗县强堆北斜巴一带,其与主中央断裂走向近乎一致,走向为250°,走向上呈南东微凸的弧形,剪切带倾角不稳定,而且较陡,宏观上总体为向西倾。全长9.5km,宽10~15m。其组成为黑灰色辉长岩,并侵入于黑灰绿色斜辉橄榄岩中。地形上为显沟谷、凹地、斜坡、平台等地形,较为明显。

宏观特征明显,剪切带内为由辉长堆晶岩组成,多呈透镜状或薄饼状,在剪切带中尤为凸出的是出现各种韧性剪切变形现象。此外在该剪切带形成后,伴随整体蛇绿岩的上冲定位,伴之而生有脆性构造的发生和破坏,此中所见节理横切堆晶岩并使其错移,节理产状为86°~90°∠68°~45°,表现为东西向的剪切位错。

显微构造也表现出较为明显的二期变形特征。早期变形形成片理 S_1，且使近同时形成的变晶矿物阳起石定向并构成片理，而且也使磁铁矿拉长定向。在此之后又经历二次变形，为沿 S_1 变形面发生变形而形成与其近平行的折劈理 S_2，层间微折劈清晰，但多已被改造而趋平行化。此外还见斜长石压扁拉长，个别见其双晶纹与早期片理斜交，还见片理切断双晶，而且在片理形成后，受扭应力作用而出现斜切片理方向上的显微级破碎带，说明具复杂的应力变形作用。

综合上述，斜巴壳幔型韧性剪切带经受了高温应变及在地壳中低温应变的较为复杂的应力作用，反映了深层次固态流变水平剪切作用、由南东向北西和由东向西的应力挤压及略向西倾的由下往上的冲力作用，以及后期进入浅表层次的构造作用，进一步也反映了地球不均衡动量变化的过程。

3) 曲美断裂（F_{66}）

该断裂位处日喀则曲美乡南，为属蛇绿岩中后期脆性断裂较为典型的一条，其长约 4.5km，总体呈北东向弯波形伸延。断裂两侧地形地貌差异明显，南东侧为黑绿色二辉橄榄岩，北西侧为黑色变橄榄岩且见辉绿岩，后者多见其沿 45°方向呈长条形残块出现，基质为辉绿岩。断裂破碎带宽 0.5~1m，断裂产状为 310°∠50°，为逆断层。该断裂可能经历了两期活动。早期活动为在辉绿岩侵位后进行的，晚期为与区域构造同步。

4) 联珠-苦布-吓巴断裂（F_{62}）

该断裂呈北东东向展布于测区中南部的日喀则东联珠，向东经崩戈虾日、苦布南及曲嘎至联乡北吓巴，全长约 57.5km。该断裂是弧前盆地与蛇绿岩套两个不同构造单元的边界断裂。断裂经过处多见为沟谷、凹地、鞍部等地形。

总体表现为向南陡倾逆断层，断面呈舒缓波状弯曲。断裂破碎带宽窄不一，东西两端宽度小，中部则宽度较大。在崩戈虾日一带表现为倾向北西的正断层，产状为 340°∠60°。熊座东表现为向南陡倾的逆断层，产状为 181°~170°∠71°。

综合上述，该断裂呈舒缓波形，总体表现为南倾逆断层，且显示东西两端倾角中等、中段陡倾的特征，并从其破碎带组成及擦痕分析此断裂具有两期以上活动。

（二）强堆-察巴构造混杂岩带

构造混杂岩带是雅鲁藏布缝合带的显著特征，总体呈近东西向展露于东南部，其南北分别与上三叠统涅如组和上三叠统宋热岩组断层接触，此带在康莎北至德吉林范围呈略向北西凸出的弧形并转呈北东走向，东西两边均呈东西走向。全长约 60.5km，其宽窄不一，表现中段宽、两边窄的特征。

构造混杂岩带中基质与岩块均受到较为强烈的构造搅混作用，构造剪切变形极为复杂。从其岩块组成和分布来看，基性岩块展现在其东西两端。康莎北至德吉林一线的混杂岩带的弧弯地段，岩块多见为生物碎屑灰岩、结晶灰岩。混杂岩体北界为构造接触。在极度破碎的硅质板岩蚀变后形成的黑云片岩中赋存有高压矿物蓝闪石（图 5-16），呈针状杂乱地赋存在石英条带中，表明为在变形后形成。基质为粉砂质板岩和薄层砂岩。变形并不均匀，在卡堆和察巴一带剪切变形较其他地段强烈，常见有多期面理。

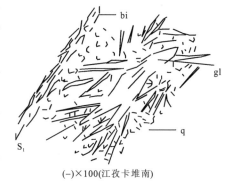

(-)×100(江孜卡堆南)

图 5-16 蓝闪黑云片岩中蓝闪石

综上所述，强堆-察巴构造混杂岩带中的蛇绿岩块和硅质岩块为准原地系统并非来自于北侧雅鲁藏布蛇绿岩带。灰岩岩块化石多呈现为石炭纪—二叠纪的面貌，与北部下二叠统下拉组化石组合类同。在混杂岩体的硅质岩中采有中晚三叠世放射虫。故此认为该构造混杂岩带代表了中晚三叠世的裂谷环境，反映新特提斯早期洋壳闭合之所在。

(三) 白林-塔巴拉沉积混杂岩带

该混杂岩带是雅鲁藏布缝合带的又一构造特征，以泥砂质为基质，磨砾、滑块、层滑体、砂砾和岩块等组成的沉积混杂岩带，并混有晚期灰岩构造岩块，未见蛇绿岩块。展现于西南部之纳尔乡、白林、曲如、塔巴拉一带，整体为一个推覆体，四周被断裂围限，总体呈北宽南窄、西大东小之不规则楔形体，东西长约45km，南北宽2~10km不等。北部边界被后期东西向断裂承袭活动，现多表现为向南陡倾的逆断层。东西两边分别与侏罗系—白垩系和上三叠统断层接触，西边呈犬齿不规则状与侏罗系—白垩系呈断层接触。在白林西断裂接触部位出现200m宽的断层破碎带，构造角砾岩和透镜体发育，常见牵引褶皱，产状为146°∠28°。纳尔东推覆体前缘出现强烈变形，产状为10°∠75°，出现1.5m宽的断层破碎带，在断面上见一组擦痕，同时下盘见倒转褶皱。由此来看，推覆体西边部构造作用强烈，断层挠曲、揉皱复杂。

泥砂质混杂岩带是构成雅鲁藏布混杂岩带的主体，与构造混杂岩带相伴相随。该混杂岩的基质是复理石或类复理石，常见为硬砂岩和杂砂岩，岩块有异地和原地两种，成分主要为灰岩、砂岩及硅质岩、硅质灰岩，岩块形态复杂，千姿百态，有的突兀耸立，高入云端，有的短小圆滑，嵌入其中，构成一种奇特的地质景观(图5-17)。

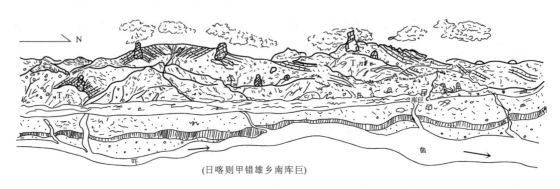

(日喀则甲错雄乡南库巨)

图5-17 沉积混杂岩中灰岩岩块及砂岩磨砾特征素描图

白林-塔巴拉混杂岩带是一个包括了沉积混杂和构造混杂在内并含有各种不同形态、不同组成、不同时代、不同特征岩块的复杂混杂带。通过构造解析划出包括基质在内三个世代，基质为泥砂质复理石，其与区域上之上三叠统地层一致，其中的化石组合面貌也反映为晚三叠世。在此基础上，随着新特提斯洋的早、晚两次开合，而出现了两次混杂堆积。

首先混入了磨砾、层滑体、砂岩岩块和灰岩岩块，其内部变形特征与基质明显不同，而且其化石面貌反映为二叠纪；其次是混入了晚白垩世构造岩块。由此认为，随着晚三叠世强堆-察巴裂谷的关闭，即代表新特提斯洋早期洋壳的闭合而出现沿斜坡的滑塌混杂，之后又伴随晚白垩世新特提斯洋主期洋壳的消减而出现了在同一环境条件的垮塌、混杂，形成了一个复合、叠加的沉积混杂、构造混杂的综合搅混体。嗣后并伴随区域构造的变化，发生了了由南东向北西的整体推覆，且在塔巴拉一带与基体涅如组交接部位出现构造虚脱，从而导致浅成岩的侵入、定位。

(四) 北陆坡变形复理石增生杂岩

该构造单元出露于大竹卡、仁布县及其以东和强堆-察巴构造混杂带以北的广大地区，是仁布构造混杂岩的组成之一。由上三叠统宋热岩组复理石组成，伴随有蛇绿岩构造岩块。总体组成较为简单，构造变形异常复杂、多样，在超基性岩体周边发生强烈的构造变形，但并不均匀，且多见其为顺层底辟体，并表现出从下部至上部构造界面由缓变陡、破碎带由窄变宽的特点，且在底界面附近橄榄岩中见有板岩的刮削残体,说明超基性岩构造底辟的特征。在构造交合部位出现更加复杂的叠加复形,早期以沿 S_0 为变形面出现 S_1,又以 S_1 发生揉褶,并伴生出现轴面劈理 S_2,在 S_2 基础上发育间隔劈理 S_3,进一步挤压变形又沿轴面劈理出现滑劈理 S_4,之后在浅表层次下出现节理 S_5(图 5-18),以上总体表现为由南向北的持续应力作用。

综上所述,该构造单元由于受构造底辟和区域构造的联合作用,在不同地段表现出不同的变形特征,总体表现为从南向北的持续应力作用,局部并表现较深层次的构造作用,靠近断层则出现强烈变形,反之则变弱。结合宏观构造变形,该构造单元至少经历了两期以上构造作用,是一个复杂应力作用区。

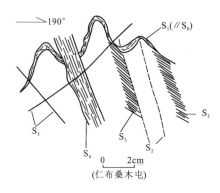

图 5-18　板岩五期变形形迹组合特征

(四)深海硅质增生杂岩

该构造单元出露在南部主中央断裂之南,呈北东向不规则状展布于白朗东面之重峡、密吉、托如和仁布乡巴一带,与其他构造单元均为构造接触,但在其中段与晚侏罗世、早白垩世地层断裂关系不甚明显,其主体为嘎学群的一套紫红色、青灰色硅质岩组合。

该构造单元总体构造变形并不强烈,仅在局部尤其是断裂带附近变形较为复杂。宏观上,白朗至联乡蛇绿岩体与联乡至拉郎拉蛇绿岩体沿联乡沟被第四系掩盖而将其分割,且在联乡一带并见地层残体。由此来看二者可能分属不同时期的蛇绿混杂体。从构造变形分析,前者仅表现为由北西向南东的逆冲,在该构造单元中未见比较复杂的构造形迹;而后者则发生了由北向南、自西而东的挤压逆冲,表现为多次构造形迹的叠加变形,由此可见二者分属于不同构造背景下的产物。另据该构造单元中硅岩放射虫的时代判定,其内部变形及构造边界的动力作用均发生在早白垩世晚期及其以后的构造发展阶段。

四、北喜马拉雅沉积带构造变形特征

该构造单元位于主前缘断裂之南,包括上三叠统陆坡复理石沉积和下侏罗统—上白垩统砂泥质沉积,两者以背司-恩马断裂相隔,总体变形程度较低。

(一)南陆坡变形复理石带

该构造单元呈近东西向夹持于主前缘断裂和背司-恩马断裂之间的杜穷、达孜、互助、日窝切等广大地区,西边与沉积混杂岩断层接触,东边与前震旦系拉轨岗日变质杂岩体剥离断层接触。为一套砂泥质复理石沉积,褶皱构造发育且样式复杂,断裂构造规模较小,多见为北倾逆断层,倾角较大,总体与区域构造一致。

该单元内构造变形较为复杂,褶皱构造、断裂构造均较发育,研究发现大部分轴面和断面均倾向北或北西,与北边界断裂和蛇绿岩上冲岩片密切相关,局部产状的变化和正断层的发育与南边界断裂的构造活动有关。但比较来看,该单元比北陆坡复理石带构造活动要弱、变形程度要低、变形期次要少。

(二)准原地泥沙质沉积带

该构造单元呈近东西向展布于南部,包括下侏罗统至下白垩统的一套泥沙质岩、灰岩及火山岩的组合。整体构成一个复式向斜,由于构造部位不同和受区域断裂影响,构造形迹十分复杂。常见褶皱类型有倾竖褶皱、直立倾伏褶皱、紧密褶皱和斜歪褶皱、同斜倒转褶皱、极不协调褶皱以及叠加褶皱

等。断裂构造多见为近东西向和北西向,前者规模较大,并成为其与蛇绿岩和上三叠统地层的边界。

1. 断裂构造

该单元内断层构造一般规模较小,且多与近东西向断裂相关,因此现择其背司-恩马断裂进行叙述。该断裂主要出露在测区东南部,它是该单元与南陆坡复理石的分界断裂。全长约41km。该断裂总体表现为北凸弧形缓波状形态,北盘切断上三叠统地层,南盘部分切割侏罗系—白垩系地层。该断裂地形地貌特征明显,南盘地势高峻,北盘低缓,坡降差异显著。断裂带走向上多为沟谷、凹地、鞍部等负地形,沿破碎带表现为斜列小山包,并见断层三角面,断层破碎带走向上宽窄不一,总体为西宽东窄,那弄一带宽300～550m,向东渐窄至格哇东变为100m,再东宽度更小。断层破碎带内岩性混杂,砂岩、板岩呈大小不等的构造角砾岩。

该断裂是两个单元的分界,且同时可能是火山活动的通道。据泥裂和沉积砾岩判定早期为一个沉积间断面,之后断裂沿其活动,根据断层角砾和两侧地层揉皱特征,早先表现为挤压逆冲,后即为现在所见的张扭性正断层,并且其规模较大,破碎带甚宽,并在其内见有片状金赋存。因此,该断裂经历了较长时间和较复杂的作用过程,同时并使该单元内部也表现了较为复杂的构造变形。

2. 褶皱构造

该单元内褶皱构造在不同地段表现不同。在孙喀则一带表现为连续的背、向斜构造,其轴向总体为近东西向,在与混杂岩的边界一带,形态复杂,多种类型叠加,枢纽弯波明显,但其轴面多向北倾。其东南部江贡拉一带多表现轴向近东西的紧闭褶皱,轴面近直立,南东角枢纽弯转向北东,形态复杂,两翼产状较大,轴面近于直立。主断裂南侧轴面多倾向北,与其自北向南的挤压有关。学堆一带褶皱复杂,多表现为倒转褶皱、不协调褶皱,两翼产状在不同地段差异较大,在学堆一带表现为轴面近直立、枢纽南北的斜歪褶皱,而向北及北东枢纽缓转变为北东向,褶皱紧密。在近主中央断裂之南侧,多表现轴面倾向北西的同斜倒转褶皱,并在该单元之上见有硅质岩推覆体。由此来看,该处所见褶皱之形态为与主中央断裂的活动密不可分,其枢纽转向、轴面弧弯也表现出此断裂的活动方向。

综上分析,该构造单元中褶皱构造的成生、发展、变化与主中央断裂、推覆前缘断裂和主前缘断裂息息相关,同时也反映了这几条断裂的活动过程。

第五节 构造变形相和变形序列

构造变形相即是构造层次,是构造-热事件的综合。各种地质体在时间上经历的变形期次不同,在空间上表现出的变形机制和变形强度也就不同。因此在空间上产生了变形相,在时间上出现了变形相序列及叠加构造,表现在各构造单元的构造变形相序列上的差别。

一、构造变形相

同一构造旋回所产生的变形群落在纵向上的分带性即是构造变形层次或变形相。控制构造变形相的主要因素是温度梯度和压力梯度,与深度密切相关,并且岩石的能干强弱制约着变形地质体各构造变形要素和参数量值的变化,影响着变形地质体的构造样式和几何形态。这是一个比较复杂的地球动力学和物理化学综合性问题。根据褶皱形态、断裂性质、变形面理、线理和显微构造特征、构造置换、变质程度、变形机制等综合因素,将测区内构造变形划分为表部、浅部、中部、下部和深部五个构造变形相(表5-4)。

表 5-4 测区各构造变形相特征表

变形特征\变形相\变形标志	表部构造变形相	浅部构造变形相	中部构造变形相	下部构造变形相	深部构造变形相
卷入地质体	E_1d、$E_{1-2}Lq$、E_2n、E_2p、E_2q、E_3r、E_3N_1d、N_1m、N_2g、N_2z、Er、Nr	$J_{1-2}r$、$J_{2-3}z$、J_3w、J_3m、J_3K_1l、J_3K_1G、K_1b、K_1j、K_1c、K_1t、K_2s、K_2a	C_1y、C_2l、C_2a、P_1x、T_3s、T_3n	$AnZNq.$、$AnZLg.$	T_3、J_3K_1、K_1^1、K^{2^1}($\varphi\sigma$、$\upsilon\sigma$、σ、$l\upsilon$、$\upsilon\beta$、cc)
褶皱构造	平缓褶皱、开阔褶皱、断裂弯侧见牵引褶皱、拖曳褶皱	宽缓褶皱、直立褶皱、等厚褶皱、局部斜歪褶皱、倒转褶皱、平卧褶皱	宽缓褶皱、斜歪褶皱、紧密褶皱、同斜倒转褶皱、局部叠加褶皱、顺层平卧褶皱	各种叠加褶皱、顺层掩卧褶皱、A型褶皱、不对称褶皱、钩状褶皱、无根褶皱、揉流褶皱	流动褶皱、剪切褶皱、A型褶皱、B型褶皱、小型不完整背、向形褶皱
断裂构造	脆性断裂	顺层断层、逆冲断层、脆性断裂、局部顺层剪切变形	脆性断层、顺层断层、顺层剪切带	脆性断层、韧性断层、韧性剪切带、逆冲型推覆性断裂	幔型、壳幔型高温韧性剪切变形、韧性推覆剪切带、脆性断层、逆冲型推覆剪切断裂
变形面理	层理(S_0)	层理(S_0)、板理(S_1)、局部$S_1//S_0$和透入性面理S_2斜交S_1	S_0或S_1为变形面的变形,局部S_2斜交S_1	片理、片麻理、糜棱面理,以S_2变形面为主,发育S_{n+1}斜交S_n	矿物韵律层理、流面、流带、糜棱面理、叶理、片理等变形
线理类型		局部拉伸线理、皱纹线理、交面线理	交面线理、皱纹线理、局部矿物线理	拉伸线理、皱纹线理、矿物生长a线理、杆状构造、构造透镜体、布丁构造	流线、矿物拉伸线理、铬尖晶石等强烈拉伸、a线理
显微组构	角砾岩、碎裂岩、原岩组构保留	角砾岩、碎裂岩、碎粉岩、断层泥类	碎裂岩、碎粒岩、断层泥类、初糜棱岩、糜棱岩化岩、发育不同级别的S、M、Z层间剪切变形	糜棱岩、初糜棱岩、碎斑糜棱岩、矿物压扁、拉长、弯曲、变形、片理揉褶、S_2变形、S-L构造、碎斑旋转、压力影	高温塑性变形、晶内变形纹、吕德尔斯线、矿物扭折、压扁拉长,发育高温、低温滑移系,矿物各种高温位错构造、糜棱岩、超基性岩强烈蚀变
构造置换	等间间隔劈理、较大规模节理	S_1不规则置换S_0、局部S_1置换S_0	S_1置换S_0、大多$S_1//S_0$。局部片理化带、局部S_2斜交S_1	S_1置换S_0,S_2局部不完全置换S_1,发生S_2的变形,出现S_{n+1}斜交S_n	以S_1为变形面出现构造变形分带,S_1彻底置换出现M型带,折劈理S_2并形成I型带、见斜切S_2的裂纹,褶叠层
劈理类型	破劈理、间隔劈理、局部板劈理、轴面劈理	板劈理、扇形劈理、轴面劈理、区域性透入性劈理	轴面劈理、折劈理、扇形劈理、局部流劈理和密集劈理	轴面劈理S_2、应变滑劈理、褶劈理、流劈理	折劈理S_2、流劈理、层间微褶劈
变质程度	基本未变质	低绿片岩相、新生绢云母、绿泥石、绿帘石,局部同构造变质出现红柱石、硬绿泥石、黑云母	低绿岩相之千枚岩级、同构造变形新生绢云母、绿泥石、雏晶黑云母	低绿片岩相、高绿岩相、角闪岩相递增变质、叠加变质、新生矿物大量出现	洋底埋深变质、高压低温变质、叠加变质、新生绢云母、蛇纹石、绢石、阳起石、蓝闪石等
变形机制	横弯、局部牵引、重力滑脱	纵弯—压扁	纵变—压扁、局部塑性揉流	弹—塑性压扁、弯流、揉流	高温稳态蠕变、塑性、韧性、弯流、压扁、揉流

(一)深部构造变形相

深部构造变形相,即是幔内构造变形相,是幔内高温稳态蠕变的产物,卷入此类变形的为地幔橄榄岩、石榴角闪岩、斜长角闪岩和辉长岩等,具高温塑性变形特点。发育各种幔内剪切应变和高温流变构造形迹。在上地幔岩中普遍发育叶理面,铬尖晶石出现韵律层理,辉石发育平行叶理面的流面、流带,并且是上地幔内早期形成的滑脱剪切面,发育流动褶皱和剪切褶皱及由橄榄石、斜方辉石等形成的拉伸线理，明显可见橄榄石晶内变形纹和吕德尔线，多见橄榄石、辉石出现扭折带、不均匀波状消光和格子状消光。铬尖晶石强烈拉伸，并见橄榄石及辉石的多边化亚构造及动态、静态重结晶并发育高温和低温双滑移系以及橄榄石和辉石的各种位错构造。以上均反映了幔内上地幔岩在高温状态下物质运移的高温稳态蠕变规律，为幔内流变特征。该变形相内各种超基性岩均出现强烈的不均匀片理化，尤其斜辉橄榄岩、斜辉辉橄岩、二辉橄榄岩更加显著，呈现为饼状、透镜状，同时并见网状交切，绢石化、蛇纹石化强烈，部分已全部蚀变成为蛇纹岩，辉石多已纤闪石化，仅保留其晶形轮廓，且在大部分岩石中发育糜棱岩，并多见暗色矿物沿糜棱面理定向或半定向排列，见新生矿物绢云母，并组成糜棱面理。

辉长岩和斜长角闪岩等也出现强烈的构造变形，前者可见小型流动褶皱并出现各种韧性剪切变形，发育褶叠层构造及出现扭折变形；后者表现为两期变形，且均较强烈，在与早期片理同构造作用中出现变晶矿物阳起石且也出现极好的定向并构成片理，与此同时，不透明矿物磁铁矿也拉长定向。

据上所述，该变形相中出现有局部残留的背向斜褶皱，规模较小，后期破坏强烈。其内断裂构造均以韧性剪切和固态流变剪切为主导，后期以脆性构造为主，多发生在边界，并成为大小不等的构造底辟体。蛇纹质构造混杂岩便说明了超基性岩底部构造变形的特征。另外在超基性岩现露表面见有不同方向、不同层次的构造擦痕和阶步等，尤为显著的是在联乡、大竹卡等地，进一步反映了进入地壳以后的构造上升和变形历程。

（二）下部构造变形相

该构造变形相为属测区结晶基底较深构造层次下的构造变形组合，卷入其中的是前震旦系念青唐古拉岩群和前震旦系拉轨岗日岩群，分属冈-念板片和喜马拉雅板片上的变质杂岩体，均具有显著的塑性变形特点。拉轨岗日岩群中岩石普遍具条带状、片状构造，且构成典型S-L构造岩。其中发育韧性剪切带和透入性面理，多见糜棱岩和剪切变形组构，普遍发育下滑式顺层掩卧褶皱，并见早期同构造分泌结晶（石英）脉在后期递进变形过程中被卷入顺层掩卧褶皱，其中发育各式各样的叠加褶皱并形成轴面劈理S_2，还见片理褶皱和面理置换现象，局部可见$S_1//S_0$。以上特征反映出拉轨岗日岩群经历了多期构造变形作用。该构造变形相中出现大量变质矿物，见有低绿片岩相的白云母＋绢云母＋绿泥石＋黑云母组合，高绿片岩相的黑云母＋石榴石＋白云母组合，低角闪岩相的石榴石＋十字石＋黑云母＋角闪石组合，且在泥质变质岩中见有大量红柱石，表现为低绿片岩相、高绿片岩相、低角闪岩相的递增变质带特征，也表现出在早期区域动力热流变质之上又叠加了区域低温动力变质作用。

（三）中部构造变形相

该构造变形相属于测区中部构造层次，卷入地质体为石炭系、下二叠统地层及上三叠统地层，包括冈-念板片上之永珠组、拉嘎组、昂杰组及下拉组，喜马拉雅板片上之宋热岩组和涅如组。前者原生构造保留较好，发生以S_0为变形面的构造变形，未出现区域上的透入性面理，常形成宽缓褶皱、斜歪褶皱，局部出现直立褶皱和倒转褶皱等，褶皱转折端部位常出现轴面劈理，且表现为S_2斜交S_1，交角一般较小。能干性较强的岩石在区域性纵弯作用下常表现为间隔劈理，出现非透入性面理置换。能干程度较低的岩层，则发育不同级次S、M、Z层间剪切变形，且在局部发育顺层平卧褶皱及小型顺层韧性剪切变形，并出现交面线理、皱纹线理、折劈理等，在局部强应变带内发育密集劈理。在强弱岩层间隔出现或互层情况下，并见劈理折射现象。石炭系地层内含有大量砾岩，砾石变形强烈，定向较为明显，构成宏观区域上的拉伸线理，碳酸盐岩内发育顺层掩卧褶皱及顺层剪切带，断裂构造主要以后期近东西向、北西向为主，其内并见小型顺层断层及局部的顺层剪切变形，并出现比较强的片理化带及密集劈理化带,此构造变形相内所见总体变形较弱,成层性较好,原生组构保留,同构造变形新生矿物绢云母、绿泥石、雏晶黑云母等仅沿 S_1 或 S_2 出现,并在局部的强应变带内定向,总体表现为低绿片岩相的区域低温动力变质作用特点。

(四)浅部构造变形相

浅部构造变形相属测区中浅部构造层次,卷入地质体为侏罗系至白垩系地层及少量白垩纪中基性侵入岩,其构造变形波及上述各层次变形单元。该变形相内岩石成层性较好,原岩沉积构造大多保留,主体发生以 S_0 为变形面的褶皱变形,在纵弯作用下表现为宽缓褶皱、直立褶皱、等厚褶皱等,进一步构造作用出现斜歪褶皱、倒转褶皱等,由于所处构造位置不同并加之后期区域性构造作用,以致在不同部位表现出不同的变形特征。弧后盆地单元中由于岩石能干程度不同而表现出不同的变形行为,且展现为局部不协调褶皱、平卧褶皱及同斜倒转褶皱,能干性较强的岩层出现等厚褶皱,而软弱层则表现为顶厚褶皱和极不协调褶皱,其中尤以林布宗组软弱层变形明显,层间揉皱发育,甚或局部出现顺层韧性剪切变形,见有拉伸线理、皱纹线理、交面线理、矿物线理等。岛弧初期的组成由于位处区域性大断裂的近侧,并受晚期构造岩浆热事件的侵扰,加之后期构造的多期次联合作用,愈加使之复杂。能干性稍高的岩石发生以 S_0 层理为变形面的构造变形,褶皱转折部位出现扇形劈理并受到后期间隔劈理的作用,发育同斜倒转褶皱和顶厚褶皱。能干程度较低的岩层构造变形强烈,发育区域性透入性面理,并表现出较强的变形,多见 S_1 斜交 S_0,褶皱转折端处并见 S_2 斜交 S_1,比较普遍地见有脆韧性和韧性剪切变形特征,出现石香肠构造及矿物线理、拉伸线理等。由上述可以看出,在同构造变形相中其变形强度和类型要较其他的复杂,表现出局部具中下部构造层次的特征。弧前盆地内的组成亦具有浅部构造变形特点,总体构成一个复式向斜,是以 S_0 为变形面而发生的构造变形,并在此基础上进一步挤压且又发生由北而南的逆冲推挤,因此致使褶皱形态样式复杂,常见斜歪褶皱、倒转褶皱、宽缓褶皱及平卧褶皱,且在区域褶皱的转折端褶皱紧密,形态复杂,多见不协调褶皱。同时并伴随蛇绿岩的上冲而使其枢纽弯波形,且伴生自南而北的逆冲断层及顺层断层,断裂弯侧发育牵引褶皱和拖曳褶皱,强地段使先存褶皱复杂化。准原地沉积地质体内构造变形较为简单,发生以 S_0 为变形面的弯折、褶皱,主要表现为近直立褶皱、开阔褶皱、等厚褶皱等,伴随主前缘断裂的活动及推覆体的影响,在其附近呈现出较为复杂的构造变形,主要表现为枢纽倾伏、轴迹变向、轴面缓波,出现斜歪褶皱、同斜倒转褶皱、紧密褶皱、平卧褶皱、倾竖褶皱等,在纳尔一带推覆体前缘并见不协调褶皱及叠加褶皱。伴随蛇绿岩体的上冲历程而出现的脆性断裂也十分明显,发育牵引和拖曳褶皱。

以上总体特征表现为以层理 S_0 为变形面的纵向挤压体制下的较简单构造变形,随着蛇绿岩体构造上冲的强弱快慢和应力强度变化,加之不同地段岩石能干程度的不同,也就呈现了在相同构造变形条件下的不同地域构造变形的差异。沿板理出现绢云母、绿泥石、绿帘石等新生变质矿物,在昌木、青者、泽南等多期构造复合部位或多期构造岩浆热力作用部位,出现同构造变质的红柱石、硬绿泥石、黑云母等特征变质矿物,表现出局部构造应力较强作用的特点,该变形相同构造变质作用为区域低温动力变质作用的低绿片岩相绢云母-绿泥石带,具造山变质作用特点。

(五)表部构造变形相

卷入第三纪形成的各类地质体,包括典中组、年波组、帕那组、日贡拉组、芒乡组、嘎扎村组、宗当村组和柳区群、秋乌组、大竹卡组以及古近纪和新近纪的花岗岩,均为测区较新的陆源沉积和构造岩浆活动。沉积地层及火山地层中各种原生沉积构造明显,示顶构造清楚,变形面理为层理(S_0),并沿其横弯成开阔褶皱、平缓褶皱、等厚褶皱,断裂弯侧见牵引褶皱、拖曳褶皱。发育规模较大的节理,等间距间隔劈理和节理在能干性较强的砂岩、火山岩和侵入岩中十分发育,其以压扭性节理最为多见,张扭性次之。劈理主要见破劈理、板劈理及轴劈理,是伴随每次应力作用而表现的面状构造,此种构造尤其在花岗岩中特别明显,远观似地层产状。在压扭性断裂附近出现压解性密集劈理、滑劈理和流劈理,表现出应力局部集中的特点。发育张(扭)性脆性正断层,并见重力滑脱,基本未变质,局部可见浅表层次的接触变质及动力变质。

二、构造变形序列

(一)构造变形序列建立依据

(1)首先根据各构造单元的变形构造群落来确定其主导变形机制和其形成的构造环境,前震旦系念青唐古拉岩群系冈-念板片的基底,测区各期构造作用无不在其中留下深深的印记和痕迹。据前所述,面理是一期透入性的区域性构造置换面,其上发育拉伸线理,构造解析表明,主期面理展平之后,分布于面理之上的拉伸线理具 300°～120°优选方向。据对主期面理宏观、微观运动学研究表明,该期面理具上层系相对下层系自 300°向 120°方向的近水平横切置换特征。据 Harris 等(1988)在石英-钾长石-白云母-黑云母-石榴石-十字石片岩中对主期变质矿物白云母所作$^{40}Ar/^{39}Ar$ 测年,表明年龄值为 155±2Ma,为晚侏罗世。因此该期面理的形成与雅鲁藏布蛇绿岩的形成时代一致,即主期面理的形成与新特提斯晚期洋壳活动密切相关,并由于该期面理彻底的构造置换及构造热事件的影响以致此期之前的构造变形面目全非、难以识别。此外据对前述该岩系中褶叠层内的 A 型褶皱枢纽方向概略统计,呈现具 295°～115°优选方位,结合不对称褶皱运动学分析,构造置换形成的褶叠层运动特征为上层系相对下层序自 NWW(295°)向 SEE(115°)近水平剪切。此外以构造置换为变形面形成的宏观"向形",其轴迹为 NW－SE 向,该期构造线与该杂岩体总体北东构造迹线和边界前缘断裂大角度斜交,从某种程度上也表明了该期聚敛的性质。总之,该杂岩体主要发育较深构造层次的以顺层韧性剪切带和褶叠层为主的变质固态流变构造群落,且局部残留早期挤压环境下的逆冲型同斜倒转褶皱、揉流变形和伸展环境下的顺层掩卧褶皱以及侵入其中的石英脉体的变形,均反映其多期次、多体制、多层次的构造变形特征。在拉轨岗日杂岩体中也具以变质固态流变构造群落为主的较深层次的韧性变形特征。蛇绿岩亦表现出甚为明显的幔内、壳幔深部层次的以顺层剪切稳态蠕变、褶叠层为主的高温稳态流变构造群落,伸展环境下的超基性、基性堆晶岩的成生和辉长辉绿岩的侵位及挤压环境下的剪切揉褶反映其不同体制、不同期次的韧性变形特征。

(2)根据各构造单元不同类型构造变形的叠加复合关系及同位素年龄,确定构造变形的相对顺序。据前所述,念青唐古拉岩群中可见以褶叠层的构造置换面为变形面形成宏观向形,并且见共轴叠加褶皱。据许荣华等(1985)对片麻岩所测锆石 U-Pb 法等时线年龄为 1250Ma,表明存在古老基底。上述白云母$^{40}Ar/^{39}Ar$ 年龄谱值为 155±2Ma,表明在古老岩石基础上发生与蛇绿岩形成时同构造期的变质和变形。据许荣华等(1985)对区外中粗粒花岗闪长岩中测得锆石 U－Pb 年龄值为 50Ma,黑云母 Rb－Sr 年龄为 49Ma,该区十字石片岩内黑云母$^{40}Ar/^{39}Ar$ 坪年龄为 48.3～50.0Ma。此外,黑云母重结晶年龄为 50Ma±(Xu et al,1985)区内及相邻地区岩石变质组合显示 5Kb 变质压力及 600～700℃ 变质温度峰值,均反映了该单元在上述变形基础上经历了一期明显的热事件侵扰和构造变形。据 Mark Harrison 等(1995)对花岗质糜棱岩中大量的钾长石、黑云母、白云母所做$^{40}Ar/^{39}Ar$ 法年龄及磷灰石裂变径迹测试其年龄值为 15～4Ma,说明该期构造热事件与念青唐古拉岩群伸展剥离及断陷密切相关。蛇绿岩中二辉橄榄岩的橄榄石存在明显的高温位错构造叠加于低温位错构造之上的特征。在弧前盆地单元及其他单元中多发育枢纽近东西、轴面北倾的同斜倒转褶皱,局部并见平卧褶皱,以 S_0 为变形面,发育轴面劈理 S_1,浅表层次下多表现为 $S_1//S_0$。中浅层次下多见顺层剪切变形及顺层掩卧褶皱,其普遍叠加枢纽近东西的早期褶皱,并新生轴面劈

理 S_2。局部并见晚期枢纽近东西叠加于早期近南北向褶皱,尤其在构造混杂带内更为复杂。

(3)根据不同构造单元不同时期形成的主要构造形迹类型进行对比,并确定不同变形事件的时空联系。据前所叙,测区内不同时期构造作用与新特提斯的开合极为关联、密不可分。强堆-察巴构造混杂岩代表了新特提斯早期洋壳的踪迹,在其裂开直至闭合过程中,致使蛇绿岩上冲肢解,与海沟中的复理石增生楔混杂,并形成晚三叠世的混杂堆积,同时并使其两侧地层(涅如组和宋热岩组)发生强烈挤压出现褶皱。伴随新特提斯晚期洋盆的成生、闭合复杂历程以及碰撞作用,在缝合带南侧被动陆缘一侧形成由北向南的复叠式逆冲推覆构造,构成不同层次、不同类型的逆冲推覆体系,在仁布一带出现更加复杂的构造混杂和褶叠变形,并使古老基底上隆、剥离并显露地表。

(4)根据各构造单元不同时代的沉积作用、岩浆活动、变质作用、成矿作用及其形成的构造环境与不同机制和构造变形之间的耦合关系,确定不同时代、不同体制下构造变形的演化过程,新特提斯构造阶段早、晚洋盆的开合和陆内造山阶段的伸展、挤压、走滑,以及雅鲁藏布江的张裂在沉积作用、岩浆作用和变质作用及成矿作用之间都存在必然的响应。

(二)测区构造变形序列

依据上述,将自晚古生代以来包括整个中生代、新生代的构造变形序列划为两大变形阶段、三个变形旋回、八个变形世代、四种构造体制和四种变形机制(表 5-5)。

1. 第一期构造作用(D_1)

该期构造作用以新特提斯早期洋壳拉张出现强堆-察巴非层序型蛇绿岩、蛇绿质构造混杂岩和强蚀变基性岩墙群的侵入以及深海、半深海硅质岩、远洋碳酸盐岩沉积以及晚三叠世南、北陆坡深海复理石沉积为标志的新特提斯早期板内拉张出现裂谷及陆缘拉张作用形成的伸展构造组合。该期构造变形在晚三叠世以前形成的地层中表现不明显,主要是由于主期构造作用构造体制和运动方向近于一致而使早期残存彻底改造之故。

2. 第二期构造作用(D_2)

该期构造作用以新特提斯早期洋盆收缩、闭合为标志,出现强堆-察巴构造混杂岩,白林-塔巴拉泥砂质沉积混杂岩及滑塌堆积,伴之强烈而又快速的俯冲构造作用出现高压变质,南北两侧形成不同类型大陆边缘,上三叠统及基底岩系中褶皱构造的形成,在念青唐古拉岩群和拉轨岗日岩群中局部残存有该期构造挤压的平卧褶皱及轴面劈理 S_{n+1}。

3. 第三期构造作用(D_3)

该期构造作用时限长、作用复杂,并具有从东至西由岛弧型、洋脊型、弧前盆地型等类型组成的蛇绿岩体,时间上也表现出自东而西逐渐变新的特点。以新特提斯晚期洋壳拉开、洋脊扩张的雅鲁藏布层序型蛇绿岩为标志,发育基性岩墙群,多见超基性岩、中基性岩的堆晶岩,常见由超基性岩、(辉长)辉绿岩、异剥钙榴岩等组成的蛇绿质构造混杂岩,相伴还有远洋硅质岩、碳酸盐岩和深水复理石沉积以及早白垩世晚期—晚白垩世早期南侧被动陆缘的火山-硅质沉积,为伸展环境下的构造组合。该期构造作用规模大,波及晚侏罗世以前成生的各种地质体,尤其在念青唐古拉岩群中表现明显,出现深层次的水平韧性剪切变形,并有同构造期的构造变形和构造岩浆活动。

4. 第四期构造作用(D_4)

该期构造作用为新特提斯晚期洋盆闭合过程的收缩作用,伴随有晚白垩世早期被动陆缘沿毕沙至库巨南北向的滑混堆积以及侏罗纪至白垩纪复向斜的形成和褶皱推覆体的形成,并以区域性近东西向逆断层及轴面北倾的同斜倒转褶皱及轴面劈理为代表。且使岛弧初期产物褶皱变形和剪切破碎,并出现逆冲型韧性剪切变形带,弧后拉张出现强烈的火山活动和构造岩浆侵入。

表 5-5　构造变形序列表

构造阶段	构造旋回	变形世代	时期	代表性构造形迹	构造样式	构造线方向	运动方向	构造体制	变形机制	构造层次	变质事件	岩浆事件
陆内造山阶段	喜马拉雅中晚期	D_8	Qp_3 Qp_1	近南北向断裂 近东西向断裂	拉分盆地、深切河谷、南北向裂开、古堰塞湖	EW	SN	伸展-走滑	板内拉裂			
		D_7	N_2	近南北向走滑断裂	断陷盆地	SN	SN	伸展-走滑	正断型脆性剪切			
		D_6	N_2 N_1	逆冲推覆构造群落及高角度正断层	逆冲推覆体及地堑、地垒	EW SN	SN EW	收缩伸展	脆-韧性剪切		退变质作用	
		D_5	N_1 E_3	变质固态流变构造群落(褶叠层及韧性剪切带)	变质核杂岩及剥离断层	EW	SN	伸展-走滑	正断型韧性剪切	表部构造层次	中压区域动力热流变质作用	中新世酸碱性花岗岩侵位、渐新世中酸性花岗岩侵位
新特提斯阶段	喜马拉雅早期—燕山期	D_4	E_2 K_2^1	弯滑等厚褶皱及褶皱推覆构造	大型褶皱构造及褶皱推覆体	EW	SN	收缩	逆冲型韧性剪切	浅部构造层次	区域低温动力变质作用	古新世、始新世中酸性花岗岩侵位、晚白垩世中性花岗岩侵位
		D_3	K_1^2 J_3	K_2 以前地层中的基性岩脉	层序型蛇绿岩(洋壳)	EW	SN	伸展	洋脊扩张	深部构造层次		早白垩世中基性花岗岩侵位、雅鲁藏布蛇绿岩形成、基性岩侵位
	印支期晚期—华力西期	D_2	T_3	T 及其以下地层中的韧性剪切带、平卧褶皱、无根褶皱	构造混杂岩	EW	SN	收缩	逆冲型韧性剪切	中部构造层次	高压低温变质(洋底埋深变质)	
		D_1	T_2 P_2	T 以下地层的强蚀变基性岩脉	非层序型蛇绿岩(洋壳)	EW	SN	伸展	裂谷	深部构造层次		强堆-察巴蛇绿岩洋壳形成,强蚀变基性岩侵位

5. 第五期构造作用(D_5)

该期构造作用以陆内调整为主,出现区域挤压背景下的局部地带的伸展-上隆作用,形成近水平的顺层掩卧褶皱和韧性剪切带,发育糜棱岩、S-C组构、拉伸线理,出现各类构造岩及壳源 S 型浅色酸碱性花岗岩的侵入。

6. 第六期构造作用(D_6)

该期构造作用发生陆内俯冲作用并导致东西向逆冲推覆构造群落及右行走滑断裂形成以及近南北向高角度正断层系和叠加褶皱(轴面劈理 S_2)的形成。

7. 第七期构造作用(D_7)

该期构造作用高原地壳进一步缩短加厚,快速隆升过程,出现近南北向走滑断裂,形成拉分盆地。

8. 第八期构造作用(D_8)

该期构造作用因雅鲁藏布江的南北向拉裂及剪切,形成雅鲁藏布江古堰塞湖,同时出现南北向正断系且形成谷地,伴随有北东向、北西向的走滑剪切断层系并呈现大型沟谷凹地。后期沿初始岛弧与弧前盆地的边界发育正断层,出现深切河谷。

第六节 测区大地构造相

造山带大地构造相的分析、研究即是对造山带造山历程和动态变化的精细刻画,就是通过对组成复杂造山带不同的大地构造相的解剖、比较分析、研究,最终对造山带演化的不同阶段大地构造单元的位态及造山带的形成演化作出一个连续动态的分析,为山脉或山链的整体形成建立框架和描绘蓝图。

一、大地构造相划分

大陆造山带是指受压、张、扭应力作用而形成的强烈收缩变形和复合变质的地带,常伴随强烈的地震和火山活动,并在地表上呈线状展布的隆起山脉和山链。在其拉伸、俯冲、碰撞转换与平移走滑等构造作用过程中,发生大推覆、大剪切、大滑脱、大走滑,出现各种不同构造单元的变形、变质、变位,以至构造搅混,呈现为一幅纷繁复杂的图景。

测区地处东特提斯构造域的中段,是一个具有复杂演化历史的地区。在其悠远漫长的造山历程中,其物质流、能量流发生多次的重组演变和交换,呈现为杂乱的物质混合物。应用大地构造相的方法去剖析、研究测区的结构、演化就可从纷繁杂乱的造山带中寻找规律,并可重塑其整体格局。

结合测区实际,以造山带演化不同阶段、不同部位出现的古地理构造单元和物质建造为主线,划分不同的大地构造相。由于测区历经新特提斯早、晚两次洋盆的开合,存在两个不同时期的蛇绿岩组合,并且有各自相应的物质建造,因而出现不同时期的相同大地构造相并置或叠合现象。因此,必须从时序上识别和区分各个不同阶段形成的大地构造相,将更利于分析、认识造山带形成演化的全过程。大地构造相的命名和代号表示,按照造山旋回期不同阶段出现的构造古地理单元、盆地类型或物质建造与改造类型命名,代号选用时代加其英文名称的缩写字母表示。通过对测区沉积作用、岩浆作用、变质作用、构造作用的分析演化和综合研究,以 Robertson 的大地构造相划分方案为借鉴,充分反映每种相都以一定大地构造环境下的物质建造为基础,划分出离散、会聚、碰撞和走滑四种大地构造背景、八大相类二十五个相。

二、测区大地构造相特征

不同的大地构造相是造山带演化过程中不同阶段和不同背景的大地构造环境下的产物。据上所述并根据测区建造和改造的差异,将各大地构造相的特征予以简述(表 5-6、图 5-19)。

表 5-6 测区大地构造相划分表

大地构造环境	大地构造相类	大地构造相	基本特征简述	地质单元
离散大地构造环境	裂谷(RF)	板内裂谷(Ipr)	晚三叠世板内断陷拉张所形成的裂谷,即陆内裂谷,发育非层序型蛇绿岩和板内玄武岩(WPB),辉绿岩仅在卡堆发育,说明裂谷发育程度不同、拉裂不均的特点	T_3qc
	被动陆缘(PM)	陆坡(Cs)	晚三叠世深海—半深海砂岩、页岩等组成的类复理石建造,局部并见硅质结核	T_3n
		陆棚—陆坡(Cc)	早侏罗世—早白垩世半深海—浅海的碎屑岩、泥岩和陆棚浅海硅质岩、碳酸盐岩建造	$J_{1-2}r$、$J_{2-3}z$、J_3w、K_1j
	古老造山带(Oo)	陆缘基底(Eb)	被动陆缘较年轻沉积盖层之下的古老结晶基底岩系,为泥质碎屑岩、碳酸盐岩建造	$AnZNq.$、$AnZLg.$
		大陆碎片(Cf)	裂解离散于洋盆中的大陆壳碎片,碎片自身由陆壳基底岩系构成,上覆碳酸盐岩台地	$AnZNq.$、$AnZLg.$、C_1y、C_2l、C_2a、P_1x
	洋盆(OB)	大洋岛弧(Oa)	晚三叠世深海类复理石中形成的玄武岩、玄武安山岩、安山岩,为MORB/WPB型玄武岩,局部被快速下沉的碳酸盐岩单元占据或覆盖,上部为砂泥质沉积	$T_3s.$
		滨陆岛弧(LOa)	晚侏罗世和早白垩世地层单元中的安山岩、英安岩,为具IAB岛弧型玄武岩,局部被碳酸盐岩台地和硅质岩所占据,上部为非碳酸盐岩沉积	J_3m、K_1b
		小洋岛(SOa)	晚侏罗世至早白垩世深海平原相之上的玄武岩、玄武安山岩、火山角砾岩、凝灰岩等多粒级喷出岩和火山碎屑岩,具MORB/IAB型玄武岩,局部被深海绿色硅岩、燧石层和薄层远洋灰岩覆盖	$J_3K_1G^2$
		弧前海底扩张(FsⅠ)	晚侏罗世晚期—早白垩世早期大洋岛弧边缘扩张所形成的一种环境相,发育非层序型蛇绿岩和超基性、基性堆晶岩,并见有波安岩,其岛弧型玄武岩(IAB)特征,仅在仁布见有规模较大的辉绿岩、辉长辉绿岩、辉长岩等的组合建造	$J_3^3—K_1^1$
		扩张洋脊(Sr)	早白垩世中期—中晚期的具典型MORB型玄武岩的层序型蛇绿岩组合。在缓慢扩张和洋脊裂张过程中并伴随有蛇纹石化大理岩,上覆远洋硅质岩、硅泥质岩及碳酸盐岩	$K_1^1—K_1^2$
		弧前海底扩张(FsⅡ)	早白垩世晚期大洋岛弧边缘拉张而形成的一种大地构造相,具较为典型的岛弧型玄武岩(IAB),发育层序型蛇绿岩和超基性、基性堆晶岩,并见波安岩,广泛发育辉绿岩墙,表明弧前拉张幅度较大,发育较慢的过程	K_1^2
		深海平原(Ap)	侧向连续的深海远洋硅、泥质沉积,富含放射虫硅岩、燧石岩、硅质骨针岩等,是在CCD线之下的沉积	$J_3K_1G^1$、K_1cd
	活动边缘(AM)	消减杂岩(Sm)	由构造重复的巨厚深海沉积物及构造滑块和外来岩块等组成,受到强烈的构造作用混杂在一起,由构造上(逆)冲造成的各不同时期的数条蛇绿质构造混杂岩	$T_3S^l m.sm$、$T_3S^r m.sm$、$T_3O^k m·\psi\sigma$、$J_3K_1O^r m·\psi\sigma$、$K_1^2O^b m·\psi\sigma$、$K_1^2O^{rk} m·\psi\sigma$、K_2z
		弧前盆地(Fb)	位于岛弧—海沟间隙区内,即海沟轴与大洋岛弧之间的地段,南北基底是蛇绿岩套和初始火山岛弧,为一套深水复理石沉积	K_2a
		弧后盆地(Rb)	位于大陆与残弧之间的盆地,其以大洋型地壳基底(J_2y叶巴组)为特征,为一套泥砂质碎屑岩、泥质岩和碳酸盐岩建造,晚期出现海陆交互沉积,反映盆地逐渐变浅,总体为退积型序列	J_3K_1l、K_1c、K_1t、K_2s
		不成熟火山岛弧(Nva)	位于活动大陆边缘的一套玄武岩、粗安岩、凝灰岩、火山角砾岩等多粒级海相火山碎屑岩建造,具岛弧型玄武岩(IAB)特征,其地壳薄而且偏铁镁质,为一种大洋型地壳	K_2Ed
		不成熟岩浆岛弧(Nia)	为白垩纪会聚背景下活动大陆边缘的一套基性、中基性花岗质岩石,反映地壳薄且富铁镁质,具幔源I型花岗岩特点,为不成熟岩浆岛弧特征	$K_1—K_2\upsilon$、$\delta\upsilon$、δo、$\delta\eta o$、$\beta o\gamma$
		陆缘成熟山弧(Va)	为古新世至始新世会聚环境下大陆火山活动的产物,由玄武岩、安山岩、英安岩、流纹岩及凝灰岩等陆相火山(碎屑)岩组成,以钙碱性系列为主,成分逐渐向长英质、高钾方向变化,具大陆型地壳	$E_1d—E_2p$

续表 5-6

大地构造环境	大地构造相类	大地构造相	基本特征简述	地质单元
会聚大地构造环境	活动边缘（AM）	成熟岩浆岛弧（Ia）	为古近纪和新近纪早期的会聚-碰撞环境下的一套中酸性、酸碱性花岗质岩石，反映地壳由薄变厚且逐渐向长英质、高钾富碱方向演化，为壳幔过渡型至陆壳特点，以钙碱性系列为主，具以 I 型向 IS 型直至 S 型的变化特征。随着岛弧的进一步演化，始新世岛弧规模最大，说明会聚碰撞阶段的动量最大	$E_1—N_1$ $\delta\eta$、$\gamma\delta$、$\eta\gamma$、$\xi\gamma$、$K\gamma$
会聚大地构造环境		山前盆地（MFb）	为古新世—始新世碰撞背景下在蛇绿岩与陆棚—陆坡带沉积之间的一套陆源粗碎屑沉积，底部为蛇绿质粗碎屑，是碰撞造山早期的一套山前磨拉石沉积	$E_{1-2}Lq$
		前陆盆地（Lb）	为始新世时，活动大陆边缘的洋壳板块向下俯冲并发生造山褶皱隆起时，大陆壳前缘表面发生下沉而出现的一种盆地。为由复成分砾岩、陆源碎屑岩，局部夹煤层，是与碰撞有关的前陆盆地组合	E_2q
		磨拉石盆地（Mb）	为渐新世至中新世早期随着碰撞作用的加剧，前陆盆地进一步下沉而接受沉积充填，是前陆盆地的成熟阶段，为一套陆源杂色碎屑岩建造，并见火山碎屑岩，它是闭合造山标志	E_3N_1d
		断陷盆地（Fb）	为渐新世至上新世与碰撞作用有关的南北向断裂的应力松弛时期，在原有古火山机构基础上发展起来的一套陆源碎屑岩、火山碎屑岩建造，说明碰撞造山过程是复杂多样和非常活跃的	E_3r、N_1m、N_2g、N_2z
走滑大地构造环境		拉分盆地（Pb）	在早更新世出现的沿雅鲁藏布江的南北向拉裂和与此相关的裂开而成生的盆地，由一套半成岩—固结成岩的碎屑岩、泥砂质岩、淤泥等组成，具湖相沉积特征	Q_{p1-3}
		走滑盆地（Sb）	在全新世高原隆升走滑调整期出现的北西、北东向剪切走滑盆地，多呈松散状的堆叠沉积物质，局部见半固结态碎屑岩，一般形态为菱形，较为狭窄。如年楚河、门曲流域	Qh

（一）离散大地构造环境

该大地构造环境的时限为晚三叠世—早白垩世早期，根据该大环境下的各亚环境、构造古地理和物质建造的差异进一步划出三大相类十二种相，其中有两种相组成及环境近似相同，但由于二者出露位置不同并且存在时间上的不同而予区分。

1. 裂谷（RF）

裂谷为测区最早一期的板内拉裂。从图幅内及整个区域上来看大部分或全部缺失上二叠统和部分下二叠统，三叠系平行不整合其上，说明在早二叠世晚期至晚二叠世存在较大范围的稳定上升，此并成为产生裂谷的先兆。早中三叠世在冈底斯南缘即冈底斯板片与喜马拉雅板片之间存在一个近东西向洼陷。前者未接受沉积，后者则为一近滨靠陆棚环境的泥砂质沉积（吕村组 $T_{1-2}l$）。晚三叠世沿此洼陷出现裂谷并开始扩张，在其南、北两侧各沉积了一套上三叠统地层（T_3n、T_3s），由此拉开了测区离散大地构造环境的序幕。以测区内沿强堆—察巴一线出现超基性岩、辉绿岩、辉长岩及板内玄武岩（WPB）建造为特色，且仅在卡堆一带见有宽度不大的辉绿岩群，表明此裂谷拉裂幅度不大、程度发育不同的特征。

2. 被动边缘（PM）

1）陆坡（Csl）

陆坡为被动边缘的一套较为稳定的深海—半深海砂页岩类复理石建造。测区内以上三叠统涅

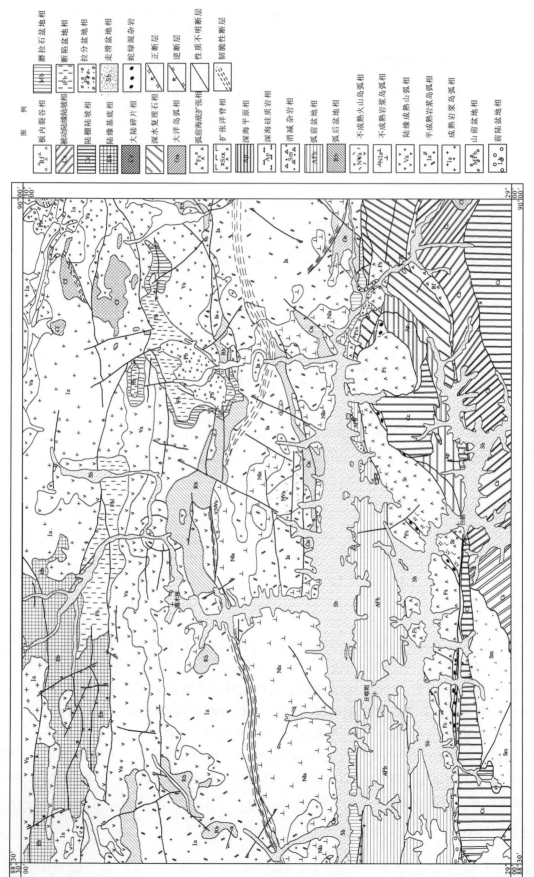

图 5-19 测区大地构造相图

如组沉积为代表,总体显示沉陷陆缘建造的特点。

2)陆坡—陆棚(Cc)

陆坡—陆棚为离散大地构造环境下之被动陆缘一侧,自早侏罗世至早白垩世期间的一套半深海—浅海相的碎屑岩、泥岩和陆棚浅海硅质岩、碳酸盐岩建造。

3. 古老早山带(Oo)

1)陆缘基底(Eb)

陆缘基底指被动陆缘较年轻沉积盖层之下的古老结晶基底岩系。据区域地质特征,古生代以前测区为属印度大陆北缘,整体为一古陆,同处较为稳定的边缘海域,受印支运动影响而致其肢裂,形成大小不等的一些岛状隆起,这些岛状隆起在地质发展历程中多各自为政,独立发展。该大地构造相包括前震旦系拉轨岗日岩群和念青唐古拉岩群以及图外的聂拉木岩群。

2)大陆碎片(Cf)

大陆碎片指古生代及其以前形成的地质体裂解离散于大洋盆中的大陆壳碎片,多呈岛隆或岛链形式散布,碎片由前震旦系拉轨岗日岩群、念青唐古拉岩群等古老陆壳结晶基底岩系,以及石炭系碎屑岩、泥岩和上覆的下二叠统碳酸盐岩海山等构成,也属于陆缘基底。其上并被第三纪火山岩不整合覆盖。

4. 洋盆(OB)

1)大洋岛弧(Oa)

大洋岛弧指沉积时整体处于水下,具多粒级火山活动产物尤其是具有岛弧玄武岩(IAB),并且局部又被快速下降的碳酸盐岩台地覆盖的一种大地构造环境。据其生成时代不同和所处的亚环境的差异又分为三个亚相。

(1)晚三叠世出现的大洋岛弧(Oa),是在离散拉张末期出现的小洋岛,为玄武岩、玄武安山岩、安山岩建造,并具 MORB/WPB 型玄武岩特点,其上局部被快速下降的碳酸盐岩所覆盖。

(2)晚侏罗世至早白垩世形成的大洋岛弧(或滨陆岛弧 LOa),即陆缘不成熟火山岛弧的初始阶段,可能是离散边缘海域的裙弧列岛。为玄武岩、安山岩、英安岩建造,具岛弧型玄武岩特征,局部被碳酸盐岩台地单元及深水硅质岩占据和覆盖。其组合反映火山岛弧活动强烈、形成环境变化较大的特征。

(3)晚侏罗世末到早白垩世中期,主体是早白垩世上早中期在深海平原之上发育的局部小洋岛(SOa),可能属于寄生火山,为玄武岩、玄武安山岩、凝灰岩、火山角砾岩等多粒级海相火山喷出物建造,具 MORB 型玄武岩特点。局部被深水绿色硅岩、硅泥质岩和薄层灰岩覆盖。其与上述比较,环境差异较大,该处所见可能深度更大,靠近深海盆地。

2)弧前海底扩张(FsⅠ)

弧前海底扩张(FsⅠ)指晚侏罗世晚期至早白垩世早期在近相同时代的大洋岛弧前缘深部凹陷扩张所形成的一种环境相。以斜辉辉橄岩、斜辉橄榄岩等超基性岩和辉长岩、辉绿岩等基性侵入岩,以及超基性堆晶岩等的建造,见有特征的玻安岩,具岛弧型玄武岩(IAB)特征。其基性侵入岩在东部较少,西部较多,其中尤以仁布规模较大,进一步反映其具由东而西扩张幅度增大的非均一性特征。

3)扩张洋脊(Sr)

扩张洋脊指早白垩世中期—晚期的具 MORB 型玄武岩的蛇绿岩组合,以石榴角闪岩、斜长角闪岩、斜辉橄榄岩、斜辉辉橄岩、二辉橄榄岩等超基性岩和块状辉长岩、层状辉长岩、辉长堆晶岩、辉绿岩墙群以及出现规模较大的各种结构类型的玄武岩等为建造基础,在缓慢扩开和洋脊裂张过程中伴随有蛇纹石化大理岩,上覆远洋硅质岩、硅泥质岩及远洋灰岩。

4) 弧前海底扩张(FsⅡ)

弧前海底扩张(FsⅡ)指早白垩世晚期在先成的晚侏罗世至早白垩世早期大洋岛弧前缘扩张形成的一种环境相,为超基性岩、基性侵入岩、基性熔岩等的建造,见具岛弧型玄武岩的玻安岩。此与上述差别在于其辉绿岩墙群发育,表明其弧前扩张幅度较大,发育程度较慢的过程。

5) 深海平原(Ap)

深海平原指侧向连续的深海远洋硅、泥质沉积、放射虫硅岩、硅质骨针岩等,是在 CCD 之下的沉积。测区嘎学群为此种环境的典型代表,现多被卷入缝合带中。冲堆组也是这种环境的产物。

(二) 会聚大地构造环境

该大地构造环境的主体时限为晚白垩世至渐新世。根据板片会聚、消减和相伴的成熟山弧、岩浆岛弧的形成及所处的亚环境和物质建造等,将其进一步划分出七个大地构造相。

1) 消减杂岩(Sm)

消减杂岩由构造上冲造成的各不同时期和阶段的蛇绿质构造混杂岩,及由洋盆闭合、消减造成的滑混沉积和各种外来岩块所组成。测区内它们的彼此混杂组成明显的消减杂岩带。受后期构造作用而使其愈加复杂,出现了不同时代、不同岩性、不同规模、不同环境的岩石彼此混杂的构造混杂岩带。表现为代表板内裂谷遗迹的强堆-察巴构造混杂岩带和代表洋脊闭合、消减踪影的仁布构造混杂岩、白林-塔巴拉构造混杂岩,后者掺和了晚三叠世的沉积混杂。

2) 弧前盆地(Fb)

弧前盆地位于岛弧与海沟间隙区内,其基底是初始岛弧和蛇绿岩套。其北跨覆在大洋岛弧和不成熟岩浆岛弧,南面直接覆于蛇绿岩之上。它是一套深海浊积扇沉积,源头和物源位于北侧。整体来看,北部水道相的透镜状砾岩、砂砾岩较多,砂岩厚度大,层数多;南部则主要为泥页岩,向上砂岩层增多,表明具退积型沉积序列特征,反映盆地逐渐变浅。

3) 不成熟火山岛弧(NVa)

该类岛弧指晚白垩世至古新世活动大陆边缘的火山岛弧早期的一种大地构造相,为一套海相火山碎屑岩建造,具岛弧型玄武岩(IAB)特征,其地壳薄而且偏铁镁质,为一种大洋型地壳。

4) 不成熟岩浆岛弧(NIa)

该类岛弧指早白垩世至晚白垩世伴随板块俯冲作用的发展而在活动大陆边缘生成的不成熟岩浆岛弧建造,其与上述不成熟火山岛弧相伴而稍滞后形成。由辉长岩、辉长闪长岩、角闪闪长岩、石英(二长)闪长岩等基性、中基性侵入岩组成,反映的形成背景与上相同。

5) 陆缘成熟山弧(Va)

陆缘成熟山弧指古新世至始新世伴随板块俯冲作用的持续而在不成熟岛弧基础上进一步发展而形成的一种陆缘岩浆弧,属于成熟山弧,为一套陆相火山碎屑岩的建造,其成分向长英质、高钾方向变化,以钙碱性系列为主,为大陆型地壳。

6) 成熟岩浆岛弧(Ia)

成熟岩浆岛弧为会聚、俯冲晚期的岩浆活动,时限为古新世—中新世,由石英(二长)闪长岩、英云闪长岩、花岗闪长岩、二长花岗岩等中酸性、酸碱性侵入岩组成,其平均化学成分向长英质、高钾富钠方向演化,以钙碱性系列为主,并具有 I 型向 IS 型直至 S 型变化特点,为一种大陆型地壳,其地壳厚且偏长英质。随着板块会聚的加剧,岩浆岛弧进一步成熟,在始新世时花岗岩规模最大,亦说明会聚阶段的动量变化。

7) 弧后盆地(Rb)

弧后盆地位于大陆与残弧之间的盆地,其以大洋型地壳基底为特征。测区东面叶巴组(J_2y)为海相陆缘火山岛弧,是弧后盆地发展的基础,因此又称其为上叠弧后盆地。它由上侏罗统—上白垩统碎屑岩、泥质岩、碳酸盐岩组成,并构成两个大的层序,总体具退积型特征,盆地晚期为海陆交互相沉积,反映盆地逐渐变浅。

(三)碰撞大地构造环境

碰撞大地构造环境时限为渐新世至上新世,根据板块碰撞时构造部位、建造组合、构造古地理位置以及亚环境的差别进一步划出四个大地构造相。

1)山前盆地(FMb)

山前盆地位于蛇绿岩与陆坡带之间,是在板块碰撞下蛇绿岩上冲所形成的,也称其为再生前陆盆地。测区内为古新统至始新统柳区群一套陆源粗碎屑岩建造,底部常为蛇绿质砾石。它标志着测区由会聚背景向碰撞造山背景的转化,是碰撞造山阶段早期形成的山前磨拉石盆地。

2)前陆盆地(Fb)

前陆盆地发育在大陆壳上,是岩石圈在造山带负荷下发生弯曲所形成的大型盆地。测区内为始新统秋乌组,为一套复成分砾岩、碎屑岩、泥质岩夹煤层的建造,是与碰撞作用有关的一套前陆盆地组合。

3)磨拉石盆地(Mb)

随着碰撞造山作用的进行和加剧,由于局部应力松弛及受造山带负荷和沉积负载的影响,前陆盆地进一步下沉并接受造山后的沉积充填物,出现磨拉石-复陆屑沉积,它是前陆盆地的继续和发展,是其成熟阶段,也即是磨拉石盆地阶段。测区以渐新统—中新统大竹卡组紫红色磨拉石、杂色复陆屑沉积为特征,具明显河流二元结构,并见火山碎屑岩。它是结合带闭合造山的标志,并伴有较剧烈的火山活动。

4)断陷盆地(Fb)

由于在碰撞大地构造环境下受南北向断层控制,在原有破火山口基础上发展而来,盆地中放射状断裂和环状断裂发育,并具同沉积断层。该盆地主要为一套陆源碎屑岩、含煤碎屑岩和火山碎屑岩建造,其中火山岩说明其沉积时并非宁静,而是非常活跃的。进一步也反映碰撞造山活动的持久、频繁等特点。

(四)走滑大地构造环境

该大地构造环境的时限为上新世至全新世,根据所处亚环境及物质建造和地貌形态等划分为两个大地构造相。

1)拉分盆地(Pb)

它为沿雅鲁藏布江深大断裂南北向拉张而形成的盆地,该断裂可能具转换断层性质,从区域来看还兼剪切走滑特征。该断裂可能于4~5万年前(早全新世)开始出现拉张裂陷,形成沿江的一个古堰塞湖,并接受沉积了一套湖相物质。同时出现北东向、北西向的走滑盆地和南北向的拉分盆地,亦沉积了细砂岩、粉砂岩、泥砂质、淤泥等湖相物质,湖积特征明显。大约在四千年前湖相最高层位沉积结束,沿此断裂再次拉张而扩大盆地范围,也即现状规模。

2)走滑盆地(Sb)

它是与造山带重要的走向滑动相伴随的盆地,是高原隆升阶段走滑调整期的产物。主要呈现为北西向、北东向的走滑盆地,并且使一些先期形成的南北向拉分盆地发生变位而也呈现出剪切走滑的特征。测区以北西向走滑盆地最为发育,可能是图区最晚期形成的沉积盆地。

通过对测区大地构造相的剖析、研究和划分,对造山带的形成和演化有了更全面的认识(图5-20)。综上所述,测区经历了从前加里东期、加里东期、华力西期、印支期、燕山期和喜马拉雅期的大地构造演化时期,在离散、会聚、碰撞、走滑四种大地构造环境下历经两次扩张伸展、收缩闭合的形成演化阶段,以及雅鲁藏布江的拉裂,演绎了测区复杂造山历程的图景,重塑了测区大地构造格架。

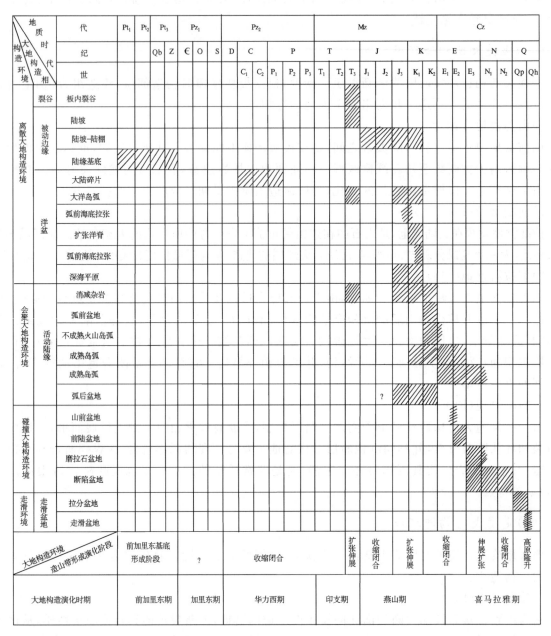

图 5-20 测区大地构造相划分表及演化图

第七节 区域地质发展简史

测区地质发展历史可追溯到20亿～12亿年前的古、中元古代。除早古生代地层因构造作用缺失或未予沉积外,晚古生代中晚期石炭纪和早二叠世地层仅在测区北部出露。三叠纪至上新世各种地质环境沉积保存完整。较为系统、全面地展现了新特提斯构造域板片多次开合演化历程。依据区域主要地质事件(表5-7),按测区地质发展历史划分为五个演化阶段,即陆壳基底形成阶段(前震旦纪)、古特提斯边缘海发展阶段(晚古生代)、新特提斯洋盆开合阶段(中生代)、碰撞造山阶段(新生代)及陆内造山阶段(雅江张开阶段)(第四纪)(图5-21)。

表 5-7 区域地质事件表

事件序号	构造发展阶段	地质时代	填图单位	岩性特征	沉积建造	火山事件	岩浆事件	变形事件	变质事件	同位素年龄（Ma）
1	陆壳结晶基底形成发展阶段	前震旦纪	$AnZNq.x$	片岩、片麻岩	泥质岩、碎屑岩				区域低温动力变质作用叠加区域动力热流变质作用	$2210\pm14\sim2420\pm47$(Sm-Nd)，1250(U-Pb)
			$AnZNq.k$	石英岩、大理岩	碳酸盐岩					
2			$AnZLg.$	片岩、大理岩	泥质岩、碳酸盐岩					630(Rb-Sr)
3	古特提斯边缘海形成发展阶段	石炭纪	C_1y	砂岩、粉砂岩、片岩	陆源碎屑岩				局部区域动力热流变质作用	
			C_2l	含砾砂岩、含砾板岩、粉砂岩、片岩	陆源（粗）碎屑岩					
			C_2a	粉砂岩、砂岩、片岩、板岩	陆源碎屑岩、泥质岩	沉积末尾火山活动				
4		早二叠世	P_1x	结晶灰岩、细晶灰岩、大理岩	碳酸盐岩					
5	新特提斯洋盆开合阶段	晚三叠世	T_3jx	砂岩、板岩、细晶灰岩、玄武岩	陆源碎屑岩、碳酸盐岩、火山岩	不均匀板内火山活动，板内玄武岩	板内裂谷非层序型蛇绿岩形成,蚀变基性岩侵位	新特提斯早期洋盆张开、闭合,蛇绿构造混杂岩、沉积构造混杂岩,南北两侧复式褶皱形成	高压低温变质作用(洋底埋深变质作用)	215.57 ± 20.68(Rb-Sr)，179 ± 111(Rb-Sr)
			T_3n	砂岩、粉砂岩、板岩	陆源碎屑岩、泥质岩					
6		侏罗纪	$J_{1-2}r$	板岩、灰岩	泥质岩、碳酸盐岩				区域低温动力变质作用、接触（交代）变质作用	
			$J_{2-3}z$	板岩、灰岩、硅质岩、晶屑凝灰岩	泥质岩、硅质岩、碳酸盐岩、火山碎屑岩	不连续局部火山活动				
			J_3w	砂岩、泥岩、板岩	碎屑岩、泥质岩					
7			J_3m	玄武安山岩、英安岩、细砂岩、大理岩	火山熔岩、碎屑岩、碳酸盐岩	不成熟岛弧火山活动				
8		晚侏罗世—早白垩世	J_3K_1l	板岩、砂岩	陆源碎屑岩、泥质岩					
			J_3K_1G	硅质岩、硅质板岩、千枚岩、玄武岩	深海硅泥质岩、火山碎屑岩、熔岩	晚期局部火山活动	弧前海底拉张非层序型蛇绿岩形成	新特提斯晚期洋盆张开,透入性构造面理发育,褶皱层构造,复式褶皱加强		103 ± 36.5(Rb-Sr)
9			K_1b	亮晶灰岩、结晶灰岩、安山岩、凝灰熔岩	碳酸盐岩、火山熔岩	不成熟岛弧火山活动	扩张洋脊层序型蛇绿岩形成,弧前海底拉张层序型蛇绿岩形成			

续表 5-7

事件序号	构造发展阶段	地质时代	填图单位	岩性特征	沉积建造	火山事件	岩浆事件	变形事件	变质事件	同位素年龄(Ma)
10	新特提斯洋盆开合阶段	白垩纪	K_1cd	硅质岩、粉砂岩、泥质岩、灰岩	深水硅泥质岩、碎屑岩		幔源I型不成熟岛弧岩浆活动			111.0~108.3±6.5(K-Ar)
			K_1c	含砾粗砂岩、细砾岩、砂岩、板岩	陆源(粗)、碎屑岩、泥质岩					
			K_1t	结晶灰岩、砂质灰岩、粉砂岩、板岩	砂泥质岩、碳酸盐岩					
			K_2s	杂色砂岩、板岩、碎屑灰岩	砂泥质岩、碳酸盐岩		幔源I型不成熟岛弧岩浆活动	新特提斯晚期洋盆闭合、蛇绿构造混杂岩、沉积构造混杂岩		69.1±2.8、73.2±1.2、95±2.5(K-Ar)
			K_2a	含砾粗砂岩、细砂岩、粉砂岩、页岩	陆源(粗)碎屑岩、泥质岩					
11	碰撞造山阶段	晚白垩世—古新世	K_2Ed	玄武岩、安山岩、英安岩、火山碎屑岩	火山熔岩、火山碎屑岩	半成岛弧火山活动				
12		古近纪	E_1d	玄武岩、安山岩、英安岩、火山碎屑岩	火山熔岩、火山碎屑岩	陆相熟山弧火山活动	幔源I型成熟岛弧岩浆活动	逆冲组推覆体系	区域低温动力变质作用	63.3±2.5(K-Ar)、56±7(U-Pb)、61.9±1.2(K-Ar)
			E_2n	流纹岩、凝灰熔岩、凝灰岩、粉砂岩	火山熔岩、碎屑岩、火山碎屑沉积岩					
			E_2p	安山岩、英安岩、流纹岩、凝灰岩	火山熔岩、火山碎屑岩					54.3±2、54.6±7.2、53.6±1.2、52.6、49.5、44.5±0.6、44.4±1.2、41±1.5
13			$E_{1-2}Lq$	复成分砾岩、含砾细砂岩	陆源(粗)碎屑岩		晚期壳幔混合源IS型成熟岛弧岩浆活动			
			E_2q	复成分砾岩、含砾粗砂岩、砂岩夹煤层	陆源(粗)碎屑岩、火山碎屑岩					
14			E_3r	复成分砾岩、粉砂岩、页岩	陆源(粗)碎屑岩					26.3±2.7、33.6±1.2(K-Ar)
15		渐新世—中新世	E_3N_1d	复成分砾岩、凝灰岩、油页岩、晶屑凝灰岩	陆源碎屑岩、火山碎屑岩	不均匀、不连续板内火山活动				20.4、15.9±0.2、13.9±1.0、10.3±0.6(K-Ar,Ar-Ar)
			N_1m	含砾砂岩、凝灰岩、油页岩、煤层	含煤碎屑岩、陆源碎屑岩	陆相断陷盆地火山活动				
16		新近纪	N_2g	火山角砾岩、安山岩、砂岩	火山碎屑岩、陆源碎屑岩		壳源S型成熟岛弧岩浆活动	逆冲组推覆体系,加强拉分盆地,断陷盆地	退变质作用	
			N_2z	砂岩、砂砾岩、英安岩	陆源碎屑岩					
17	陆内造山阶段	第四纪	Qp_1	泥质粉砂岩、细砂岩、粉晶灰岩	湖相碎屑岩					
			Qp_{2-3}	漂砾、巨砾、砂砾石、粘土	冰川、冰水堆积			雅鲁藏布江拉开,新地层平缓褶皱,老断裂继承活动		25 600±190a、18 100±130a、14 618±155a、14 274±167a(^{14}C)、14 500±110a、12 400±90(TL)a、3260±58a、4357±45a、5763±77a
18			Qh^1	泥质岩、粉砂岩、砂砾层	湖相碎屑岩					
			Qh^2	砂石层、砂砾石层	冲洪积物					

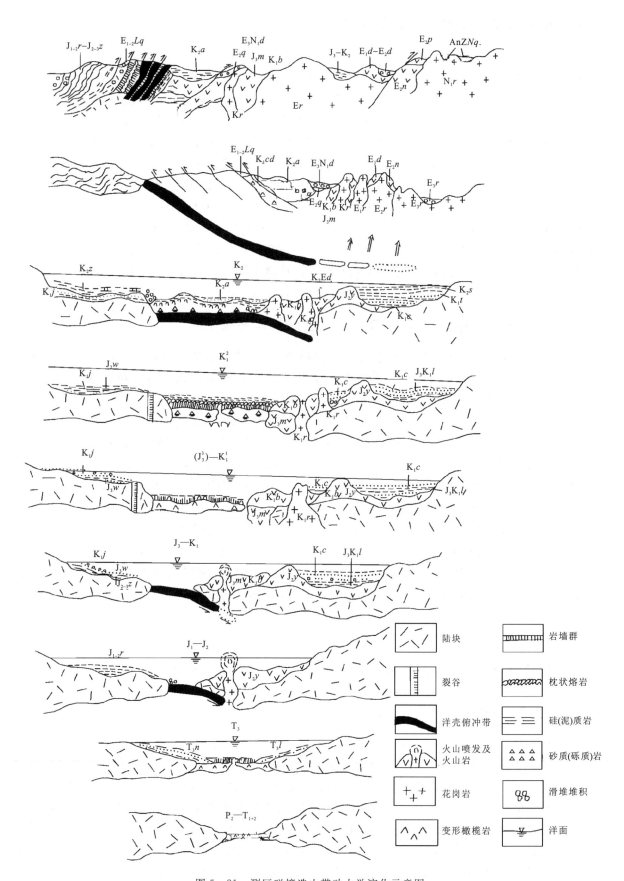

图 5-21 测区碰撞造山带动力学演化示意图

一、陆壳基底形成阶段（前震旦纪）

据区域地质研究，中元古代时，测区处于冈瓦纳原始大陆的边缘或印度大陆的北缘。念青唐古拉岩群及拉轨岗日岩群的原岩物质均为一套富铝的泥质岩、碎屑岩及碳酸盐岩建造，代表以陆源为主的正常浅海沉积。在测区北部堪珠一带二云斜长片麻岩中获得 Sm-Nd 法模式年龄 2210 ± 14 Ma～2420 ± 47 Ma，据许荣华(1985)对眼球状黑云母片麻岩中锆石 U-Pb 法等时线年龄为 1250 Ma；据 1:20 万加查幅(1994)对邛多江变质核杂岩所作 Rb-Sr 全岩等时线年龄为 501.11 ± 64.45 Ma 和 401.55 ± 59.59 Ma；据 1:20 万浪卡子幅(1994)对变质基底岩系所获 Sm-Nd 模式年龄为 1147 ± 98 Ma～3202 ± 114 Ma，均代表了一次区域变质年龄，以上反映结晶基底是个杂岩体。其是一个搅和了中太古代、古元古代、中元古代以及早古生代地质体的混杂岩。推测经过新元古代—早古生代初的构造-热事件(即泛非集成事件)，使其遭受区域动力热流变质作用的改造，形成一套具递增变质的中深变质岩系，构成测区最古老的结晶基底。区域上，其可与高喜马拉雅地区的前震旦纪聂拉木群对比，它们同属印度大陆北缘的直接增生部分，并在以后的地质发展过程中经受不同时期、不同阶段、不同背景的构造作用和变质变形。

二、古特提斯边缘海发展阶段（石炭纪—早二叠世）

据区域地质研究，整个古生代时期，在喜马拉雅地区、拉轨岗日地区和冈底斯地区广大区域内均处于同一稳定的古冈瓦纳大陆的北部边缘海域，因此该时期形成的现存各陆块之岩性组合及古生物面貌均表现为相近或相似的特征，可以对比。

测区在经历了早古生代—晚古生代早期萌特提斯陆表海发展阶段之后，于早石炭世开始，随着古特提斯的发展和不断扩张，位处古特提斯南侧、冈瓦纳大陆北部边缘的测区，在浅海陆棚环境下，接受了一套较稳定的含砾板岩、含砾砂岩，并含冷水和暖水混生动物群、具冰筏沉积特征的"冈瓦纳-特提斯相"陆源碎屑岩和碳酸盐岩沉积，它代表古特提斯扩张阶段被动大陆边缘建造特点，构成结晶基底之上的盖层沉积。晚石炭世昂杰组顶部的火山碎屑岩已初显非稳定状态，早二叠世下拉组台地碳酸盐岩建造代表古特提斯洋盆闭合之前扩张已趋衰竭或接近尾声。

在早二叠世之后，测区退出沉积，图区缺失晚二叠世、早三叠世、中三叠世沉积，表明晚二叠世至中三叠世区内存在较大面积的稳定上升，并使晚二叠世之前的沉积隆起成为岛链，且成为产生裂谷的先兆。随着古特提斯的闭合，在冈瓦纳大陆内部这个被称为念青唐古拉晚古生代岛隆之南北两侧出现两条近乎平行的近东西向陆内拉张地带(图5-22)，于此拉开了测区新特提斯构造域开合演变的序幕。

三、新特提斯洋盆开合发展阶段（晚三叠世—晚白垩世）

1. 新特提斯早期洋盆(T_3)开合发展史

古特提斯闭合之时正是新特提斯洋盆打开之日。晚三叠世伴随古特提斯洋盆的逐渐闭合，新生的新特提斯早期洋盆日渐拉开，二者基本具同步现象。测区沿强堆至察巴一带出现板内断陷拉张，洋壳物质上涌，出现以变橄榄岩、辉绿岩、异剥钙榴岩及玄武岩等的非层序型蛇绿岩建造，代表裂谷不断扩张的辉绿岩墙仅在卡堆一带见及，此表明该裂谷沿线各地发育程度不同、扩张不均一的特点，且在卡堆出现有蛇绿岩顶部层位的次深海—深海硅质岩、硅质泥岩沉积。从蛇绿岩成分分析，具有初始洋壳性质。据前所述，邻区基性熔岩中获得相当晚三叠世的年龄(215Ma)，并发现中晚三叠世放射虫，以此为证。在晚三叠世裂谷渐趋扩展过程中，在其南侧被动边缘和北侧主动边缘分别接受了上三叠统涅如组和宋热岩组的较稳定环境下的碎屑岩、泥质岩沉积和比较活动的类复理石沉积,同时在后者深水类复理石中出现有玄武岩、玄武安山岩、安山岩等火山岩,并具板内玄武岩特征,且其并被碳酸盐岩所覆盖。

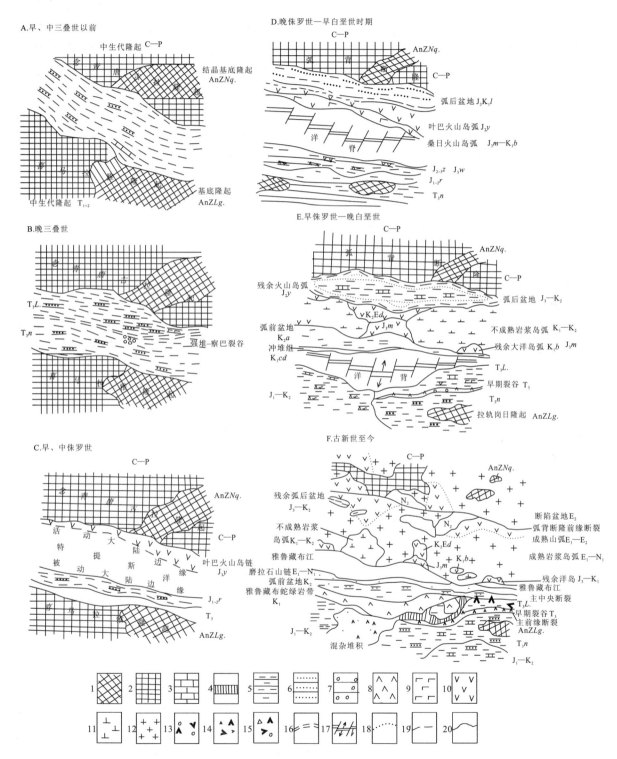

图 5-22 测区地质构造动力学演化格局平面示意图

1.古老结晶基底变质岩系;2.中生代沉积及隆起;3.碳酸盐质沉积;4.硅泥质沉积;5.泥质沉积;6.砂质沉积;7.砂砾沉积;8.蛇绿岩;9.基性熔岩;10.火山岩;11.中基性侵入岩;12.中酸性侵入岩;13.泥砾、岩块混杂堆积;14.蛇绿岩构造岩片;15.构造混杂岩;16.裂谷;17.洋中脊及转换断层;18.岩性(相)界线;19.沉积单元边界;20.地质单元界线在晚三叠世晚期至早侏罗世，由于班公错—怒江一带拉开，沿强堆至察巴的裂谷开始闭合，发生洋内剪切和由南向北的俯冲消减。随着蛇绿岩的上冲肢解，发生强烈的变形变质作用，在被动陆缘一侧的前缘海沟内侧形成混杂消减杂岩和出现构造混杂岩。由于平移剪切作用，致使前者现在白林至塔巴拉一带，而后者则在强堆至察巴一线，伴随此次时间短、速度快的消减闭合构造作用而在卡堆一带出现蓝闪石等高压变质矿物。我们认为，高压变质矿物并非沿该碰撞带均有出现，区域上也仅在昂仁的日乌其、萨嘎的孜松等局部地方见及，由此提出"点域碰撞"。线型推进中先接触的地域必定压力最大，并对后接触者有着缓减冲量、减小动能的作用。从运动的巨大地块来看，纵横向上其边界亦非直线型，碰撞时接触面积越小，则压力越大，反之，压力越小。因此卡堆、日乌其、孜松等地是碰撞最先发生的地方，此外在未曾接触的地方则因应力松弛、蠕动而出现滑塌、混杂，持续挤压则会发生折返等构造现象。因此，整体推进、线型接触、点域碰撞是构造混杂和高压变质的形成机制。从区域上分析，很大范围内未见早侏罗世地质体，且所采玄武岩 Rb-Sr 法年龄为 179 ± 111 Ma。因此我们认为新特提斯早期洋盆闭合主体时间应发生在早侏罗世。

2. 新特提斯晚期洋盆(J_3—K_2)开合发展史

一个古老洋盆的萎缩、衰竭历程也就是一个新生洋盆的扩张、发展过程，二者间的转化基本同步，且其规模、速度具近等的特征。中侏罗世早期，伴随班公错—怒江一带洋盆的最终闭合，冈-念板片与欧亚板块焊合连成一体。与此同时发生由北向南的俯冲消减，而在雅鲁藏布江一带则转化为活动大陆边缘。中侏罗世中晚期成生并发育一套叶巴组岛弧钙碱性火山岩，具有从东向西活动强度、分布规模等渐趋减小的特点。此后发展成为水下火山岛链并成为弧后盆地发展的基础。由于强烈的构造-岩浆作用测区内不复存在。随着海相火山活动的停息，加积了陆块边界，同时活动边缘也在向南迁移。在中侏罗世晚期至早白垩世初期，成生一套麻木下组和比马组岛弧钙碱性火山岩，前者具岛弧型玄武岩特征，且其中见深水硅质岩和碳酸盐岩，为大洋岛弧构造环境。而在"叶巴岛弧"北侧则为一片稳定的地域，接受着碎屑岩、泥质岩的沉积。

测区沿江一线地壳异常活跃。晚侏罗世末期至早白垩世早期，在仁布一带沿大洋岛弧边缘出现张裂，从而拉开了新特提斯晚期洋壳活动的幕帘。表现为弧前海底扩张环境的一套非层序型蛇绿岩建造，以超基性岩和超基性堆晶岩及辉长岩、辉绿岩、玻安岩不完整组合为特征，发育岛弧型玄武岩，辉长岩与辉绿岩渐变过渡，且呈规模较大的岩墙，据对辉长岩、辉绿岩所做 Rb-Sr 法同位素测试，年龄值为 103 ± 36.5 Ma，并结合区域特征认为其完形期为早白垩世早期。伴随此次作用出现有早白垩世辉长岩、辉长辉绿岩、辉长闪长岩等偏基性幔源不成熟岛弧 I 型花岗岩组合，而且表现出由东而西规模渐大的特点，此与扩张位置关系密切。在相同经度位置上，此次海底扩张对古老基底也产生一定影响，伴之出现念青唐古拉岩群雪古拉岩组内一期透入性构造面理的形成，且在 155Ma 时发生上层系相对下层系的剪切，即二者间的界面位置高度与扩张位置高度相当。与此同时，扩张地域以西和以东（图外）的应力软弱地段，也就形成规模较大的花岗岩体。

伴随地壳运动的变化，洋壳活动渐向西移且深度更大。早白垩世中期在联乡至白朗发生洋脊扩张，出现一套超基性岩、辉长岩、辉绿岩、玄武岩、硅质岩等完整的层序型蛇绿岩组合，具洋脊玄武岩特征，且见规模较大的辉绿岩墙群及层状辉长堆晶岩。据肖序常（1984）在大竹卡区所做钠长花岗岩年龄为 139Ma，据郑海翔（2001）对白岗石榴角闪岩所获同位素年龄 120Ma，本次工作于白朗北扎嘎甫一带该套蛇绿岩顶部层位硅质岩所采数件放射虫鉴定，其时代为早白垩世中期。以上所述均说明该套洋脊型蛇绿岩的成生时代为早白垩中期巴雷姆期至阿普提早期。在此时期缓慢的洋背扩张、辉绿岩数次贯入而出现的不均衡作用下，它使早白垩世早期形成的幔源花岗岩中的包体压滤、析出并呈扁圆状，远距效应并使弧后盆地局部暴露而出现楚木龙组与林布宗组间的 I 型不整合。

早白垩世中晚期洋壳活动继续西迁,在白朗西至曲美一带发生弧前海底扩张,出现超基性岩及超基性堆晶岩、辉绿岩、玄武岩、玻安岩、硅质岩等完整的层序型蛇绿岩,且以发育岩墙群和岛弧型玄武岩为特征。据万晓樵等(1992)在昂仁组南翼底部所获得的年龄为90Ma,并且早白垩世晚期冲堆组还整合其上。综合上述因素并结合区域横向发展变化等特征分析认为,该套蛇绿岩产生于早白垩世中晚期的阿尔必中期,且在此后闭合并在海沟内侧现路曲一带出现以灰岩、硅质灰岩、硅质岩等的滑塌堆积。

综上所述,雅鲁藏布蛇绿岩带形成于早白垩世初期至早白垩世中晚期,并表现出中部形成于扩张洋脊环境,两边为大洋岛弧前缘海底扩张环境的特征。同时表现出从东到西时间逐渐变新、层序组合差异的特点,说明该蛇绿岩带并非为在相同背景、相同时间、相同物质条件下的层序组合。此与一些较大的蛇绿岩带往往是由两个或两个以上时代不同和构造类型不同的蛇绿岩块体组成的复合蛇绿岩带观点相同(王希斌,1994)。嗣后在其上沉积了一套硅质、硅泥质岩建造及深水复理石建造。由于昂仁组呈现南薄北厚,而且扇头、物源位于北侧,北部河道相沉积的透镜状砾岩、砂砾岩、砂岩层数多、厚度大以致局部挠动出现重力塌陷和掀斜,进而使盆缘出现张性空间并发生火山作用和深成活动,形成旦师庭组海相不成熟岛弧钙碱性火山岩,同时伴有不成熟岩浆岛弧中基性幔源Ⅰ型花岗岩组合。

四、碰撞造山阶段(古新世—上新世)

晚白垩世晚期至古新世初期,随着印度洋不均匀的扩张,日喀则海盆结束了沉积,且殃及弧后盆地,出现海陆交互并也停止沉积。伴随此次扩张作用致使残余海盆消失,蛇绿岩上冲且受到柳区群复陆屑的不整合覆盖,标志着陆壳碰撞造山作用结束,并使早先形成的各地质体发生褶皱、出现变形。伴随此次碰撞,中浅部层次出现挤压,中深部层次则逆向出现抽拉或虚脱,出现一套成熟岛弧幔源Ⅰ型花岗岩组合,使岛弧日渐成熟和趋于强盛,同时在弧后盆地与弧背断隆接合处的弱应力区域,尤其在弧背断隆前缘断裂一线及附近形成并发育一套陆缘山弧陆相钙碱性火山岩,其不整合于早期形成的各地质单元之上。据前人对印度板块与欧亚板块碰撞的研究,较多的古地磁资料认为碰撞发生在55～50Ma之间(Klootwijk et al,1984;朱志文等,1984;Lin et al,1988;Molnar et al,1988;Royer et al,1989;Verma et al,1989)。Sigoyer等(2000)据榴辉岩的同位素年龄认为碰撞发生在55Ma。万晓樵等(2002)根据沉积物组合和生物古地理及沉积间断等认为二者间起始碰撞发生在白垩纪—古新世的界限时期,为65Ma左右。综上所述,结合测区地质特征和出现跨时的岛弧火山岩等特征,说明碰撞发生在世纪之交,并且横向上并非同时发生碰撞。

始新世时期,伴随印度洋持续不断地扩张,可能是其最大限度地强烈扩张时期,喜马拉雅板片和冈-念板片最终碰合和发生造山作用,主要变形作用为褶皱和逆冲推覆,使陆壳缩短增厚,褶皱和断裂进一步加强。表现为晚三叠世地层推覆于侏罗纪—白垩纪地层之上,后者褶皱加强,同时并使强堆-察巴混杂岩进一步发生混杂,形成以该构造混杂体为边界的地质体。同时并使蛇绿岩向北逆冲于昂仁组之上,且在山前形成秋乌组磨拉石和含煤复陆屑建造,伴随此次由南向北的推挤,测区北部地壳活动愈加强烈,并明显地向北迁移,相伴有大量的火山作用和大规模的深成活动,出现成熟陆缘山弧钙碱性火山岩和成熟岩浆岛弧的幔源Ⅰ型中酸性花岗岩建造,且在晚期表现出向IS型壳幔同融的花岗岩方向转化。前者不整合于其他地质体之上,后者使早期地质体支离破碎,二者一并成为火山-岩浆岛弧的主体。以上说明始新世是印度洋强烈扩张时期,也是测区各种地质作用愈加复杂和岛弧成熟时期。渐新世至中新世,为始新世构造作用的继续,在前陆盆地基础上扩展为磨拉石盆地,且伴有局部微弱的火山活动,该时期测区大规模的火山活动基本停息,岩浆活动也由于弧背断隆前缘断裂性质的改变而仅在其北部发生,主要形成规模不大的地壳重熔S型花岗岩。而在前缘断裂之南侧形成山间盆地含煤含油页岩复陆屑建造。与此同时并形成塔玛-由古韧(脆)性剪切带，并表现为自西向东由韧性变为韧脆性特征，其形成时代可能也具由西向东渐新的变化，据区域地质特征，该剪切带穿切始新世及其以前地质体，形成时代在 22~11Ma 之间。

上新世时期，由于印度洋的继续扩张作用，印度板块不断地向北推移，沿喜马拉雅南侧西瓦里克一带发生 A 型陆内俯冲，使喜马拉雅板片强烈向北挤压抬升，致使测区浅表层次发生由南向北的逆冲，不仅使蛇绿岩继续在昂仁组上向北推覆，而且还使昂仁组逆冲于前陆盆地及磨拉盆地之上。由于继续推挤而在雅鲁藏布江受阻，发生由北向南的反折逆冲，致使测区先期的大多数轴面北倾的褶皱发生向北倒转，甚至出现平卧褶皱和极不协调褶皱，同期主中央断裂、主前缘断裂及缝合带南界断裂等也不同程度地向北倾斜，出现不同阶段成生的蛇绿岩向南依次压盖的特征。同时，在雅鲁藏布江之北地区伴随此次构造作用而出现不均匀抬升和局部的应力松弛，沿前缘断裂发生伸展剥离，形成上新世断陷盆地火山碎屑—复陆屑含煤建造，并使韧性剪切带发生由北向南的挤压。据 Harrison 等（1995）对念青唐古拉花岗岩及花岗质糜棱岩大量的钾长石、黑云母、白云母 $^{40}Ar/^{39}Ar$ 法年龄测试及磷灰石裂变径迹测试，表明其年龄值在 5.5~3.3Ma 之间，进一步说明该期构造热事件与念青唐古拉伸展剥离和断陷盆地密切相关。

五、陆内造山阶段（第四纪）

该构造阶段起始于上新世末至早更新世初，碰撞造山阶段已近尾声，测区乃至区域上均处于造山后的应力松弛状态。在弧背断隆伸展剥离高度下降和全球气候变暖背景下，出现间冰期间的冰川、冰水沉积，在邬郁、麻江、羊应乡及测区南部江贡拉和区外勒金康桑等地残存有早更新世冰水沉积和湖相沉积，现多位于海拔 4500m 以上的山间或谷地内。中晚更新世伴随雅鲁藏布江南北向拉张而伴生出现南北向拉裂谷地和北东向、北西向剪切走滑谷地，造成上新世断陷盆地沉积发生横弯、变形，且使其南北两侧的岩石破碎，并出现江心洲，同时使韧脆性剪切带在由古等地呈现由南向北的挤压痕迹。因此该阶段又称为雅江张开阶段。晚更新世，在上述张开基础上继续扩展，进一步扩大规模，当且同时在雅鲁藏布江流域出现堰塞湖相沉积，且在沉积中期出现暴露并间断沉积，说明此时沿江存在构造作用。据对湖积物所做 TL 法、^{14}C 法测试，年龄在 2.56 万年至 1.24 万年之间。此年龄值为目前雅江河谷下部层位较老沉积物的年代资料，由于此年龄样取样点之下还有约 40m 的砂砾石、砾石层，按照其平均沉积速率推算，雅鲁藏布江最早拉张时间可能在 4 万年前。全新世早期雅江又开始拉裂、伸张，该次构造作用可能主要沿北岸进行。因为湖相沉积仅在南边山缘地带残留，北岸仅局部可见少量近底部的砾石层，表明江北在抬升、雅江在相对下降。此次构造作用结束后又接受了一个较为稳定时段的沉积，据对湖积物所做 ^{14}C 法测试，其表层年龄为 3260~4357a，向下年龄为 1.23×10^4a~1.46×10^4a，说明此次构造拉张可能发生于 1.24×10^4a 左右。第三次活动可能发生在 3260 年前，诱发古老断层的重新活动，造成地震和地热活动，并且延续至今。尤为典型的是蛇绿岩与昂仁组间的逆冲断裂再次活动，使蛇绿岩在大竹卡一带山前凹陷处进行沉积，其上接受了主要为花岗质岩石的沉积，其顶面距现代江面高十余米，表示其后沿江仍有活动。妥峡大桥补巴一带的沿江沸泉说明其仍在活动。以上说明沿江是一条活动时间长、切割深度大、影响范围广，与区域隆升密切的高级别断裂。

综上所述，测区位于一个特殊的大地构造位置，在经历了古老结晶基底的形成、变化，古特提斯边缘海的发展、演变，尤其是新特提斯早、晚两次洋盆的开与合，以及沿西瓦里克向北西的 A 型俯冲作用而出现的碰撞造山和由雅江张开引起的高原不断隆升变化这样一个长时期的构造环境过程，同时表现出构造线向北跃迁、移动的特点。在不同体制、不同机制、不同背景下的多期次、多阶段的极其复杂的构造作用下，造就了测区极为奇特的构造现象，形成了独具特色的高原地貌景观和绮丽自然景色。

第六章 结束语

1∶25万日喀则市幅区域地质调查项目是由西藏自治区地质调查院完成的中国地质调查局第一轮国土资源大调查部署在青藏高原重点区段的基础地质调查任务之一。测区位于藏中南谷地"一江两河"中部流域综合开发工程重点区域内,地处冈底斯火山-岩浆弧的中段,也是冈底斯贵金属、多金属成矿带的一个重要地段。以现代地质学新理论、新方法、新技术为指导,对测区不同构造单元、不同类型岩石地层单元采用不同的工作方法和技术要求,对系统收集的各项资料进行认真的分析研究和综合提高,在地层古生物、岩相古地理、岩浆岩、蛇绿岩、变质岩及构造变形和经济地质等诸多方面均有不同程度的新发现、新认识、新进展,取得了丰硕的地质调查成果。

一、主要成果和重要进展

(一)地层

(1)运用现代沉积学、地层学和多重地层划分的观点、方法以及造山带地层学理论,充分利用西藏岩石地层清理成果和1∶20万南木林幅、谢通门幅区域地质调查联测成果,对测区进行了以岩石地层单位为主的岩石地层、生物地层等多重地层单位的划分、研究和对比,理清了不同地层单位间的关系。突出了岩石地层实体和重要的构造岩层块体特征,丰富了图面结构和内容,为区域地质研究提供了可靠的地层学基础。

(2)对测区不同的地层单位采用不同的填图方法,划分出37个岩石地层单位和构造地层单位,重新厘定的组级或相当于组级的地层单位8个,段级单位11个,建立和完善了测区地层系统。各岩石(地层)单位均有一定的古生物资料或同位素资料及地球化学特征作为依据,并对岩石地层单位进行了区域对比和生物地层及年代地层的研究。

(3)对图幅南缘出露的原称"修康群"的地层单位,据其岩性组合、古生物化石等解体为郎杰学岩群宋热岩组和涅如组及日当组、遮拉组、维美组、甲不拉组,此对重新认识喜马拉雅北缘和雅鲁藏布江构造带的演化具有重要意义。并对侏罗纪—白垩纪地层进行了层序划分和研究。

(4)对纳尔乡—塔巴拉一带发现的具重要地质意义的沉积混杂堆积岩进行了岩石学、岩相学和成因研究。并依其块体物质组成、形态大小、产出位置及与基质的滑混关系等特征,将其归属为路曲沉积混杂岩,细划为岩崩碎石堆(rf)、滑动岩块(Sli)、滑塌岩块(Slu)及块体流层(nf)。基质和岩块中分别采有晚三叠世和二叠纪及晚白垩世的化石,确定了二者的时代。此对进一步认识和研究雅鲁藏布缝合带具有重要意义。

(5)在测区南部新发现一条由超基性岩、基性熔岩、辉绿岩、异剥钙榴岩、蓝片岩、大理岩、硅质岩、细碎屑岩等岩块构造混杂而成的构造混杂岩带,命名为强堆-察巴构造混杂岩带,大理岩中采有定时代的化石。它是新特提斯早期洋壳的残迹,是测区新发现的近于平行雅鲁藏布蛇绿岩带的又一条蛇绿构造混杂岩带,混杂岩的发现对重新认识雅鲁藏布缝合带意义重大。

(6)嘎学群总体构成一轴向北东东向的向斜构造,据其岩性组合特征和硅质含量高低进一步划分为上、下两段,所采放射虫时代为早白垩世早期至中白垩世。此对确定雅鲁藏布蛇绿岩的成生时代具有一定意义。多套地层逆冲推覆在侏罗系—白垩系地层之上,并被蛇绿岩上冲压盖。

(7)前震旦系念青唐古拉岩群依其岩性组合、变形期次、变质特征等,重新厘定为雪古拉岩组和堪珠岩组。前者为由片麻岩、片岩组成;后者为由大理岩、变粒岩、石英岩等组成。表现为宏观成层、小层无序特点。两个岩组在变形期次和变质特点上均表现出明显的差异。

(8)对弧前盆地内的昂仁组,据其岩性特征、沉积组合和古生物化石等,将其划为三个岩性段和一个非正式单位,且划出日喀则扇体、塔马扇体和卡堆扇体三个扇体,并对碎屑进行了比较详细的研究,分析了物质来源,判断了古流向,推测其大多来自北侧之洋岛火山岩。并在联乡等地发现其与蛇绿岩之原始关系为整合接触。

(9)将雅江南岸原划恰布林组重新归属于大竹卡组。据岩性特征和沉积组合及火山事件层将大竹卡组分为三个岩性段,反映出洪冲积-辫状河流沉积环境,划分为五个洪冲积扇,表现为三次洪泛事件,大竹卡伴有三层火山作用层。反映了板块碰撞的不均匀性和闭合隆升的差异性。

(10)建立并完善了测区第四系地质填图单位,按年龄资料、成因类型和地貌特征共划出13种类型。

(二)火山岩方面

(1)根据形成环境、岩性组合、沉积夹层和古生物特征,将测区火山岩划分为海相、陆相两种类型,并依地层区化和火山岩形成背景、时代等进行了分区。

(2)对火山岩采用双重填图方法,并对火山岩相、火山韵律及旋回进行了详细划分、研究和对比。其中火山岩相划出了爆发相、喷溢相、喷发沉积相等。爆发相又划为空落堆积、崩落堆积和碎屑流堆积等,是进一步研究火山作用特点和构造演化的基础。

(3)分别对不同时期、不同背景的海相、陆相火山岩的基本特征、岩石学、岩石化学、地球化学等特征进行了系统分析研究,确定了测区火山岩相的形成环境,推断了火山作用和活动特点。总体表现为从早期至晚期由南而北具有从海相变为陆相、由中基性—中性—酸性的变化规律。

(4)确定了测区内达那古火山机构及邬郁古火山机构,并对其进行了详细的解剖和分析,动态地反映了第三纪陆相火山活动的特点。

(三)蛇绿岩

(1)对测区蛇绿岩采用构造—岩性—组合岩片(块)工作方法,取得重要进展。在仁布形下新发现超镁铁质堆晶岩,并具A型堆晶层序;在夏鲁新发现辉长堆晶岩,在白岗斜巴新发现强烈变形的层状辉长岩和均质辉长岩,在联乡西新发现局部密集出现的钠长花岗岩岩滴,在江孜卡堆新发现组合比较齐全的蛇绿岩,在姆乡南乡巴新发现蛇绿构造混杂岩。新建卡堆蛇绿岩片带和仁布蛇绿岩片带,对进一步深化蛇绿岩的研究和构造环境的认识具有重要意义。

(2)根据大地构造位置、形成背景、层序组合和完整程度将测区蛇绿岩划分为卡堆裂谷型非层序型蛇绿岩组合、仁布弧前海底扩张非层序型蛇绿岩组合、联乡-白朗洋中脊层序型蛇绿岩组合、白朗-曲美(日喀则)弧前海底扩张层序型蛇绿岩组合,并与世界典型地区蛇绿岩进行对比。

(3)对测区各蛇绿岩作了深入的岩石学、矿物学、岩石化学、地球化学及同位素地质学研究,并结合区域地质背景综合研究认为均具洋壳特征,形成环境略有差异。总体具从早到晚、由南而北、从东至西时代渐新、深度越大的特点。

(4)基本查明雅鲁藏布蛇绿岩带各岩片(块)的基本特征和层序组合,它是由两个时期、四个阶段、不同背景、不同特点的蛇绿岩所组成。卡堆蛇绿岩形成于晚三叠世;仁布蛇绿岩形成于晚侏罗世晚期至早白垩世早期;白朗至联乡蛇绿岩形成于早白垩世早中期;白朗至曲美蛇绿岩形成于早白垩世中晚期或中白垩世。初步确定其有两次构造侵位,早期为晚三叠世至早侏罗世,晚期为晚白垩世至古新世。研究了蛇绿岩形成的动力学特征,建立了演化模式。

(5)实地查证并确认雅鲁藏布江之北不存在蛇绿岩。

(四)侵入岩

(1)根据侵入岩体之间侵入接触关系和内部相带划分及与围岩侵入接触关系和大量同位素年龄资料,测区花岗岩类侵位时代在119~10Ma之间,归为早白垩世—中新世六个期次,对应为白垩纪、古近纪、新近纪三个岩浆活动时代,归属燕山晚期、喜马拉雅早期和晚期三个岩浆活动时期。测区共划分出154个侵入体,归属为31个岩体,且自南而北划出仁钦则-努玛和松多-堪珠两个岩带,采用时代加岩性(相带)表示方法。

(2)全面、系统地研究和总结了测区各侵入岩体的岩石学、矿物学、岩石化学、地球化学和内部组构及同位素地质年代学等方面的特征,分析并总结了测区花岗岩类的成因类型和演化特点。测区花岗岩成因类型以I型为主,其次为S型和IS型,总体上表现从南到北、由老到新由I型向IS型和S型演化,I型和IS型花岗岩类从早到晚成分演化明显,而S型花岗岩类则以结构演化为主。图解表明花岗岩类侵入体在形成的深度、温度、压力等也具有从早到晚、由南而北变浅、变低的特征。

(3)通过对板块构造运动历程与各时代侵入岩体就位机制的分析研究,认为测区白垩纪侵入岩形成于板块俯冲期,古近纪侵入岩形成于板块俯冲调整期和碰撞期,新近纪侵入岩形成于碰撞期后。定位方式为沿断裂被动就位和气球膨胀强力就位两种方式。

(4)测区内不同时期的基性—中性—酸性脉岩均较发育,但多与深成岩体不相对应。对其进行了岩石学、矿物学、岩石化学等方面的研究和配套分析。在路曲滑混体东边界发育与其北界断裂平行的规模较大的斑状花岗岩脉,小岩滴其特征与始新世孔洞郎岩体相似。为进一步分析研究始新世晚期测区南北地质构造成生联系和变化特征具有一定作用。

(5)通过对测区各侵入岩体地质特征和地球化学特征与埃达克岩的对比分析,圈出了埃达克岩的范围,进行了初步研究,对进一步在冈底斯火山-岩浆岛弧中寻找和发现该类岩石以及研究成矿作用和构造背景等有一定意义。

(五)变质岩

(1)应用现代变质地质学的新理论、新方法,对测区变质岩及变质作用作了系统深入的研究,采集了必要的测试样品,运用宏观和微观相结合的方法,对其岩石学、矿物学,特别是变质矿物共生组合作了详细研究,对区内动力变质岩类、接触变质岩类和区域变质岩类作了系统划分和论述,确定了测区的双变质带。

(2)根据沉积建造、岩石组合和变质作用特点,将测区所在的藏中南变质地区进一步划分出三个变质地带和九个变质岩带,确定了各变质地质单元的变质相、变质相系和变质作用类型。测区内以区域变质作用类型为主,其次为接触变质作用和动力变质作用,总体具造山变质作用特征。在卡孜一带早白垩世比马组中发现中温中(低)压相系的红柱石、蓝晶石和石榴石等特征变质矿物,并具叠加变质作用特征,此对加深研究双变质带具有一定意义。

(3)首次在测区卡堆一带晚三叠世片岩中发现蓝闪石、铝钠闪石等典型高压变质矿物,并图解推算了其形成的变质温度、压力条件,进一步确认了雅鲁藏布高压变质带,为深入研究雅鲁藏布缝合带具有重大意义。

(4)测区内变质期具有多重性和复合性,依据变质地层的时代、变质相带、变质相系及变质作用类型的空间分布和交切关系,确定测区存在晚元古期、加里东期、燕山晚期—喜马拉雅期等变质时期,主要发生在燕山晚期—喜马拉雅期。

(六) 地质构造

(1) 运用碰撞造山带地质构造新理论、新方法、新观念、新思路,通过详细的野外调研和显微构造研究,对不同尺度、不同层次的构造形迹群落综合分析,将测区划分为表、浅、中、深四个构造层次,比较全面、系统地建立了测区构造格架,形象、生动、直观地再塑了区域构造时空演化历史。

(2) 应用板块构造理论和构造层次观点,根据沉积建造、火山作用、岩浆活动、变质作用、构造形迹组合和变形序列等,将测区划分为三个一级构造单元,六个二级构造单元,十二个三级构造单元及四级构造单元。首次将冈底斯陆缘火山-岩浆弧分解为不同时期、不同组成的火山弧和岩浆弧次级单元,完整而精细地刻画了测区地质构造特征。

(3) 基本查明了测区构造变形序列,划分出三个变形旋回、六种主导变形机制、八个变形世代,归并为五个构造变形阶段。即陆壳基底形成阶段、古特提斯边缘海发展阶段、新特提斯发展阶段、碰撞造山阶段和陆内造山阶段。

(4) 查清了测区各构造单元边界断裂的性质、组成及其运动学、动力学特征,并对其产出背景、后期活动、构造改造等演化过程进行了分析、总结。运用构造解析的方法对各构造单元内的断裂、褶皱及伴生的构造(线理、面理)等进行了归纳、研究。新发现幔内型韧性剪切带和壳幔型韧性剪切带,前者具低温叠加高温的二次深层构造变形,后者强烈剪切变形并发育塑性流变和褶叠层构造。发现弧背前缘断裂具三次以上不同方向、不同性质的活动。查实强堆-察巴断裂具体位置和特征,重新厘定了雅鲁藏布缝合带的南界,对北喜马拉雅地区构造单元的划分和深入研究缝合带具有重大意义。

(5) 根据大地构造相的工作方法和划分原则,以充分反映每种相即以一定大地构造环境的物质建造为基础,将测区划分出离散、会聚、碰撞、走滑四种大地构造背景、六大相类、二十三种相,从而比较全面、合理地搭建和演绎了整个测区复杂造山历程和地质发展变化过程。

(6) 首次提出两大板块的碰撞过程为"整体推移,点域碰撞"的观点,分析、研究了蛇绿岩带(片)、混杂岩带(体)、高压变质带(点域)的边界特征和内部组成,及其在碰撞、缝合过程中的关系。认为是由雅鲁藏布蛇绿岩带、雅鲁藏布混杂岩带、雅鲁藏布高压变质带的"三位一体,互不分割"的一个完整的雅鲁藏布缝合带,对进一步加深研究该缝合带具有重要意义。

(7) 通过对测区隐伏断裂、重要接触界面、各种活动表象特征的分析、论述,总结了测区新构造运动期的不均匀阶段活动特征,推算了隆升幅度和上升速率,认为测区在新构造运动期间经历了数次不同阶段的差异隆升。尤其是雅鲁藏布江一线仁布古大湖的发现和确证对进一步研究测区乃至青藏高原的新构造运动以及古地理变迁和对气候、环境的影响都具有重大意义。

二、存在的主要问题

因测区范围内各地自然地理条件、交通状况和其他条件均不一,加之资金缺口较大及自然灾害的频发等因素,有些地质问题综合研究尚显不足。

(1) 念青唐古拉岩群两个岩组间的接触关系,变形、变质差异性,其中还可能存在有未分解出的新老混杂的地质体。

(2) 不同火山机构喷出物在同一地域堆叠位序关系,火山喷发韵律和火山岩相的划分和研究欠详细。

(3) 区域变质作用类型和变质期次与板块活动的成生联系有待深入。蓝晶石等中温中压特征变质矿物与变质作用及板块活动的关系未予查清。

第六章 结束语

（4）测区内两种混杂岩具有重要的地质构造意义,建议设专题或大比例尺进行调查研究。

（5）局部地带缺乏必要的样品控制和岩石化学、地球化学证据。

由于时间紧迫、任务繁重,加之工作人员水平所限,文图中错漏和谬误在所难免,恳请各位专家、同仁予以指教。

主要参考文献

程裕琪. 中国区域地质概论[M]. 北京:地质出版社,1994.
单文琅,等. 构造变形分析的理论、方法和实践[M]. 北京:地质出版社,1991.
地质部书刊编辑室. 国际交流地质学术论文集(1)构造地质、地质力学[M]. 北京:地质出版社,1980.
地质矿产部青藏高原地质文集编委会. 青藏高原地质文集(1—9)[M]. 北京:地质出版,1983.
地质矿产部区域地质矿产地质司. 火山岩地区区域地质调查方法指南[M]. 北京:地质出版社,1987.
郝杰,柴育成,李继亮. 雅鲁藏布江蛇绿岩的形成与日喀则弧前盆地沉积演化[J]. 地质科学,1999,34(1):1-10.
金性春. 板块构造学基础[M]. 上海:上海科学技术出版社,1984.
李光岑,麦尔西叶. 中法喜马拉雅考察成果 1980[M]. 北京:地质出版社,1984.
刘宝珺,曾允孚. 岩相古地理基础和工作方法[M]. 北京:地质出版社,1984.
刘宝珺. 沉积岩石学[M]. 北京:地质出版社,1980.
刘增乾,等. 青藏高原大地构造与形成演化情[M]. 北京:地质出版社,1990.
罗建宁,等. 三江特提斯沉积地质与成矿[M]. 北京:地质出版社,1992.
孟祥化,等. 沉积盆地与建造层序[M]. 北京:地质出版社,1993.
潘桂棠,陈智梁,李兴振,等. 东特提斯地质构造形成演化[M]. 北京:地质出版社,1997.
潘桂棠,王培生,徐耀荣,等. 青藏高原新生代构造演化[M]. 北京:地质出版社,1990.
四川省地质矿产局 915 水文地质队. 日喀则地区环境地质综合调查[R]. 2001.
万晓樵,梁定益,李国彪. 西藏岗巴古新世地层及构造作用的影响[J]. 地质学报,2002,76(2):155-162.
王成善,等. 西藏日喀则弧前盆地与雅鲁藏布江缝合带[M]. 北京:地质出版社,1999.
王德滋,周新民. 火山岩岩石学[M]. 北京:科学出版社,1982.
王连城. 西藏南部的滑塌堆积[J]. 地质科学,1982(1—4):201-207.
王仁民,贺高品,陈珍珍,等. 变质岩原岩图解判别法[M]. 北京:地质出版社,1981.
王希斌,曹佑功,郑海翔,等. 西藏发现蛇绿岩套堆晶岩和席状岩墙群[J]. 地质论评,1981,27(5):457-459.
吴瑞棠,张守信,等. 现代地层学[M]. 武汉:中国地质大学出版社,1989.
吴浩若,王东安,王连城. 西藏南部拉孜—江孜一带的白垩系[J]. 地质科学,1977(3):250-262.
武汉地质学院岩石教研室. 岩浆岩岩石学[M]. 北京:地质出版社,1980.
西藏自治区地质矿产局. 1:100 万日喀则幅、亚东幅区域地质调查报告[R]. 拉萨:西藏自治区地质矿产局,1983.
西藏自治区地质矿产局. 1:20 万南木林幅、谢通门县幅区域地质调查报告[R]. 拉萨:西藏自治区地质矿产局,1997.
西藏自治区地质矿产局. 西藏自治区区域地质志[M]. 北京:地质出版社,1993.
喜马拉雅地质文集编辑委员会. 喜马拉雅地质Ⅱ 中法合作喜马拉雅地质考察 1981 年成果之一[M]. 北京:地质出版社,1984.
夏斌,王国庆,钟富泰,等. 喜马拉雅及邻区蛇绿岩和地体构造图及说明书[M]. 兰州:甘肃科学技术出版社,1993.
夏代祥,刘世坤. 西藏自治区岩石地层[M]. 武汉:中国地质大学出版社,1997.
肖序常,李廷栋. 青藏高原岩石圈结构、隆升机制及对大陆变形影响[J]. 地质论评,1998,44(1):112.
肖序常,万子益,李光岑,等. 雅鲁藏布江东缝合带及其邻区构造演化[J]. 地质学报,1983,51(2):205-213.
许志琴,张建新,徐惠芬,等. 中国主要大陆山链韧性剪切带及动力学[M]. 北京:地质出版社,1997.
张国伟,等. 秦岭造山带与大陆动力学[M]. 北京:地质出版社,1998.
张克信,殷鸿福,王国灿,等. 造山带混杂岩区地质填图理论、方法与实践——以东昆仑造山带为例[M]. 武汉:中国地质大学出版社,2001.

张旗,周国庆. 中国蛇绿岩[M]. 北京:科学出版社,2001.
张旗. 蛇绿岩与地球动力学研究[M]. 北京:地质出版社,1996.
郑亚东,常志忠. 岩石有限应变测量及韧性剪切带[M]. 北京:地质出版社,1985.
中国地质调查局. 青藏高原区域地质调查野外工作手册[M]. 武汉:中国地质大学出版社,2001.
中国地质科学院. 喜马拉雅岩石圈构造演化 西藏活动构造[M]. 北京:地质出版社,1987.
中国科学院青藏高原综合考察队. 西藏第四纪[M]. 北京:地质出版社,1983.
中国地质科学院. 喜马拉雅岩石圈构造演化:西藏蛇绿岩[M]. 北京:地质出版社,1987.
中国科学院地质研究所. 中国科学院地质研究所集刊第3号[M]. 北京:科学出版社,1988.
中国科学院青藏高原综合考察队. 西藏岩浆活动和变质作用[M]. 北京:科学出版社,1981.
中国科学院青藏高原综合考察队. 西藏岩浆活动和变质作用[M]. 北京:科学出版社,1981.
中英青藏高原综合地质考察队. 青藏高原地质演化[M]. 北京:科学出版社,1990.
周祥,曹佑功,朱明玉,等. 西藏板块构造—建造图说明书 1∶1 500 000[M]. 北京:地质出版社,1989.
周云生,吴浩若,郑锡澜,等. 西藏南部日喀则地区蛇绿岩地质[J]. 地质科学,1982(1):30-41.
朱志澄,宋鸿林. 构造地质学[M]. 武汉:中国地质大学出版社,1990.
凯斯 R A F,怀特 J V. 火山序列的相、堆积环境及构造背景分析方法[M]. 吴崎,等,译.北京:地质矿产部直属单位管理局,1989.
Le Maitre R W. 火成岩分类及术语辞典[M]. 王碧香,等,译. 北京:科学出版社,1991.

图版说明及图版

图版 I

1. 江孜卡堆蓝闪黑云片岩中的蓝闪石　　　　　　　　　　　　　　　　　　　　（一）×100
2. 江孜卡堆蓝闪黑云片岩中的蓝闪石　　　　　　　　　　　　　　　　　　　　（一）×100
3. 江孜卡堆蓝闪黑云片岩中的蓝闪石　　　　　　　　　　　　　　　　　　　　（一）×100
4. 江孜卡堆蓝闪黑云片岩中的蓝闪石　　　　　　　　　　　　　　　　　　　　（一）×100
5. 江孜卡堆网脉状蛇纹岩　　　　　　　　　　　　　　　　　　　　　　　　　（十）×40
6. 江孜卡堆网脉状蛇纹岩　　　　　　　　　　　　　　　　　　　　　　　　　（十）×40
7. 日喀则联乡网脉状蛇纹岩　　　　　　　　　　　　　　　　　　　　　　　　（十）×40
8. 日喀则联乡网脉状蛇纹岩　　　　　　　　　　　　　　　　　　　　　　　　（十）×40
9. 仁布姆乡蛇纹岩　　　　　　　　　　　　　　　　　　　　　　　　　　　　（十）×40
10. 江孜卡堆保留辉石晶形的蛇纹岩　　　　　　　　　　　　　　　　　　　　（一）×40
11. 白朗斜巴斜长角闪岩　　　　　　　　　　　　　　　　　　　　　　　　　（一）×40
12. 白朗斜巴斜长角闪岩　　　　　　　　　　　　　　　　　　　　　　　　　（一）×40
13. 白朗斜巴斜长角闪岩中的褶曲　　　　　　　　　　　　　　　　　　　　　（十）×40
14. 白朗斜巴斜长角闪岩中的褶曲　　　　　　　　　　　　　　　　　　　　　（十）×40
15. 白朗斜巴斜长角闪岩中的褶曲　　　　　　　　　　　　　　　　　　　　　（一）×40

图版 II

1. *Triactoma* cf. *parohai*(Squinabol)　　　　　　K_1^1（巴列姆期—阿普提早期）江孜学堆，×272
2. *Dactyliodiscus* aff. *cayeuxi* Squinabol　　　　　K_1^1（巴列姆期—阿普提早期）江孜学堆，×297
3. *Dactyliodiscus lenticulatus* （Jud）　　　　　　K_1^1（巴列姆期—阿普提早期）江孜学堆，×195
4. *Dactyliosphaera silviae* Squinabol　　　　　　　K_1^1（巴列姆期—阿普提早期）江孜学堆，×435
5. *Acaeniotyle macrospina* （Squinabol）　　　　　K_1^1（巴列姆期—阿普提早期）江孜学堆，×173
6. *Pseudoacanthosphaera galeata* Luis　　　　　　K_1^1（巴列姆期—阿普提早期）江孜学堆，×580
7. *Archaeospongpronum* sp.　　　　　　　　　　　K_1^1（巴列姆期—阿普提早期）江孜学堆，×273
8. *Godia* aff. *concava* （Li et Wu）　　　　　　　K_1^1（巴列姆期—阿普提早期）江孜学堆，×284
9. *Becus gemmatus* Wu　　　　　　　　　　　　　K_1^1（巴列姆期—阿普提早期）江孜学堆，×259
10. *Xitus* sp.　　　　　　　　　　　　　　　　　K_1^1（巴列姆期—阿普提早期）江孜学堆，×215
11. *Aurisaturnalis carinatus* （Foreman）　　　　　K_1^1（巴列姆期—阿普提早期）江孜学堆，×58
12. *Holocryptocanium* sp.　　　　　　　　　　　　K_1^1（巴列姆期—阿普提早期）江孜学堆，×268
13. *Godia decora* （Li et Wu）　　　　　　　　　　K_1^1（巴列姆期—阿普提早期）江孜学堆，×276
14. *Godia* cf. *pelta* Luis　　　　　　　　　　　　　K_1^1（巴列姆期—阿普提早期）江孜学堆，×207
15. *Dicerosaturnalis amissus* （Squinabol）　　　　K_1^1（巴列姆期—阿普提早期）江孜学堆，×252

16. *Halesium biscutum* Jud K_1^1（巴列姆期—阿普提早期）江孜学堆，×257
17. *Dictyodedalus* sp. K_1^1（巴列姆期—阿普提早期）江孜学堆，×471
18. *Deviatus hipposidericus* (Foreman) K_1^1（巴列姆期—阿普提早期）江孜学堆，×272
19. *Hiscocapsa* aff. *grutlerinki* (Tan) K_1^1（巴列姆期—阿普提早期）江孜学堆，×345
20. *Hiscocapsa verbeeki* (Tan) K_1^1（巴列姆期—阿普提早期）江孜学堆，×423
21. *Hsaum* cf. *raricostatum* (Jud) K_1^1（巴列姆期—阿普提早期）江孜学堆，×389
22. *Halesium crassum* (Ozvoldova) K_1^1（巴列姆期—阿普提早期）江孜学堆，×193
23. *Eucyrtis columbaria* Renz K_1^1（巴列姆期—阿普提早期）江孜学堆，×325
24. *Dictyomitra communis* (Squinabol) K_1^1（巴列姆期—阿普提早期）江孜学堆，×409

图版 III

1. *Mirifusus gianae minor* Baumgartner K_1^1（巴列姆期）江孜娘姆拉，×140
2. *Obesacapsula cetia* (Foreman) K_1^1（巴列姆期）江孜娘姆拉，×207
3. *Podobursa* sp. K_1^1（巴列姆期）江孜娘姆拉，×158
4. *Parvicingula cosmoconica* (Foreman) K_1^1（巴列姆期）江孜娘姆拉，×260
5. *Acanthocircus trizonalis* (Rust) K_1^1（巴列姆期）江孜娘姆拉，×292
6. *Cryptanyphorella crepida* Luis K_1^1（巴列姆期）江孜娘姆拉，×296
7. *Syringcapsa limata* Foreman K_1^2（阿尔必中期）江孜卡堆，×426
8. *Cryptanyphorella gikeyi* (Dumitrica) K_1^2（阿尔必中期）江孜卡堆，×600
9. *Xitus* sp. K_1^2（阿尔必中期）江孜卡堆，×442
10. *Stichocapsa* sp. K_1^2（阿尔必中期）江孜卡堆，×355
11. *Dorypgle ovoidea* (Squinabol) K_1^2（阿尔必中期）江孜卡堆，×379
12. *Dictyomitra obesa* (Squinabol) K_1^2（阿尔必中期）江孜卡堆，×236
13. *Obeliscoites vinassai* (Squinabol) K_1^2（阿尔必中期）江孜卡堆，×352
14. *Dictyomitra turritum* (Squinabol) K_1^2（阿尔必中期）江孜卡堆，×238
15. *Xitus spicularius* (Aliev) K_1^2（阿尔必中期）江孜卡堆，×241
16. *Hsuscm cataphracta* Luis K_1^2（阿尔必中期）江孜卡堆，×379
17. *Holocryptocanium* sp. K_1^2（阿尔必中期）江孜卡堆，×327
18. *Trisyringium echitonicum* (Aliev) K_1^2（阿尔必中期）江孜卡堆，×409
19. *Pseudodictyomitra carpatica* (Lozyniak) K_1^1（阿普提期）白朗扎嘎甫，×335
20. *Thanarla pseudodecoria* (Tan) K_1^1（阿普提期）白朗扎嘎甫，×309
21. *Thanerla eleganilissima* Cita K_1^1（阿普提期）白朗扎嘎甫，×442
22. *Dactgliodiscus lenticalatus* (Jud) K_1^1（阿普提期）白朗扎嘎甫，×240
23. *Becus rotula* Dumitrica K_1^1（阿普提期）白朗扎嘎甫，×292
24. *Paronaella communis* (Squinabol) K_1^1（阿普提期）白朗扎嘎甫，×609

图版 IV

1、2、3. 曲囊苔虫（未定种）*Streblascopora* sp. indet 3 为横切面，×30
4、5. 曲囊苔虫（未定种） *Streblascopora* sp. indet 4 为弦切面，×30；5 为纵切面，×15

6. 曲囊苔虫（未定种） 横切面,×30
7、8. 萨特小石燕 *Spiriferella salteri* Tschernyschew 背视,×1;腹视,×1;时代:P
9. 中国小石燕 *Spiriferella sinica* Chang 腹视×1;时代:P
10. 西藏小石燕 *Spiriferella tibetana*（Diener） 不完整腹壳,发育齿板,×1;时代:P
11、12. 拉贾小石燕 *Spiriferella rajah*(Salter) 背视,×1;腹视×1 时代:P

图版 Ⅴ

1. 日喀则市甲堆二叠纪灰岩、砂岩巨大滑块
2. 日喀则市甲堆二叠纪灰岩、砂岩巨大滑块特征
3. 日喀则市毕砂岩崩碎石流宏观特征(T_3S^l m. sm)
4. 日喀则市曲如滑塌岩块宏观特征(T_3S^l m. sm)
5. 日喀则市毕沙碎石磨砾与砂岩基质关系(T_3S^l m. sm)
6. 日喀则市曲如泥灰岩层滑体与基质整合接触关系(T_3S^l m. sm)
7. 白朗县白岗嘎学群下段紫红色硅质岩揉皱特征(J_3K_1G)
8. 江孜县辟松吓巴蠕滑骨节状灰岩弯折特征

图版 Ⅵ

1. 江孜辟松吓巴晚白垩世砾岩岩块(K_2z)
2. 白朗县斜巴堆晶辉长岩特征(K_1^1)
3. 白朗县斜巴蛇绿构造混杂岩特征(K_1^1)
4. 仁布县形下超基性岩"A"型堆晶岩特征(J_3K_1)
5. 仁布县乡巴蛇绿构造混杂岩逆冲于硅质岩之上特征(J_3K_1)
6. 仁布县姆乡球粒玄武岩特征(J_3K_1)
7. 日喀则雪中晚白垩世增布岩体($K_2\gamma\delta^{2c}$)中细粒花岗闪长岩中团圆状暗色包体
8. 日喀则洪马细条纹状浆混岩($K_2\gamma\delta^{2c}$)

图版 Ⅶ

1. 日喀则雪中电气石伟晶岩晶体(E_2)
2. 白朗县斜巴堆晶辉长岩"S"型变形特征(K_1^1)
3. 白朗县斜巴层状辉长岩强烈剪切变形特征(K_1^1)
4. 白朗县斜巴堆晶辉长岩及其剪切变形特征(K_1^1)
5. 日喀则曲如泥质灰岩中方解石脉变形特征(P)
6. 日喀则恰布桑昂仁组复理石倒转背斜(K_2a^2)
7. 仁布大桥冲刷层理、水平层理(Qp_3^l)
8. 仁布大桥交错层理特征(Qp_3^l)

图版 Ⅷ

1. 仁布县德吉林灰岩岩块中的化石
2. 江孜县卡麦湿地景观
3. 日喀则曲美濒危物种黑颈鹤
4. 仁布大桥318国道水毁路段

5. 仁布大桥 318 国道凹岸冲蚀
6. 日喀则大竹卡风成沙地貌
7. 仁布大桥垮塌路段
8. 仁布县姆乡水泥石流路段

图版 I

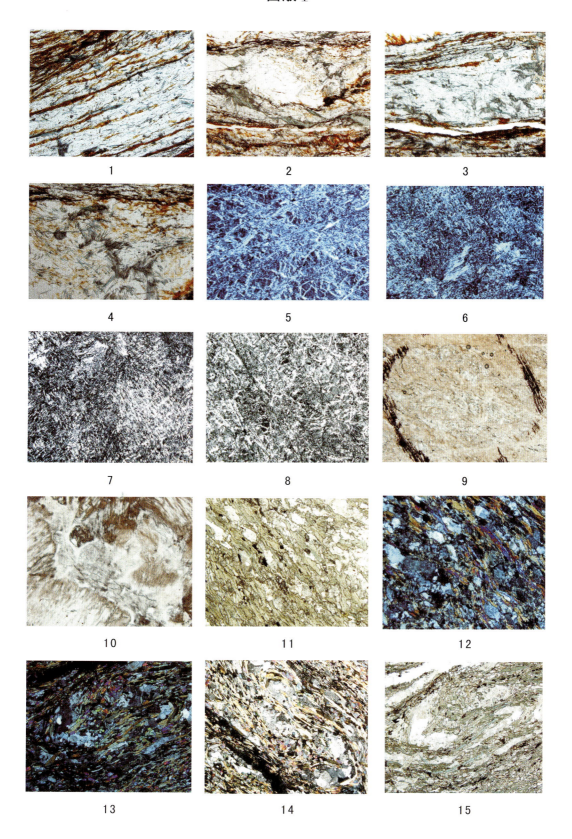

图版 II

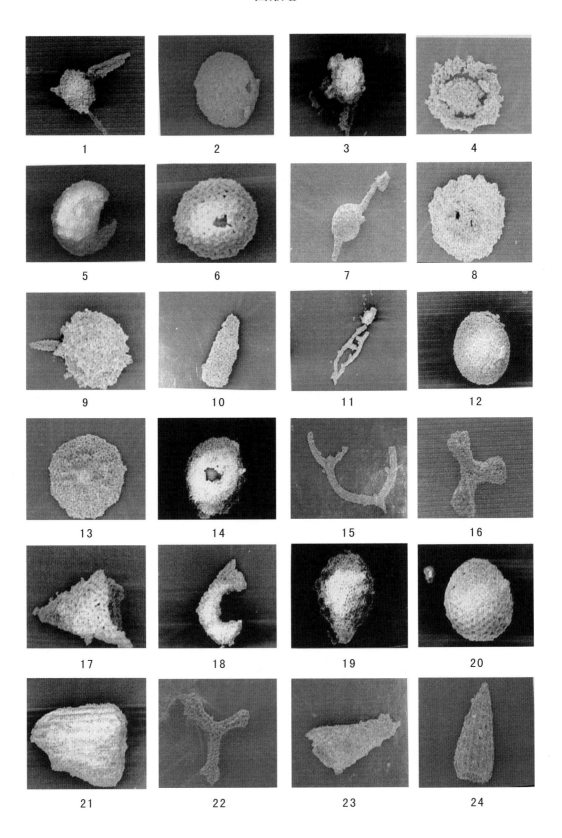

图版 III

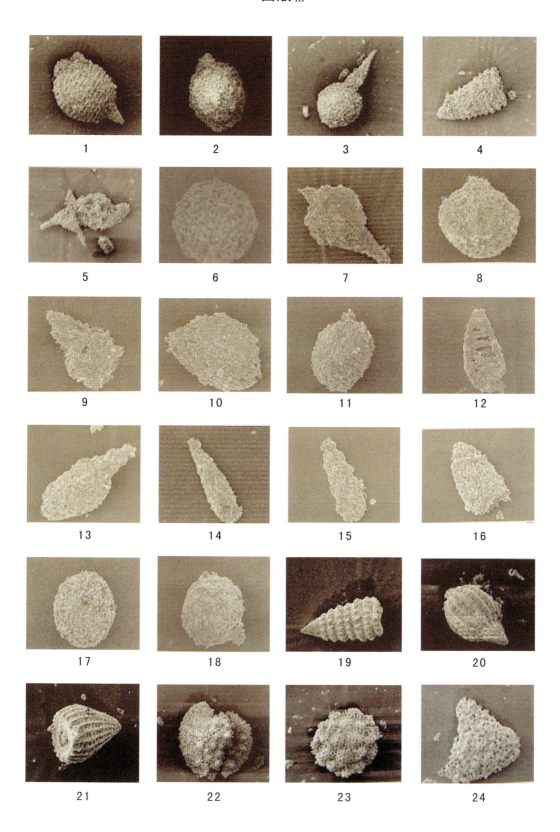

图版 Ⅳ

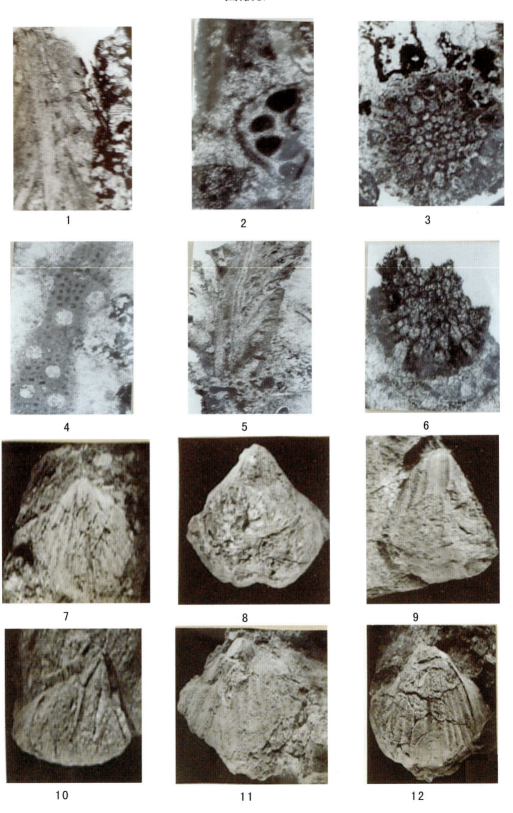

图版 V

图版 VI

图版 Ⅶ

图版 VIII